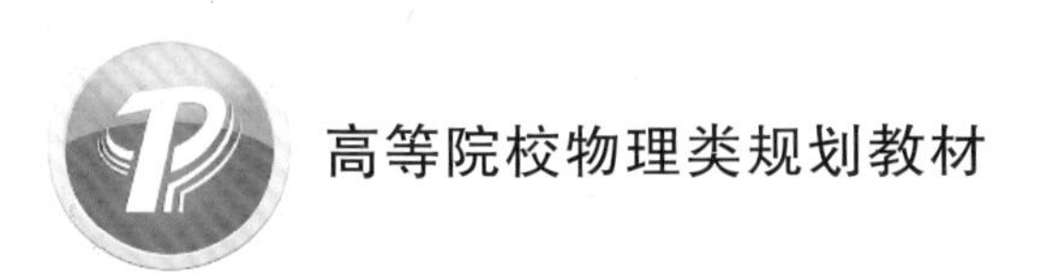

大学物理实验教程

杨长铭　田永红　王阳恩　程庆华　编著

图书在版编目(CIP)数据

大学物理实验教程/杨长铭,田永红,王阳恩,程庆华编著.—武汉:武汉大学出版社,2012.7(2019.6 重印)
高等院校物理类规划教材
ISBN 978-7-307-09972-2

Ⅰ.大… Ⅱ.①杨… ②田… ③王… ④程… Ⅲ.物理学—实验—高等学校—教材 Ⅳ.O4-33

中国版本图书馆 CIP 数据核字(2012)第 153765 号

责任编辑:任仕元　　责任校对:黄添生　　版式设计:马　佳

出版发行:**武汉大学出版社**　(430072　武昌　珞珈山)
(电子邮箱:cbs22@whu.edu.cn 网址:www.wdp.com.cn)
印刷:湖北金海印务有限公司
开本:787×1092　1/16　印张:19.5　字数:448 千字　插页:1
版次:2012 年 7 月第 1 版　　2019 年 6 月第 9 次印刷
ISBN 978-7-307-09972-2/O·474　　定价:33.00 元

前 言

物理实验课是一门以培养学生综合科学研究的基本能力和素质为目标的实践课程，是理工科学生必修的一门重要基础实验课程。

从本质上讲，实验并不单是为了验证理论定律而存在的，它是为了研究某些实际问题所进行的活动。物理实验为过去的文明以及现代高新技术的发展和突破都作出了不朽的贡献。

物理实验课程内涵丰富，其所覆盖的知识面和包含的信息量以及能够对学生完成的基本训练内容，是其他课程的实验环节难以比拟的。物理实验课程在引导学生深入观察现象，建立合理的物理模型，定量研究变化规律，激发学生的想象力、创造力，培养和提高学生独立开展科学研究工作的素质和能力方面，都具有重要的奠基作用。

为了配合物理实验教学改革，进行全开放式的分层分级教学，我们在总结历届教学经验的基础上，根据大学物理实验课程教学基本要求，结合我校实验室实际情况编写了本教材。

本教材在教学内容上尝试作一定的改革：第一，在结果的不确定度评价上，力求使数据处理内容既符合国家计量技术规范又简单可行；第二，加强了实验方法、测量方法及基本实验操作技术的教学内容；第三，对实验项目进行了精选，删去了部分过于陈旧的传统实验项目，合并了部分基础实验，加强了综合训练内容；第四，加强了设计性物理实验和创新性物理实验的内容。

本教材在编写上还考虑了既要便于学生自学，又要注重学生的创新意识与能力的培养。因此，本教材加强了实验基础知识的介绍，对各实验的原理都作了简明扼要的论述，每个实验中都适当地介绍了主要仪器，并且比较详细地说明了实验方法。在每个实验的开头都简明地叙述了该实验的意义或提供了一些背景知识；每个实验都有注意事项，这不仅提醒学生避免实验错误，而且有利于学生严谨科学作风的训练和培养；对每个实验都安排了预习思考题，可以使学生认真准备，积极思索；每个实验都安排了实验后的思考题，可帮助学生较深入地进行实验总结，特别是有些较灵活的高要求的半开放或开放性的思考题，供有潜力的学生作进一步的钻研，有利于学生创新意识和创新能力的培养。

本教材共分四部分十六章，第一部分即前三章，阐述与物理实验有关的基础理论，包括误差与不确定度基本知识、数据处理基本知识、基本实验方法及基本实验操作技术等；第二部分、第三部分，安排了物理基本量的测量和物理现象及规律的研究，以对学生进行物理实验基本训练和科研综合能力的训练；第四部分是设计性和创新性物理实验，以对学生进行设计能力和创新能力训练。第四部分第十六章的内容安排在课外进行。建议使用本教材时开设实验理论课，并开设一些简单的预备性实验，以利于中学物理实验与大学物理实验教学内容的顺利衔接。

参加本教材编写工作的有：陈一之（§8.1、§8.3、§8.5），程庆华（§6.2、§6.4、§6.6、§8.4、§10.4），康建虎（§7.3、§8.1），雷达（§7.1、§11.5），凌向虎（§4.1、§4.2、§4.3、§4.4、§5.1、§5.2、§5.3、§5.4、§8.2、§9.2），王阳恩（§5.5、§6.1、§6.5、§6.7、§7.5、§9.1、§10.6），苏海涛（§7.4），田永红（§7.2、§11.3、§11.4），田永红、杨琴（§11.2、§15.3），杨长铭（第1章、第2章、第3章、第12章、§6.3、§10.3、§13.1、§13.2、§13.3、§13.4、§13.5、§13.6、§14.1、§14.2、§15.1、§15.2、§16.1、§16.2、附录），杨勇（§9.3、§9.4、§10.2、§11.1）。全书由杨长铭、田永红、王阳恩、程庆华负责审稿、改稿、统稿、定稿。

编写本教材时，我们参考了大量的实验教材和资料（见附录），专此致谢！

由于编者水平有限，加之时间仓促，书中不当之处热忱欢迎读者批评指正。

编者

2012年6月

目　　录

第一部分　物理实验基础知识

第二部分　物理基本量测量实验

第三部分　物理现象及规律的研究实验

第四部分　设计性实验

第一部分

物理实验基础知识

第1章 绪 论

§1.1 物理实验的作用与地位

物，即我们生存的世界，物质、时间、空间；理，即客观规律。物理学是研究物质的基本结构、相互作用和物质最基本、最普遍的运动形式及其相互转化规律的学科。

物理学按其研究方法，可分为实验物理与理论物理两大分支。理论物理从一系列的基本原理出发，经过数学的推演得出结果，并将结果与观测和实验相比较，从而达到理解现象、预测未知的目的。实验物理（即物理实验）以观测和实验手段来发现新的物理规律、验证理论物理的结论，同时也为理论物理提供新的研究课题。因此，物理实验是用实验的方法去研究物理学规律的实践。

物理实验是科学理论的源泉。物理学从本质上讲，是一门实验科学。物理实验在物理学的建立和发展中，起到了直接的推动作用。从经典物理到近代物理，物理实验在发现新事实、探索新规律、理论的验证、未知物理量的测量等方面都发挥了巨大作用。例如在16世纪，伽利略以其多年的潜心研究，在巧妙设计实验的基础上建立了落体定律，从而推翻了统治欧洲长达2000年的"力是维持物体运动的原因"的错误观点。力学中牛顿万有引力定律的建立，电磁学中磁效应、电磁感应现象，光学中干涉、衍射现象等都离不开实验。各种粒子的发现和状态的研究更是离不开实验。可以毫不夸张地说，近代物理学诞生的必要条件就是物理实验。

随着现代科学技术的高度发展，物理实验的构思、方法和技术广泛渗透到了各自然学科和工程技术领域，解决了各式各样的生产和科研问题。这里举几个石油工业方面的例子：磁技术用于采油生产、用热力法提高石油采收率、原油的电脱水技术应用等，这些都是一个个的物理过程；重力测井、声波测井、感应测井、放射性测井等，也都是一个个的物理实验。

为了适应21世纪科学技术迅猛发展的需要，高等院校培养的人才必须具备坚实的物理基础、出色的科学实验能力和勇于开拓的创新精神。教育部对物理实验课程非常重视，物理实验早在1980年就开始单独设课。在做物理实验时，要根据具体情况，灵活运用我们学过的一切知识，特别是在做设计性实验时，不仅要有丰富的理论知识，还要有丰富的实验经验；不仅在某一学科要有较深的造诣，而且在其他学科领域也要有一定的修养。如一个简单的气垫导轨上动量守恒定律的验证实验，就涉及电学、光学、热学和机械学等方面的知识。可见，物理实验课的内容具有很强的综合性。除此以外，物理实验课还具有鲜明的实践性。做物理实验，不仅要把实验原理、仪器装置、实验方法弄明白，而且必须通过反复实验才能获得真知。物理实验课不仅要引导学生深入观察物理现象、建立合理的物理模型、定量地研究物质的变化规律、分析判断实验结果的不确定度，而且要激发学生的想象力、创造力，培养和提高学生独立开展科学研究工作的素质和能力。学生在设计物理实验方案时，不仅要从实验方法、测量方法上考虑，而且还要依据实验室的现有实验条件，对测量仪器进行选择。正因为如此，物理实验课程教学基本要求中明确指出："物理实验课是高等院校对学生进行科学实验基本训练的必修基础课程，是本科生接受系统实验方法和实验技能训练的开端。""物理实验课覆盖面广，具有丰富的实验思想、方法、手段，同时能提供综合性很强的基本实验技能训练，是培养学生科学实验能力、提高科学素质的重要基础。它在培养学生严谨的科学态度、活跃的创新意识、理论联系实际和适应科技发展的综合应用能力等方面具有其他实践类课程不可替代的作用。"

§1.2 物理实验课的任务与基本要求

1.2.1 物理实验课的任务

大学的物理实验课要在中学物理实验的基础上，按照循序渐进的原则，学习物理实验知识、方法和技能，使学生了解科学实验的主要过程与基本方法。物理实验课的具体任务是：

(1) 通过对实验现象的观察、分析及对物理量的测量，学习物理实验知识，加深对物理学原理的理解。

(2) 培养学生的基本科学实验技能，提高学生的科学实验基本素质，使学生掌握实验研究的基本方法，培养学生的科学思维和创新意识。

(3) 培养和提高学生的科学实验能力。其中包括：

① 独立实验的能力——能够通过阅读实验教材、查询有关资料和思考问题，掌握实验原理及方法，做好实验前的准备；正确使用仪器及辅助设备，独立完成实验内容，撰写合格的实验报告；培养学生独立实验的能力，逐步形成自主实验的基本能力。

② 分析与研究的能力——能够融合实验原理、设计思想、实验方法及相关的理论知识对实验结果进行分析、判断、归纳与综合。掌握通过实验进行物理现象和物理规律研究的基本方法，具有初步的分析与研究能力。

③ 理论联系实际的能力——能够在实验中发现问题、分析问题并学习解决问题的科学方法，逐步提高学生综合运用所学知识和技能解决实际问题的能力。

④ 创新能力——能够完成符合规范要求的设计性、综合性内容的实验，进行初步的具有研究性或创意性内容的实验，激发学生的学习主动性，逐步培养学生的创新能力。

(4) 培养和提高学生的科学实验素养。要求学生具有理论联系实际和实事求是的科学作风，严肃认真的工作态度，主动研究的探索精神，遵守纪律、团结协作和爱护公共财产的优良品德。

1.2.2　教学内容基本要求

物理实验应包括普通物理实验(力学、热学、电磁学、光学实验)和近代物理实验，具体的教学内容基本要求如下：

1. 掌握测量误差的基本知识，具有正确处理实验数据的基本能力

(1) 理解测量误差与不确定度的基本概念，逐步学会用不确定度对直接测量和间接测量的结果进行评估。

(2) 掌握处理实验数据的一些常用方法，包括列表法、作图法和最小二乘法等。随着计算机及其应用技术的普及，还应包括用计算机通用软件处理实验数据的基本方法。

2. 掌握基本物理量的测量方法

例如：长度、质量、时间、热量、温度、湿度、压强、压力、电流、电压、电阻、磁感应强度、发光强度、折射率、电子电荷、普朗克常量、里德伯常量等常用物理量及物性参数的测量，注意加强数字化测量技术和计算技术在物理实验中的应用。

3. 了解常用的物理实验方法，并逐步学会使用

例如：比较法、转换法、放大法、模拟法、补偿法、平衡法和干涉、衍射法，以及在近代科学研究和工程技术中广泛应用的其他方法。

4. 掌握实验室常用仪器的性能，并能够正确使用

例如：长度测量仪器、计时仪器、测温仪器、变阻器、电表、交/直流电桥、通用示波器、低频信号发生器、分光仪、光谱仪、常用电源和光源等常用仪器。

在物理实验课中应引进在当代科学研究与工程技术中广泛应用的现代物理技术，如激光技术、传感器技术、微弱信号检测技术、光电子技术、结构分析波谱技术等。

5. 掌握常用的实验操作技术

例如：零位调整、水平/铅直调整、光路的共轴调整、消视差调整、逐次逼近调整、根据给定的电路图正确接线、简单的电路故障检查与排除，以及在近代科学研究与工程技术中广泛应用的仪器的正确调节。

§1.3　物理实验的分类

物理实验有不同的分类方法，如果从实验目的出发，通常可以把物理实验分为以下几类：

1. 观察物理现象的实验

观察性实验关心的是在某种物理过程中会出现什么现象，当人们还不了解某种物理过程中会发生什么现象时,可以做实验来观察。科学家就是通过这种实验发现了许多重要现象。

物理现象的发生有些是自然的,有些是在科学家们设计的环境和条件下实现的。例如,天文台观察彗星运动、太阳黑子的活动等天体物理现象,就是利用了自然发生的过程;而利用电子对撞机,人为地聚集大量的正负电子,在一定条件下让它们对撞,观察电子撞击后的各种现象,就是人为制造的物理过程。

我们在上物理理论课时,教师在讲台上做的绝大多数演示实验,都是观察物理现象的实验。

2. 验证性实验

验证性实验是为了确定理论中提出的假说、公式的正确性及适用范围而进行的实验。例如,光电效应实验证实了光具有粒子性;戴维逊和革末的电子衍射实验证实了电子具有波动性,使光和实物粒子的波粒二象性得到了统一;弗兰克和赫兹的实验,证实了原子中存在分立的能级;斯特恩-盖拉赫实验证实了经典理论不能用于原子内部,等等。这些实验,有的是对理论假说的验证,有的是对理论的适用范围、完善性的验证。除此之外,有的验证实验是为了加深对正确无疑的物理规律的理解而进行的,如对动量守恒定律的验证实验,就属于这一类。

3. 建立经验公式的实验

物理学中有很多公式是由实验得到的,这些公式被称为经验公式。建立经验公式的过程可以归纳为以下几个步骤:

(1) 若物理过程有许多量均在变化,设法固定一些量不变,只留下所要研究的两个可变量 x 和 y;

(2) 在固定其他量的条件下,改变可变量 x 的值,测出对应的 y 值,就可得到一组数据 $x_i, y_i (i=1,2,\cdots,n)$;

(3) 在直角坐标纸上画出 y-x 的关系曲线;

(4) 观察曲线的形式,选择建立适当的数学函数模型 $y=f(x)$;

(5) 用有关的数据处理方法,确定出函数 $y=f(x)$中所有的常数,最后建立起描述该物理过程的经验公式 $y=f(x)$。例如,有关气体状态改变的玻意耳定律、盖·吕萨克定律、查理定律等都是经过实验建立的。就连复杂的普朗克黑体辐射定律,也是通过实验建立的。

4. 测量物理量的实验

测量性实验的目的是测量未知物理量。要利用物理过程测量未知量,必须具备以下条件:

(1) 该未知量存在的物理过程的变化规律是已知的,即函数关系已知;

(2) 描述该物理过程的函数中,除了待测物理量外,其他量都是已知的或是可测的。

因此,我们在实验中,可有意识地控制物理过程的发生,测出与待测量有关的其他各物理量，然后利用函数关系将待测量求出。我们所做的实验很多都属于这一类。

§1.4　物理实验课的程序

物理实验课是学生在教师指导下独立进行的一种实践活动，教学的效果直接与学生自己的主观努力有关。每一个实验的学习过程都可分为三个阶段：预习阶段、操作阶段、复习与完成实验报告阶段。

1. 做好预习

由于物理实验课的实验性特点，课时绝大部分用在对学生的实验方法和实验技能的训练上。从上课到学生着手做实验之前，指导教师不可能花太多的时间面面俱到地讲解实验内容，有的实验甚至根本不讲。学生没有充分的课前预习，上课时就难以很好地完成实验。

课前预习要真正理解实验原理，应紧紧围绕本次实验做什么、怎样做、为什么要这样做等问题去阅读教材和参考书。当然，预习通常以实验教材为主，以相关的参考书为辅。预习时应写好预习报告。预习报告的内容包括实验名称、实验目的、实验仪器、实验原理、主要实验步骤、注意事项及记录表格等。

预习是非常重要的学习阶段。在预习阶段，学生可以到完全开放的预习实验室中去熟悉和调整仪器。只有在充分地预习之后，才能在操作中从容地观察现象、思考问题。历来的经验说明，对实验有较大收获的人是在预习阶段下工夫的人，充分的预习可收到事半功倍的效果。

2. 做好实验

在预习的基础上，通过实验操作，进一步了解仪器装置的性能、使用方法及操作规程。测量前要调整仪器，使其满足测量公式所要求的条件。在整个实验过程中，要积极主动地动脑动手，在头脑里要有明确的物理图像。对实验中出现的各种现象要仔细观察，想一想是否合乎物理规律。在进行某一操作之前，先想一想可能会出现什么结果，然后再看看是否和预期的相符合。实验时，还要努力提高自己的动手能力，操作要做到准确、熟练、快速。如何做到准、熟、快，应自己总结出一套方法。动手能力还表现在能否及时发现并排除实验中可能出现的某些故障。

要记录好原始数据。原始数据是测量时直接从仪器上读出的数据，要一边测量一边及时记录。数据记录要求真实、准确（有效数字）、清楚、有次序、无遗漏。数据是实验的成果，在实验报告中占有重要的地位，不能轻视。

3. 撰写合格的实验报告

不能把取得实验数据当做实验学习的终结，应把感性知识理性化。做完实验之后，应及时把实验过程和结果写成文字材料，即撰写实验报告。实验报告不仅是实验工作的总结，而且可以为今后撰写科技论文打下一定基础。对实验原理的理解是否正确，观察现象是否仔细,记录实验数据是否完整,列表作图是否规范,不确定度的估计是否符合实际情况,都能在实验报告中准确无误地展现出来。因此,撰写实验报告的能力也是大学物理实验课基本训练的内容之一。

实验报告主要包括下列内容:

(1) 实验名称:实验项目或实验选题;

(2) 实验目的:实验所希望得到的结果和希望实现的目标;

(3) 实验原理:用高度概括的文字语言给出实验的理论依据及计算公式,原理中应有光路、电路等示意图;

(4) 实验仪器:包括仪器名称、型号、规格及数量等;

(5) 实验环境:包括时间、地点、温度、气压、湿度、地磁等一些需要记录的影响实验效果的因素;

(6) 实验步骤:写下主要实验步骤。设计性实验的实验步骤应该写详细,还要注明注意事项;

(7) 实验数据及数据处理:实验原始数据是测量工作的结晶,是宝贵的资料,应真实、准确、无遗漏地记录在实验报告的记录表格中。数据处理是用数学手段对测量数据的再提炼。利用实验公式计算间接测得量时须有如下步骤:写出公式,代入数值,写出答案,注明单位;然后算出实验结果的不确定度;最后写出实验结果的表达式。实验曲线必须画在坐标纸上,图上应醒目标出实验点;坐标轴要有名称、分度法及单位。

(8) 分析与讨论:对实验结果给予合理的评价,说明实验结果是否达到预期目的,实验中出现何异常现象?你有何特殊发现?对不确定度要定性定量说明,注意分析误差来源。对实验中感兴趣的现象进行分析。讨论思考题提出的问题,对实验方法或实验装置提出新建议等。

第2章　不确定度与数据处理基本知识

在科学研究和物理实验中，往往离不开对某个物理量进行测量。一个比较完整的测量过程应包括五个要素：测量对象、测量手段（包括测量仪器和测量方法）、测量结果、测量单位、测量条件。

在进行测量时，由于实验仪器的灵敏度或分辨率的局限性、环境条件的不稳定性、测量方法不完善等原因，使得测量结果与真实值之间总有一定差异，因此，在实验中除了获得必要的测量数据外，还需要对这些数据的可靠性进行合理的评价。误差与不确定度理论是解决测量误差分析和测量结果可靠性评定等问题的一门专门的知识。它不仅能帮助我们正确进行实验操作，减小误差对实验结果的影响，也能帮助我们正确处理实验数据，得到最佳结果，还能帮助我们正确设计实验方案，合理选择测量仪器、测量方法及测量条件，以便用最小的代价取得最好的实验结果。因此，我们在进行实验训练之前，必须掌握好这方面的基本知识。

§2.1　误差及其分类

2.1.1　常用误差概念

1. 绝对误差（误差）$\boldsymbol{\delta}$

被测物理量的客观大小称为真值，记为 μ。用实验手段测量出来的值称为测量值，记为 x_i。测量值与被测量真值之差定义为测量误差，简称误差，记为 δ，即

$$\delta = x_i - \mu \tag{2.1-1}$$

一般来说，真值是不可知的。为了求得测量误差，通常用一近似的相对真值代替真值。在实际运用中，将等精度多次测量的算术平均值当做相对真值。

式(2.1-1)表示的误差是与测量值同量纲（即同单位）的，故又被称为绝对误差。绝对误差可以用来比较不同仪器测量同一被测物理量的测量准确度的高低。

测量过程中，误差是普遍存在的。由于被测量不稳定、仪器不准确、方法不完善、环境条件不稳定、人员不熟练等原因，所有测量都有误差。误差存在于一切测量之中，贯穿于测量过程的始终。随着科学技术水平的不断提高，误差可以被控制得越来越小，但永远不会降低到零。误差是可正可负的，它的符号决定于测量值偏离真值的方向。

2. 相对误差 E

我们把测量的绝对误差与被测量的真值之比，称为测量的相对误差。一般用百分比来表示：

$$E=\frac{\delta}{\mu}\times 100\% \tag{2.1-2}$$

相对误差 E 可以用来比较不同被测物理量测量准确度的高低，或者说用相对误差能确切地反映测量的效果。被测量的量值大小不同，允许的测量误差也应有所不同。被测量的量值越小，允许测量的绝对误差也应越小。

3. 偏差 Δx_i

在多次测量中，测量列内任意一个测量值 x_i 与测量列的算术平均值 $\bar{x}$ 的差称为偏差，即

$$\Delta x_i = x_i - \bar{x} \tag{2.1-3}$$

式中，$\bar{x}=\frac{1}{n}\sum_{i=1}^{n}x_i$。偏差可正可负，可大可小。

4. 标准误差 σ

在同一条件下，若对某物理量 x 进行 n 次等精度、独立的测量，则测量列中单次测量的标准误差按下式来定义：

$$\sigma=\lim_{n\to\infty}\sqrt{\sum_{i=1}^{n}(x_i-x_0)^2/n} \tag{2.1-4}$$

式中，x_0 相应于测量次数 $n\to\infty$ 时测量的平均值。

式(2.1-4)是对这一组测量数据可靠性的估计，标准误差 σ 小，说明这一组测量的重复性好，精密度高。

5. 标准偏差 S_x

在有限次测量中，某一次测量结果的标准偏差用 S_x 表示：

$$S_x=\sqrt{\sum_{i=1}^{n}(x_i-\bar{x})^2/(n-1)} \tag{2.1-5}$$

式(2.1-5)为估算标准偏差的贝塞尔公式。显然，只根据一次测量($n=1$)值无法求出 S_x，这说明贝塞尔公式只有在 $n>1$ 时才能计算 S_x。需要指出的是，用贝塞尔公式计算出的测量列的单次测量的标准偏差，是指 n 次测量中，任何一个测量值的标准偏差。S_x 反映的是一组测量值的离散程度，具有统计意义。

6. 平均值的标准偏差 $S_{\bar{x}}$

在我们进行了有限的几次测量中，可得一最佳值 $\bar{x}$。其实，$\bar{x}$ 也是一个随机变量，它随 n 的增减而变化，那么平均值 $\bar{x}$ 的可靠性如何呢？显然 $\bar{x}$ 肯定比每一次测量值 x_i 更可

靠。平均值 $\bar{x}$ 的标准偏差用 $S_{\bar{x}}$ 表示：

$$S_{\bar{x}}=\frac{S_x}{\sqrt{n}}=\sqrt{\frac{\sum_{i=1}^{n}(x_i-\bar{x})^2}{n(n-1)}} \tag{2.1-6}$$

平均值的标准偏差是 n 次测量中任一次测量值的标准偏差的 $\frac{1}{\sqrt{n}}$ 倍。

7. 仪器误差限 $\Delta_{仪}$

任何测量过程都存在测量误差，其中包括仪器误差。仪器误差来源很多，以最普通的指针式电表为例，它包括：轴承摩擦，转轴倾斜，游丝的弹性不均、老化和残余变形，磁场分布不均匀，分度不均匀，检测标准本身的误差等。逐项对误差进行深入的分析处理并非易事，在绝大多数情况下也无必要。实际上，人们最关心的是仪器提供的测量结果与真值的一致程度。仪器误差限或允许误差限就是指在正确使用仪器的条件下，测量结果和被测量的真值之间可能产生的最大误差，用 $\Delta_{仪}$ 表示。对照通用的国际标准，我国制定了相应的计量器具的检定标准和规程。考虑到国家规定的严格性又兼顾教学训练的简化要求，关于仪器误差，结合物理实验的特点，我们作些简略介绍或约定。

在长度测量类中，最基本的测量工具是钢直尺、钢卷尺、游标卡尺、螺旋测微器（千分尺）。在基础物理实验中，除具体实验中另有说明以外，我们约定：游标卡尺的仪器误差限按其游标分度值或游标分度值的一半估计，钢直尺、螺旋测微器的仪器误差限按其最小分度值的一半估算。

在质量测量类中，主要工具是天平。天平的测量误差应包括示值变动性误差、分度值误差和砝码误差等。单杠杆天平按精度分为十级，砝码的精度分为五等，一定精度级别的天平要配用等级相当的砝码。在简单实验中，我们约定可取天平的最小分度值或最小分度值的一半作为仪器误差限。

在时间测量类中，停表是物理实验中最常用的计时仪表。在本课程中，对较短时间的测量，可将停表的最小分度值作为仪器误差限。对石英电子秒表，其最大偏差 $\leqslant \pm(5.8\times 10^{-6}t+0.01)$ s，其中 t 是时间的测量值。

在温度测量类中，常用的测量仪器包括水银温度计、热电偶和电阻温度计等。在本课程中，约定水银温度计的仪器误差限按其最小分度值的一半估算。

在电学测量类中，电学仪器大多是按国家标准根据准确度大小划分其等级的，其基本误差限可通过准确度等级的有关公式给出。

对电磁仪表，如指针式电流、电压表，有

$$\Delta_{仪}=a\%\cdot N_m \tag{2.1-7}$$

式中，N_m 是电表的量程；a 是以百分数表示的准确度等级，电表精度分为 5.0，2.5，1.5，1.0，0.5，0.2，0.1 七个级别。

对于直流电阻器（包括标准电阻、电阻箱），准确度等级分为 0.000 5，0.001，0.002，0.005，0.01，0.02，0.05，0.1，0.2，0.5 等级别。实验室使用的电阻箱，其优点是阻值可调，但接触电阻和接触电阻的变化要比固定的标准电阻大一些；一般按不同度盘分别给出准确度级别，同时给出残余电阻（即各度盘开关取 0 时，连接点的电阻）值。仪器误差限按不同度盘允许误差限之和加上残余电阻来估算，即

$$\Delta_{仪} = \sum_i a_i \% \cdot R_i + R_0 \tag{2.1-8}$$

式中，R_0 是残余电阻；R_i 是第 i 个度盘的示值；a_i 是相应电阻的准确度级别。

对于 ZX21 型 0.1 级电阻箱，我们约定 $R_0 = 0.005(N+1)\Omega$。N 是实际所用的十进制电阻盘的个数，它的允许误差限为

$$\Delta_{仪} = a\% \cdot R + R_0 = 0.1\% \cdot R + 0.005(N+1) \tag{2.1-9}$$

对于直流电势差计，则

$$\Delta_{仪} = a\%(U_x + U_0/10) \tag{2.1-10}$$

直流电势差计的基本误差限由两部分组成，一项是与标度盘示值成比例的可变项 $a\% \cdot U_x$（a 是电势差计的准确度级别）；另一项是与基准值 U_0 有关的常数项。基准值 U_0 是有效量程的一个参考单位，除非制造单位另有规定。有效量程的基准值规定为该量程中最大的 10 的整数幂。如某电势差计的最大标度盘示值为 1.8V，量程因数（倍率比）为 0.1，则有效量程 0.18V 可表示成 10 的 lg0.18 次方，即 $0.18 = 10^{\lg 0.18}$；不大于 lg0.18 的最大整数为 −1，所以相应的基准值 $U_0 = 10^{-1} = 0.1\text{V}$。

对于直流电桥，其仪器误差限为

$$\Delta_{仪} = a\%(CR_x + CR_0/10) \tag{2.1-11}$$

式中，R_x 是电桥度盘示值；a 是电桥的准确度级别；R_0 是基准值，定义为标度盘最大示值的 10 的整数幂；C 是比率值。

仪器的标准误差用 Δ 表示，它与误差的分布有关，我们将在下一节中介绍。还有一些误差概念，我们将在不同的具体内容中提及或介绍。

根据我国的规定，电气仪表的主要技术性能都以一定的符号来表示，并标记在仪表的面板上。表 2.1 中给出了一些常见电气仪表面板上的标记。

表 2.1　**常见电气仪表面板上的标记**

名　称	符　号	名　称	符　号
指示测量仪表的一般符号	◯	磁电系仪表	⋂
检流计	⊕（圆内箭头）	静电系仪表	╪（带箭头）
安培表	A	直流	—
毫安表	mA	交流（单相）	~
微安表	μA	直流和交流	≂
伏特表	V	以标度尺量限百分数表示的准确度等级，例如 1.5 级	1.5

续表

名　称	符　号	名　称	符　号
毫伏表	mV	以指示值的百分数表示的准确度等级,例如1.5级	(1.5)
千伏表	kV	标度尺位置为垂直的	⊥
欧姆表	Ω	标度尺位置为水平的	⊓
兆欧表	MΩ	绝缘强度试验电压为2kV	☆2
负端钮	—	接地用的端钮	⏚
正端钮	+	调零器	⌒
公共端钮	*	Ⅱ级防外磁场及电场	[Ⅱ] [Ⅱ]

2.1.2　测量误差的分类

通常按性质和特点把误差划分为两大类:系统误差和随机误差。

1. 系统误差

在一定条件下,对同一物理量进行多次测量时,其测量误差的符号与数字总保持不变,或按某一确定的规律变化的误差称为系统误差。

系统误差按其来源可分为仪器误差、调整误差、环境误差、理论误差、人员误差等。

仪器误差:又称工具误差,是由于仪器或测量工具的不完善或缺陷所造成的,前面已介绍。

调整误差:某些仪器要求在使用时,必须事先调到正确使用状态,否则就造成调整不到位的误差。例如,用天平称物前要求调底座水平和等臂,某些仪表指针的初始零位调节,气压计要求铅直,等等。

环境误差:测量所处的周围环境,比如温度、湿度、气压、震动、电磁场等与设计者所要求的标准状态不一致,由此而引起的误差即环境误差。

理论误差:又称方法误差,它是由于测量所依据的理论公式本身的近似性或者对测量方法考虑不周造成的误差。

人员误差:又称人身误差或人差,它是由于测量者心理和生理等因素,造成其在感觉灵敏性和反射快慢的不同而产生的误差。比如读仪表时,有人总是偏左,有人总是偏右。

系统误差按其规律又可分为恒定的系统误差、线性系统误差、周期性系统误差等。

由于系统误差服从确定性规律,在相同条件下,这一规律可重复地表现出来,因而原则上可用函数的解析式、曲线或数表来对它进行描述。

系统误差虽有确定的规律性,但这一规律并不一定确知;按照对其测量误差的符号和大小可以确定和不能确定,又可将系统误差分为已知的系统误差(已定系统误差)和未知的系统误差(未定系统误差)。已定系统误差可通过修正的方法从测量结果中消除;未定系统误差一般只能估计出它的限值或分布范围,它与后述B类不确定度分量有大致的对应关系。

2. 随机误差

在相同条件下,对同一被测量进行多次重复测量时,各测量数据的误差值或大或小,或正或负,其取值的大小没有确定的规律性,是不可预知的,这种误差称为随机误差。

随机误差即随机变量,它具有随机变量的一切特征。它虽不具有确定的规律性,但取值具有一定的分布特征,服从统计规律,因而可利用概率论来研究。在单个的测量数据中,它表现出无规律性,但在大量的测量数据中却表现出统计规律性。这类误差相互间具有正负抵消的"抵偿性"作用。有关随机误差的其他一些特性,在后面正态分布中还要介绍。

由于随机误差取值是不可预知的,它对结果的影响不能以具体值去表达,只能用统计的方法作出估计。

3. 系统误差与随机误差的关系

系统误差与随机误差是不是截然不同,各自独立,互不相关呢?否。在任何一次测量中,误差既不会是单纯的系统误差,也不会是单纯的随机误差,而是两者兼而有之,各自占有的比例与具体测量有关。在以后的讨论中,我们需要单独地分析一种误差,此时另一种误差并非没有,而是假定不存在或是大小可忽略不计。

两种误差之间没有严格的分界线。在实际测量中,有许多误差是无法准确判断其从属类型的。不仅如此,随着测量技术水平的提高,人们对环境条件中随机变动规律的认识及控制能力的提高,随机误差的一部分可转化为系统误差。

2.1.3 精密度、准确度、精确度

精密度:表示测量数据集中的程度。它反映随机误差的大小,与系统误差无关。测量精密度高,则数据集中,随机误差小。

准确度:表示测量值与真值符合的程度。它反映系统误差的大小,与随机误差无关。测量的准确度高,则平均值对真值的偏离小,系统误差小。

精确度:对测量数据的精密度与准确度的综合评定。它反映随机误差和系统误差合成的大小,即综合误差的大小。测量的精确度高,说明测量数据不仅比较集中而且接近真值。

用打靶时子弹着点的分布图可以说明上述三个名词。在图2.1-1中,(a)表示精密度高而准确度低,(b)表示准确度高而精密度低,(c)表示精密度和准确度都高,即精确度高。

我们在不少教材和参考书中常见到的"精度"一词,并不是一个含义确切的物理名词,它一般多指精确度,用于定性说明问题。

我们也常用到"等精度测量"一词,它指在测量条件相同的条件下进行的一系列测量。

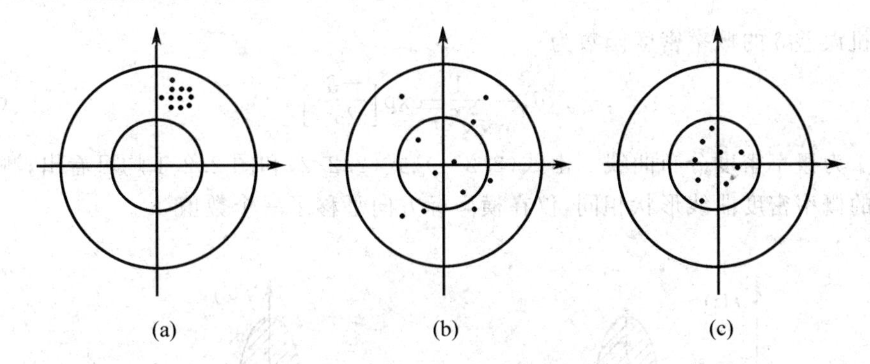

图 2.1-1　用子弹着点的分布说明精密度、准确度和精确度

例如，由同一人在相同的环境条件下在同一仪器上用同样的测量方法，对同一被测物理量进行多次测量，每次测量的可靠性都相同，这种测量就是等精度测量。在对同一物理量进行多次测量的过程中，若改变测量条件，如更换仪器、更换方法、更换测量参数、更换人员等，那么在测量条件变更前后，测量结果的精确度不会相同，这样的测量系列就称为不等精度测量。

大学物理实验一般都采用等精度测量，本书也只限于介绍等精度测量的数据处理方法。

§2.2　误差分布

在对物理量的测量过程中，由于误差的来源不同，它们所服从的分布规律也不尽相同。一些常见的随机误差分布有正态分布、双截尾正态分布、绝对正态分布、瑞利分布、均匀分布、三角形分布、梯形分布、直角分布、双三角分布、反正弦分布等。下面介绍两种典型的分布。

2.2.1　正态分布

在等精度测量时，每次测量都会出现一些无规则的、随机的误差，这种误差是因被测对象、所用仪器、周围环境等因素的影响而造成的。随机误差的存在使每次的测量值相对真值偏大或偏小，预先不能确定，完全是随机的。但理论和实践都证明，在实际测量中，大多数情况的测量值及其随机误差都服从正态分布。正态分布在误差理论中占有十分重要的位置。

正态分布又称高斯分布。服从正态分布的测量值的概率密度函数形式为

$$f(x)=\frac{1}{\sigma\sqrt{2\pi}}\exp\left[-\frac{(x-x_0)^2}{2\sigma^2}\right] \tag{2.2-1}$$

式中，x 为测得值；σ 为测得值的标准误差；$x_0=\lim\limits_{n\to\infty}\frac{\sum\limits_{i=1}^{n}x_i}{n}$，它说明当测量次数很多时，算术平均值是真值的最佳估计值。

随机误差 δ 的概率密度函数为

$$f(\delta)=\frac{1}{\sigma\sqrt{2\pi}}\exp\left[\frac{-\delta^2}{2\sigma^2}\right] \tag{2.2-2}$$

图 2.2-1 为概率密度分布曲线。由式(2.2-1)、式(2.2-2)和图 2.2-1 均可看出，测得值及其误差的概率密度曲线形状相同，仅在横坐标方向平移了一个数值 x_0。

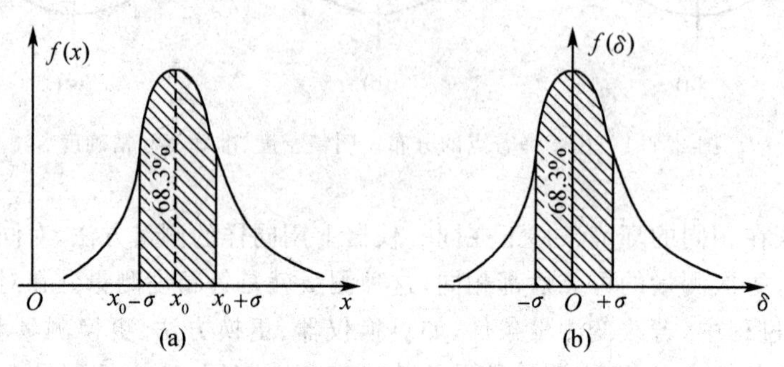

图 2.2-1　正态分布

通过对正态分布曲线的分析，发现随机误差具有以下一些特征：

(1) 有界性。在一定观测条件下，各测量值都分布在一定的范围内，误差限值是有界的。测量条件改变时，这个误差限值会有所变化，但它总是有界的。

(2) 单峰性。曲线峰值对应于测量次数 $n\to\infty$ 时测量的平均值，即 x_0，这说明靠近 x_0 的测量值出现的概率大，远离 x_0 的测量值出现的概率小。也就是说，绝对值小的误差出现的概率比绝对值大的误差出现的概率大。

(3) 对称性。绝对值相等的正误差与负误差出现的概率相同。

由正态分布随机误差的对称性可以推出，误差的算术平均值随着测量总次数的增加而趋近于零，即

$$\lim_{n\to\infty}\bar{\delta}=\lim_{n\to\infty}\sum_{i=1}^{n}\frac{x_i-x_0}{n}=0 \tag{2.2-3}$$

上式说明误差平均值表现出抵偿性。抵偿性是正态分布随机误差的最本质的特征之一，也是随机误差与系统误差的根本区别之一。

由于各测量值误差的平均值具有抵偿性，不能反映测量值的随机误差的大小，因此高斯建议用标准误差 σ 来表示随机误差的大小。

对于服从正态分布的误差，我们常用如下三种概率来进行评价：

$$P_\sigma=\int_{-\sigma}^{+\sigma}f(\delta)\mathrm{d}\delta=0.6827 \tag{2.2-4}$$

$$P_{2\sigma}=\int_{-2\sigma}^{+2\sigma}f(\delta)\mathrm{d}\delta=0.9545 \tag{2.2-5}$$

$$P_{3\sigma}=\int_{-3\sigma}^{+3\sigma}f(\delta)\mathrm{d}\delta=0.9973 \tag{2.2-6}$$

这三式表示的含义类似。如式(2.2-4)表示在曲线下$(-\sigma,+\sigma)$区间的面积(阴影部分)占总面积的 68.3%，意指测量列中有 68.3%的测量值的误差处于$(-\sigma,+\sigma)$区间内。

也可以这样说，对测量列中的任一测量值，它的误差有 68.3%的概率落在$(-\sigma,+\sigma)$区间内。同时它也表示测量值落在$(x_0-\sigma,x_0+\sigma)$区间内的概率为 68.3%。P 称为置信概率。本书一般取 68.3%的置信概率。

在标准误差 σ 的定义式中，由于 x_0 的值一般无法求出，且测量次数又有限，因此，在实际应用时，无法求出标准误差 σ。人们往往用标准偏差 S_x 作为标准误差 σ 的最佳估计值。

在一组等精度的测量中，算术平均值一般来说比任何一次测量值的可靠性都高，因此，人们一般都用平均值 $\bar{x}$ 作为真值的最佳估计值。在计算误差时，一般都用平均值的标准偏差 $S_{\bar{x}}$ 来进行估算。

对于一个确定的等精度测量来说，当 $n\to\infty$ 时，S_x 应是常数；而 $S_{\bar{x}}$ 则随测量次数的增加按$\frac{1}{\sqrt{n}}$的比例减小，当 $n\to\infty$ 时，$S_{\bar{x}}\to 0$。当 $n>10$ 以后，$S_{\bar{x}}$ 的变化过程相当缓慢。在实际测量中，过多地选择测量次数，没有必要；过少地选择测量次数，又不能合理地估算 $\bar{x}$ 与 $S_{\bar{x}}$，一般取测量次数 $n=5,6,\cdots,20$。测量次数在 5～20 范围内，用平均值的标准偏差 $S_{\bar{x}}$ 代替标准误差 σ，置信概率约为 68.3%。

2.2.2　均匀分布

测量误差服从均匀分布，是指在测量值的某一范围内，测量结果取任一可能值的概率相等；或在某一误差范围内，各误差值出现的概率相等。服从均匀分布的误差的概率密度函数为

$$f(\delta)=\frac{1}{2\Delta_{仪}} \tag{2.2-7}$$

均匀分布曲线图如图 2.2-2 所示，在$[-\Delta_{仪},+\Delta_{仪}]$范围内，各误差值出现的概率相同，区间外出现的概率为 0。

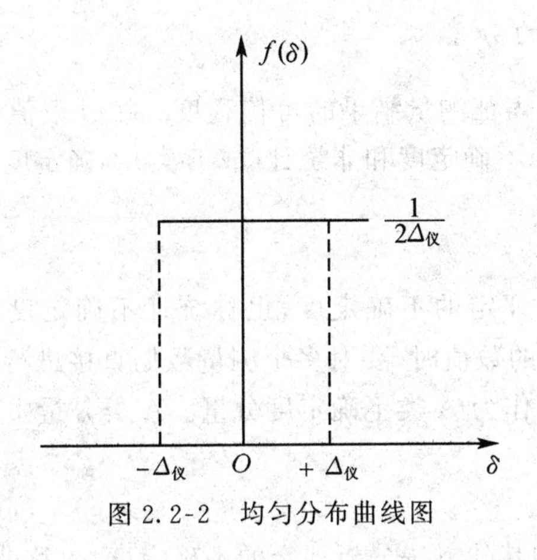

图 2.2-2　均匀分布曲线图

均匀分布的平均值、标准误差、标准偏差及平均值的标准偏差的计算方法与正态分布的相同。

随机误差服从均匀分布的例子有：由仪表分辨率限制所产生的示值误差，因为在分辨率范围内的所有测量参数值出现的概率相同；对于数字式仪表，由最小计量单位限制引起的误差(截尾误差)；在对测量数据的处理中，修约引起的误差；指示仪表调零不准所产生的误差；数学用表的数据位数限制所产生的误差等。

§2.3 不确定度

1980年国际计量局作出了实验不确定度的规定建议书INC-1。由于这一问题的重要性，国际标准化组织(ISO)、国际法制计量组织(OIML)、国际计量委员会(CIPM)、国际电工委员会(IEC)于1988年共同组织了国际不确定度工作组(ISO/TAG4/WG3)，系统研究了测量不确定度的表示指南。指南广泛应用于国际和国家基准器包含标准物质的建立和保存，检定传递系统，仪器性能试验、科学研究和开发，质量保证，实验设计等。

由于不确定度在国际上得到了普遍采用，本书也采用不确定度来评定测量质量。

2.3.1 不确定度的定义

测量不确定度是指由于测量误差的存在而对被测量值不能确定的程度，它是测量质量的表述，表征所引用测量结果代表被测量的程度。它不同于测量误差，测量误差是被测量的真值与引用结果之差的数，而不确定度则是误差可能数值(或数值可能范围)的测度。

在物理实验中进行着大量的测量工作，测量结果的质量如何，用不确定度来说明。在相同置信概率条件下，不确定度愈小，其测量质量愈高，使用价值也愈大；反之，不确定度愈大，其测量质量愈低，使用价值也愈小。

按照国际计量局的建议，一般不确定度的分量用标准差表示，合成不确定度用符号U表示。

2.3.2 不确定度的分类

测量不确定度的大小表征测量结果的可信程度。按其数值的来源和评定方法，不确定度可分为统计(或A类)不确定度和非统计(或B类)不确定度两类分量。

1. A类不确定度分量

由观测列的统计分析评定的不确定度，也称统计不确定度，它的分量用符号S_i(或U_{Ai})表示。求算这类分量的数值时，要对多个测量数据直接进行统计计算，求出平均值的标准偏差$S_{\bar{x}}$，一般就把$S_{\bar{x}}$作为A类不确定度分量。A类分量主要涉及随机误差。

2. B类不确定度分量

由不同于A类分量的其他方法分析评定的不确定度，也称非统计不确定度。它的分量用u_j(或U_{Bj})表示。求算这类分量的数值时，用其他方法先估计(包括查资料)最大误差，并确定该项误差服从的分布规律，然后用下式计算标准差

$$\Delta_{仪}=C\cdot\Delta \tag{2.3-1}$$

式中，$\Delta_{仪}$ 为仪器误差限；Δ 为仪器的标准误差（$P_{\Delta}=0.683$）；常数 C 的值因误差的分布不同而异。

在物理实验中，一般把 Δ 作为 B 类不确定度分量。B 类分量主要涉及未知系统误差。

2.3.3　不确定度的合成

一般情况下，A 类和 B 类不确定度都有若干分量，当这些分量互相独立时，合成不确定度按"方和根"方法求得，即

$$U=\sqrt{\sum U_{Ai}^2+\sum U_{Bj}^2}=\sqrt{\sum_{i=1}^{m}S_i^2+\sum_{j=1}^{n}u_j^2} \tag{2.3-2}$$

式中，m 与 n 分别表示 A 类、B 类不确定度分量的个数。用式（2.3-2）合成时，各分量应有相同的置信概率。

如果要增大置信概率，需将合成不确定度乘以一个因子以获得新的置信概率大的不确定度。

对于单次测量，不考虑 A 类不确定度分量，有　$U=\sqrt{\sum u_j^2}$。

当系统误差已被消除，即 $\sum u_j^2=0$ 时，有　$U=\sqrt{\sum S_i^2}$。

§2.4　测量结果评价

2.4.1　测量结果的表达形式

为了评价测量结果的可靠程度，我们一般把测量结果写成如下形式：

$$x=\bar{x}\pm U\ \text{(SI)} \tag{2.4-1}$$

式中，x 代表待测物理量；$\bar{x}$ 为该物理量的测量值（已修正）；U 是不确定度，可以理解为它是在一定置信概率下误差限值的绝对值。

式（2.4-1）的含义是：测量结果是一个范围 $[\bar{x}-U,\bar{x}+U]$，它表示待测物理量的真值有一定的概率落在上述范围内，或说该闭区间以一定的概率（置信概率）包含真值。

综上所述，要完整地表示一个测量结果，应有测量值、不确定度和单位三个要素。

2.4.2　直接测量结果评价

直接测量就是将待测量与标准量进行比较，得到待测量的大小。如用米尺测长度，秒表测时间等。

1. 被测量的测量值

为了减少误差，直接测量一个物理量一般要重复测量多次，因此，直接测量时被测量的测量值是相同实验条件下多次测量的算术平均值 $\bar{x}$。

有时因条件所限不可能进行多次测量(如地震波强度);或者由于仪器精度太低,多次测量读数相同,测量随机误差较小;或者对测量结果的精度要求不高等,往往只进行一次测量,此时,被测量的测量值就是单次的直接测量值 x_1。

2. 直接测量的不确定度

(1) 单次测量的不确定度。

对于单次测量,只考虑B类不确定度分量。为了估算单次测量的不确定度,首先要估算出所用仪器的误差限 $\Delta_{仪}$,然后确定该项误差服从什么分布,最后求出相应的不确定度

$$U=\Delta=\frac{1}{C}\Delta_{仪} \tag{2.4-2}$$

对于正态分布,$C=3$;对于均匀分布,$C=\sqrt{3}$。

例1 用天平测质量。

用天平测质量时,若没有天平及砝码的检定书等资料,可把天平的最小分度值作为仪器误差限 $\Delta_{仪}$。

对于摆动式天平,误差服从正态分布,其不确定度为

$$U=\Delta=\frac{1}{3}\Delta_{仪}$$

若 $\Delta_{仪}=0.02(\mathrm{g})$,则 $U=0.007(\mathrm{g})$。

例2 用毫米尺测长度。

用毫米尺测长度,主要误差来源是刻度不准和估读能力有限。对于仪器误差,若取 $\Delta_{仪}=0.5\mathrm{mm}$,其误差服从正态分布,则

$$U=\Delta=\frac{1}{3}\Delta_{仪}=0.2(\mathrm{mm})$$

例3 用游标卡尺测长度。

游标卡尺的仪器误差限是其最小分度值(0.02mm)的$\frac{1}{2}$($\Delta_{仪}=0.01\mathrm{mm}$),其误差是截尾误差,服从均匀分布,则

$$U=\Delta=\frac{1}{\sqrt{3}}\Delta_{仪}=0.006(\mathrm{mm})$$

例4 时间测量。

用秒表测量时间间隔的不确定度由两项合成,一是启动、制动的方法误差,二是秒表本身的误差。对于后者,若取 $\Delta_{仪}=0.1\mathrm{s}$,其误差服从正态分布,则

$$U=\Delta=\frac{1}{3}\Delta_{仪}=0.04(\mathrm{s})$$

用光电控制计时器(毫秒计)计时时,毫秒计的仪表误差属于截尾误差,服从均匀分布,它的仪器误差限是该毫秒计指示数值的最末位的一个单位。若 $\Delta_{仪}=0.001\mathrm{s}$,则

$$U=\Delta=\frac{1}{\sqrt{3}}\Delta_{仪}=0.0006(\mathrm{s})$$

例5 用安培表测电流。

磁电式仪表的测量误差主要是由电表结构上的缺陷造成的,其仪器误差限取决于电表的准确度等级 a 和使用的量程 I_m,$\Delta_{仪}=I_m\times a\%$。当服从何种分布不明确时,设误差服从均匀分布,则

$$U=\frac{1}{\sqrt{3}}\Delta_{仪}=\frac{I_m}{\sqrt{3}}\times a\%$$

例如电路中电流值约为2.5A时,分别用量程为3A与30A、准确度等级均为0.5级的电流表进行测量,则电表不准对应的不确定度分别为

$$U=\frac{3}{\sqrt{3}}\times 0.5\%=0.009(\mathrm{A})$$

$$U'=\frac{30}{\sqrt{3}}\times 0.5\%=0.09(\mathrm{A})$$

由上例可知,量程越大,不确定度越高。不确定度与待测量的大小无关,不随电表的示值而变。正因为如此,在实验中选择电表时,不仅要考虑仪表的准确度等级,还要考虑量程的大小。测量时,一般应使示值接近量程的2/3。

(2) 多次测量的不确定度。

在大学物理实验中将仪器的误差简化表示,取 $\Delta_{仪}$ 等于仪表器具的示值误差限或基本误差限。大多数情况下,我们把 Δ 简化地直接当做合成不确定度 U 中用非统计方法估计的分量 u_j。

假定某一相同条件下的测量列为 $x_i(i=1,2,\cdots,n)$,并假定测量中已定的系统误差不存在或已修正,同时没有疏失误差,则多次测量的合成不确定度为

$$U=\sqrt{S_{\bar{x}}^2+\Delta^2} \tag{2.4-3}$$

此式只考虑了一种 A 类分量 $S_{\bar{x}}$ 和一种 B 类分量 $u_j=\Delta$。

3. 直接测量的结果表达式

单次测量的结果表达形式为

$$x=x_1\pm U=x_1\pm\frac{1}{C}\Delta_{仪}(\mathrm{SI}) \tag{2.4-4}$$

多次测量的结果表达形式为

$$x=\bar{x}\pm U\ (\mathrm{SI}) \tag{2.4-5}$$

式中,$U=\sqrt{S_{\bar{x}}^2+\Delta^2}$。

需要指出的是,本教材旨在对学生进行训练,在数据处理中,考虑到教学训练的简化要求,一般只考虑仪器误差引起的B类不确定度分量。

2.4.3 间接测量结果评价

间接测量是指被测量不是直接测得,而是通过被测量与直接测得量之间的函数关系间接获得。

1. 间接测量的最佳值

设 y 为某一间接测得值，$x_1, x_2, \cdots, x_n$ 为 n 个直接测量值，遵循的函数形式为

$$y=f(x_1, x_2, \cdots, x_n)$$

各直接测得值的测量结果为

$$x_1=\bar{x}_1 \pm U_1$$
$$x_2=\bar{x}_2 \pm U_2$$
$$\cdots\cdots$$
$$x_n=\bar{x}_n \pm U_n$$

可以证明，若将互相独立的直接测得值的最佳值 $\bar{x}_1, \bar{x}_2, \cdots, \bar{x}_n$ 代入函数式进行计算，所得结果必为间接测得值 y 的最佳估计值

$$\bar{y}=f(\bar{x}_1, \bar{x}_2, \cdots, \bar{x}_n) \tag{2.4-6}$$

式中，$\bar{y}$ 不应包含已定系统误差，若发现存在这种误差，应对 $\bar{y}$ 进行修正。

2. 间接测量的不确定度

由于间接测得值 y 与 n 个直接测得值有关，n 个直接测得值的不确定度必然影响间接测量结果，使 y 值也有相应的不确定度 U。大学物理实验中用以下两式来简化计算 y 的不确定度 U：

$$U=\sqrt{\sum_{i=1}^{n}\left(\frac{\partial f}{\partial x_i}\right)^2 \cdot U_i^2} \tag{2.4-7}$$

$$U=\bar{y}\sqrt{\sum_{i=1}^{n}\left(\frac{\partial \ln f}{\partial x_i}\right)^2 \cdot U_i^2} \tag{2.4-8}$$

式(2.4-7)和式(2.4-8)均称为间接测量不确定度传播公式。两式中$\frac{\partial f}{\partial x_i}$、$\frac{\partial \ln f}{\partial x_i}$($i=1, 2, \cdots, n$)是传播系数。一般用式(2.4-7)计算 U，式(2.4-8)只适用于积商形式的函数，请在以后的实验数据处理中予以注意。

使用上面两式时，还应注意：

(1) (2.4-7)、(2.4-8)两式成立的条件是各直接测得值 $x_1, x_2, \cdots, x_n$ 彼此间完全独立。

(2) 各直接测得值的不确定度 $U_1, U_2, \cdots, U_n$ 应有相同的置信概率，才能按(2.4-7)、(2.4-8)两式合成。合成结果 U 与 U_i 的置信概率相同。

(3) 不确定度合成时，微小分量在计算中可略去；原则是以最大分量为标准，当其他分量小于最大分量的1/3时可忽略，即$\left|\frac{\partial f}{\partial x_i}U_i\right|<\frac{1}{3}\left|\frac{\partial f}{\partial x_m}U_m\right|$时，$\frac{\partial f}{\partial x_i}U_i$ 可略去。

(4) 合成的不确定度一般只取一位有效数字，有时也取两位（一般这两位的数值均 $\leqslant 2$）。

表2.2给出了一些常用函数的不确定度传播公式。

表 2.2

函数形式	不确定度传播公式
$y=x_1\pm x_2$	$U=\sqrt{U_1^2+U_2^2}$
$y=x_1\cdot x_2$ 或 $y=\frac{x_1}{x_2}$	$U=\bar{y}\sqrt{(U_1/\bar{x}_1)^2+(U_2/\bar{x}_2)^2}$
$y=x_1^k\cdot x_2^m/x_3^n$	$U=\bar{y}\sqrt{k^2(U_1/\bar{x}_1)^2+m^2(U_2/\bar{x}_2)^2+n^2(U_3/\bar{x}_3)^2}$
$y=kx$	$U=\lvert k\rvert U_x$
$y=\sin x$	$U=\lvert\cos\bar{x}\rvert\cdot U_x$
$y=\ln x$	$U=\frac{U_x}{\bar{x}}$

3. 间接测量结果的表达式

$$y=\bar{y}\pm U\ (\text{SI}) \tag{2.4-9}$$

§2.5　减小系统误差常用的方法

在测量过程中，如果发现有明显的系统误差，应采取适当的技术措施将其减小。由于减小系统误差的方法与具体的测量对象、测量方法、测量人员的经验等有关，因此要找出普遍有效的方法是比较困难的，下面介绍几种常用的方法。

2.5.1　消除误差源法

用消除误差源的方法减少系统误差是最理想的方法，它要求测量人员对测量过程中可能产生系统误差的各个环节作仔细分析，并在正式测试前，将误差从根源上加以消除或减小到可忽略的程度。由于具体条件不同，在分析查找误差源时，并无一成不变的方法，但以下几方面是应考虑的：

(1) 所用基准件、标准件(如刻尺、光波波长等)是否准确可靠。

(2) 所用量具仪器是否经过检定，并有有效期的检定证书，是否处于正常的工作状态。

(3) 仪器的调整、测件的安装定位和支承装卡是否正确合理。

(4) 所采用的测量方法和计算方法是否正确，有无理论误差。

(5) 测量场所的环境条件(如温度变化、震动、尘污、气流等)是否符合规定要求。

(6) 注意避免测量人员带入人为误差，如视差、视力疲劳、注意力不集中等。

2.5.2　加修正值法

加修正值就是预先将测量器具的系统误差检定出来，取与误差大小相同而符号相反的值作为修正值；将测得值加上相应的修正值，即可得到不包含该系统误差的测量结果。

由于修正值本身也包含一定的误差，因此用这种方法不可能将全部系统误差修正，总要残留少量的系统误差。由于这些残留的系统误差相对随机误差已不明显，往往可以把它们统归入随机误差来处理。

2.5.3 改进测量方法

在测量过程中，根据具体的测量条件和系统误差的性质，采取一定的技术措施，选择适当的测量方法，可以使测量值中的系统误差在测量过程中相互抵消，从而实现减小或消除系统误差的目的。

1. 恒定系统误差

在没有条件或无法获知基准量的情况下，难以用检定法确定恒定系统误差并加以消除，这时必须设计适当的测量方法，使恒定系统误差在测量过程中予以消除。常用的方法有如下几种：

(1) 零示法。

零示法属于比较测量方法，它是把被测量与已知标准量(即量具)进行比较，使两个量的作用效应相互抵消(或平衡)；当总效应为零时，指示器的读数为零。这种方法的误差主要取决于标准器的误差，零示器可以不准确，但必须有足够的灵敏度。

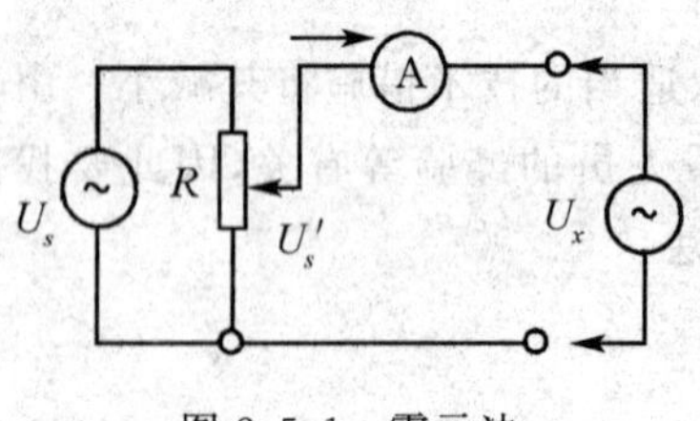

图 2.5-1 零示法

图 2.5-1 为零示法的示意图，图中 U_s 为标准电压，U_x 为被测电压，A 为零示器。调节精密电阻值衰减器 R，当分压 $U_s'=U_x$ 时，零示器中电流为零，被测电压值可以在精密电阻上标度。

零示法原理广泛用于电势差计、阻抗电桥和比较法测频技术中。零示器可以是电压表、灵敏电流计、示波器等。

(2) 交换法。

将某些测量条件(如被测物体位置等)相互交换，使产生系统误差的原因对测量结果产生相反的影响，从而抵消系统误差。例如用天平测量质量 m，如图 2.5-2 所示。如果天平处于非等臂状态，又只测一次，则由于臂长 $l_1 \neq l_2$，会产生恒定系统误差；此时 $m=\frac{l_2}{l_1}p$。若将砝码和被测物交换位置再测一次，得 $m=\frac{l_1}{l_2}p'(p'=p+\Delta p)$，然后取几何平均值有 $m=\sqrt{p \cdot p'}$，这就消除了不等臂的影响。同样的方法在电桥测电阻中也有应用。

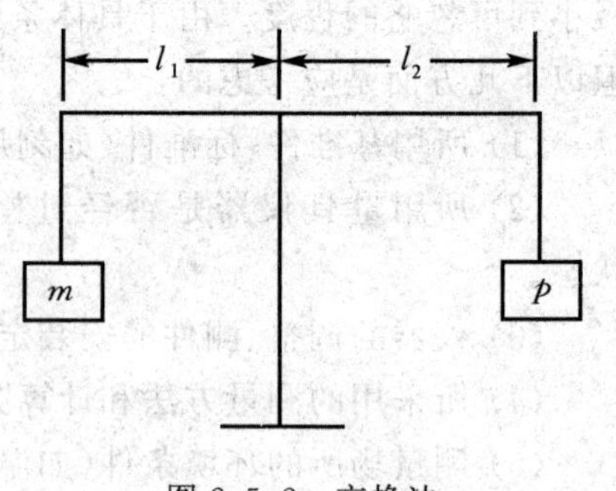

图 2.5-2 交换法

(3) 替代法。

替代法是在测量条件不变的情况下，用标准已知量替代待测量，并使仪器的示值不变，两者所产生的效应完全相同，从而达到消除系统误差的目的。此时被测量值等于该标准已知量。

图 2.5-3 是替代法在阻抗电桥中的应用原理图。用精密电阻 R_s 替代被测电阻 R_x，调节 R_s 值以保持电桥的原平衡状态，则

$$R_x=\frac{R_1R_3}{R_2}=R_s$$

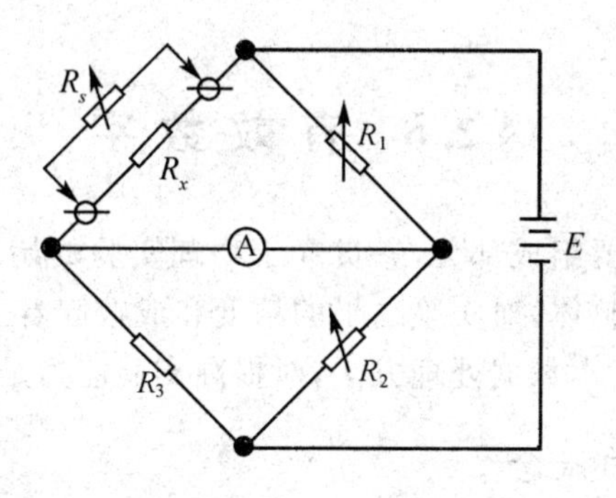

图 2.5-3　替代法

(4) 异号法。

异号法是改变测量中的某些条件，使两种条件下的测量结果中的误差符号相反，然后取其平均值以消除系统误差。例如，冲击电流计测电量，可改变光点的偏转方向，即实施左偏和右偏；然后取两次偏转的平均值作为结果，就可以消除因光点零点调节不准引入的系统误差。在工具显微镜上测螺纹的螺距、半角等参数，也采用这种方法来消除系统误差。

消除恒定的系统误差还常采用补偿法、差值法等方法。

2. 可变系统误差

(1) 对称观测法。

对于线性系统误差，由于它随某因素 t 按比例递增或递减，因而对任一量值 x_0 而言，线性误差依赖 t 而相对该值具有负对称性，即对读数 $x(t)=x_0+\Delta(t)$ 与读数 $x(-t)=x_0+\Delta(-t)$，因 $\Delta(t)=-\Delta(-t)$，有

$$\frac{x(t)+x(-t)}{2}=\frac{x_0+\Delta(t)+x_0+\Delta(-t)}{2}=x_0$$

因此，在选择测量点时，注意取关于因素 t 的左右对称处，两次读数平均，即可消除线性系统误差，这种方法称为对称观测法或对称补偿法。很多随时间变化的系统误差，在短时间内均可看做是线性的，可采用对称补偿法来消除系统误差。

(2) 半周期偶数观测法。

对于周期性系统误差，它每隔半周期具有对称性，即对 $x=x_0+\Delta_0$ 与相隔半周期的 $x_\pi=x_0+\Delta_\pi$，因 $\Delta_\pi=-\Delta_0$，有 $\frac{x+x_\pi}{2}=\frac{x_0+\Delta_0+x_0+\Delta_\pi}{2}=x_0$，因此，取读数位置相差半周期的两次读数的平均值为测量值，可以消除周期性系统误差。例如，对千分表那样表盘可

回转的测量仪(如分光计),由于表盘安装偏心 ε 而引起的刻度示值系统误差呈周期性变化,即 $e=\varepsilon\sin\varphi$,因此,在相距 180°的两对径位置上作两次测量读数,再取平均值即可消除此误差。

上述只是消除或减小系统误差的最基本的方法,这些方法各有优劣,各有自己的实验仪器要求和使用范围,在实际测量时,应根据具体情况,将上述方法结合起来使用或找出更有效的其他方法。

§2.6 有效数字

数据处理是实验的重要组成部分,它贯穿于物理实验的始终,与实验操作、误差分析及结果评定形成一个有机整体,对实验结果的精度和成败起着至关重要的作用。因此,提高数据处理的能力,掌握基本数据处理方法,对提高实验能力是非常有用的。

2.6.1 有效数字的概念

由于误差存在的普遍性,实验中某物理量的测量值及运算结果都是近似的。在实验中我们所测的被测量都是含有误差的数值,对这些数值不能任意取舍,否则会影响测量的精确度。在记录、计算以及书写结果时,究竟应写出几位数字,有严格的要求,要根据实验结果的不确定度来定。

例如用最小分度值为 1cm 的皮尺测量某长度,可能得到 15.8cm,其中“8”是估读的,存疑;用最小分度值为 1mm 的米尺测量,可能得到 15.78cm,其中“8”是估读的,存疑。这两个数据中的 15 和 15.7 是由尺子刻度直接读出的,是完全可靠的,而“8”是实验者根据尺子刻度估读的,不可靠,是可疑数字。一般来说,有效数字是由准确数字和存疑数字组成的。15.8cm 是三位有效数字,15.78cm 是四位有效数字。

一个物理实验测量所得的数值和数学上的一个数意义不同,在数学上,15.8=15.80=15.800;在物理实验中,15.8≠15.80≠15.800,因为它们有着不同的精度。物理实验测得的有效数字在一定程度上表示出了不确定程度,但它并没有指出不确定度的数值是多少,用有效数字表示测量结果只是粗略的。

测量数据中的可疑数字一般只有一位,因此,一般认为,其最后一位是误差所在位(误差是随机误差或者未定的系统误差);特殊情况下,可疑数字可以有两位,这应由测量结果的不确定度来确定。

有效数字与测量条件(如仪器、环境、人员)密切相关,它的位数由测量条件和待测量的大小共同决定。一定大小的量,测量精度越高,有效数字位数越多;而测量条件一定时,被测量越大,有效数字位数越多。

关于有效数字,我们还应注意以下几个问题:

(1) 测量时,一般必须在仪器的最小分度以内再估读一位,若正好与某刻度对齐,则应在相应估读位上记“0”。如用上述米尺测长度时,若末端正好与 8mm 刻度线对齐,则读数应写为 15.80cm。但也有例外,例如用最小分度为 0.02mm 的游标卡尺去测量长度,一般只读到 0.02 位(如 10.62mm);又如分度值为 5mA 的电表,当表针位于 1/4div 处时读 1.0mA 或 1.5mA 都是合理的。当被测量过于粗糙时甚至不应读到分度值所在的位。

(2) 非零数字前面的“0”不是有效数字，非零数字中间或后面的“0”是有效数字。有效数字不能随意增减，如数据 0.01070 中的前面两个“0”不是有效数字，其有效数字为四位，后面的零则不能去掉。

(3) 单位换算过程中有效数字的位数不应改变。在单位换算时，常用 $a\times10^n$ 的形式书写，这样可避免有效数字写错，这种表示方法称有效数字的科学表示法。用这种方法记数时，通常在小数点前只写一位数字，如：

$$30.0\text{mm}=3.00\text{cm}=3.00\times10^{-2}\text{m}=3.00\times10^{-5}\text{km}$$

它们都是三位有效数字。从上面的记数法可以看出，小数点的位置并不影响有效数字的位数。

2.6.2　有效数字的修约规则

(1) 测量数据拟舍弃数字的最左一位数字小于 5 时则舍去，即保留的各位数字不变。如数据 3.14459 取三位有效数字时写为 3.14。

(2) 测量数据拟舍弃数字的最左一位数字大于 5 或者等于 5，而其后跟有非全部为 0 的数字时，则进一，即保留数字的末位加 1。如数据 3.1425009 取四位有效数字时应写为 3.143。

(3) 测量数据拟舍弃数字的最左一位数字为 5，而右边无数字或者为 0 时，若所保留数字的末位为奇数则进 1，为偶数或 0 则舍弃。如数据 4.51050，取四位有效数字时应写为 4.510；2.55 取两位有效数字时应写成 2.6。

(4) 负数修约时，先将它的绝对值按上述(1)～(3)规定进行修约，然后在修约值前面加上负号。

以上有效数字的修约规则可以归纳为一句话：“四舍、大于五入、逢五凑偶”。按这一规则处理数据，可保证数据的舍入误差最小，不会造成舍入误差的累积。

对仪器误差限、标准差及不确定度的最后结果，在去掉多余位数时，一般只入不舍。如 0.0335 取一位有效数字时应写为 0.04。

2.6.3　测量结果不确定度及有效数字位数的取法

测量值或数据处理结果的有效数字中含有可疑数位，可疑数位是与测量结果的不确定度有关的。确定最后结果的有效数字位数的一般原则是：一次直接测量结果的有效数字，可以由估计的不确定度来确定；多次直接测量结果(算术平均值)的有效数字，由计算所涉及的算术平均值的不确定度来确定；间接测量结果的有效数字，也是先算出结果的不确定度，再由不确定度来确定。总之，一般要由不确定度来决定有效数字的位数。

对于给出的不确定度或计算出的不确定度的数据，由于不确定度本身只是一个估计值，一般情况下，它的有效数字只取一位。在一些精确测量和重要测量结果中，不确定度的有效数字可取 1～2 位，应视具体情况而定。一般测量结果数据的最末一位取到与不确定度末位同一量级；或说一般结果数值的最后一位要与不确定度的最后一位对齐。如间接测量结果为 4.2958mm，不确定度为 0.005mm，则间接测量结果取为 4.296mm，表示为

$(4.296 \pm 0.005) \times 10^{-3}$ m。

2.6.4 有效数字的运算

由于测量误差的存在，直接测得的数据只能是近似数；通过这些近似数求得的间接测量值也是近似数。几个近似数的运算可能会增大误差。为了不因计算而引进误差，同时为了使运算更简洁，我们对有效数字的运算作如下规定：

1. 加减运算

先找出各数中的存疑数最大的数据，以该数据的最后一位为标准，将其余各数据舍入保留到比该数据多一位。运算结果的有效数字的末位与作为标准的数据末位取齐。

例 1 计算 $N=A+B+C+D$，$A=5472.3$，$B=0.7536$，$C=1214$，$D=7.26$。

A、B、C、D 中存疑最大的数据是 C，其可疑位在个位数上，因此，N 的有效数字也应取到个位数。为了避免因中间运算引进误差，A、B、D 均保留到小数点后一位，算出结果后再向 C 取齐，即 $N=5472.3+0.8+1214+7.3=6694$。

2. 乘除运算

先找出参与运算的有效数字位数最少的数据，以该数有效数字位数为标准，简化参与运算的其余各数的有效数字，一般比标准数据多保留一位；常数应多保留两位。运算结果有效数字的位数，一般与作为标准的数据位数相同。

例 2 计算 2.453×6.2；$93.504 \div 12$；$80.5 \times 0.0014 \times 3.08326 \div 764.9$。

解 $2.45 \times 6.2 = 15.2$；$93.5 \div 12 = 7.8$；$80.5 \times 0.0014 \times 3.08 \div 765 = 4.5 \times 10^{-4}$。

用计算器计算时，可采用“抓两头放中间”的方法，即注重原始读数及测量结果的有效数字的位数的确定，运算过程中的数和中间结果都可适当多保留几位。

3. 其他运算

乘方、开方的有效数字与原数有效数字位数相同。

以 e 为底的自然对数，其计算结果的小数点后面的位数应与原数的有效数字位数相同，如 $\ln 56.7 = 4.038$。以 10 为底的常用对数，其计算结果的有效数字位数应比 $\ln x$ 多取一位。

指数(包括 10^x，e^x 形式)函数运算后的有效数字的位数可取比指数的小数点后的位数(包括紧接小数点后的“0”)多一位，如 $e^{9.24} = 1.03 \times 10^4$。

对于三角函数，一般角度的不确定度分别为 $1'$、$10''$、$1''$，其有效数字位数分别取四位、五位和六位。

对于参与各种运算的一些特殊的准确数或常数，如 $d=2r$ 中的倍数 2，测量次数 n，常数 π、e 等，2、n 没有可疑成分，不受制于有效数字运算规则；π、e 等常数的有效数字的位数可以认为是任意多位，具体取多少位，根据实际计算而定，一般与被测量的有效数字位数相同。

§2.7　数据处理的基本方法

实验中，被记录下来的一些原始数据需经过适当的处理和计算才能得出测量结果，从而正确反映出事物的内在规律，这种处理过程称数据处理。根据不同的需要，可以采用不同的数据处理方法。下面我们介绍处理数据的几种常用方法。

2.7.1　列表法

1. 列表的作用

在记录和处理数据时常把数据列入表格，表格可以简单明确地表示出有关物理量之间的对应关系，便于随时检查测量数据，及时发现问题和分析处理问题，并且可以找出有关量之间的规律性的东西。数据列表还可以提高处理数据的效率，减少或避免错误。根据需要，有时把计算的某些中间值列入表中，可以随时从对比中发现运算是否正确，便于计算和分析误差。

2. 列表的要求

(1) 简单明了，便于看出有关量之间的关系。

(2) 标明所列表格中各符号所代表的物理量的含义，写明单位(写在标题栏中，不要记在各个数据后面)。

(3) 表中的数据是有效数字。

(4) 必要时有文字说明。

2.7.2　作图法

作图是指将自变量作为横坐标、因变量作为纵坐标，在坐标纸上画出曲线，反映自变量与因变量之间的关系。坐标纸分方格纸、对数纸、半对数纸、概率纸等多种，使用时根据需要选择。

1. 作图法的作用和优点

(1) 能直观地反映各物理量之间的变化规律，方便找出对应的函数关系，求出合适的经验公式。

(2) 便于取平均或寻找统计分布规律。

(3) 可以作出仪器的校准曲线，帮助发现实验中个别的测量错误，对系统误差进行分析。

(4) 能简便地从图像中求出实验需要的某些结果，如直线的斜率、截距等。

(5) 可从图中用外延法和内插法求得实验点以外的其他点。

(6) 可把某些较复杂的函数关系，通过变数置换法用直线表示出来。

2. 作图规则

(1) 选坐标纸。根据各变量之间的变化规律,选择相应类型的坐标纸;根据有效数字确定坐标纸的大小。

(2) 选坐标轴。标出各坐标轴所代表的物理量,写明轴的名称、单位。一般以横轴代表自变量,以纵轴代表因变量。

(3) 确定坐标比例和标度。定标时,坐标读数的有效数字位数应与实验数据的有效数字位数相对应;比例选择要适当,应尽量使图线占据图纸的大部分面积,且不用计算就能直接读出图线上的每点的坐标;两坐标交点不一定取(0,0)点,以便调整图线的大小和位置;如果数据特别大或特别小,可提出乘积因子,如提出$\times 10^3$或10^{-4}等放在坐标轴最大值(或变量)的右边。

(4) 描点。用削尖的铅笔把对应的数据标在图纸上。描点时采用+、×、⊙、△等较明显的标识符号,同一曲线上的点要用同种符号。

(5) 连线。连线应尽量使图线紧贴所有的观测点,并使观测点均匀分布于图线两侧,连线应平滑(注意不要连成折线),若将图线延伸到测量数据范围之外,一般依趋势用虚线画。

(6) 写图例说明。在图的右上方或右下方等位置简洁而完整地写出图例说明,如图名、比例等。

2.7.3 逐差法

逐差法是实验中常用的一种数据处理方法,它常用于等间隔线性变化测量中所得数据的处理。

我们已知道,算术平均值最接近真值,为了减少随机误差,在实验中应尽量实现多次测量。例如在用拉伸法测金属丝的杨氏模量的实验中,若简单地取各次测得量的平均值,并不能达到好的效果。假定测读钢丝伸长量时,读得8个标尺读数:$n_0,n_1,n_2,\cdots,n_7$;相应的逐项逐差值(像移)是$\Delta n_1=n_1-n_0,\Delta n_2=n_2-n_1,\cdots,\Delta n_7=n_7-n_6$,其像移差值的平均值为

$$\overline{\Delta n}=\frac{(n_1-n_0)+(n_2-n_1)+\cdots+(n_7-n_6)}{7}=\frac{n_7-n_0}{7}$$

可见,这样逐项逐差仅用了n_7和n_0两个数据,其余数据在求平均时被消掉了,这与一次增加7个砝码的单次测量等价。为了充分利用数据,保持多次测量的优点,减少测量误差,我们采用逐差法处理这些数据,效果就好得多。具体做法是把所有测量数据分成两组,一组是n_0,n_1,n_2,n_3,另一组是n_4,n_5,n_6,n_7,依次取对应项的差值:

$$\Delta n_1=n_4-n_0$$

$$\Delta n_2=n_5-n_1$$

$$\Delta n_3=n_6-n_2$$

$$\Delta n_4=n_7-n_3$$

平均值为

$$\overline{\Delta n}=\frac{\Delta n_1+\Delta n_2+\Delta n_3+\Delta n_4}{4}$$
$$=\frac{(n_4-n_0)+(n_5-n_1)+(n_6-n_2)+(n_7-n_3)}{4}$$

此处$\overline{\Delta n}$相当于每次增加4个砝码,连续增加了4次所测出的像移的平均值。

一般来说,我们把符合线性函数的等间隔测量所得数据分成两组,相隔$\frac{k}{2}$(k为测量次数)项逐项相减,这种方法就叫逐差法。下面简述一般线性函数的测量数据的逐差处理。

设线性函数$y=a+bx$,测得$x_1,x_2,\cdots,x_k;y_1,y_2,\cdots,y_k$。怎样根据这组数据确定线性函数式中的系数$a$和$b$呢?

设$k=2n$(k为偶数),若两组测量值相隔n项对应逐差

$$x_{n+i}-x_i=\Delta_n x$$

则

$$b_i=\frac{y_{n+i}-y_i}{\Delta_n x}\qquad (i=1,2,\cdots,n)$$

取平均值

$$\bar{b}=\frac{1}{n\Delta_n x}\sum_{i=1}^{n}(y_{n+i}-y_i)\tag{2.7-1}$$

$\bar{b}$的不确定度为

$$U_{\bar{b}}=\sqrt{\frac{\sum(b_i-\bar{b})^2}{n(n-1)}}\tag{2.7-2}$$

设$k=2n-1$(k为奇数),则

$$b_i=\frac{y_{n+i}-y_i}{x_{n+i}-x_i}\qquad (i=1,2,\cdots,n-1)$$

$$\bar{b}=\frac{1}{n-1}\sum_{i=1}^{n-1}b_i\tag{2.7-3}$$

$$U_{\bar{b}}=\sqrt{\frac{\sum(b_i-\bar{b})^2}{(n-1)(n-2)}}\tag{2.7-4}$$

$$a=\bar{y}-\bar{b}\,\bar{x}\tag{2.7-5}$$

运用逐差法,不仅可以充分利用数据,减少随机误差,还可以发现系统误差或实验数据的某些变化规律,对假定的公式作进一步修正。

2.7.4　最小二乘法

用作图法处理数据虽有许多优点,但它是一种粗略的数据处理方法,因为它不是建立在严格的统计理论基础上的数据处理方法。在作图纸上人工拟合直线(或曲线),有一定的主观随意性,不同的人用同一组测量数据作图,可得出不同的结果,因而人工拟合的直线往往不是最佳的,因而用作图法处理数据时,一般是不求误差的。

由一组实验数据找出一条最佳的拟合直线(或曲线),常用的方法是最小二乘法。用最小二乘法求得的变量之间的相关函数关系式称为回归方程,所以最小二乘法线性拟合亦称为最小二乘法线性回归。

在这里我们只讨论用最小二乘法进行一元线性拟合问题。有关多元线性拟合与非线性拟合,读者可参阅其他专著。

最小二乘法原理是:若能找到一条最佳的拟合直线,那么这条拟合直线上各相应点的值与测量值之差的平方和在所有拟合直线中应是最小的。

假设所研究的两个变量 x 与 y 间存在线性相关关系,回归方程的形式为

$$y=a+bx \tag{2.7-6}$$

实验测得一组数据 x_i、y_i($i=1,2,\cdots,n$),现在要解决的问题是:怎样根据这组数据来确定式(2.7-6)中的系数 a 和 b。

我们讨论最简单的情况:每个测量值都是等精度的,且 x_i、y_i 中只有 y_i 是有明显的测量随机误差(如果 x_i、y_i 均有误差,只要把相对来说误差较小的变量作为 x 即可)。

由于存在误差,实验点是不可能完全落在由式(2.7-6)拟合的直线上的。对于和某一个 x_i 相对应的 y_i 与直线在 y 方向上的残差为

$$\Delta y_i=y_i-y=y_i-a-bx_i \tag{2.7-7}$$

如图 2.7-1 所示。按最小二乘法原理应使

$$\sum_{i=1}^{n}(\Delta y_i)^2=\sum_{i=1}^{n}(y_i-a-bx_i)^2=\min \tag{2.7-8}$$

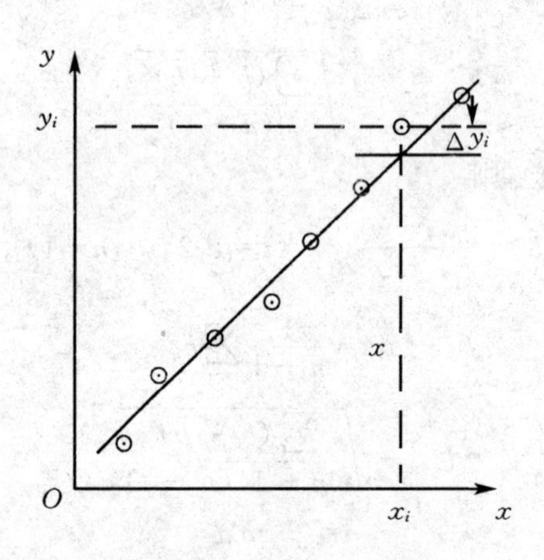

图 2.7-1

由式(2.7-8),有

$$\begin{cases}\dfrac{\partial\sum(\Delta y_i)^2}{\partial a}=-2\sum(y_i-a-bx_i)=0\\ \dfrac{\partial\sum(\Delta y_i)^2}{\partial b}=-2\sum(y_i-a-bx_i)x_i=0\end{cases} \tag{2.7-9}$$

化简得

$$\begin{cases}\sum y_i-na-b\sum x_i=0\\ \sum y_ix_i-a\sum x_i-b\sum x_i^2=0\end{cases} \tag{2.7-10}$$

令 $\overline{x}$、$\overline{y}$、$\overline{x^2}$、$\overline{xy}$ 分别表示 x_i、y_i、x_i^2、x_iy_i 的平均值，即

$$\overline{x}=\frac{\sum x_i}{n}\qquad \overline{y}=\frac{\sum y_i}{n}\qquad \overline{x^2}=\frac{\sum x_i^2}{n}\qquad \overline{x\,y}=\frac{\sum x_iy_i}{n}$$

代入式(2.7-10)可得

$$\begin{cases}\overline{y}=a+b\,\overline{x}\\ \overline{xy}=a\,\overline{x}+b\,\overline{x^2}\end{cases}\tag{2.7-11}$$

解方程组可得

$$a=\overline{y}-b\,\overline{x}\tag{2.7-12}$$

$$b=\frac{\overline{x}\cdot\overline{y}-\overline{xy}}{(\overline{x})^2-\overline{x^2}}=\frac{\sum(x_i-\overline{x})(y_i-\overline{y})}{\sum(x_i-\overline{x})^2}\tag{2.7-13}$$

如果用符号分别表示

$$S_{xx}=\sum(x_i-\overline{x})^2,\quad S_{yy}=\sum(y_i-\overline{y})^2$$

$$S_{xy}=\sum(x_i-\overline{x})(y_i-\overline{y})$$

则

$$b=S_{xy}/S_{xx}\tag{2.7-13'}$$

在上述假定只有 y_i 有明显随机误差的条件下，a、b 的标准偏差可由下面两式进行计算：

$$S_b=\frac{S_y}{\sqrt{S_{xx}}}\tag{2.7-14}$$

$$S_a=\sqrt{\frac{\overline{x^2}}{S_{xx}}}S_y=\sqrt{\overline{x^2}}S_b\tag{2.7-15}$$

上两式中，S_y 为测量值 y_i 的标准偏差，它的计算式为

$$S_y=\sqrt{\frac{\sum_{i=1}^{n}(\Delta y_i)^2}{n-2}}=\sqrt{\frac{S_{yy}-S_{xy}^2/S_{xx}}{n-2}}\tag{2.7-16}$$

因为确定两个未知数要用两个方程，所以式(2.7-16)中的($n-2$)表示确定未知数多余的方程数目。

如果实验是在已知线性函数关系下进行的，那么用上述最小二乘法线性拟合，可得出最佳直线及其截距(a)和斜率(b)，从而得出回归方程。如果实验是要通过 x、y 的测量值来寻找经验公式，则还应判断由上述一元线性拟合所找出的线性回归方程是否恰当，这可用相关系数 γ 来判别，γ 定义如下：

$$\gamma=\frac{\sum(x_i-\overline{x})(y_i-\overline{y})}{\sqrt{\sum(x_i-\overline{x})^2\cdot\sum(y_i-\overline{y})^2}}=\frac{S_{xy}}{\sqrt{S_{xx}S_{yy}}}\tag{2.7-17}$$

相关系数 γ 的数值大小表示了相关程度的好坏：若 $\gamma=\pm1$，则表示变量 x、y 完全线性相关，拟合直线通过全部实验点；当 $|\gamma|<1$ 时，实验点之间的线性关系不好，$|\gamma|$ 越小，线性程度越差；若 $\gamma=0$，则表示 x 与 y 完全不相关，如图 2.7-2 所示。

有关处理数据的方法还有很多，如差值法、平均法、插值法等，这里就不一一介绍了。

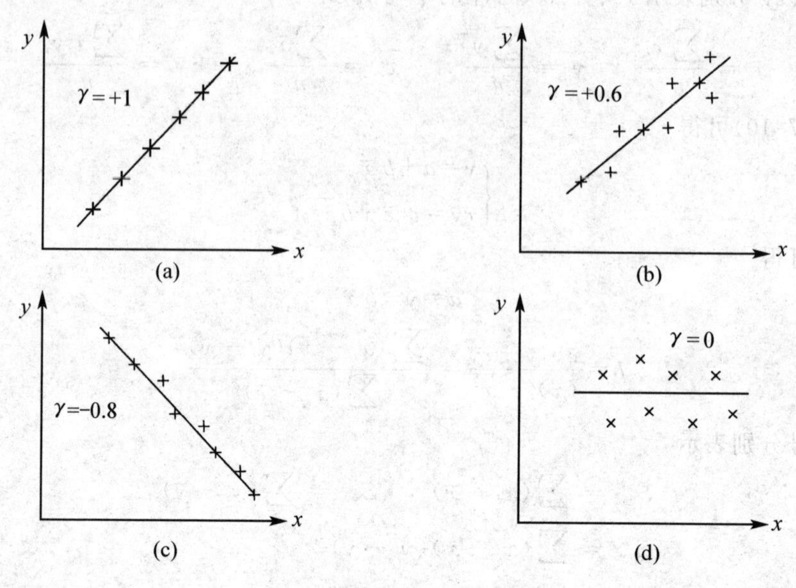

图 2.7-2

§2.8 数据处理举例

2.8.1 直接测量的数据处理

例 1 用天平称某物体 5 次，数据如下：57.161，57.164，57.168，57.165，57.165（$\times10^{-3}$ kg）。已知天平在这一称量范围的修正量为-0.002（10^{-3} kg），天平的最小分度值为 0.025（10^{-3} kg），求该物体的质量。

解 $\overline{m'}=57.1646\times10^{-3}$ kg

修正后的质量 $\overline{m}=57.1626\times10^{-3}$ kg

A 类分量：$S_i=S_{\overline{m}}=0.0011\times10^{-3}$ kg

B 类分量：$u_j=\Delta=\dfrac{1}{3}\times0.025=0.0084\times10^{-3}$ kg

合成不确定度：$U=\sqrt{S_{\overline{m}}^2+\Delta^2}=0.0085\times10^{-3}$ kg，取 $U=0.009\times10^{-3}$ kg

结果表达式为：$m=(57.163\pm0.009)\times10^{-3}$ kg

由于 A 类分量相对于 B 类分量可略去不计，这台天平的主要误差只取决于天平的灵敏度，故可以不进行多次测量。

2.8.2 间接测量的数据处理

例 1 用流体静力称衡法测某固体密度的公式为 $\rho=\dfrac{m}{m+m'-M'}\rho_{水}$。已知 $m=\overline{m}\pm U_{\overline{m}}$，$m'=\overline{m'}\pm U_{\overline{m'}}$，$M'=\overline{M'}\pm U_{\overline{M'}}$，求测量结果。

解　先计算 $\bar{\rho}$：

$$\bar{\rho}=\frac{\bar{m}}{\bar{m}-\overline{m'}-\overline{M'}}\rho_水$$

然后计算 $U_{\bar{\rho}}$，由于

$$\frac{\partial\rho}{\partial m}=\frac{m'-M'}{(m+m'-M')^2}\rho_水 \qquad \frac{\partial\rho}{\partial m'}=\frac{-m}{(m+m'-M')^2}\rho_水$$

$$\frac{\partial\rho}{\partial M'}=\frac{m}{(m+m'-M')^2}\rho_水$$

根据不确定度的计算公式有

$$U=\sqrt{\left(\frac{\partial\rho}{\partial m}\right)^2U_{\bar{m}}^2+\left(\frac{\partial\rho}{\partial m'}\right)^2U_{\overline{m'}}^2+\left(\frac{\partial\rho}{\partial M'}\right)^2U_{\overline{M'}}^2}$$

$$=\sqrt{\left[\frac{m'-M'}{(m+m'-M')^2}\rho_水\right]^2U_{\overline{m'}}^2+\left[\frac{-m}{(m+m'-M')^2}\rho_水\right]^2U_{\overline{m'}}^2+\left[\frac{m}{(m+m'-M')^2}\rho_水\right]^2U_{\overline{M'}}^2}$$

结果表达式为　　　　　$\rho=\bar{\rho}\pm U$ (SI)

例 2　电桥测电阻实验数据处理。

(1) 电桥测电阻实验数据。

自组电桥测电阻：

粗测 R_x(Ω)	$R_1:R_2$	测量 R_s(Ω)	交换后 R_s(Ω)	电阻箱等级 a
2000	1∶1	1986.2	2016.5	0.1

箱式电桥测电阻：

万用表测 R_x(Ω)	倍率 C	准确度等级 α	电阻盘示值 R_s(Ω)	测量值 $R_x=CR_s$(Ω)
$R_2=200$	0.1	0.1	2001	200.1
$R_1+R_2=220$	0.1	0.1	2186	218.6
$R_2//(R_1+R_3)=182$	0.1	0.1	1807	180.7

(2) 自组电桥测电阻数据处理。

$$R_x=\sqrt{R_s\cdot R_s'}=\sqrt{1986.2\times2016.5}=2001.3(\Omega)$$

$$\Delta_仪=\frac{a}{100}R_s+0.005(N+1)(\Omega)$$

式中，a 为电桥准确度级别，N 为实际所用的十进制电阻盘的个数。

作为单次测量，不考虑不确定度的 A 类分量，不确定度的 B 类分量为 $\frac{1}{3}\Delta_仪$（正态分布），忽略在平衡判断中因检流计的灵敏度不够所带来的误差，从而有

$$U_{R_s}=\frac{1}{3}\left[\frac{a}{100}R_s+0.005(N+1)\right](\Omega)=\frac{1}{3}\left[\frac{0.1}{100}1986.2+0.005(5+1)\right]=0.7(\Omega)$$

$$U_{R'_s}=\frac{1}{3}\left[\frac{a}{100}R_s'+0.005(N+1)\right](\Omega)=\frac{1}{3}\left[\frac{0.1}{100}2016.5+0.005(5+1)\right]=0.8(\Omega)$$

则

$$U=R_x\sqrt{\left(\frac{U_{R_s}}{2R_s}\right)^2+\left(\frac{U_{R_s'}}{2R_s'}\right)^2}=2001.3\sqrt{\left(\frac{0.7}{3972.4}\right)^2+\left(\frac{0.8}{4033}\right)^2}=0.6\ (\Omega)$$

实验结果

$$R=R_x\pm U=2001.3\pm0.6(\Omega)$$

(3) 箱式电桥测电阻数据处理。

三个测量值均为单次测量,不考虑不确定度的A类分量,不确定度的B类分量为$\frac{1}{\sqrt{3}}\Delta_{仪}$(均匀分布),忽略电桥灵敏度引起的误差,则有

$$U=\frac{1}{\sqrt{3}}\left[\frac{a}{100}\left(CR_s+C\frac{R_0}{10}\right)\right]\ (\Omega)$$

对于 R_2

$$U=\frac{1}{\sqrt{3}}\left[\frac{0.1}{100}\left(200.1+0.1\times\frac{2000}{10}\right)\right]=0.2\ (\Omega)$$

实验结果

$$R=R_x\pm U=200.1\pm0.2(\Omega)$$

对于 R_1+R_2

$$U=\frac{1}{\sqrt{3}}\left(\frac{0.1\times218.6}{100}+0.02\right)=0.2\ (\Omega)$$

实验结果

$$R=R_x\pm U=218.6\pm0.2(\Omega)$$

对于 $R_2//(R_1+R_3)$

$$U=\frac{1}{\sqrt{3}}\left(\frac{0.1\times180.7}{100}+0.02\right)=0.2\ (\Omega)$$

实验结果

$$R=R_x\pm U=180.7\pm0.2(\Omega)$$

第3章　基本实验方法及操作技术简介

物理实验几乎都以物理理论为依据，以实验装置和实验技术为手段，对物理量进行测量，故人们把物理量测量也称为物理实验。物理实验中，基本测量内容非常广泛，它包括对力学量、热学量、电学量和光学量的测量等。测量方法也很多，有直接测量、间接测量、组合测量；按测量内容有电量测量和非电量测量；根据测量过程中被测量是否随时间变化，有静态测量和动态测量；根据测量数据是否通过基本量求得，有绝对测量和相对测量等。下面对物理实验中的几种基本实验方法及其操作技术作一些简单介绍。

§3.1　比　较　法

比较法是物理量测量中使用较普遍的测量方法，它是将相同类型的被测量与标准量直接或间接地进行比较，测出其大小的测量方法。比较法分为直接比较法和间接比较法两种。

1. 直接比较法

将被测量直接与同类物理量的标准量具进行比较，测出其大小的测量方法，称为直接比较测量法。这种方法所使用的测量仪器通常是直读式，它所测量的物理量一般是基本量。例如用米尺、游标卡尺、螺旋测微器测量长度；用秒表、数字毫秒计测量时间；用伏特计测电压；用角规测角度等。这些标准量具的刻度预先用标准仪进行分度和校准，测量者只需根据指示值乘以测量仪器的常数或倍率，就可以知道待测量的大小，无须做附加的动作或计算。由于测量过程简单方便，直接比较法在物理量测量中应用较广泛。

2. 间接比较法

当某些物理量难以用直接比较法测量时，可以利用物理量之间的函数关系，将被测量与同类物理量的标准量进行间接比较，测出其值，这种方法就是间接比较法。

例如，为了精确测量电阻值，就不直接用多用表测，而是用如图3.1-1所示的间接比较测量法测量。图3.1-1是应用欧姆定律将待测电阻R_x与一个可调的标准电阻R_s进行间接比较测量的示意图。若电源输出U保持不变，调节标准电阻R_s，使开关K在“1”和“2”两个位置时，电流表指示值不变，则有$R_x=R_s=U/I$。

又如，在示波器的x方向和y方向上分别输入一待测频率的正弦信号和一可调频率的标准信号，就可以通过观察荧屏上出现的李萨如图形，间接地比较两个电信号的频率，从而求得待测信号的频率。

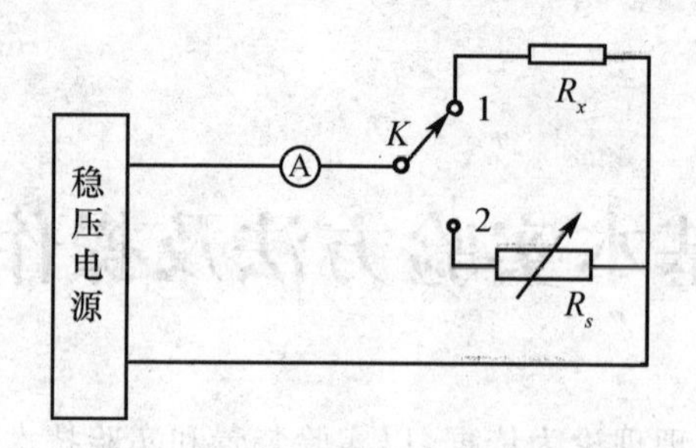

图 3.1-1　间接比较法测量

§3.2　放　大　法

在测量中,有时由于被测量过分小,以至无法用一般的测量工具直接测出,这时可通过某种途径将被测量放大,然后再进行测量。放大被测量所用的原理和方法称为放大法(缩小也是一种放大,其放大倍数小于1)。常用的放大法有机械放大法、光学放大法、电子放大法、累积放大法等。

1. 机械放大法

机械放大法是利用机械部件之间的几何关系,使标准单位在测量过程中得以"放大",增加测量有效数字位数,减少相对误差的一种方法。

例如利用游标可以提高测量的细分程度,好像用一个放大镜来看尺子。游标卡尺的分度值为 x 的主尺加上一个 n 等份的游标以后,分度值变为 $\Delta x=\frac{1}{n}x$。分光计的读数盘也是如此,不同的是,前者为长度机械放大,后者为角度机械放大。

又如螺旋测微也是使用机械放大法,其放大原理是:将沿轴线方向的微小位移通过螺旋用半径较大的鼓轮圆周上的较大弧长精确地表示出来,即将螺距通过螺母上的圆周予以放大,其放大率为 $m=\frac{\pi D}{h}$(h 是螺距,D 是与螺母连在一起的分度套筒的直径),这就大大提高了测量精度(可提高100倍以上)。这种读数放大法还可用于其他装置的测量系统,如读数显微镜,迈克耳孙干涉仪等高精度测量仪器。

另外,各种指针式电表中也应用了机械放大法,即通过加大指针的长度,将电表中线圈转子受力后的偏转转化为电表面板上容易读取的数据。

2. 电子放大法

实验中往往需要测量变化微弱的电信号,如电流、电压等;或者利用微弱的电信号去控制某些机构的动作,这时必须用电子放大器将微弱信号放大后,才能利用普通的仪器有效地进行观察、控制和测量,这就是电子放大法。电子放大作用是由三极管或集成电路来完成的。例如电子示波器上配有线性放大器,将信号放大,并在荧光屏上直接观察和定量测量。

3. 光学放大法

常用的光学放大法有两种：一种是使被测物通过光学系统形成放大像，便于观察判别，而测量时仍以常规测微长度仪器进行。例如放大镜、显微镜、望远镜等都属于此类。另一种是使用光学装置将待测微小物理量进行放大，通过测量放大了的物理量来间接获得微小物理量。例如测量微小长度和微小角度变化的光杠杆镜尺法，即是此种光学放大法。

图 3.2-1(a)是光杠杆：一个小平面镜装在三足架上，小平面镜与两前足共面，后足与待测物连在一起。测量时，光杠杆的后足随被测物一起上升或下降微小距离 ΔL，镜面则转过 θ 角，如图 3.2-1(b)所示。若用望远镜从平面镜中观察米尺的像，则发现叉丝读数变化了 2θ 角所对应的距离为 Δn。设光杠杆后足到两前足连线的中垂线距离为 b，则有

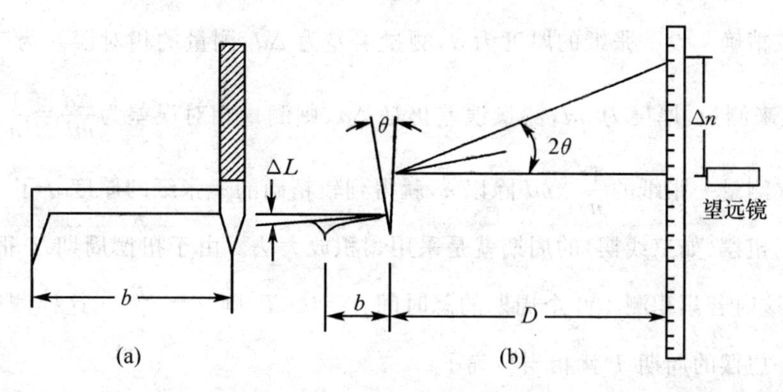

图 3.2-1　光杠杆镜尺法放大原理图

$$\tan\theta=\frac{\Delta L}{b}$$

$$\tan 2\theta=\frac{\Delta n}{D}$$

当 ΔL 变化很小时，θ 很小，因此近似有

$$\theta\approx\frac{\Delta L}{b}$$

$$2\theta\approx\frac{\Delta n}{D}$$

于是

$$\Delta L=\frac{b\Delta n}{2D}$$

光杠杆的作用就是将微小长度变化 ΔL 转变为标尺刻线的像移 Δn，而 Δn 比 ΔL 放大了 $\frac{2D}{b}$ 倍，这就是光杠杆的放大原理。

光杠杆放大法不仅可测量微小长度的变化，还可测微小角度。如光点式悬线电表就

是用此方法来测量角度的：将平面镜与待测系统连在一起，当它们一起转动了 θ 角时，来自某处的入射光线被镜面反射后，偏离了 2θ 角，于是物体转角被放大了 2 倍。也可将转角转换成间接长度的测量。图 3.2-1(b)中，$\tan 2\theta=\frac{\Delta n}{D}$，就是将转角 θ 变成对 Δn 的测量。一般来说，D 越长，Δn 的有效数字越大，测量精度越高。为了在有限的空间获得较大的 D，可采用多次反射法：在尺的位置上再用镜面反射，将反射光射回平面镜，再反射到镜尺上。常用的复射式光斑检流计采用的就是这一原理。

4. 累积放大法

把数值变化相等的微小量累积，达到便于用比较法测量的大小后，用比较法测出累积值，然后再除以累积倍数求得微小量的值，这种方法即为累积放大法。

例如用尺子去测量一张很薄的纸的厚度，那是很不精确的；如果用累积放大法测量就能测得比较精确。设一张纸的厚度为 d，测量误差为 Δd，测量的相对误差为$\frac{\Delta d}{d}$。如果把 n 张纸叠起来测量，厚度为 nd，测量误差仍是 Δd，则测量相对误差为$\frac{\Delta d}{nd}=\frac{1}{n}\cdot\frac{\Delta d}{d}$，误差减小为每次测量一张纸的$\frac{1}{n}$。$nd$ 除以 n，就得到较精确的一张纸的厚度 d 了。

实验测扭摆(如三线摆)的周期就是采用累积放大法。由于扭摆周期 T 很小，用秒表很难测准，这时若累积测 100 个周期的总时间：$t=100T$，则 $T=\frac{t}{100}$。这样测得的待测微小时间——扭摆的周期 T 就相当精确了。

§3.3 补 偿 法

在特定的装置系统中，通过调节一个或几个与被测物理量有已知平衡关系(或已知其值)的同类标准物理量，去补偿(或抵消)被测物理量的作用，使系统处于补偿(或平衡)状态；处于补偿状态的测量系统中，被测量与标准量之间具有明确的关系，由此可测得被测量值，这种测量方法称为补偿法。

设某系统中 A 效应的量值为被测对象，由于某些原因物理量 A 不能直接测量或难以测量，可人为地制造出一个 B 效应与 A 补偿。制造 B 效应的原则是 B 效应的量值应易于测量或已知，于是用测量 B 效应量值的方法求出 A 效应的量值。完整的补偿测量系统由待测装置、补偿装置、测量装置和指零装置组成。待测装置产生待测效应，要求待测量尽量稳定，便于补偿。补偿装置产生补偿效应，要求补偿量值准确达到设计的精度。测量装置可将待测量与补偿量联系起来进行比较。指零装置是一个比较系统，它将显示出待测量与补偿量比较的结果。比较方法可分为零示法和差示法两种，零示法称完全补偿，差示法称不完全补偿。人们一般都采用零示法，这是因为人的眼睛对刻线重合比刻线不重合的估读判断能力高出许多，能提高补偿精度。

补偿测量应用广泛。例如用天平称物体的质量，将被测物放在天平的一个托盘里，在另一个托盘里放入精度很高的砝码进行补偿(平衡),这时所加砝码的质量即为被测物的质量。

图 3.3-1 是一种补偿法测量电动势的典型原理图。图中 E_s 为连续可调的标准电源,E_x 为待测电源,G 为检流计。调节 E_s 的大小使检流计 G 指零,此时电路处于补偿状态,即 $E_x = E_s$,从而可以测出电源的电动势 E_x。

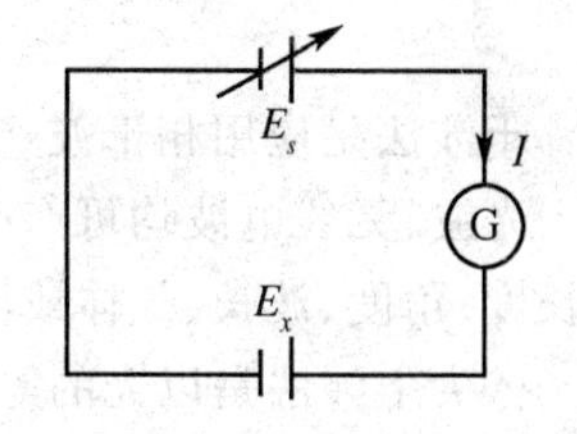

图 3.3-1　补偿法测电动势

补偿法除普遍用于电势差计中测量微小电压和电动势、平衡电桥中测量电阻、光学实验中测量光程差外,还可用于校正系统误差。例如在电路里常使用碳膜电阻和金属膜电阻,这两种电阻的温度系数都很大,只要环境温度发生变化,它们的阻值就会产生较大的变化,影响电路的稳定性。由于金属膜电阻的温度系数为正,碳膜电阻的温度系数为负,若适当地将它们搭配串联在电路中,就可以减小电路中温度变化的影响,减小系统误差。另外,在电子线路里常配置各种补偿电路,以减小电路的某种浮动;在光学实验中为防止由于光学器件的引入而改变光程差,在光路中常适当配置光学元件进行补偿。

采用补偿法进行测量的突出优点是可以消除一些恒定的系统误差,获得比较高的测量精度。

§3.4　模　拟　法

由于某些特殊原因(比如研究对象过分庞大、操作危险、系统变化缓慢等),我们难以对研究对象直接进行测量,于是就利用与研究对象情形类似的模型代替原对象进行测试,这种测量方法称为模拟法。

并不是任意一个模型都可以代替原型进行测量的,替代必须具备一定的条件。一般来说,首先要求模型和原型遵从同样的物理规律,即物理相似;其次要求模型的几何尺寸与原型的几何尺寸成比例地缩小或放大,即几何相似。只有两个条件都具备,才能进行模拟。应注意,模型和原型不管经过怎样的变换和处理,都只能做到某些方面的物理相似,不可能在所有的物理性质上完全相似,这类模拟称物理模拟。航模实验就是物理模拟法实验。为了测量以速度 u 飞行的飞机的各部件所受的力,我们首先必须制造一个与飞机几何相似的飞机模型,然后将其静止放在风洞里。风以速度 u 吹来,这与空气静止而飞机运动受力是相同的。这样原型与模型不仅几何相似,而且遵从同一方程(纳维-斯托克斯方程),只要方程的解相同,模型测试就完全可以替代原型测试。

轮船、桥梁、河流冲刷等也可做与航模类似的模拟实验。可见,模型试验在流体动力学运动规律的研究中有很大的价值。

另有一种模拟称为数学模拟,其模型与原型在物理实质上可以完全不同,但它们都遵从相同的数学规律。用稳恒电流场模拟静电场即属此类。

如将上述两种模拟法互相配合使用,效果会更好。用微机进行模拟实验就能将两者很好地结合起来。

§3.5 干 涉 法

干涉法是应用相干波产生的干涉效应，进行有关物理量测量的方法。机械波（如声波）、光波、无线电波均可产生干涉效应，其中以光波干涉应用最广。光波干涉主要用在测量长度、角度、波长、气体或液体的折射率及检测各种光学元件的质量等实验中。

劈尖干涉法是以光的等厚干涉原理为基础的一种较简单且常见的方法。利用这一方法可以测量细丝的直径和微小的角度。如图 3.5-1 所示，将直径为 d 的待测细丝放在两个标准的平板玻璃之间的一端，便形成一空气劈尖。当用波长为 λ 的单色光垂直照射在玻璃板上时，在空气劈尖的上表面形成一组平行于劈棱的明暗相间的等间距的干涉条纹，且两相邻明或暗条纹所对应的空气层厚度之差为半个波长。由此可得细丝的直径为 $d=n\cdot L\cdot\frac{\lambda}{2}$（式中 n 为单位长度中所含的条纹数）。用劈尖干涉法还可以检测光学元件表面的光洁度。让待测光学元件与一标准平板玻璃构成劈尖，用单色光垂直照射，观察其形成的等厚干涉条纹，若条纹产生弯曲，则说明待测玻璃面在该处不平整。此外，根据干涉原理还可制作出许多种类的干涉仪。如精密测长用的迈克耳孙干涉仪，测定折射率的折射干涉仪，测天体用的天体干涉仪，工业上测定机件磨光面光洁度的显微干涉仪等。

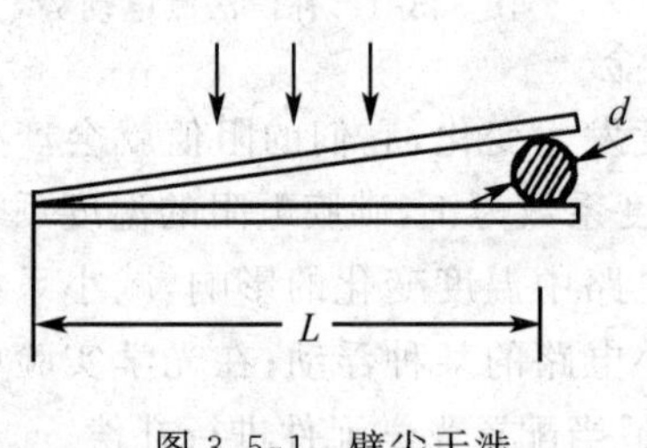

图 3.5-1 劈尖干涉

干涉法只是光学实验方法中的一种，其他还有衍射法、光谱法等，这里就不一一介绍了。

§3.6 转 换 法

很多物理量，由于其属性关系而无法用仪器直接测量，或者由于不方便、精度差等原因不宜测量，便将这些物理量转换成其他物理量进行测量，然后反求被测物理量，这种方法称为转换测量法。

转换测量法是根据物理量之间的各种效应和定量函数关系，利用变换原理进行测量的方法。由于物理量之间存在多种效应，所以有各种不同的转换测量方法。一般可分为参量转换测量法和能量转换测量法两大类。

1. 参量转换测量法

参量转换测量法是利用各参量的变换及其变化规律来测量某一物理量的方法。例如玻璃温度计，就是利用材料的热胀冷缩与温度的线性关系，将温度测量转换为长度测量。又如用单摆测重力加速度 g，是依周期 T 随摆长 L 变化的规律，将对 g 的测量转换为对 L、T 的测量。再如测量金属丝的杨氏模量，是通过对正应力$\frac{F}{S}$与线应变$\frac{\Delta L}{L}$的测量而得到的

$\frac{F/S}{\Delta L/L}$。还有测量衍射光栅常数，可通过对波长和衍射角的测量得到($d=k\lambda/\sin\theta$)。这种方法几乎贯穿在整个物理实验中，请在以后的实验中予以注意。

2. 能量转换测量法

能量转换测量法是指将某种形式的物理量经过变换，变成另一种形式的物理量——电学量进行测量的方法，它是一种将被测量为非电量的测量转换成电量后进行测量的测量方法。进行变换的装置叫能量变换器，又称传感器或探测器。

非电量转换成电量进行测量的系统一般包括传感器、测量电路、放大器、指示器、记录仪等部分。其中传感器是最关键的部件，它能以一定的精确度把各种非电量转化为电子放大、电子显示、电子计算等电类装置能测量的电信号。传感器的种类很多，从原则上讲，所有的物理量，比如尺寸、形状、速度、加速度、振动参量、光洁度、温度、压力、流量、湿度、气体成分等，都总能找到与之相应的传感器。我们这里仅介绍磁电式、压电式、热电式、光电式等几种通过传感器将非电量转换成电量进行测量的方法。

(1) 热电转换测量法。

热电转换是将热学量转换成电学量进行测量。例如，利用温差电动势原理制成的热电偶，是将对温度的测量转换成对温差电动势的测量；热敏电阻温度计是利用电阻随温度变化的规律，将温度的变化转换成热敏电阻的阻值变化之后进行测量。

(2) 压电转换测量法。

压电转换测量法是一种将力学量(压力)转换成电学量的测量方法。如话筒把声波的压力变化变换成相应的电压变化；扬声器则进行相反的转换，把变化的电信号转换成声波。根据这种变换，可以用电学仪器测量声压、声速、声频等物理量。

(3) 磁电转换测量法。

磁电转换是利用半导体霍耳效应进行磁学量与电学量的转换测量。

(4) 光电转换测量法。

光电转换测量法是一种将光学量变换为电学量的转换测量法，其变换原理是光电效应。常见的光电转换传感器有硅光电池、光敏二极管、光敏三极管和光电倍增管等。各种光电转换器件在测量和控制系统中已获得相当广泛的应用，近年来又广泛应用于光纤通信系统和计算机的光纤输入设备等。应用光电元件，可以把光学量测量转换成为电学量测量。

在间接测量中，最重要的问题是建立被测量与可测量的关系式。将直接测量出的可测量代入关系式中，便可求出待测量。当所建关系式难以用其他方法确立时，可采用量纲分析法。量纲分析的具体做法是，将诸物理量的量纲代入物理公式并建立量纲恒等式，再令等式两边的各基本量的幂指数相等，于是，有几个基本量就可建立几个关于幂指数的方程；联立解方程可得各幂指数的值，从而求得要求的物理量。

§3.7　基本实验操作技术

物理实验中的基本调整和操作技术十分重要，正确的调整和操作可将误差减小到较低限度,从而提高实验结果的精确度。实验调整和操作技术的经验,需要通过一个个具体实验的训练逐渐积累。熟练的实验技术和能力只能来源于反复的实践和不断的总结。每个实验的方法和技巧都只有启发性意义,而无囊括性意义,不可以相互生搬硬套,要具体问题具体分析。

下面介绍一些基本的实验操作规程和技术。

1. 恢复仪器初态

所谓初态是指仪器设备在进行正式调整之前的状态。如设置有调整螺丝的仪器在正式调整前,应先使调整螺丝处于松紧合适、具有足够的调整量的状态,这在光学仪器中常会遇到。在电学实验中,未合电源前,应使电源的输出调节旋钮处于电压输出为最小的位置。例如使滑线变阻器的滑动端做分压使用时,使电压输出最小;做分流使用时,使电路中电流最小。又如使电阻箱接入电路的电阻不为零等。正确的初态可以保证仪器设备的安全和便于控制调节,保证实验操作的顺利进行。

2. 零位调整

仪器的零位在仪器出厂时都已校准好,但由于经常使用而磨损或环境变化等原因,它们的零位往往发生了变化。因此在实验前必须检查和校准仪器的零位,否则会引来误差。

零位校准的方法一般有两种:一种是测量仪器有零位校准器(如电表),用它使仪器在测量前处于零位;另一种是仪器不能进行零位校正(如米尺的端点磨损、螺旋测微器零刻线不指零等),则在测量前先记下初读数,以后在测量结果中加以修正。

3. 水平、铅直调整

在实验中经常遇到要对使用仪器进行水平和铅直的调整(如要求平台水平或支柱铅直),这种调整一般可借助悬锤与水准器。一般所需要调整水平或铅直的实验装置都在底座装有调节螺丝。

4. 消除空程误差

由丝杠和螺母构成的传动与读数机构,由于螺母与丝杆之间有螺纹间隙,在变换转动方向时,丝杆须转过一定角度(可能达几十度)才能与螺母啮合,这导致螺母带动的机构尚未产生位移,而与丝杆连接在一起的鼓轮已有读数改变,造成虚假读数。为避免空程误差,使用这类仪器(如测微目镜、读数显微镜等)时,必须待丝杆和螺母啮合后,才能进行测量,而且测量中必须单方向旋转鼓轮,切勿忽而正转,忽而反转。

5. 消视差调节

当测量标尺的刻线与待测物(如电表的表盘与指针,望远镜中叉丝分划板的虚像与被视察物的虚像)不密合时,眼睛从不同方向观察,会发现待测物与标尺刻线是分离的,这种现象称为视差。为了测量精确,实验时必须消除视差。

消除视差的方法,一是使视线垂直标尺平面读数(1.0 级以上的电表表盘上均附有平面反射镜，当观察到指针与其像重合时读数，这就消除了视差。焦利秤的读数装置也是如此）；二是使标尺平面与被测物密合于同一平面内。例如游标卡尺的游标尺被做成斜面，便是为了使游标尺的刻线端与主尺接近处于同一平面，减小视差。

使用光学测读仪器均需进行消视差调节，即使被观测物的实像成在作为标尺的叉丝分划板上，让它们的虚像处于同一平面。望远镜和读数显微镜基本光路如图 3.7-1 所示。它们共同之处是目镜焦平面（F_2 处）内侧附近装有一个十字叉丝（或带有刻度的玻璃分划板），若被观察物经物镜后所成的像 A_1B_1 落在叉丝位置处，人眼经目镜看到叉丝与物体的最后虚像 A_2B_2 都在明视距离处的同一平面上，这样便无视差。

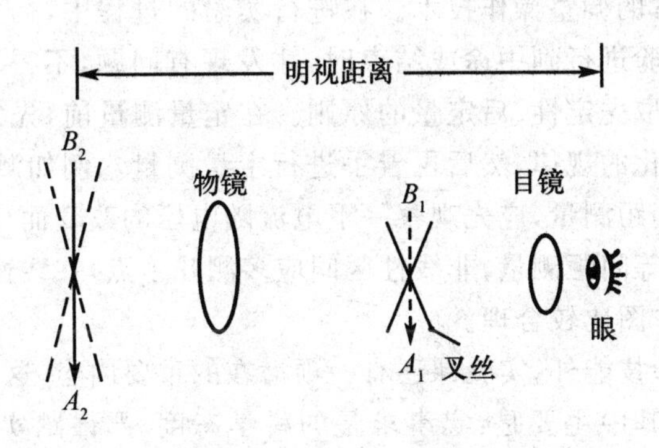

图 3.7-1　消视差光路

要消除视差，只要仔细调节目镜（连同叉丝）与物镜之间的距离，就能使被观察物体经物镜后成像在叉丝所在的平面内。一般是一边仔细调节，一边稍稍移动人眼，看看两者是否有相对运动，直到无相对运动时为止。

6. 调焦

在使用望远镜、显微镜和测微目镜等光学仪器时，为了看到清晰的目的物，均需进行调焦。改变物镜到叉丝间的距离或改变物镜到物之间的距离，这种调节称为调焦。调焦到位时能清晰看到目的物上的局部细小特征。

7. 光路的等高共轴调整

在由两个或两个以上的光学元件组成的光学系统中，为获得好的像质，满足近轴光线条件等，必须进行等高共轴调整。调整一般分为两步：第一步粗调即目测调试。将各光学元件和光源的中心调成等高，且各元件所在平面基本上相互平行铅直，这时各光学元件的光轴已大致接近重合。第二步根据光学规律细调（常用的方法有自准法和二次成像法）。当用二次成像法细调时，可移动光学元件，使两次成的像（大像、小像）的中心重合且像没有上下左右的移动。

8. 回路接线法

一张电路图有可能分解为若干个闭合回路，在接线时，应一个回路一个回路地连接。

对某一回路接线时，循回路由始点（如某高电势点）依次首尾相连，最后仍回到始点，这种接线方法称回路接线法。用回路接线法接线和查线，可保证电路连接正确。

9. 逐渐逼近调节法

依据一定的判据，逐渐缩小调整范围，较快捷地获得所需状态的方法称为逐渐逼近调节法。判据在不同的仪器中是不同的，例如，天平是看天平指针是否指零，平衡电桥是看检流计指针是否指零。逐渐逼近调节法在天平、电桥、电势差计等仪器的平衡调节中都要用到；在光路等高共轴调整、分光计调整中也要用到，它是一种经常使用的调整方法。

上述都是一些基本的调整操作技术。在进行实验的过程中，初学者因急于获得测量结果而盲目操作，当实验进行到中途或结束时，才发现有问题，不得不返工。因此我们强调指出，进行实验要采取先定性、后定量的原则。在定量测量前，先定性地观察实验变化的全过程，了解一下变化的规律，然后再着手进行定量测量。例如测光电管伏安特性时，就不能盲目地采取等间距测量，应先观察一下电流随电压的改变而变化的情况，然后在分配测量间隔时，采取不等间距测量，非线性区间应多测几个点，在线性区间可少测几个点，这样测出的数据用于作图比较合理。

除了掌握各种实验技能外，实验课还有一项潜在的重要内容，这就是培养自己优秀卓越的科研素质和能力，其中主要是：实事求是的科学态度，严谨踏实、认真细致的工作作风，守纪遵规、爱护公物的良好品格，善于思考、勇于探索的钻研精神，敏捷的思维能力和较强的动手能力，实验学习应注重上述素质和能力的培养。测出了实验数据，写出了实验报告，就以为完成了实验学习任务是短视的。应记住：在实验实践中，要不断提高自己的各种能力和科学素质！

第二部分

物理基本量测量实验

第 4 章　力学基本量的测量

§4.1　惯性质量的测量

质量是指物体中所包含的物质的量。以万有引力定律所表现出的质量称为引力质量,它表示物体产生引力场或发生引力作用的能力,是一物体与其他物体相互吸引性质的量度。用天平称得的物体质量就是物体的引力质量。以牛顿第二定律所表现出的质量称为惯性质量,它是物体惯性的量度,用惯性秤所测出的物体质量就是物体的惯性质量。惯性质量和引力质量是两个不同的物理概念,不能混为一谈。实验证明,这两种质量在可测精度内相等,即$\frac{m_{引}}{m_{惯}}=$常数。这类实验经历三百年,从牛顿时代的精确度为10^{-3}发展到 20 世纪 70 年代的10^{-12},至今仍在进行。但目前尚无理论把两者统一起来。爱因斯坦就曾把这两种质量的等同作为他建立广义相对论的出发点,因而从现代物理学来看,这两者的等同绝非偶然,其中包含着深刻的物理意义。本实验用惯性秤来测物体的惯性质量,意义是十分明显的。

【实验目的】

(1) 测金属圆柱体的惯性质量,掌握用惯性秤测物体惯性质量的原理和方法;

(2) 研究物体的惯性质量与引力质量之间的关系;

(3) 理解定标的意义,掌握定标的方法。

【预习思考题】

(1) 何为惯性质量?何为引力质量?二者关系如何?

(2) 用惯性秤称量质量比用天平称量质量有什么优点?

(3) 在测量惯性秤周期时,为什么特别强调惯性秤装置水平及摆幅不得太大?

【实验原理】

本实验所用惯性秤如图 4.1-1 所示。将惯性秤的秤台沿水平方向推开一小段后松开手,秤台及上面的负载将左右振动。秤台虽受重力和秤臂弹性恢复力的作用,但重力垂直于运动方向,对物体运动的加速度不起作用,决定物体加速度的只有秤臂的弹性恢复力。在平台上负载不大且秤台位移较小的情况下,可以近似认为弹性恢复力和秤台位移成正比,即秤台在水平方向做简谐振动。

设弹性恢复力 $F=-kx$(k 为秤臂的弹性系数,x 为秤台质心偏离平衡位置的距离)。根据牛顿第二定律,可得

$$(m_0+m_i)\frac{\mathrm{d}^2x}{\mathrm{d}t^2}=-kx \tag{4.1-1}$$

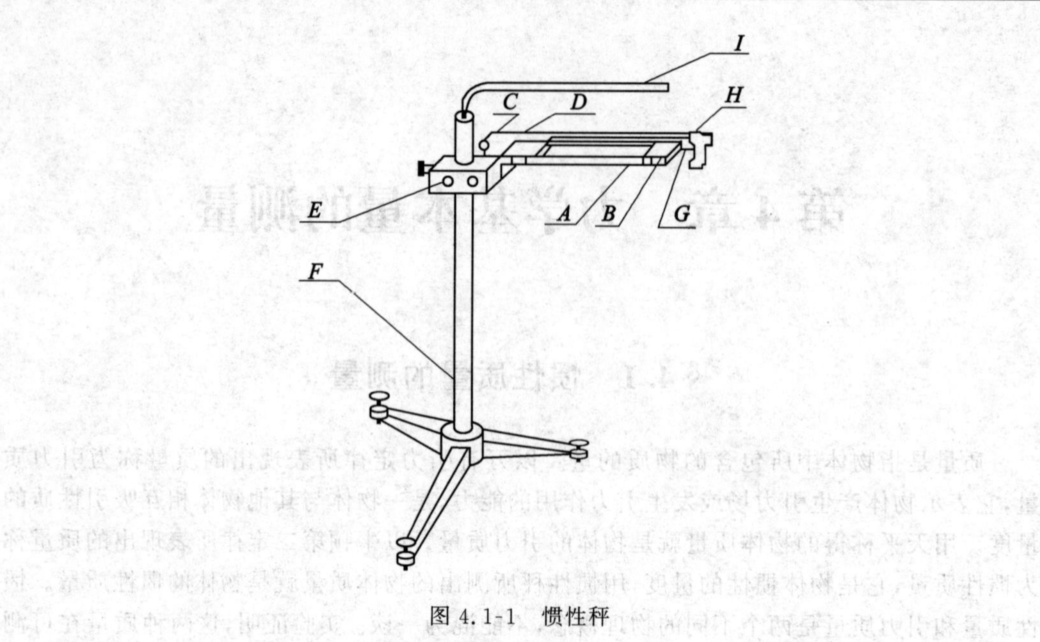

图 4.1-1　惯性秤

式中 m_0 为秤台惯性质量，m_i 为待测物惯性质量。用 (m_0+m_i) 除上式两侧，得出

$$\frac{d^2x}{dt^2}=-\frac{k}{m_0+m_i}x \tag{4.1-2}$$

此微分方程的解为 $x=A\cos\omega t$（设初相位为零），式中 A 为振幅，ω 为圆频率，将其代入(4.1-2)，可得

$$\omega^2=\frac{k}{m_0+m_i}$$

因为 $\omega=\frac{2\pi}{T}$，　所以

$$T=2\pi\sqrt{\frac{m_0+m_i}{k}} \tag{4.1-3}$$

设惯性秤空载周期为 T_0，加负载 m_1 周期为 T_1，加负载 m_2 周期为 T_2，从式(4.1-3)可得

$$T_0^2=\frac{4\pi^2}{k}m_0,\quad T_1^2=\frac{4\pi^2}{k}(m_0+m_1),\quad T_2^2=\frac{4\pi^2}{k}(m_0+m_2) \tag{4.1-4}$$

从上式中消去 m_0 和 k，得

$$\frac{T_1^2-T_0^2}{T_2^2-T_0^2}=\frac{m_1}{m_2} \tag{4.1-5}$$

此式表示，当 m_1 已知时，则在测得 T_0、T_1 和 T_2 之后，便可求出 m_2。

将(4.1-3)式　$T=2\pi\sqrt{\frac{m_0+m_i}{k}}$　改写为　$m_i=-m_0+\frac{k}{4\pi^2}T^2$　(4.1-6)

用一元线性回归法，可精确得到该直线的斜率和截距：$B=\frac{\bar{x}\cdot\bar{y}-\overline{xy}}{\bar{x}^2-\overline{x^2}}$；$A=\bar{y}-B\cdot\bar{x}$。由斜率和截距就可求得空秤的等效质量 m_0 和秤臂的弹性系数 k。若测出待测物体的振动周期，即可得到该物体的惯性质量值。

惯性秤的灵敏度定义为：

$$\frac{dT}{dm}=-\frac{\pi}{\sqrt{k(m_0+m_i)}}$$

惯性秤的灵敏度指惯性秤分辨微小质量差异的能力，它与秤臂的倔强系数 k 和秤台的质量 m_0 有关。要提高惯性秤的灵敏度，应减小 m_0 和 k 的值，且待测物的质量不宜过大。

实际上，本实验不用(4.1-6)式求算物体的惯性质量，通过作图定标，就可从 T^2-m_i 定标图线上直接查出待测物体的惯性质量。

实验中先测出空秤($m_i=0$)的周期 T_0，然后，将具有相同惯性质量的砝码依次增加放在秤台上，测出相应的周期 T_1，T_2，…。用所测实验数据就可作出 T^2-m_i 定标图了(图 4.1-2)。

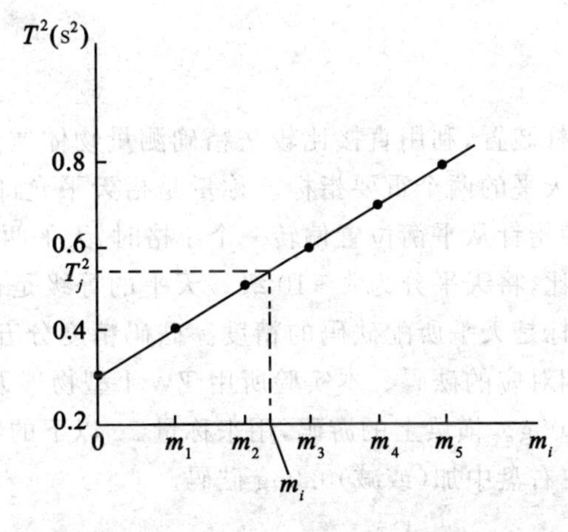

图 4.1-2 T^2-m_i 定标图

有了定标图，要测某物体的惯性质量时，只需将待测物体置于测砝码时的位置(砝码已取下)，测出其周期 T_j，就可从定标图上查出 T_j 对应的质量 m_j，即待测物的惯性质量。

【实验仪器】

惯性秤、周期测定仪、定标用标准质量块(10 块)、待测圆柱体(2 个)、物理天平。

1. 惯性秤

图 4.1-1 是测量物体惯性质量的一种装置，其主要部分是两根弹性钢片连成的一个悬臂振动体 A，振动体的一端是秤台 B，秤台的槽中可插入定标用的标准质量块。A 的另一端是平台 C，通过固定螺栓 D 把 A 固定在 E 座上，E 座可在立柱 F 上移动，挡光片 G 和光电门 H 是测周期用的。光电门和周期测定仪用导线相连。立柱顶上的吊杆 I 用来悬挂待测物，以研究重力对秤的振动周期的影响。惯性秤不是直接比较物体的加速度，而是用振动法比较反映物体运动加速度的振动周期，从而确定物体惯性质量的大小。

悬臂振动体的振动周期用周期测定仪(图 4.1-3)来测定。周期测定仪的使用：打开电源开关，按“周期数时间”键设定周期数；按“开始测量”键开始计时；按“复位键”，开始下一次设定和测量。

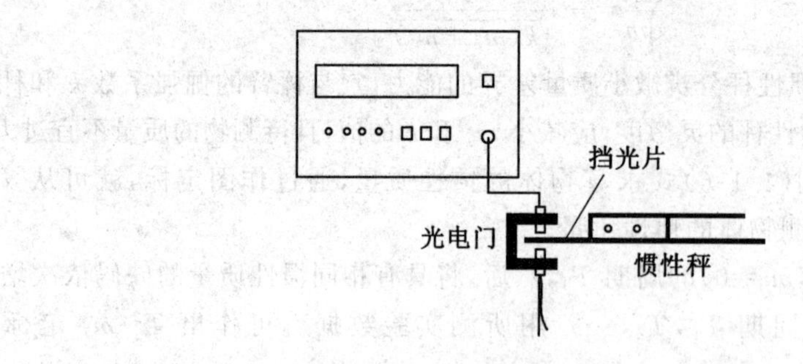

图 4.1-3　周期测定仪

2. 物理天平

天平是一种等臂杠杆装置,利用直接比较法精确测量物体质量。天平的称量和最小分度值(以前称感量)是天平的两个重要指标。称量是指天平允许称衡的最大质量;最小分度值指天平平衡后,使指针从平衡位置偏转一个小格时,天平两秤盘上的质量差。按天平最小分度值与称量之比,将天平分为1～10级。天平的等级是衡量天平测量精度的主要指标之一。另一个指标是天平所配砝码的精度。砝码精度分五个等级。按规定,不同级别的天平,配置与之相对应的砝码。本实验所用TW-1型物理天平(见图4.1-4)称量为1000g,最小分度值为0.05g。横梁上的游码,用来称量2g以下的物体。游码向右(或左)移动一个小格,相当于在右盘中加(或减)0.05g砝码。

图 4.1-4　物理天平

天平的正确操作步骤为:

(1) 仪器检查。天平的横梁两边及相应的吊耳、挂篮、秤盘上一般都打有"1"、"2"标记,操作之前要检查这些物件是否按标记放置正确,两个吊耳是否挂在横梁的刀口上(往往有人会将吊耳挂在横梁上进行称测),砝码及砝码片是否齐全。

(2) 确认天平的称量和最小分度值。

(3) 调整底座水平。旋转底脚两螺钉,使天平底座上水准器的小气泡位于中心,此时底座水平。

(4) 调节横梁平衡(调节零点)。将游码拨至最左边零刻度处。缓慢转动旋钮,升起横梁。根据指针的偏转方向,通过调节横梁两端的平衡螺母,直到升起横梁时,指针处于读数标牌中心不动,此时横梁平衡。注意:升起横梁时,只能观察指针的偏转情况,不可调节,根据指针的偏转方向,落下横梁后才能调节平衡螺母。

(5) 称衡。待测物体置于左盘。在右盘添加砝码或拨动游码,升起横梁观察天平是否平衡。加减砝码时要用专用小镊子夹取,由大到小逐个试用,按逐次逼近法调节,接近平衡时,可调节游码使天平平衡。注意:升起横梁时,只能观察指针的偏转情况,不可调节,根据指针的偏转方向,落下横梁后才能加减砝码。

(6) 读数。称测完成后,将制动旋钮向左旋转放下横梁制动天平,才能开始读数。正确记下砝码、游码读数。用游码刻度读数时,每小格表示 0.05g 的质量,不到一小格时需要估读。注意:天平上的游码始终为右盘加重。数砝码时,不要看错质量。

为了保护好天平横梁上的刀口,操作天平时必须严格遵守"抬起来只能观察,放下来才可操作"的原则。且横梁不要顶得太高,只要指针一动,看清偏转方向,就马上落下横梁。旋动旋钮,动作一定要缓慢。称测完成后,要将横梁落下到支点上。砝码和砝码片按大小顺序放回砝码盒。

天平不等臂有一定的系统误差,消除系统误差的方法有两种:① 复称法(交换法)。先将待测物放在左盘称衡质量为 m_1,再将其放在右盘称衡质量为 m_2。实际质量为 $m=\sqrt{m_1m_2}$。通常左、右交换测量算一次称量。② 替代法:在右盘放待称物,左盘添加可微小改变其质量的物质(如干净的细沙),使天平平衡。然后取下右盘待称物换砝码称衡,使天平再次平衡,此时,砝码与游码之和即为待测物的质量。

【实验内容】

(1) 调节惯性秤平台水平,用水平仪调节秤台水平;

(2) 调节光电门的高度,使秤台上的挡光片处于光电门中间位置;

(3) 将周期测定仪的周期数设定为 20,先测量空载($m_i=0$)时的振动周期 T_{20},然后逐次增加片状砝码,直到增加到 10 片,依次测量出十个振动 20 次的周期 T ;

(4) 将周期测定仪的周期数设定为 30,测量待测物 m_1 和 m_2 的振动周期,将待测圆柱体 1 和 2 先后置于秤台中间的圆孔中,分别测出二圆柱体振动 30 次的周期 T_1 和 T_2;

(5) 用物理天平称二圆柱体的引力质量,每个圆柱体称两次(物、码交换称量);

(6) 记下二圆柱体的给定质量(刻在柱体上,可作为标准值)。

选做:研究重力对惯性秤运动的影响

(1) 用长 50cm 左右的细线,通过惯性秤吊杆的挂钩,将圆柱体垂直悬吊在平台中央圆孔中(惯性秤仍水平放置,见图 4.1-5)。当秤台振动时,带动圆柱体一起运动,测定其摆动周期。与原来直接搁在圆孔中所测周期进行比较,研究重力对惯性秤运动的影响。

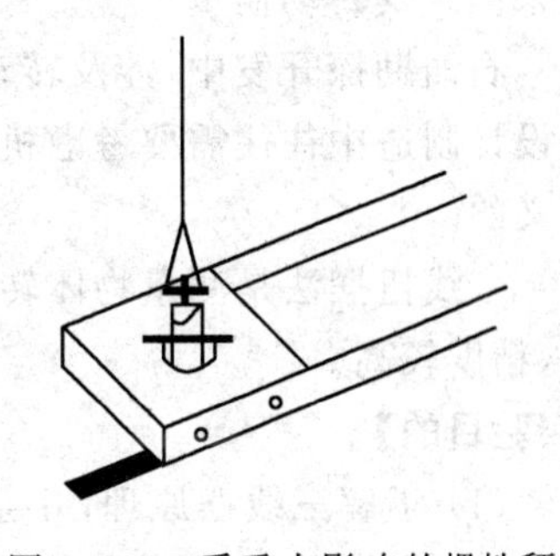

图 4.1-5　受重力影响的惯性秤

(2) 将惯性秤竖直放置,周期数设定为 30,测量圆柱体 m_1 和 m_2 的振动周期值。将测量结果与水平放置惯性秤时同等情况下所测周期值进行比较,研究重力对惯性秤运动的影响。

【注意事项】

(1) 惯性秤必须严格水平放置,否则,重力将影响秤台的运动,所得 T^2-m_i 图线将不单纯是惯性质量与周期的关系。

(2) 必须使砝码和待测物的质心位于通过秤台圆孔中心的垂直线上,以保证在测量时有一固定不变的臂长。

(3) 秤台振动时,摆角要尽量小些(5°以内),即秤台的最大水平位移不能超过 2cm,并使每次测量秤台的水平位移都大致相同。用手将惯性秤台水平拉或推开约 1cm 后松开,惯性秤便开始自由振动。每次拉或推开惯性秤的距离都尽量一致。

(4) 夹砝码片的弹簧片是双层的,砝码片是卡在两个双层片之间的,勿将砝码片插入双层中去。

(5) 挡光片如不在光电门中间,要调节光电门的高度。严禁用手去折弯挡光片!

【数据处理】

(1) 自拟表格记录实验数据;

(2) 根据所测数据绘制 T^2-m_i 定标图,横坐标取为砝码的个数,纵坐标取测量周期的平方;

(3) 从定标图上查出二圆柱体的惯性质量 m_1 和 m_2,并与给定质量 $m_{1给}$ 和 $m_{2给}$ 进行比较,算出相对误差。

【实验后思考题】

(1) 圆柱体悬挂在惯性秤平台中央圆孔中和圆柱体直接搁在秤台圆孔中所测周期有什么不同?为什么?

(2) 惯性秤竖直放置与惯性秤水平放置所测周期有什么不同?为什么?

(3) 你能否设想出其他的测量惯性质量的方案?

§4.2 三线摆测转动惯量

转动惯量是刚体转动惯性大小的量度,它的大小与物体的质量及其分布和转轴的位置有关。对质量分布均匀、形状规则的物体,通过简单的外形尺寸和质量的测量,就可以算出其绕定轴的转动惯量。但对质量分布不均匀、外形不规则的物体,通常要用实验的方法来测定其转动惯量。

石油勘探开发中,涉及转动的机械部件非常多,如飞轮、发动机叶片、电动机转子等,在设计制造中往往需要考虑机械部件的转动性能,所以,研究物体的转动惯量是很有实际意义的。

三线扭摆法是测量物体转动惯量的数种方法中的一种,它的优点是仪器简单,操作方便,精度较高。

【实验目的】

(1) 了解三线摆原理,并会用它测物体的转动惯量;

(2) 掌握游标卡尺、秒表等测量工具的使用方法,掌握测周期的方法;

(3) 加深对转动惯量概念的理解。

【预习思考题】

(1) 公式(4.2-1)依据什么物理原理导出？有什么条件？实验中如何保证满足这些条件？

(2) 公式(4.2-1)中的物理量哪些是已知的？哪些是待测的？哪一个量对 J_0 的精度影响最大？

(3) 测周期时，为什么要测 50 个周期的总时间？

【实验原理】

三线摆仪等长的三悬线连接上、下圆盘。三悬线与上、下圆盘的连接点呈等边三角形，它们的重心与两圆盘的圆心 O、O' 重合。启动上圆盘，水平的下圆盘就绕中心轴 OO' 做扭摆运动。圆盘的转动周期与其转动惯量有关。圆盘上可以放置待测物体，物体的质量及其分布不同，转动的周期也不同。只要测出物体的转动周期及其他有关量，就能用转动惯量的实验公式算出物体的转动惯量。

圆盘对 OO' 轴的转动惯量的实验公式是

$$J_0=\frac{m_0 gRr}{4\pi^2 H}T_0^2 \tag{4.2-1}$$

式中，r、R 为经过三悬线点的上、下圆盘的半径；T_0 为下圆盘的摆动周期；H 为静态时上、下盘间的垂直距离；m_0 为圆盘质量。

公式(4.2-1)的推导如下：

如图 4.2-1 所示，将三线摆的下圆盘转动一个小角，其位置升高 h，增加势能为 $m_0 gh$；圆盘反转到平衡位置时，势能为零，角速度 ω_0 最大，根据机械能守恒定律，有

$$\frac{1}{2}J_0\omega_0^2=m_0 gh \tag{4.2-2}$$

式中，J_0 为下盘绕 OO' 轴的转动惯量；ω_0 是盘过平衡位置时的瞬时角速度。

因为悬盘转动的角度很小，视盘的扭动为谐振动，故

$$\theta=\theta_0\sin\left(\frac{2\pi}{T_0}t+\varphi\right)$$

$$\omega=\frac{\mathrm{d}\theta}{\mathrm{d}t}=\frac{2\pi}{T_0}\theta_0\cos\left(\frac{2\pi}{T_0}t+\varphi\right)$$

经过平衡位置时的最大角速度为

$$\omega_0=\frac{2\pi}{T_0}\theta_0$$

将 ω_0 代入式(4.2-2)整理后得

$$J_0=\frac{m_0 gT_0^2}{2\pi^2\theta_0^2}h \tag{4.2-3}$$

式中，h 是下盘角位移最大时重心上升的高度。

由图 4.2-1(b)可见，下盘在最大角位移 θ_0 时，上盘 B 点的投影点由 C 点变为 D 点，即　$h=CD=BC-BD$。而

$$BC^2=AB^2-AC^2=AB^2-(R-r)^2$$
$$BD^2=A'B^2-A'D^2$$

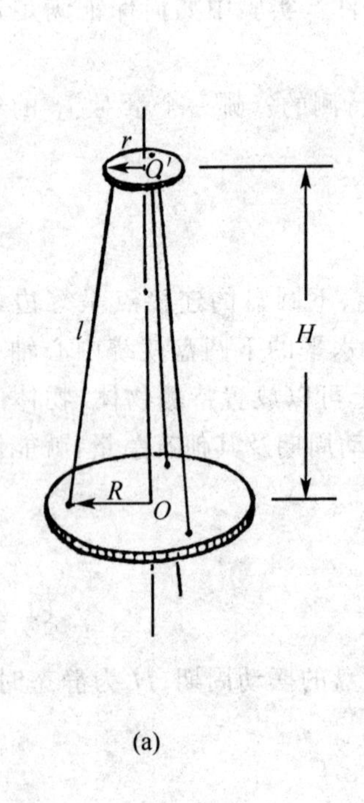

(a)

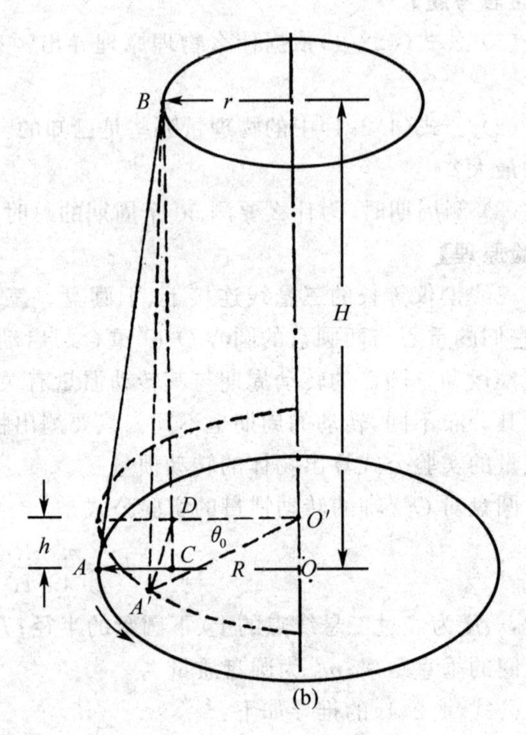

(b)

图 4.2-1　三线摆示意图

$$=A'B^2-(R^2+r^2-2Rr\cos\theta_0)$$

考虑到　$AB=A'B, BC+BD\approx 2H$

所以 $h=BC-BD=\dfrac{BC^2-BD^2}{BC+BD}=\dfrac{Rr(1-\cos\theta_0)}{H}=\dfrac{Rr}{H}2\sin^2\dfrac{\theta_0}{2}$

因为 θ_0 很小，用近似公式 $\sin\theta_0\approx\theta_0$，有

$$h=\frac{Rr\theta_0^2}{2H}$$

将 h 代入式(4.2-3)即得到圆盘绕 OO' 轴转动的实验公式

$$J_0=\frac{m_0gRr}{4\pi^2H}T_0^2$$

注意公式推导中运用了 $\sin\dfrac{\theta_0}{2}\approx\dfrac{\theta_0}{2}$ 和 $BC+BD\approx 2H$ 的条件，所以实验过程中要求圆盘扭动的角度不能大(最好不超过 5°)。

圆盘对 OO' 轴的转动惯量的理论值为

$$J_0'=\frac{1}{2}m_0R_0^2$$

注意：上式中 R_0 与式(4.2-1)中的 R 不同($R_0>R$)。R_0 是圆盘的半径。

设待测圆环对 OO' 轴的转动惯量为 J。圆盘上放置质量为 m 的圆环后，测出系统的转动周期 T，则盘、环总的转动惯量为

$$J_0+J=\frac{(m_0+m)gRr}{4\pi^2H}T^2$$

上式减去式(4.2-1),便得到待测圆环的转动惯量的实验公式

$$J=\frac{gRr}{4\pi^2H}[(m_0+m)T^2-m_0T_0^2] \tag{4.2-4}$$

与式(4.2-4)相对应的圆环的转动惯量理论值为

$$J'=\frac{1}{2}m(R_1^2+R_2^2)$$

式中 R_1、R_2 为圆环的内、外半径。

物体绕任意轴的转动惯量 J_x 等于绕通过物体质心的轴(此轴与任意轴平行)的转动惯量 J_C 加上物体质量 m'与两轴距离 d 的平方的乘积(平行轴定理),即

$$J_x=J_C+m'd^2$$

运用三线摆仪可以验证此定理。

【实验仪器】

三线摆仪、秒表、游标卡尺、钢直尺、水准器、待测圆环。

游标卡尺简介

游标卡尺的结构如图 4.2-2 所示。游标卡尺的精度一般比钢尺高出一个数量级。在钢尺上估读的那位数,游标卡尺利用游标可以准确地读出来。游标卡尺通过它的内、外量爪($A'B'$、AB)和深度尺 C,可以测量物体的长度和槽的深度及圆环的内、外直径。

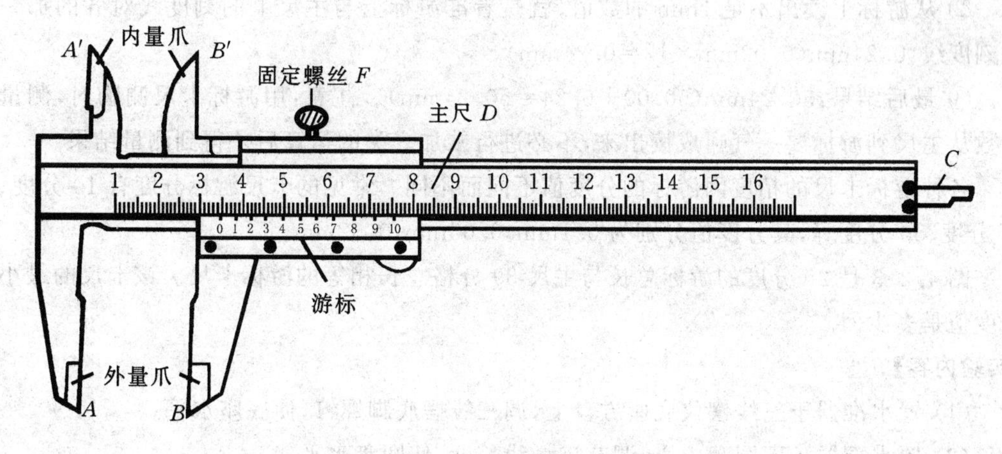

图 4.2-2　游标卡尺

(1) 游标原理。

游标卡尺在设计上,让游标上的 n 个分格的总长等于主尺上 $n-1$ 个分格的总长。设主尺和游标的分度值分别为 a、b,则有

$$nb=(n-1)a$$

主尺与游标的分格的差值为

$$a-b=\frac{a}{n}$$

$\frac{a}{n}$即游标卡尺的最小分度值。以50分度的游标卡尺为例，当它的量爪合拢时，游标的零刻线与主尺的零刻线刚好对齐，游标上第50个分格的刻线正好对准主尺上第49个分格的刻线。其最小分度值$\frac{a}{n}=\frac{1}{50}$mm＝0.02mm，即游标上每分格比主尺上每分格小0.02mm。

(2) 游标卡尺的读数方法。

① 从主尺上读得由游标“0”刻度线所指示的毫米以上整数刻度值：50.00mm(见图4.2-3)。

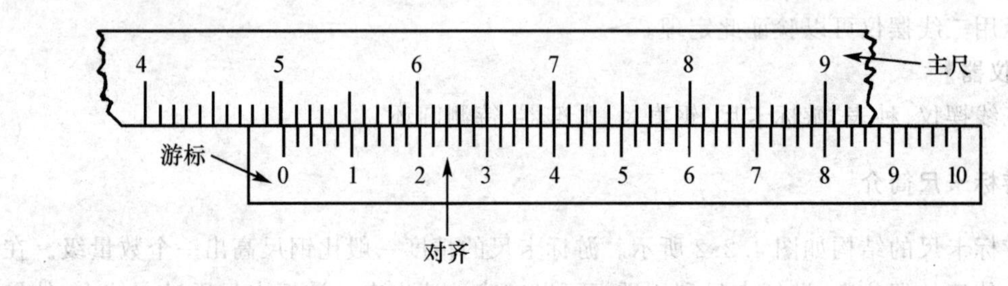

图4.2-3　游标卡尺读数方法

② 从游标上读出不足1mm的数值，就是看准游标上与主尺上的刻度线对齐的那一条刻度线：0.24mm(0.02mm×12＝0.24mm)。

③ 最后结果：50.24mm(50.00＋0.24＝50.24mm)。注意：用游标卡尺测物时，测量读数从主尺到游标要一气呵成读出来，不必进行乘加之类的运算后才得到测量结果。

各种游标卡尺的精度因游标的分度值不同而不同。常见的卡尺游标分度有10分度、20分度、50分度等，其分度值分别为0.1mm，0.05mm，0.02mm。

图4.2-3是20分度的游标总长与主尺39分格总长相等的游标卡尺。该卡尺的最小分度值是多少？

【实验内容】

(1) 置水准器于三线摆仪底座方盘上，调三线摆底脚螺钉，使底座水平。

(2) 置水准器于下圆盘中心，调节三悬线长度，使圆盘水平。

(3) 待悬盘完全静止后，轻扭上盘(启动盘)，使下圆盘做微小扭摆运动。

(4) 下圆盘摆角约5度(相当于盘沿一点运动的直线距离约8mm)，在悬线经过平衡位置的瞬间按下秒表。然后该悬线以相同方向每经过平衡位置一次，数一个周期，记下完全摆动50次的总时间。重复测5次，得到5个50次周期的总时间。

(5) 用钢直尺从不同部位量上、下盘间垂直距离5次。

(6) 置圆环于圆盘正中，重复步骤(3)、(4)。

(7) 用游标卡尺分别量上、下圆盘悬线点孔间距离各5次。

(8) 用游标卡尺从不同方向测圆盘直径5次。

(9) 用游标卡尺测圆环内、外直径各5次。

(10) 分别记录下圆盘、圆环的给定质量 m_0、m。

【注意事项】

(1) 零点修正。合拢卡尺量爪，若游标零线与主尺零线未对齐，应记下零点读数，修正测量值。

(2) 请勿在卡紧的状态下移动卡尺或挪动被测物，请不要测量表面粗糙的物体。一旦量爪磨损，游标卡尺就不能作为精密量具使用了。

(3) 卡尺用毕要擦净后放回盒内。

【数据处理】

(1) 自拟表格记录实验数据。

(2) 由式(4.2-1)、式(4.2-4)计算圆盘、圆环转动惯量的实验值。

(3) 由公式 $U=\bar{J}_0\cdot\sqrt{\left(\frac{U_{\bar{R}}}{\bar{R}}\right)^2+\left(\frac{U_{\bar{r}}}{\bar{r}}\right)^2+4\left(\frac{U_{\bar{T}_0}}{\bar{T}_0}\right)^2+\left(\frac{U_{\bar{H}}}{\bar{H}}\right)^2}$ 计算不确定度。

(4) 给出实验结果，计算测量值与理论值之间的百分误差，并对结果进行分析。

【实验后思考题】

(1) 三线摆的振幅受空气的阻尼会逐渐变小，它的周期也会随时间变化吗？

(2) 根据式(4.2-1)、式(4.2-4)分析说明：加上待测物后，三线摆的扭动周期是否一定大于空盘的扭动周期？

(3) 你能设计验证平行轴定理的实验吗？

(4) 如何测定任意形状物体对特定轴的转动惯量？

§4.3　落球法测液体的黏滞系数

在稳定流动的流体中，各层流体的流动速度不同即存在着相对滑动，就会产生切向力，快的一层给慢的一层以拉力，慢的一层给快的一层以阻力，这一对力称为流体的内摩擦力或黏滞力。黏滞力的方向平行于接触面，其大小与速度梯度及接触面积成正比。流体的黏滞性可以用一个物理量即黏滞系数 η 定量描述。η 是表征液体黏滞性强弱的重要参数。黏滞系数又称动力黏滞系数或简称黏度。它是液体黏滞性的量度，是反映液体黏滞性运动效果的物理量。液体都具有黏滞性，不同的液体具有不同的黏度，黏度只决定于液体本身的性质和温度，且随温度的升高而减小。

液体的黏滞性的测量是非常重要的。比如，石油在封闭管道中长距离输送时，其输运特性与黏滞性密切相关，因而在设计管道前，必须测量被输石油的黏度。又如，现代医学发现，许多心血管疾病都与血液黏度的变化有关。因此，测量血液黏度的大小是检查人体血液健康的重要标志之一。研究和测定液体的黏度，不仅在物理研究方面，而且在医学、机械工程、水利工程、材料学及国防建设中都有很重要的意义。测量液体黏度有多种方法，如旋转法、毛细管法、振动法、平板法、流出杯法等。本实验所采用的落球法（也称斯托克斯法）是最基本的一种测量方法。

【实验目的】

（1）观察液体中的内摩擦现象，根据斯托克斯公式用落球法测量液体的黏滞系数；

（2）掌握用落球法测液体黏滞系数的原理和方法；

（3）学会激光光电传感器计时和手控秒表计时两种计时法。

【预习思考题】

（1）如何定义黏滞力（内摩擦力）？黏滞系数的大小取决于什么？

（2）本实验中如钢球表面粗糙对实验有影响吗？为什么要对测量表达式（4.3-2）进行修正？

（3）在实验过程中，测量的最关键点是什么？

【实验原理】

如图4.3-1所示，小球在液体中下落时，受到三个垂直方向的力：小球的重力（ρVg）；液体的浮力（$\rho_0 Vg$）；液体的黏滞阻力（$f=6\pi\eta vr$）。小球在下落过程中，三个力逐步达到平衡，小球由加速运动逐步变为匀速运动，此时的速度称为收尾速度。三力平衡后有

$$\rho Vg-\rho_0 Vg-6\pi\eta vr=0 \tag{4.3-1}$$

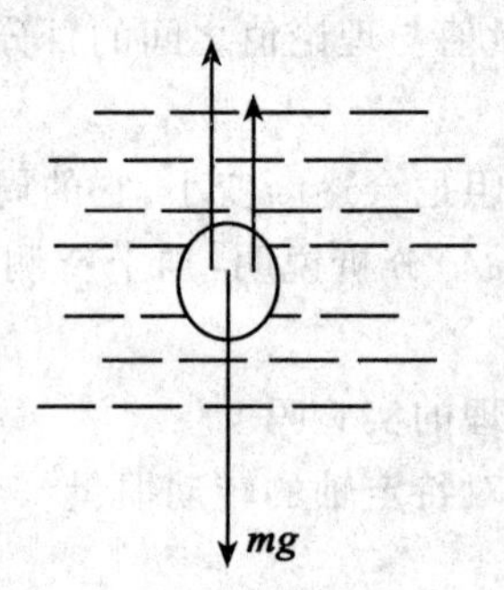

图4.3-1 液体中的小球受力图

式中，ρ 为小球密度，ρ_0 为液体密度，V 为小球体积，η 为液体黏滞系数，r 为小球半径，v 为小球收尾速度。小球的体积为 $V=\frac{4}{3}\pi r^3=\frac{1}{6}\pi d^3$，代入式（4.3-1）整理后得

$$\eta=\frac{(\rho-\rho_0)gd^2}{18v} \tag{4.3-2}$$

式（4.3-2）只适用于无限广延的液体中，本实验采用直径为 D 的玻璃筒（图4.3-2），考虑到筒壁对小球运动的影响，将式（4.3-2）修正为

$$\eta=\frac{(\rho-\rho_0)gd^2}{18v_0\left(1+K\frac{d}{D}\right)} \tag{4.3-3}$$

式中，K 为修正系数，一般取为2.4；v_0 为实验条件下的收尾速度。当小球下落高度为 L，下落时间为 t 时，$v_0=\frac{L}{t}$，则

$$\eta=\frac{(\rho-\rho_0)gd^2t}{18L\left(1+2.4\frac{d}{D}\right)} \tag{4.3-4}$$

式(4.3-4)即为测液体黏滞系数的实验公式。式中，d 为小球直径，D 为量筒内径，L 为小球下落高度，t 为小球下落时间。实验中测出上述各量，即可由式(4.3-4)算出所测液体的黏度了。在 SI 中，η 的单位为帕·秒(Pa·s—N·m^{-2}·s)。

要注意，斯托克斯定律的成立是有条件的，条件有以下 5 个方面：① 液体必须是不包含悬浮物或弥散物的均匀液体，或者说液体的不均匀性与球体的大小相比其影响是微不足道的；② 球体是在无限广延的液体中下降；③ 球体是光滑且刚性的；④ 液体不会在球面上滑过；⑤ 液体中没有漩涡，球体半径很小、运动很慢，故运动时所遇的阻力基本由液体的黏滞性所致，而不是由球体运动所推向前行的液体的惯性或其他什么原因所产生。

【实验仪器】

FD-VM-Ⅱ型黏滞系数测定仪、秒表、千分尺、游标卡尺、钢直尺、小钢球、温度计、蓖麻油。

本实验所用仪器为 FD-VM-Ⅱ型落球法液体黏滞系数测定仪。该装置的整体结构如图 4.3-2 所示。右侧为激光光电计时器，左侧为黏滞系数测定装置。

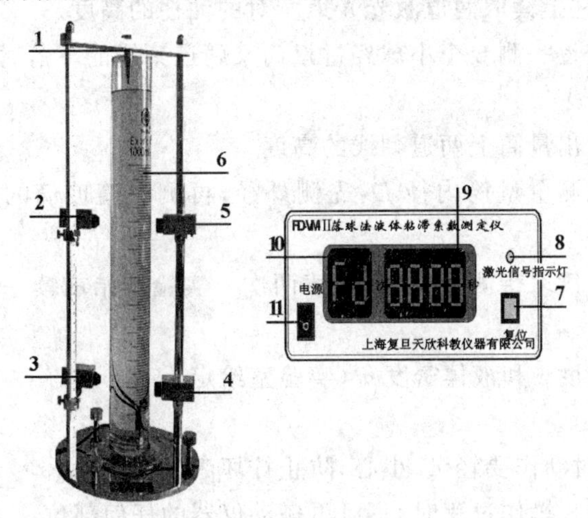

1—导管　2—激光发射器 A　3—激光发射器 B　4—激光接收器 A

5—激光接收器 B　6—量筒　7— 计时器复位端

8— 激光信号指示灯　9—计时显示　10—计数显示　11—电源开关

图 4.3-2　落球法测黏滞系数实验仪器

激光光电计时器使用介绍：激光光电计时仪由激光电源、光敏三极管、直流电源及计时器组成。打开电源开关，仪器显示屏上会出现跳动的数字显示，表示仪器进入工作状态。此时不要调节仪器，而是通过调整激光发射器和激光接收器，使信号红灯亮，数字跳动就会停止。再按复位键，全部数字归零。测量时，仪器接收到激光接收器 A 的第一次触发开始计时，接收到激光接收器 B 的第二次触发停止计时。此时间间隔 t 就是小球匀

速下降 L 距离所用的时间。

【实验内容】

(1) 调黏滞系数测定仪底盘水平:在仪器横梁中间孔中放下重锤,通过调节底座的三个螺钉,使重锤尖对准底盘中心的圆点。

(2) 打开激光电源,调节上下两个激光发射器,使红色激光束水平照亮重锤线。

(3) 收回重锤线,将盛有待测液体的玻璃量筒轻轻放置到底盘中央(勿碰动激光发射器),使筒底与底盘所刻的圆圈重合。

(4) 在实验架上放置锥形导管。

(5) 调节两个激光接收器上下左右位置,使激光发射器的激光束进入激光接收器的小孔中。当激光信号指示红灯亮时,遮挡上面光束就开始计时,遮挡下面光束停止计时。

(6) 从导管丢入一个小钢球,看能否正常挡光计时,如不能,要重新调节。此时重点检查:① 激光发射器和激光接收器是否水平;② 两激光光束是否将吊重锤的白线照到最亮程度;③ 量筒筒底与底盘所刻的圆圈是否完全重合。

(7) 用千分尺测 5 个小钢球的直径,每个球测 3 次。

(8) 逐一丢下 5 个小球,读取小球经过两道激光光束时的时间。

(9) 在仪器支架柱上读取两道激光光束所对的油柱的高度。

(10) 用机械秒表逐一测 5 个小球经过量筒某两道刻线的下落时间(可选择与两个激光器大致对正的刻度线)。

(11) 用钢板尺量出量筒上两道刻线的高度。

(12) 用游标卡尺测量量筒内径 D:先测外径,再测量筒玻璃的厚度,然后相减得到内径。

(13) 在温度计上读取待测液体温度,读两次。实验开始前读一次,实验结束时再读一次。

(14) 记下钢球密度 ρ 和液体密度 ρ_0(实验室给定)。

【注意事项】

(1) 调节激光器时动作要轻微、小心,防止拧坏激光器;

(2) 红灯调亮,进入操作过程时,不可再碰动仪器的任何部位;

(3) 用千分尺测小球直径,即将夹住小球时一定要用棘轮;

(4) 千分尺和游标卡尺在使用时,应先读出其零点修正值;

(5) 为了确保液体温度不变,实验中不要用手捧摸量筒;

(6) 用秒表测小球下落时间时,眼睛要平视刻度线,在小球正经过刻度线时开始掐表;

(7) 小球太小,很容易丢失,夹小球时要十分小心;

(8) 实验完成后,要用磁铁吸出量筒中的所有小球,并用卫生纸擦干,再放回到盒子中。

【数据处理】

(1) 自拟表格记录实验数据;

(2) 根据公式 $U_{\bar{\eta}}=\bar{\eta}\sqrt{\left(2\frac{U_{\bar{d}}}{\bar{d}}\right)^2+\left(\frac{U_L}{L}\right)^2+\left(\frac{U_t}{t}\right)^2+\left(\frac{U_\rho+U_{\rho_0}}{\rho-\rho_0}\right)^2}$ ($\frac{d}{D}$的不确定度可忽略,取 $U_\rho+U_{\rho_0}=0.02\mathrm{g\cdot cm^{-3}}$　$U_t=0.005\mathrm{s}$　$U_L=0.5\mathrm{mm}$)计算 η 的不确定度;

(3) 给出实验结果并进行分析。

【实验后思考题】

(1) 在仪器的调节中,为什么一定要让两道激光束将重锤线照到最亮程度?

(2) 如何判断小球在下落过程中已经进入匀速运动状态?

(3) 在特定的液体中,当小球半径减小时,它的收尾速度如何变化?当小球的密度增大时,收尾速度又如何变化?

(4) 设计一种实验方案,验证小球是否做匀速运动,何时开始做匀速运动,并求出小球的收尾速度 v_0。

(5) 设计一种实验方案,确定公式(4.3-3)中的修正值 K。

§4.4　杨氏模量的测量

材料在外力作用下产生形变,在弹性限度内其正应力与拉伸应变的比值即为杨氏模量。杨氏模量是反映材料抵抗形变的能力的物理量,是选择机械构件材料的依据之一,是工程技术中研究材料性质的常用参数。

测定杨氏模量的方法不少,本实验采用拉伸法测定金属丝的杨氏模量。实验中采用光杠杆装置测定金属丝的微小伸长量,光杠杆原理被广泛应用于各种测量技术中。

【实验目的】

(1) 掌握螺旋测微器的使用方法;

(2) 学会用光杠杆法测量微小伸长量;

(3) 学会一种测量金属丝的杨氏模量的方法;

(4) 学会用逐差法处理数据。

【预习思考题】

(1) 使用螺旋测微器的注意事项是什么?棘轮如何使用?螺旋测微器用毕还回盒内时要做何处理?

(2) 公式(4.4-3)中有哪几个待测量?这些量都是长度量,却使用了不同的量具和方法,这是根据什么考虑的?此公式的适用条件是什么?

(3) 根据 Y 的不确定度公式,分析哪个量的测量对 Y 的测量结果影响最大。

【实验原理】

1. 测杨氏模量原理

本实验是测量钢丝的杨氏模量。长为 L,截面积为 S 的钢丝,在外力作用下在长度方

向伸长 ΔL。根据胡克定律,在弹性限度内,拉伸应变$\frac{\Delta L}{L}$与正应力$\frac{F}{S}$成正比,即

$$\frac{F}{S}=Y\frac{\Delta L}{L}$$

式中 Y 叫做杨氏模量。

实验表明,杨氏模量的大小仅取决于材料本身的性质,与材料的几何形状及所受的外力的大小无关。

变换上式得

$$Y=\frac{F}{S}\cdot\frac{L}{\Delta L}=\frac{4FL}{\pi d^2\Delta L} \tag{4.4-1}$$

式中施给钢丝的外力 F、钢丝的长度 L 及直径 d 在实验中都容易测定。只有钢丝的伸长量 ΔL 是一个微小的量。为了准确测量它,采用光杠杆放大法进行测量。

2. 光杠杆测微小伸长量原理

图 4.4-1 是杨氏模量仪实物图。将待测钢丝固定于上夹头,下端被方形夹头固定;方形夹头将钢丝拉直,位于平台的方孔中。光杠杆的后足放在方形夹头底部,两前足置于工作平台的槽中。调节底脚螺钉,使平台水平,钢丝铅直,方形夹头上、下移动时无摩擦。夹头下端挂砝码。增减砝码,则钢丝伸缩,导致平面镜的仰俯变化。在光杠杆的平面镜正前方一米开外有望远镜及标尺(见图 4.4-1)。

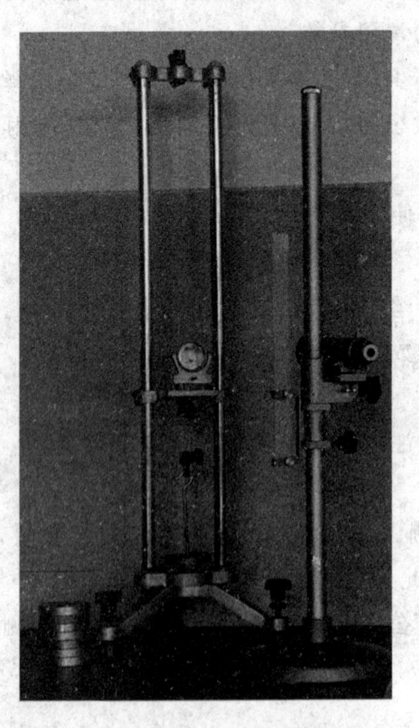

图 4.4-1　杨氏模量仪

望远镜水平地对准光杠杆的平面镜。平面镜中有标尺的像。从望远镜中可以清晰地观察到标尺及标尺刻度线的变化。增（减）砝码，钢丝伸长（缩短）ΔL；光杠杆的后足尖随方形夹头一起下降（上升），使光杠杆平面镜的法线转过一个小角度，望远镜内标尺刻度的读数就发生改变。由改变量 Δn 和镜面到标尺的距离 R 及光杠杆常数 b 三个量，可以算出钢丝的伸长量 ΔL。

如图 4.4-2 所示，当钢丝在外力作用下发生微小变化 ΔL 时，平面反射镜面发生偏转，转角为 θ，此时从望远镜中看到的是标尺刻度 n_i 经平面镜反射所成的像。入射线和反射线之间的夹角为 2θ（反射定律）；标尺刻线的像移为 Δn。因 θ 角很小，据图 4.4-2 的几何关系有

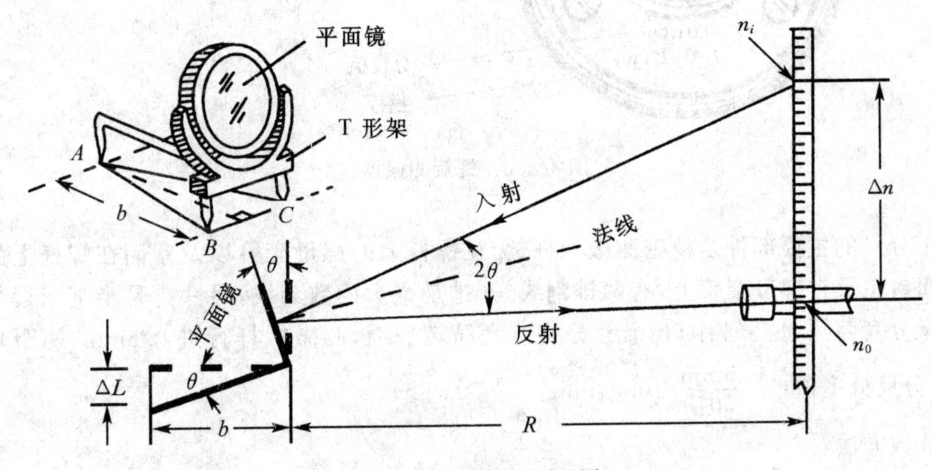

图 4.4-2　光杠杆原理图

$$\theta \approx \tan\theta = \frac{\Delta L}{b} \qquad 2\theta \approx \tan 2\theta = \frac{\Delta n}{R}$$

消去 θ 可得

$$\Delta L = \frac{b}{2R}\Delta n \tag{4.4-2}$$

或者

$$\Delta n = \frac{2R}{b}\Delta L$$

此式说明 ΔL 被放大了 $2R/b$ 倍。将式(4.4-2)代入式(4.4-1)可得

$$Y = \frac{8FLR}{\pi d^2 b \Delta n} \tag{4.4-3}$$

式(4.4-3)即为测钢丝弹性模量的实验公式。

【实验仪器】

杨氏模量测定仪（包括：拉伸仪、光杠杆、望远镜、标尺）、钢卷尺、螺旋测微器、钢直尺。

1. 螺旋测微器简介

螺旋测微器又叫千分尺，它是比游标卡尺更精密的长度测量仪器。实验室常用的千

分尺外形如图 4.4-3 所示，其量程为 25mm，分度值为 0.01mm。

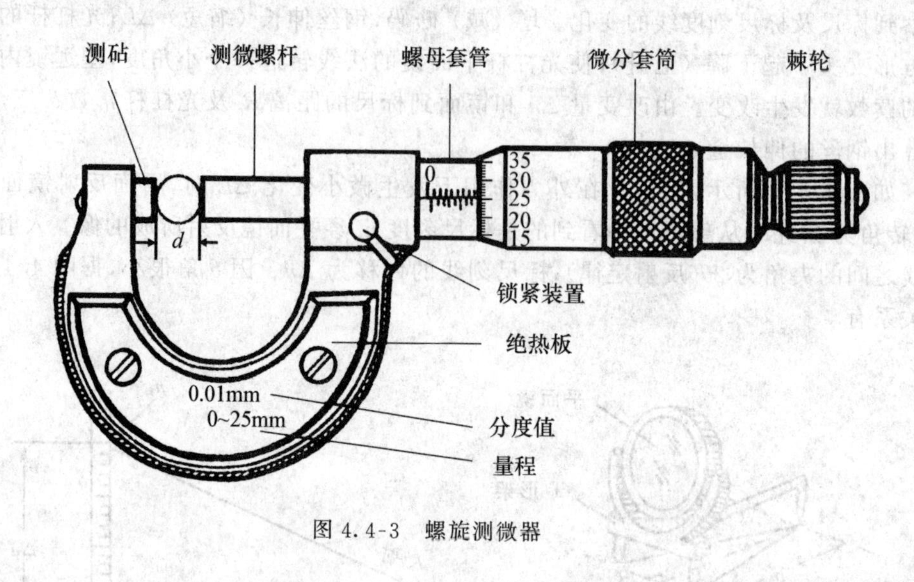

图 4.4-3　螺旋测微器

千分尺的主要部件是精密测微螺杆、套在螺杆上的螺母套管以及紧固在螺杆上的微分套筒。主尺在螺母套管上，有两排刻线，一排是毫米读数刻线，另一排是半毫米读数刻线。微分套筒圆周上刻有 50 个等分格。套筒转一周，测微螺杆行进 0.5mm(螺距)，所以，千分尺分度值$=\frac{0.5\text{mm}}{50}=0.01\text{mm}$。

读数方法：

(1) 测量前应进行零点校正，即以后要从测量读数中减去零点读数。零点读数顺刻度序列记为正值，反之为负值。如图 4.4-4 所示，左图零点读数顺刻度序列为 +0.004mm，右图零点读数为 −0.012mm。

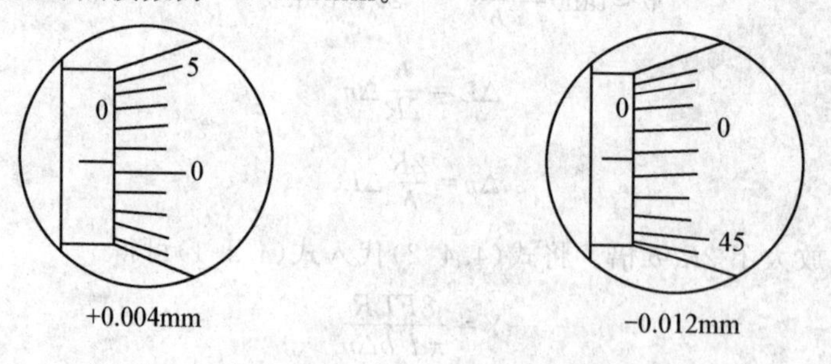

图 4.4-4　千分尺的零点读数

(2) 从主尺上读整刻度值。0.5mm 以下读微分套筒上的分格值，读到最小分度值后，还要估读一位数，即读到 0.001mm 位。如图 4.4-5(a)，主尺上的读数为 4mm，微分套筒上的读数为 0.185mm，最后读数为 4.185mm。

(3) 要特别注意主尺上的半毫米刻线。如果它露出套筒边缘，那么微分套筒上的读数要加上 0.5mm，如图 4.4-5(b)、(c)所示；如果没有露出，则不必考虑，如图 4.4-5(a)

所示。

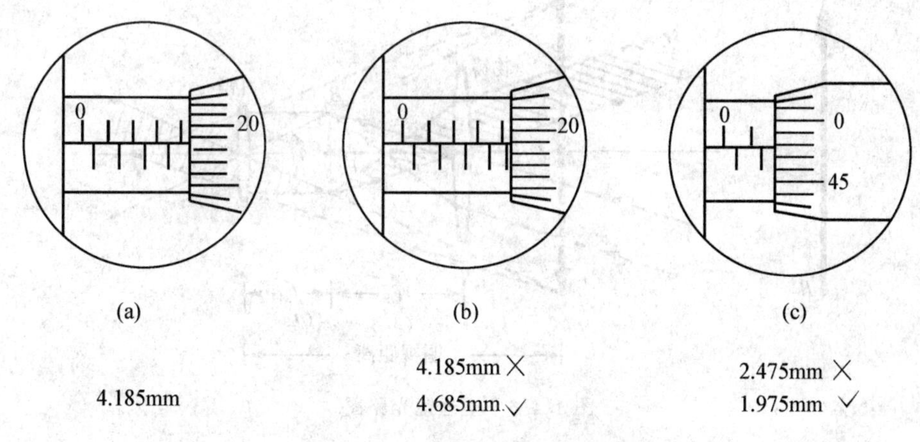

图 4.4-5　千分尺的读数方法

2. 望远镜简介

望远镜一般用于观察远距离物体,也可用做测量和对准的工具。望远镜由物镜和目镜两组透镜组成。测量所用的开普勒望远镜(物镜和目镜都是凸透镜)的光路参见图 4.4-6 所示。图中物镜的像方焦点 F_1' 和目镜的物方焦点 F_2 重合。在两透镜的共同焦平面上安装上分划板(其上有叉丝或刻尺),可供观察和读数。从物体 AB 发出的光经过物镜后,在共同焦平面上成一倒立缩小实像。此像比原物小,但大大接近了人眼。目镜又将此实像成一虚像于无穷远处(人眼看清物体的近点约 10cm,远点是无穷远,明视距离为 25cm)。所谓无穷远只是相对于物镜和目镜的焦距而言,并非一个绝对的概念。由于 $f'_{物}>f'_{目}$,使虚像对人眼的张角(称为视角)φ_1 大于物对人眼的张角 φ_2。视角放大率 $M=f'_{物}/f'_{目}$,即虚像对人眼的张角比人眼直接观物的张角放大了 $f'_{物}/f'_{目}$ 倍。可见望远镜的实质是起视角放大的作用。我们通过望远镜看物体,看到的是一个倒立的像,而且感觉到物体向我们靠近了。由于物体离开望远镜并非真的无穷远,或者说物体射来的不是严格的平行光,倒立实像其实成在物镜焦平面以外,即目镜焦平面以内,如图 4.4-6 所示。因此经目镜折射后成的像对物体而言是一放大的倒立虚像(对实像而言是正立的)。一般望远镜的结构如图 4.4-7 所示,镜筒、内筒和目镜三者之间均可相对移动。调节望远镜的步骤为:

(1) 使望远镜轴对向被测物体;

(2) 目镜对叉丝调焦,即旋转目镜改变其与十字叉丝(准线)之间的距离,直至看到最清晰的十字叉丝(的虚像);

(3) 望远镜对物体调焦,即旋转调焦手轮,改变目镜(连同叉丝)与物镜之间的距离,直至看到最清晰的物、叉丝(的虚像),且二者无视差,即使物的倒立实像落在叉丝平面上。

【实验内容】

(1) 正确放置光杠杆:两前足置于工作平台上的沟槽内,后足置于钢丝正中前方夹钢丝的圆形小平台上,后足不得与钢丝发生摩擦。调反射镜面垂直于工作平台(目测)。

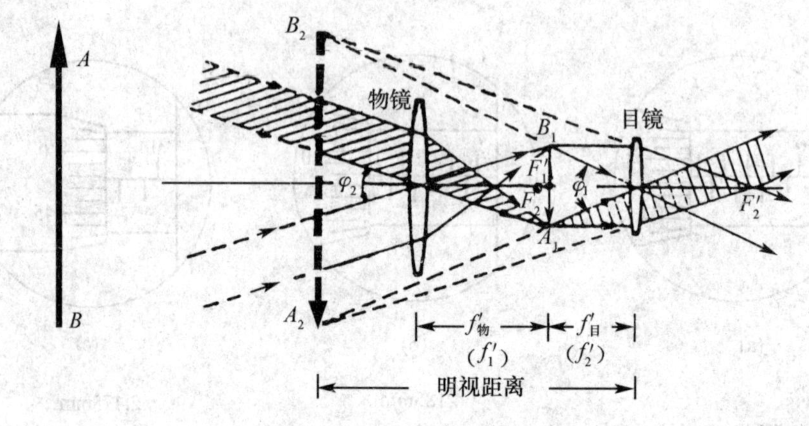

图 4.4-6 望远镜光路图

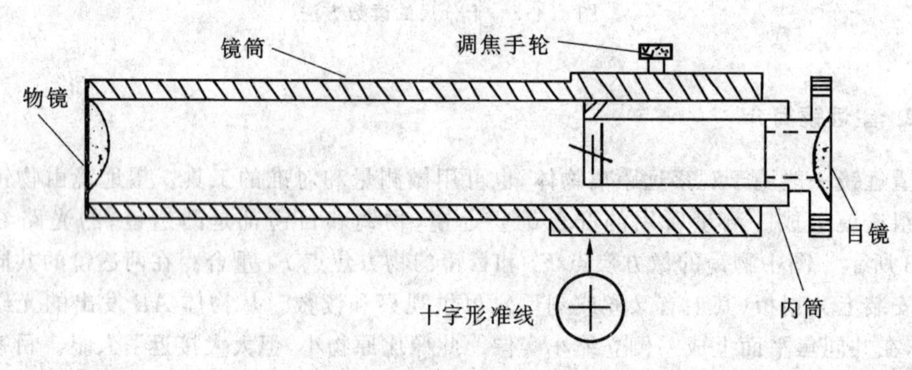

图 4.4-7 望远镜的结构示意图

(2) 调等高:望远镜标尺架置于实验桌最顶端(距光杠杆反射平面镜须 1.1m 以上)。调望远镜镜筒与光杠杆反射镜镜面等高,调节对象是望远镜支架,不得调主支架的工作平台高度。直接用卷尺量二者距桌面的高度。

(3) 初步找标尺像:左右移动望远镜支架,眼睛直接观察光杠杆反射镜,直到镜中出现标尺的像。

(4)"三点成一线":在反射镜中看到标尺像后,通过平移或转动望远镜支架,使望远镜筒上的沟漕、准星及平面反射镜中标尺的像"三点成一线"。

(5) 调零点:旋转望远镜目镜,调出清晰的十字叉丝,如果叉丝的横线与标尺的零刻度线未重合,可以通过改变反射镜面的俯仰和望远镜下方的微调螺钉,使二者重合。

(6) 测钢丝伸长量 n:为拉直钢丝,圆柱夹头上已事先挂好一块带挂钩的砝码,此时标尺零点读数为零。逐次加上七块槽码,每加一块读一个标尺刻度像读数 n_i;然后逐次减砝码,同样读数。一共测读十六个刻度像读数(含零点读数)。

(7) 测钢丝直径 d:用千分尺在钢丝的三个不同部位两个正交方向共测六个数据。

(8) 用钢卷尺测钢丝原长 L 和标尺面到光杠杆反射镜面的距离 R 各一次。

(9) 测光杠杆常数 b:将光杠杆在实验预习本上轻压出三个足痕点,画一个等腰三角形，用直尺测其高即 b。

【注意事项】

(1) 请使用棘轮。如果旋拧微分套筒，不仅测量值不准，而且要损伤螺纹。在被测物接触测砧之前，切记应旋转棘轮，听到“咯咯”声即停止旋转棘轮，然后读数。

(2) 仪器用毕放回盒内时，请将微分套筒退旋几转，留出空隙，防止热膨胀使螺杆变形。

(3) 仪器调试到可测试状态后，所有仪器不能稍有碰动，否则所有测量数据将作废。

(4) 加减砝码时，请轻拿轻放，慎勿砸断钢丝；加槽码时，槽口应相互错开。

(5) 加、减砝码后，稳定约 1 分钟后方能读数。

【数据处理】

(1) 自拟表格记录测量数据。

(2) 对 n_i 进行逐差处理。

(3) 计算杨氏模量　$\bar{Y}=\dfrac{8FLR}{\pi\bar{d}^2 b\,\overline{\Delta n}}=\dfrac{32mgLR}{\pi\bar{d}^2 b\,\overline{\Delta n}}$

(与$\overline{\Delta n}$相对应：$F=4mg$；荆州地区重力加速度：$g=9.781\text{m/s}^2$)

(4) 计算不确定度

$$U=\bar{Y}\cdot\sqrt{\left(\frac{U_L}{L}\right)^2+\left(\frac{U_R}{R}\right)^2+4\left(\frac{U_{\bar{d}}}{\bar{d}}\right)^2+\left(\frac{U_{\overline{\Delta n}}}{\overline{\Delta n}}\right)^2+\left(\frac{U_b}{b}\right)^2}$$

(5) 给出测量结果，并对结果进行分析。

【实验后思考题】

(1) 可否用作图法求钢丝的杨氏模量？如何作图？

(2) 怎样提高光杠杆测量微小变化的灵敏度？这种灵敏度是否越高越好？

(3) 逐差法与作图法在数据处理中各有什么优势？

(4) $\dfrac{\Delta n}{\Delta L}=\dfrac{2R}{b}$称为光杠杆的放大倍数，算算你的实验结果的放大倍数。

第5章 热学基本量的测量

§5.1 冰的熔解热的测量

物质从固相转变为液相的相变过程称为熔解。一定压强下晶体开始熔解时的温度，称为该晶体在此压强下的熔点。晶体的熔解是组成物质的粒子由规则排列向不规则排列转化的过程。破坏晶体的点阵结构需要能量，因此，晶体在熔解过程中虽吸收能量，但其温度却保持不变。物质的某种晶体熔解成为同温度的液体所吸收的能量，叫做该晶体的熔解潜热。单位质量的晶体在熔点从固态全部变为液态所需要的热量，叫做该晶体物质的熔解热。

【实验目的】

(1) 学习用混合量热法测定冰的熔解热；

(2) 应用有物态变化时的热交换定律来计算冰的溶解热；

(3) 学会一种粗略修正散热的方法——抵偿法。

【预习思考题】

(1) 什么叫晶体熔解热？

(2) 本实验采用混合量热法测冰的熔解热，它所依据的原理是什么？

(3) 本实验中的"热学系统"由哪些部分组成？

【实验原理】

本实验采用混合量热法测定冰的熔解热。基本做法是：把待测系统 A 与某已知热容的系统 B 相混合，使其成为一个与外界无热量交换的孤立系统 C $(C=A+B)$。这样 A（或 B）放出的热量将全部为 B（或 A）吸收，因而满足热平衡方程：$Q_{放}=Q_{吸}$。已知热容的系统在实验过程中传递的热量 Q，可以由其温度的改变 ΔT 和热容 C 计算出来：$Q=C\Delta T$，因而待测系统在实验过程中所传递的热量也就知道了。为了使实验系统成为一个孤立的系统，本实验采用量热器，使待测系统与已知热容的系统合二为一，成为一个孤立的系统。本量热器由不锈钢的外筒、内筒、绝热层、数字温度计等组成（见图5.1-1）。它与外界环境热量交换很小，近似于一个孤立系统。

实验时，量热器装入热水$\left(\text{约高于室温 }10℃\text{，占内筒容积}\dfrac{2}{3}\right)$，然后放冰，冰溶解后混合系统将达到热平衡。此过程中，原实验系统放热为 $Q_{放}$；冰吸热熔成水，继续吸热使系统达到热平衡温度，吸收的总热量为 $Q_{吸}$。因为是孤立系统，则有

$$Q_{放}=Q_{吸} \tag{5.1-1}$$

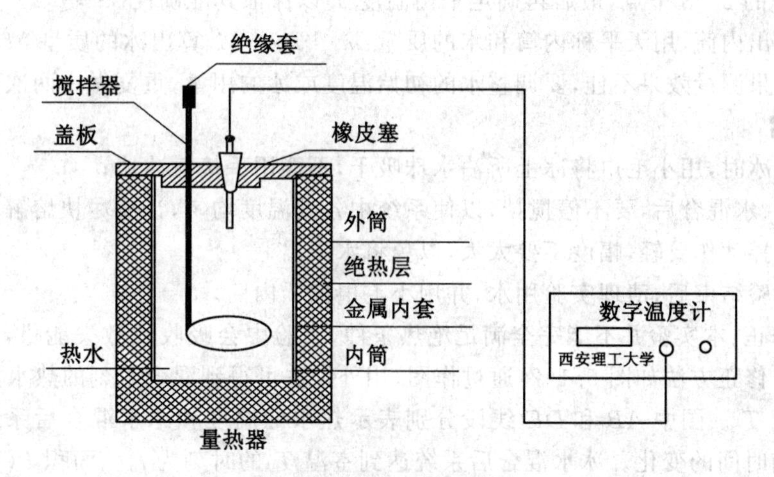

图 5.1-1　冰的熔解热测定仪

设混合前实验系统的温度为 T_1，热水质量为 m_1（比热容为 c_1），内筒质量为 m_2（比热容为 c_2），搅拌器的质量为 m_3（比热容为 c_3），冰的质量为 M（实验条件下冰的温度和冰的熔点均认为是 0℃，设为 T_0），数字温度计浸入水中的部分放出的热量忽略不计。设混合后系统达到热平衡的温度为 T，冰的溶解热用 L 表示。根据式(5.1-1)有

$$ML+Mc_1(T-T_0)=(m_1c_1+m_2c_2+m_3c_3)(T_1-T)$$

因 $T_0=0$℃，所以冰的溶解热为

$$L=\frac{(m_1c_1+m_2c_2+m_3c_3)(T_1-T)}{M}-Tc_1 \tag{5.1-2}$$

式(5.1-2)即为测冰的溶解热的实验公式。

【实验仪器】

DM-T 数字温度计、LH-1 量热器、WL-1 物理天平、保温瓶、秒表。

【实验内容】

(1) 用天平称内筒质量 m_2（内筒如有水要擦干）。

(2) 内筒装入适量热水（水占内筒容积的 $\frac{2}{3}$，温度约高于室温10℃），用天平称内筒和水的质量：m_2+m_1，求得热水质量 m_1。

(3) 确定系统初始温度 T_1：内筒放入量热器，盖好盖，插好搅拌器和温度计，然后开始记录热水温度随时间的变化，记录 6～8 个点（根据季节不同，每隔 15～30s 记录一个数据），从中确定初温 T_1。

(4) 实验室冰箱预先备有冰块，取 4～5 块（每块约 10g），用小毛巾擦去冰上水珠，放入内筒（用冰量由实验教师根据经验控制，以系统平衡时的温度低于室温 5～7℃为宜）。放冰时注意不要使水溅出。

(5) 确定系统平衡温度 T：用搅拌器轻轻上下搅动量热器中的水，让冰块完全融化直至达到热平衡。放冰后开始计时，记录温度随时间的变化，记录 6～8 个点（每隔 15～30s 记录一个数据）。当系统出现最低温 T℃时，说明冰块完全融化基本达到热平衡。继续记

录温度回升的 2～3 个点，最后再确定平衡温度 T 以保证其准确性。

(6) 取出内筒，用天平称内筒和水的质量：m_1+m_2+M，算出冰的质量 M。

(7) 如果测量效果不佳，要调整水的初始温度或冰的用量，重复做一两次实验。

【注意事项】

(1) 取冰时，用小毛巾将冰上所沾水珠吸干，不能用手接触冰块；

(2) 冰、水混合后，要不停搅拌，以使系统中各处温度均匀，让冰尽快熔解；

(3) 搅拌动作要轻，幅度不要太大，以免将水溅出；

(4) 实验结束后，清理实验用水，并用小毛巾擦干内筒。

散热修正：本实验并不能完全满足绝热条件，实验中会吸收或散失能量，须做一定的散热修正。修正方法如图 5.1-2：通过作图，用外推法可得到混合时刻的热水温度 T_1' 和热平衡的温度 T'。图中 AB 和 DE 线段分别表示热水的温度和冰水混合后系统达到热平衡的温度随时间的变化。冰水混合后系统达到室温 T_0 的时刻为 t_0。面积 BCG 与系统向环境散热量有关，面积 CDH 与系统从环境吸热量有关。当面积 BCG 等于面积 CDH 时，过 t_0 作 t 轴的垂线，与 AB 和 DE 的延长线分别相交于 J、K 点，则 J 对应的温度为 T_1'，K 对应的温度为 T'（隔 30s 或 60s 测一个点）。

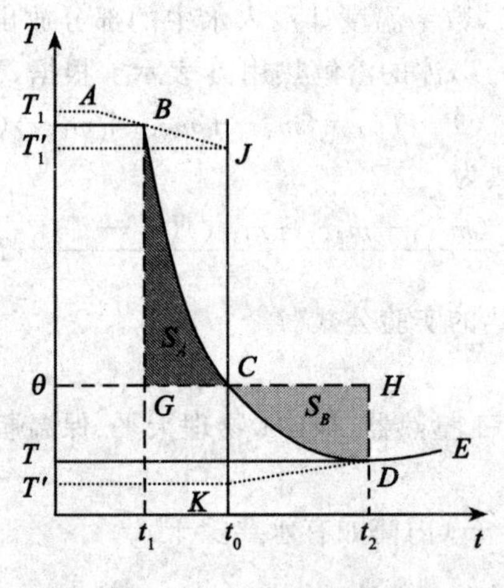

图 5.1-2　散热修正图

【数据处理】

(1) 自拟表格记录实验数据。

水的比热容(20℃)：　　　　$c_1=4.186\times10^3\ \frac{\mathrm{J}}{\mathrm{kg}}$℃

内筒(铁)的比热容为(20℃)：　$c_2=0.448\times10^3\ \frac{\mathrm{J}}{\mathrm{kg}}$℃

搅拌器（铜)的比热容为(20℃)：$c_3=0.38\times10^3\ \frac{\mathrm{J}}{\mathrm{kg}}$℃

搅拌器的质量：　　　　　　$m_3=6.24\mathrm{g}$

冰的溶解热公认值：　　　　$L=3.335\times10^{5}\ \frac{\text{J}}{\text{kg}}$

(2) 计算冰的溶解热和不确定度。

对物理天平，取质量不确定度为：

$$u_{m_1}=u_{m_2}=u_{m_3}=u_M=\frac{1}{3}\Delta_{仪}(\text{g})\quad(取\ \Delta_{仪}=0.05\text{g})$$

对数字温度计，取温度不确定度为：

$$u_{T_1}=u_T=\frac{1}{3}\Delta_{仪}(℃)\qquad[取\ \Delta_{仪}=0.01(℃)]$$

由式(5.1-2)可求得冰的溶解热的不确定度为：

$$u_L=\left[\left(\frac{\partial L}{\partial m_1}\right)^2u_{m_1}^2+\left(\frac{\partial L}{\partial m_2}\right)^2u_{m_2}^2+\left(\frac{\partial L}{\partial m_3}\right)^2u_{m_3}^2+\left(\frac{\partial L}{\partial M}\right)^2u_M^2+\left(\frac{\partial L}{\partial T_1}\right)^2u_{T_1}^2+\left(\frac{\partial L}{\partial T}\right)^2u_T^2\right]^{\frac{1}{2}}$$

(3) 写出实验结果并进行讨论。

(4) 与冰的溶解热公认值比较计算相对误差。

【实验后思考题】

(1) 热传递有几种方式？本实验使用的量热器，在结构上是如何防止热传递的？

(2) 本实验中，为什么要进行散热修正？

(3) 散热修正是根据什么定律进行的？具体操作中要调整哪些参量？怎样调整？其中对参量 T_1(初始温度)有什么要求？

§5.2　水的汽化热的测量

物质由液态向气态转化的过程叫汽化。在一定压强下，单位物质从液相转变为同温度气相过程中所吸收的热量称为该物质的汽化热。液体汽化有蒸发和沸腾两种形式。在液体自由表面上进行的汽化称为蒸发。当液体内部饱和气泡因温度升高而膨胀上升到液面后破裂，这样的汽化过程叫沸腾。不论何种汽化形式，它的物理过程都是液体中一些热运动动能较大的分子不断飞离液体表面，成为气体分子。随着热运动较大分子的逸出，液体的温度就要下降，若要保持温度不变，在汽化过程中，外界就要不断地供给热量。因为把液体变成气体时，要吸收热量，所以对沸腾液体继续加热，温度并不升高。液体的汽化热不但和液体的种类有关，而且和汽化时的温度和压强有关。温度升高时，液相中分子和气相中分子的能量差别将逐渐减小，因而温度升高，液体的汽化热减小。物质从气态向液态转化的过程叫凝结。凝结时，要放出相同条件下汽化所吸收的热量。本实验就是运用测量凝结时放出的热量的方法来测定水的汽化热。

【实验目的】

(1) 用混合量热法测定水在大气压强下的汽化热；

(2) 学习如何消除外界影响的实验方法；

(3) 学会一种粗略修正散热的方法——抵偿法。

【预习思考题】

(1) 何谓汽化？汽化热的定义？

（2）何谓凝结？本实验是用什么方法测水的汽化热？

（3）本实验为什么要用低于环境温度的水来做实验？

【实验原理】

气体凝结时会释放出在同一条件下汽化时所吸收的等量的热量，即：汽化热＝凝结热。根据水的汽化热定义：$L=\dfrac{Q}{m}$，通过测定水蒸气在常压条件下的凝结热，即可间接得到水在沸点时的汽化热。

如图 5.2-1 所示，水在蒸汽发生器 1 中被煮沸后，蒸汽经玻璃管向下进入量热器 4。在盛有冷水的量热器内筒中凝结成水，并放出热量，使筒内水温由初温 t_1 升到 θ。设有质量为 m，沸点温度为 t_2（100℃）的水蒸气凝结成水。蒸汽由 t_2 降到 θ 的过程是：t_2 的水蒸气先转化成 t_2 的水，并放出热量：mL（凝结热）；然后 t_2 的水与冷水混合，逐步达到热平衡温度 θ，并要放出热量：$c_{水}m(t_2-\theta)$（参见图 5.2-2）。则总的放热量：$Q_{放}=mL+c_{水}m(t_2-\theta)$。

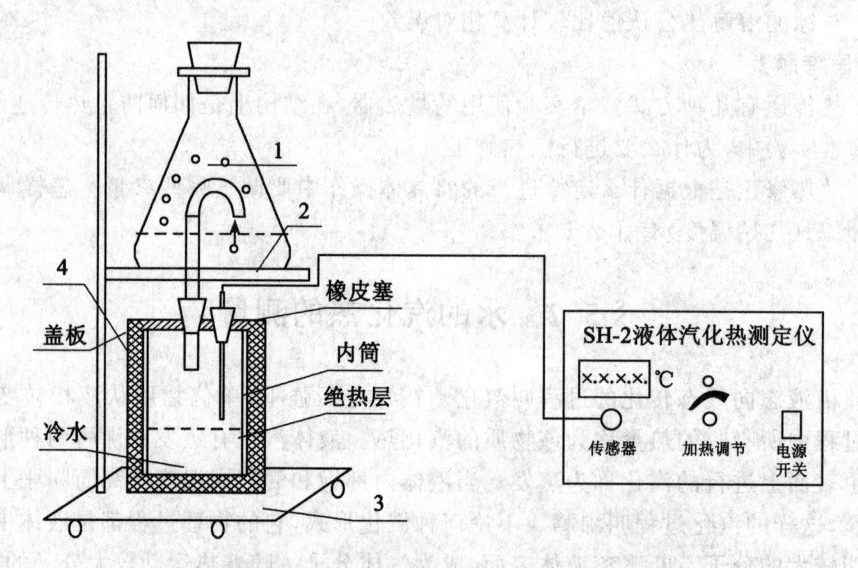

1—蒸汽发生器　2—电加热器　3—支架　4—量热器

图 5.2-1　SH-2 液体汽化热测定仪整机图

设量热器和水的质量分别为 m_1、M，比热分别为 c_1、c，则量热器、水所获热量（不考虑热损失）

$$Q_{吸}=(m_1c_1+Mc)(\theta-t_1)$$

由热平衡方程式

$$Q_{放}=Q_{吸}$$

则水的汽化热

$$L=\frac{(m_1c_1+cM)(\theta-t_1)-mc(t_2-\theta)}{m} \tag{5.2-1}$$

式(5.2-1)即为测水的汽化热所用实验公式。

【实验仪器】

DM-T 数字温度计、LH-1 量热器、WL-1 物理天平、蒸馏烧瓶、电炉、秒表、毛巾等。

【实验内容】

（1）打开汽化热测定仪电源开关和加热调节旋钮，给盛有水的蒸汽发生器加热（水预先放入）。加热调节旋钮顺时针旋开，轻轻转到最大后再回转 5°～10°，可使加热电流下降 80%。以保证仪器安全。

（2）记录室温：$\theta_{室}$。

（3）用天平称量热器内筒质量 m_1（筒内如有水要擦净）。

（4）在内筒中装入$\frac{2}{3}$杯冷水（实验室已备好冷蒸馏水，水低于室温10～15℃）。

（5）用天平称内筒和水的共同质量：$M+m_1$。

（6）确定内筒中水的初始温度 t_1：将盛有冷水的内筒放入量热器盖好，插入温度计即开始计时。因筒内外温度差约10℃，温度开始迅速下降，然后下降逐渐平稳。在数字温度计上读取温度：隔 5～10s 记录一个数据，记录 6～8 个点，从中初步确定初始温度 t_1。

（7）估算平衡温度 $\theta'=2\theta_{室}-t_1$。此值在以下操作中做参考用。

（8）此时蒸汽发生器内水已经烧开沸腾。达到沸点的水蒸气从蒸汽导管喷出一会儿后（待导管口很少有水滴凝结），将量热器置于升降平台中心，玻璃蒸汽管对准盖中心孔，小心地上移平台，使玻璃管插入量热器内筒水中。插入前先擦干出汽口的水滴，防止掉入内筒，再记下水的初温 t_1。

（9）蒸汽在内筒内凝结并与冷水混合完成热交换。当温度接近估算的平衡温度 θ' 时，关闭加热调节旋钮，停止加热，待"热惯性"使温度升至稳定值 θ（控制式 $\theta=2\theta_{室}-t_1$ 的提前量是多少，由实验教师的经验决定，因为它随气压、相对湿度等诸多因素变化）。垂直下移平台，将量热器取下。开始记录温度，每隔 5～10s 记录一个数据，记录 6～8 个点。温度达到最高值时，即为平衡温度 θ。

（10）记录结束立即再次用天平称汽后内筒和水的总质量 M_1。公式（5.2-1）中：

$$m=M_1-(M+m_1)$$

（11）再次记录室温 $\theta_{室}$。本实验以室温代环温比较粗略，因此实验前后读两次取平均值。

（12）如时间富余，可重复以上步骤，再做一遍。选取与 L 公认值接近的一组。

【注意事项】

（1）注意不要被蒸汽烫伤；

（2）注意蒸汽发生器底部的玻璃管，上下升降时须小心谨慎，以免损坏；

（3）不可用最大电流加温，否则可能会损坏仪器；

（4）量热杯晃动幅度要小，勿使液体溅出，否则会严重影响实验结果。

散热修正：公式（5.2-1）成立的条件是量热器与外界无热量交换。但系统内外只要有温度差异，热交换存在就不可避免。为降低误差，可根据牛顿冷却定律对散热进行修正。

方法是实验中作出水的温度 θ～时间 t 曲线（见图 5.2-2）。图中曲线 $ABGCD$ 的 AB 段，表示混合前量热器及水的缓慢升温过程（因 $t_1<\theta_{室}$）；BC 段表示混合过程；CD 段表示混合后的冷却过程。过 G 点作与时间轴垂直的一条直线，使其与 AB、CD 的延长线分别相交于 E、F 点，让面积 BEG 与面积 CFG 相等。这样，E、F 点对应的温度就是热交换进行无限快时的温度，即没有热量散失时混合前、后的初温 t_1 和终温 θ（隔 30s 或 60s 测一个点）。

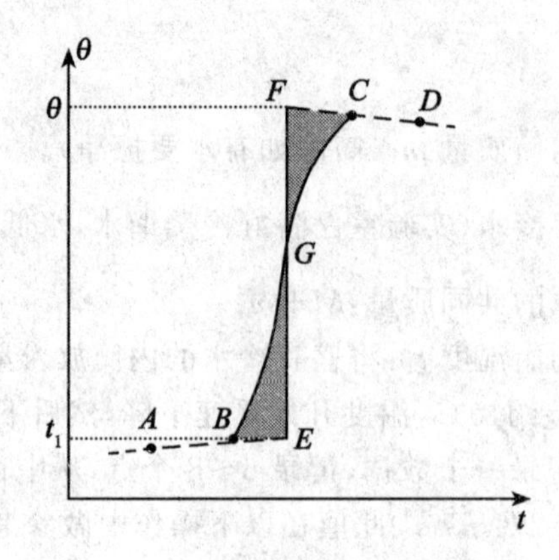

图 5.2-2　散热修正图

【数据处理】

(1) 自拟表格记录实验数据。

水的汽化热公认值　　　　$L=2.259\,7\times10^{6}\,\dfrac{\text{J}}{\text{kg}}$

(2) 计算水的汽化热和不确定度。

$$u_L=\left[\left(\frac{\partial L}{\partial m_1}\right)^2 u_{m_1}^2+\left(\frac{\partial L}{\partial M}\right)^2 u_M^2+\left(\frac{\partial L}{\partial m}\right)^2 u_m^2+\left(\frac{\partial L}{\partial \theta}\right)^2 u_\theta^2+\left(\frac{\partial L}{\partial t_1}\right)^2 u_{t_1}^2+\left(\frac{\partial L}{\partial t_2}\right)^2 u_{t_2}^2\right]^{\frac{1}{2}}$$

(3) 写出实验结果并进行讨论。

(4) 与水的汽化热公认值比较计算相对误差。

【实验后思考题】

(1) 确定环温的意义是什么？你能设计出理想的确定环温的方法吗？

(2) 热量损失是造成实验误差的主要原因，你能列出多少处热量损失的地方？

(3) 设计一个方案，修正温度传感器插入水中部分吸收热量对实验的影响。

§5.3　空气比热容比的测量

理想气体的定压比热容 C_p 和定容比热容 C_v 之比 γ 称为气体的比热容比，也叫泊松比。γ 值在热力学过程特别是绝热过程中是一个很重要的参量，又称为气体的绝热指数或绝热系数。比热容比是物质的重要参量，是一个常用的物理量，在热力学理论及工程技术应用中，在研究物质结构、确定相变、鉴定物质纯度等方面，γ 值起着重要的作用。如热机的效率及声波在气体中的传播特性都与空气的比热容比 γ 有关。

一般实验通常用绝热膨胀法、绝热压缩法等方法来测定气体的比热容比。本实验将采用一种比较新颖的测量气体比热容比的方法，即通过测定小球在储气瓶玻璃管中的振动周期来计算空气的 γ 值。

【实验目的】

(1) 学习测定空气比热容比的方法；

(2) 测量空气的定压比热容与定容比热容之比；

(3) 了解气体自由度与比热容比的关系；

(4) 掌握物理天平、螺旋测微器、数显计数计时毫秒仪等仪器的使用方法。

【预习思考题】

(1) 何谓定容比热容？何谓定压比热容？何谓气体的比热容比？

(2) C_p 与 C_v 在量值上关系如何？二者在实验中容易测得吗？

(3) γ 值与气体分子的自由度有何关系？

【实验原理】

如图 5.3-1 所示，小钢球 A 在精密细玻璃管 B 中(其直径仅仅比玻璃管直径小 0.01～0.02mm)可自由上下移动。待测气体通过导管从瓶上小孔 C 注入玻璃瓶中。设小球质量为 m，半径为 r，当瓶内气压 P 满足下式时，小球处于平衡位置

$$P=P_L+\frac{mg}{\pi r^2} \tag{5.3-1}$$

式中：P_L 为大气压强。设小球从平衡位置出发，向上产生微小正位移 x，则瓶内气体的体积有一微小增量

$$\mathrm{d}V=\pi r^2 x \tag{5.3-2}$$

与此同时瓶内气体压强将降低一微小值 $\mathrm{d}P$，此时小球所受合外力为

$$F=\pi r^2\mathrm{d}P \tag{5.3-3}$$

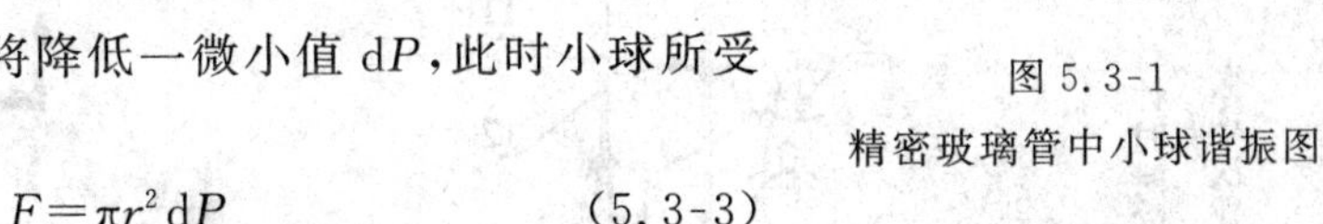

图 5.3-1

精密玻璃管中小球谐振图

小球在玻璃管中运动时，瓶内气体将进行一准静态绝热过程，有绝热方程

$$PV^{\gamma}=C \tag{5.3-4}$$

两边微分，得

$$V^{\gamma}\mathrm{d}P+\gamma V^{\gamma-1}P\mathrm{d}V=0 \tag{5.3-5}$$

将式(5.3-2)、式(5.3-3)代入式(5.3-5)，得

$$F=-\frac{\gamma\pi^2 r^4 P}{V}x \tag{5.3-6}$$

由牛顿第二定律，可得小球的运动方程为

$$\frac{\mathrm{d}^2 x}{\mathrm{d}t^2}+\frac{\gamma\pi^2 r^4 P}{mV}x=0 \tag{5.3-7}$$

可知小球在玻璃管中做简谐振动，其振动周期为

$$T=\frac{2\pi}{\omega}=2\sqrt{\frac{mV}{\gamma Pr^4}} \tag{5.3-8}$$

最后得气体的 γ 值为

$$\gamma=\frac{4mV}{T^2 r^4 P}=\frac{64mV}{T^2 d^4 P} \tag{5.3-9}$$

式(5.3-9)即为测量气体比热容比 γ 的实验公式，式中，d 是小球的直径。式中右边各量均可很方便地测出，因而可算出 γ 值。

为了补偿由于空气阻尼引起振动小球 A 振幅的衰减，通过 C 管一直向容器内注入一个小气压的气流。在精密玻璃管 B 的中央还开设了一个泄气小孔。当小球 A 处于小孔下方的半个振动周期时，注入气体使容器的内压力增大，引起小球向上移动。而当小球处于小孔上方的半个振动周期时，容器内的气体将通过小孔流出，容器内压力较小，小球下沉。如此循环往复，重复上述过程。只要适当控制注入气体的流量，小球 A 就能在玻璃管 B 的小孔上下做简谐振动。振动周期可利用光电计时装置测得。气体由于受热过程不同，会有不同的比热容，对应于气体受热的等容和等压过程。

【实验仪器】

FB212 型气体比热容比测定仪、TW-1 型物理天平、0-25mm 螺旋测微器。

(1) FB212 型气体比热容比测定仪：其结构和连接方式如图 5.3-2 所示。接通电源后，气泵(6)开始往储气瓶Ⅱ(3)注入气，调节阀门(8)可以控制气量大小。气流经过储气瓶Ⅱ进入储气瓶Ⅰ(2)。不锈钢球(12)在简谐振动腔(10)内以光电传感器(11)为平衡位置上下振动。振动的次数和时间由数显计数计时毫秒仪(5)记录并显示出来。

(2) TW-1 型物理天平介绍及使用方法见实验《§4.1 惯性质量的测量》。

(3) 螺旋测微器介绍及使用方法见实验《§4.4 杨氏模量的测量》。

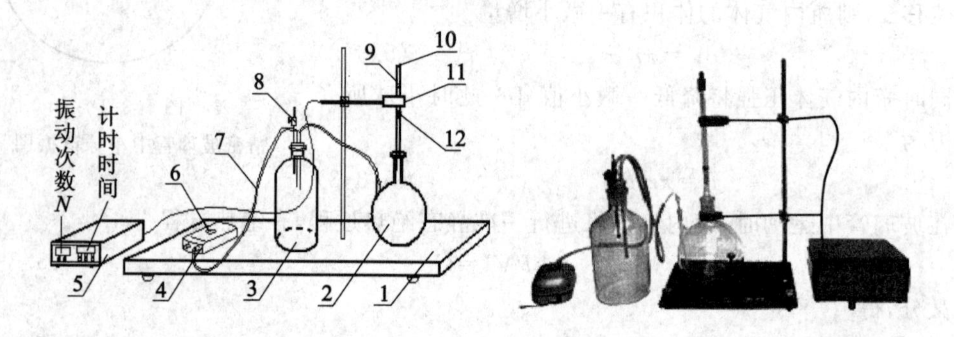

1—底座　2—储气瓶Ⅰ　3—储气瓶Ⅱ　4—气泵出气口　5—FB213 型数显计数计时毫秒仪
6—气泵及气量调节旋钮　7—橡皮管　8—调节阀门　9—系统气压动平衡调节气孔
10—钢球简谐振动腔　11—光电传感器　12—不锈钢球

图 5.3-2　FB212 型气体比热容比测定仪整机图

【实验内容】

(1) 将气泵、储气瓶用橡皮管连接好，装有钢球的玻璃管插入球形储气瓶。将光电接收装置利用方形连接块固定在立杆上，固定位置于空芯玻璃管的小孔附近。

(2) 底板处于水平状态(本装置未安装调平旋钮，实验室事先已经调好水平)。

(3) 接通气泵电源，缓慢调节气泵上的调节旋钮，数分钟后，待储气瓶内注入一定压力的气体后，玻璃管中的钢球离开弹簧，向管子上方移动。此时应调节好进气的大小，使钢球在玻璃管中以小孔为中心上下振动。

(4) 测量振动周期。

① 设置：接通计时仪器的电源及光电接收装置与计时仪器的连接。打开计时仪

器，预置测量次数为 50 次。（如需设置其他次数，可按“置数”键后，再按“上调”或“下调”键，调至所需次数，再按“置数”键确定。本实验按预置测量次数进行，不需要另外置数。）

② 测量：按“执行”键，即开始计数（状态显示灯闪烁）。待状态显示灯停止闪烁，显示屏显示的数字为振动 50 次所需的时间。重复测量 5 次。

(5) 用螺旋测微计测出钢球的直径 d，重复测量 5 次。

(6) 用物理天平称出钢球的质量 m，重复称量 5 次（用复称法：物码左右交换测量算一次称量）。

$$m=\sqrt{m_{左} \cdot m_{右}}$$

【注意事项】

(1) 通气后钢球若未动，可以调节气泵上面的气流调节阀门，直到钢球在玻璃管上小孔附近做稳定的谐振动；

(2) 装有钢球的玻璃管上端需要加一黑色护套，防止实验时因气流过大而导致钢球冲出；

(3) 测钢球的质量和直径时，实验室已配备了与玻璃筒谐振动腔中小球完全一样的备测小球，无需取出玻璃管中的小钢球来测量，以防损坏玻璃管；

(4) 接通电源后若不计时或不停止计时，可能是光电门位置放置不正确，造成钢球上下振动时未挡光，或者是外界光线过强，须适当挡光；

(5) 本实验装置主要系玻璃制成，实验中要特别当心。实验对玻璃管的要求也很高，钢球的直径仅比玻璃管内径小 0.01mm 左右，因此钢球表面不允许擦伤。在测量钢球质量和直径时要注意轻拿轻放，还要防止钢球表面粘上灰尘。

其他测定空气比热容比方法简介：

共振法：容器内装待测气体，由活塞隔绝，活塞两边的空气柱均密闭，相当于两个空气弹簧的并联，且与外界处于平衡状态。活塞受到简谐力，与空气柱组成一个谐振系统。实验中测出空气谐振子的固有频率 f 及其他参量，就可求得待测气体的比热容比。

压强法：让容器内的待测气体经过绝热压缩、等容放热、绝热膨胀、等容吸热等状态的变化，实验中测出各状态下容器内的压强相对于大气压的变化量 ΔP，即可计算出空气的比热容比 γ。

【数据处理】

(1) 自拟表格记录实验数据。

球形储气瓶容积：　从储气瓶 Ⅰ 标签上读出。

瓶内气压：　$P=P_L+\dfrac{\overline{m}g}{\pi\overline{r}^2}(\text{Pa})$。（标准大气压取 $P_L=1.013\times10^5\text{Pa}$）。

本地重力加速度：　$g=9.781\text{m/s}^2$。

(2) 计算 γ 值和不确定度（本实验忽略球形储气瓶容积 V 和大气压强 P 的测量误差）。

$$u_{\bar{\gamma}}=\bar{\gamma}\sqrt{\left(\frac{u_{\bar{m}}}{\overline{m}}\right)^2+4\left(\frac{u_{\bar{T}}}{\overline{T}}\right)^2+16\left(\frac{u_{\bar{d}}}{\overline{d}}\right)^2}$$

(3) 写出实验结果并进行讨论。

(4) 与 γ 的公认值比较计算相对误差。

空气比热容比的公认值为 $\gamma_0=1.412$。

【实验后思考题】

(1) 注入气体量的多少对小球的运动情况有没有影响?

(2) 在实际问题中,物体振动过程并不是理想的绝热过程,这时测得的值比实际值大还是小?为什么?

(3) 本实验所用 FB212 型气体比热容比测定仪是一种新型实验装置,你能对它提出什么改进意见吗?

§5.4　液体比热容的测量

物质比热容的定义:单位质量的物质温度升高 1K 时所吸收的热量。物质比热容的测量是物理学的基本测量之一,属于量热学的范围。量热学的基本概念和方法在许多领域中有广泛应用,特别是在新能源的开发和新材料的研制中,量热学的方法都是必不可少的。测定液体比热容的方法有多种,如电流量热器法、混合法、比较法、冷却法、辐射法等。本实验是采用电流量热器法测定水的比热容。

热学实验中,由于散热因素多且不易控制和测量,量热实验的精度往往不高。所以,如何防止热失散,是热学实验设计中重点要考虑的问题。而在做量热实验的时候,则需要分析产生各种误差的原因,考虑减小误差的方法与措施。通过这些锻炼,有利于实验能力的提高。

【实验目的】

(1) 熟练掌握量热器及物理天平的使用方法;

(2) 用电流量热器法测定水的比热容;

(3) 分析实验中产生误差的原因,提出减小误差的方法和措施。

【预习思考题】

(1) 何谓比热容?它的单位是什么?

(2) 本实验所用公式 $C=\dfrac{1}{m}\left(\dfrac{I^2Rt}{T_2-T_1}-C_1m_1-C_2m_2\right)$成立的条件是什么?

(3) 本实验装置有何防止热失散的措施?在实验操作中,如何尽量减少热散逸?

【实验原理】

如图 5.4-1 所示,量热器中装有质量为 m、比热容为 C 的待测液体。通电后在 ts 内电阻丝 R 所产生的热量为

$$Q_{放}=I^2Rt \tag{5.4-1}$$

待测液体、玻璃内筒、铜电极、铜搅拌器吸收电阻 R 释放的热量后,温度升高。设玻璃内筒质量为 m_1,比热容为 C_1,铜电极和铜搅拌器总质量为 m_2,比热容为 C_2,系统达到热平衡时初温为 T_1,加热终了达到热平衡时末温为 T_2,则有系统吸热

$$Q_{吸}=(Cm+C_1m_1+C_2m_2)(T_2-T_1) \tag{5.4-2}$$

因 $Q_{吸}=Q_{放}$，故有

$$I^2Rt=(Cm+C_1m_1+C_2m_2)(T_2-T_1) \tag{5.4-3}$$

解得待测液体的比热容为

$$C=\frac{1}{m}\left(\frac{I^2Rt}{T_2-T_1}-C_1m_1-C_2m_2\right) \tag{5.4-4}$$

式(5.4-4)即为测量液体比热容的实验公式。实验中只需测得该式右边各物理量，就可求得待测液体的比热容了。物质比热容单位为：J/(kg·K)。

【实验仪器】

IT-1 型电流量热器、DM-T 型数字温度计、WYT-20 型直流稳压电源、DM-A2 型数字电流表、BX7-12 型滑线变阻器、TW-1 型物理天平、秒表、单刀开关、连接导线。

反映物质热学性质的物理量，如本实验要测量的比热容，往往是利用待测系统与已知系统之间的热量与温度之间的关系来测量的。为了测量实验系统内部的热交换，总是不希望实验系统与环境之间有热交换，所以，要求实验系统保持为一个“孤立系统”，即与环境没有热交换。本实验所用量热器结构如图 5.4-1 所示，1 和 2 为铜电极；3 为加热电阻丝；待测液体 4 盛于玻璃内筒 6 之中；8 为泡沫绝热层；9 为绝热盖板；10 为搅拌器。由于内筒被绝热层 8 和绝热盖板 9 隔开，故被测液体、内筒、铜电极、搅拌器所构成的热力学系统与外界由热传导和空气对流所产生的热量交换很小；又由于量热器外壳为光滑金属表面，发射或吸收热辐射的能力较低，可以认为量热系统和外界因辐射所交换的能量也很小。因此在实验中，量热系统可以近似当做一个孤立系统。

与量热器配套的还有 WYT-20 型直流稳压电源 E；DM-A2 型数字电流表 A；BX7-12 型滑线变阻器 R'；DM-T 型数字温度计。

【实验内容】

(1) 按照图 5.4-1 连接电路，注意将开关 K 断开；

(2) 用天平称量热器内筒玻璃杯的质量(复称法)；

(3) 用玻璃杯装约大半杯水，再用天平称出玻璃杯和水的共同质量(复称法)；

(4) 将盛水的玻璃杯放入量热器中，盖好绝热盖。注意不要让水溅出；

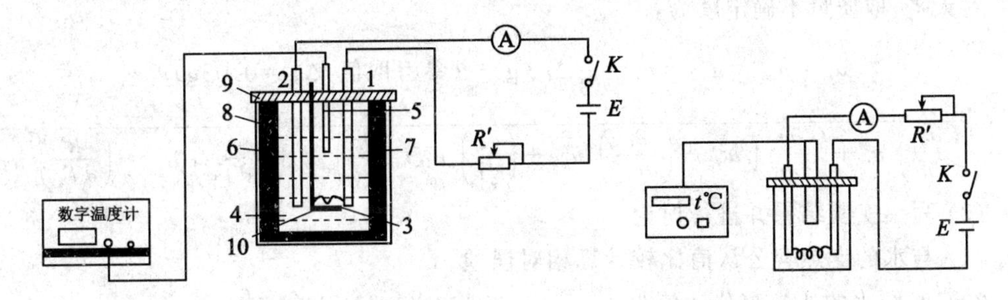

图 5.4-1　液体比热容测定整机图和线路图

(5) 打开电源 E，调节电源电压到 15V；

(6) 合上开关，观察电流表 A，调节滑线变阻器 R'，使电流表显示电流在 1A 左右；

(7) 断开开关,轻轻搅动搅拌器,在数字温度计上读出初温;

(8) 合上开关给液体加热,同时按下秒表开始计时;

(9) 搅动搅拌器使整个量热器内各处温度均匀,待温度升高5℃时,断开电源,同时停止计时,从数字温度计上记下末温。

【注意事项】

(1) 温度传感器不要插入水里太深,插到水面以下即可;

(2) 读初温前要充分搅拌,使量热器内部各部分温度均匀后再读数;

(3) 加热过程中搅拌也不要过于剧烈和频繁,以防摩擦生热,产生误差;

(4) 断开电源后立刻停表,但不要马上读出末温,应当继续搅拌,同时观察温度计读数的变化,取温度计读数的最大值作为末温;

(5) 在加热过程中,如果电流表读数在微小范围内波动,观察找出波动范围,并记下电流在时间上的分布,取其时间上的加权平均值作为电流值读数;

(6) 实验完毕要将玻璃杯中的水倒掉,并将电极上的水擦干,以免腐蚀电极;

(7) 收拾所有仪器到实验前的初始状态,导线要捋顺缠好。

其他测定液体比热容方法简介:

(1) 混合法:将已知比热容和温度的固体与待测液体混合,从而测得待测液体的比热容。

(2) 比较法:对两个实验系统在相同的实验条件下进行对比,从而确定未知物理量。比如将待测液体与已知比热容的纯水在同样条件下进行比较,从而得到待测液体的比热容。

(3) 冷却法:使实验系统进行自然冷却,测出系统冷却过程中温度随时间的变化关系,从而求得待测液体的比热容。

【数据处理】

(1) 自拟表格记录实验数据。

(2) 计算水的比热容和不确定度。

对天平,取质量不确定度为:

$$u_m = u_{m_1} = u_{m_2} = u_B = \frac{1}{3}\Delta_{仪}(\mathrm{g}) \quad (参考取值:\Delta_{仪}=0.05\mathrm{g})$$

$$u_c = \sqrt{\left(\frac{\partial c}{\partial m}\right)^2 u_m^2 + \left(\frac{\partial c}{\partial m_1}\right)^2 u_{m_1}^2 + \left(\frac{\partial c}{\partial m_2}\right)^2 u_{m_2}^2 + \left(\frac{\partial c}{\partial I}\right)^2 u_I^2 + \left(\frac{\partial c}{\partial t}\right)^2 u_t^2 + \left(\frac{\partial c}{\partial T_1}\right)^2 u_{T_1}^2 + \left(\frac{\partial c}{\partial T_2}\right)^2 u_{T_2}^2}$$

(3) 写出实验结果并进行讨论。

(4) 与水的比热容公认值比较计算相对误差。

20℃时纯水的比热容公认值为: $c_0 = 4.176\times10^3\,\mathrm{J/(kg\cdot K)}$。

【实验后思考题】

(1) 什么是牛顿冷却定律?

(2) 电流量热器法测液体比热容比之混合法和比较法,有何优劣?

(3) 如何用修正终止温度的方法进行散热修正?

§5.5　热功当量的测量

热量和功这两个物理量，实质上是以不同形式传递的能量，它们具有相同的单位，即能量的单位焦耳(J)。然而，历史上曾经对热量的计量另有规定，即，规定1g纯水在1大气压下温度升高1℃所吸收的热量为1卡。焦耳认为热量的单位(卡)和功的单位(焦耳)之间有一定的数量关系，从1840年到1879年，焦耳进行了各种实验，在实验中精确地求得了功和热量互相转换的数值关系——热功当量。如果用W表示电功或机械功，用Q表示这一切所对应的热量，则功和热量之间的关系可写成$W=JQ$，J即为热功当量。目前国际上对卡和焦耳的关系有两种规定：1热工程卡＝4.1868焦耳；1热化学卡＝4.1840焦耳。国际上把“卡”仅作为能量的一种辅助单位，并建议一般不使用“卡”。国际单位制规定，功、能和热量一律使用焦耳为单位。虽然热功当量的数值现已逐渐为人们所少用，但是，热功当量的实验在物理学发展史上所起的作用是不可磨灭的。焦耳的热功当量实验为能量转化与守恒定律奠定了坚实的实验基础。

本实验采用焦耳曾经做过的电热法来测定热功当量。

【实验目的】

(1) 了解电流做功与热量的关系，用电热法测定热功当量；

(2) 了解热量损失的修正方法。

【预习思考题】

(1) 如果实验过程中加热电流发生了微小波动，是否会影响测量的结果？为什么？

(2) 如何检查天平的两臂长度是否相等？如果天平不等臂，该怎样测定物体的质量？

【实验原理】

用电热法来测定热功当量。

如果加在加热器两端的电压为U，通过加热器的电流为I，电流通过时间为t，则电流做功为：

$$W=IUt \tag{5.5-1}$$

如果这些功全部转化为热量，此热量用量热器测出，则可求出热功当量。

设m_1表示量热器内圆筒质量，C_1表示其比热容。m_2表示铜电极和铜搅拌器的质量，C_2表示其比热容。m_3表示量热器内圆筒中水的质量，C_3表示水的比热容。T_1和T_2分别表示量热器内圆筒及圆筒中水的初始温度和终止温度，那么量热器内圆筒及圆筒中的水等所吸收的热量Q为

$$Q=(m_1C_1+m_2C_2+m_3C_3)(T_2-T_1) \tag{5.5-2}$$

如果过程中没有热量散失，电功W用焦耳(J)作单位，热量Q的单位用卡(cal)时，则有

$$W=JQ \tag{5.5-3}$$

式中，J为热功当量，由上式可得测量J的理论公式：

$$J=\frac{W}{Q}=\frac{IUt}{(m_1C_1+m_2C_2+m_3C_3)(T_2-T_1)}\text{(J/cal)} \tag{5.5-4}$$

热量损失的修正方法参考“冰的熔解热的测量”实验中的散热修正。

【实验仪器】

DW-1 电阻丝量热器、DM-A2 数字电流表、物理天平、DM-T 数字温度计、DM-V4 数字电压表、WYT-20 直流稳压电源、秒表、滑线变阻器、开关

仪器装置如图 5.5-1 所示，M 与 B 分别为量热器的内外两个圆筒，C 为绝缘层，D 为绝缘盖，J 为两个铜金属棒，用以引入加热电流，F 是绕在绝缘材料上的加热电阻丝，G 是搅拌器，H 为温度计，E 为稳压电源。

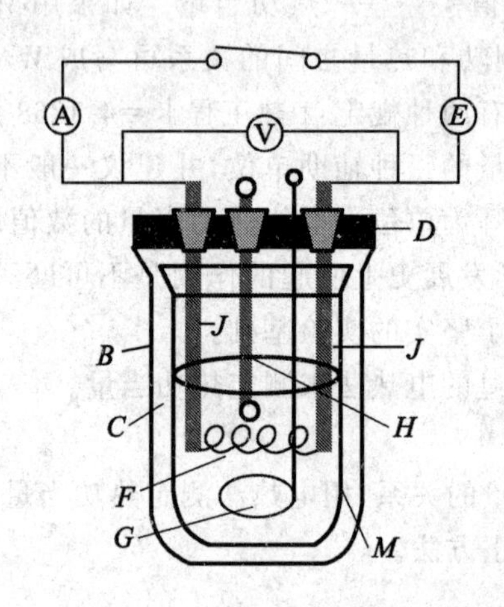

图 5.5-1　热功当量的测量实验装置图

【实验内容】

(1) 用天平称量出量热器内筒质量 m_1；

(2) 在量热器内装入适量的水并测出其质量 m_3；

(3) 将量热器内筒放入外筒，电阻丝、搅拌器放入水中，盖上盖板，按图连好电路；

(4) 测出量热器系统初温 T_1；

(5) 调节电源电压至适当值，闭合开关同时启动秒表计时，并迅速调节变阻器使电流在适当值。在通电过程中，保持电流值稳定，并不断轻微搅拌水，以加速热传导；

(6) 当加热一段时间后，断开开关，并同时停止计时。继续搅拌水并观察温度计示数，待温度不再上升时，读出温度 T_2。

【注意事项】

(1) 数字温度计要浸入水中，但又不能触及电热丝，也不要插得很深；

(2) 电路接好后，须经指导教师检查无误后，才能接通电源，注意电表的正负极性不要接反；

(3) 只有当电热丝浸入在水中才能通电，否则，电热丝可能会被烧坏；

(4) 实验完毕立即将杯中的水倒掉，以免腐蚀电极。

【数据处理】

(1) 自拟数据表格记录数据。

（2）根据热量损失的方法对温度进行修正。

（3）按式（5.5-4）求出热功当量，并与公认值（J＝4.1868J/cal）相比较，计算其相对误差。

（4）计算时，各材料的比热容可取：

玻璃比热容：0.75×10^3J/(kg・K) 或 0.18×10^3cal/(kg・℃)；

水比热容：4.18×10^3J/(kg・K) 或 1.00×10^3cal/（kg・℃）；

铜比热容：3.85×10^3J/(kg・K)或 0.093×10^3 cal/（kg・℃）。

（5）铜电极和铜搅拌器的质量 m_2 由实验室给出。

【实验后思考题】

实验过程中量热器不断向外界传导和辐射热量。这两种形式的热量损失是否会引起系统误差？为什么？

第 6 章　电磁学基本量的测量

§6.1　电子比荷的测量

带电粒子的比荷是粒子的电荷与其质量之比，是带电粒子的基本参数之一，是研究物质结构的基础。电子比荷是物理学中一个比较重要的参数，它的测量在近代物理学发展史上占有重要的地位。

19 世纪 80 年代英国物理学家 J. J. 汤姆逊做了一个著名的实验：将阴极射线受强磁场的作用发生偏转，显示射线运行的曲率半径，并采用静电偏转力与磁场偏转力平衡的方法求得粒子的速度，结果发现了"电子"，并得出了其比荷。目前，电子比荷的测得数值是：$175881962000 \pm 53000\,C/kg$。

测量电子比荷的方法有很多，如磁聚焦法、磁控管法、滤速器法等。本实验以当年 J. J. 汤姆逊的思路，利用电子束在磁场中运动偏转的方法测量电子的比荷。

【实验目的】

(1) 了解电子在磁场中的运动情况；

(2) 测量电子的比荷。

【预习思考题】

(1) 电子枪是如何发射出电子束的？

(2) 产生均匀磁场的主要方法有哪些？

【实验原理】

当一个电子以速度 $\boldsymbol{v}$ 垂直进入均匀磁场时，电子就要受到洛伦兹力 f 的作用

$$\boldsymbol{f} = e\boldsymbol{v} \times \boldsymbol{B} \tag{6.1-1}$$

式中，e 是电子的电量，$\boldsymbol{B}$ 是磁场的磁感应强度。

由于 $\boldsymbol{v}$ 垂直于 $\boldsymbol{B}$，洛伦兹力 $\boldsymbol{f}$ 的大小可表示为

$$f = e\,vB \tag{6.1-2}$$

在洛伦兹力的作用下，电子在垂直于 $\boldsymbol{B}$ 的平面上做匀速圆周运动，如图 6.1-1 所示。电子做匀速圆周运动的向心力就是磁场对它的作用力，即

$$evB = \frac{mv^2}{r} \tag{6.1-3}$$

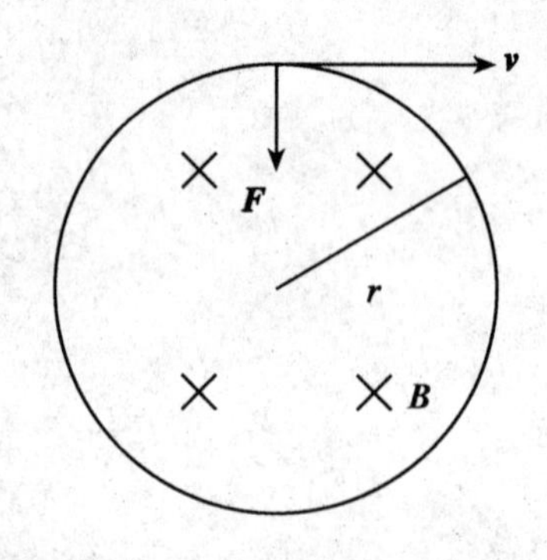

图 6.1-1　电子在磁场中的受力图

式中，m 是电子的质量，r 是电子圆周运动的半径。由上式可得电子的比荷为

$$\frac{e}{m}=\frac{v}{rB} \tag{6.1-4}$$

在实验中，利用电子枪产生电子。在加速电压 U 的作用下，电子枪发射出电子流，电子的动能为

$$eU=\frac{1}{2}mv^2 \tag{6.1-5}$$

由式(6.1-4)、式(6.1-5)可得

$$\frac{e}{m}=\frac{2U}{(rB)^2} \tag{6.1-6}$$

由上式可知，如果能测量出加速电压 U、磁场的磁感应强度 B 及电子束匀速圆周运动的半径 r，就可得出电子的比荷。

磁场由亥姆霍兹线圈产生，其大小可表示为

$$B=KI \tag{6.1-7}$$

式中，I 是通过线圈的电流，K 是磁电变换系数，可表示为

$$K=\mu_0\left(\frac{4}{5}\right)^{\frac{3}{2}}\times\frac{N}{R} \tag{6.1-8}$$

式中，μ_0 是真空磁导率，R 是亥姆霍兹线圈的平均半径，N 是线圈的匝数。

将式(6.1-7)、式(6.1-8)代入式(6.1-6)，可得

$$\frac{e}{m}=\frac{125}{32}\times\frac{R^2U}{\mu_0^2N^2I^2r^2}=2.474\times10^{12}\frac{R^2U}{N^2I^2r^2}(\mathrm{C/kg}) \tag{6.1-9}$$

【实验仪器】

FB710 型电子比荷测试仪一台。

该仪器包含产生磁场的亥姆霍兹线圈、发射及显示电子束运动轨迹的威尔尼氏管、记录电子束半径的滑动标尺、反射镜及其他辅助工具。其中，亥姆霍兹线圈的平均半径 R 是 158mm，线圈匝数 N 是 130 匝。

【实验内容】

(1) 正确连接线路；

(2) 开启仪器电源，将加速电压调至 120V，电子枪射出翠绿色的电子束后，将加速电压调小到 100V；

(3) 调节偏转电流，使电子束的运行轨迹形成封闭的圆，调节聚焦电压，使电子束明亮；

(4) 测量出电子运动圆周的半径，读出加速电压 U 及通过亥姆霍兹线圈的电流 I，计算出电子的比荷。

【注意事项】

在测量前，应仔细调节使电子束与磁场垂直，形成一个不带任何重影的圆环；电子束的加速电压不要调得过高，否则容易引起电子束散焦；为了保护威尔尼氏管，电子束激发一定时间后，如果加速电压太高，仪器会自动下降到正常电压范围内。

【数据处理】

(1) 列表记录实验所测数据；

（2）根据实验数据计算出电子的比荷，并讨论其测量不确定度。

【实验后思考题】

（1）如何更好更简捷地测量电子运动圆周的半径？

（2）如果电子束运动方向与磁场方向不垂直，可采用何种方法测量电子的比荷？

§6.2 用示波器测量信号的电压及频率

示波器是一种应用十分广泛的电子测量仪器，用它不仅能直接观察电信号随时间变化的图形（波形），测量电信号的幅度、周期、频率、相位等，而且配合相应的传感器，还可以观测各种可以转化为电学量的非电量。

【实验目的】

（1）了解示波器的大致结构和工作原理；

（2）掌握低频信号发生器和双踪示波器的使用方法；

（3）使用示波器观察电信号的波形，测量电信号的电压和频率。

【预习思考题】

（1）观察波形的几个重要步骤是什么？

（2）如果用正弦信号做扫描波，那么，正弦信号在屏幕上显示的波形是怎样的？

（3）如果打开示波器电源后，看不到扫描线也看不到光点，可能有哪些原因？

【实验原理】

一、示波器原理

1. 示波器的基本结构

示波器的种类很多，但其基本原理和基本结构大致相同，主要由示波管、电子放大系统、扫描触发系统、电源等几部分组成，如图 6.2-1 所示。

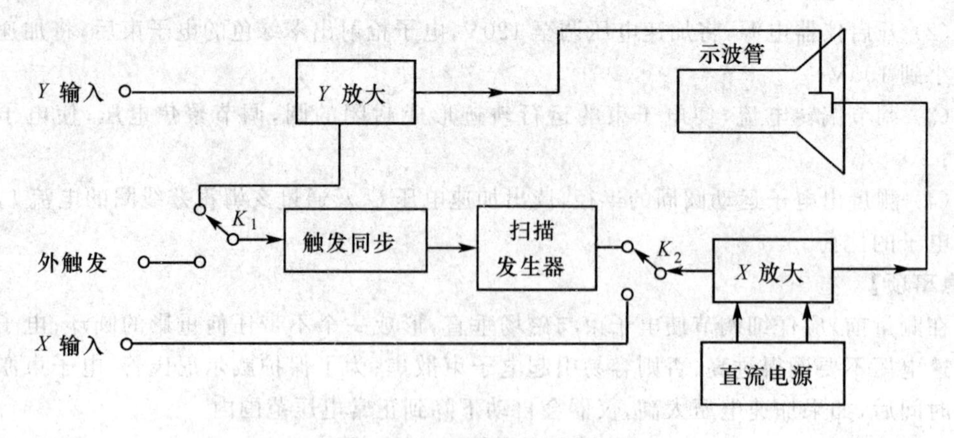

图 6.2-1 示波器的原理框图

(1) 示波管。

示波管又称阴极射线管,简称 CRT,其基本结构如图 6.2-2 所示,主要包括电子枪、偏转系统和荧光屏三个部分。

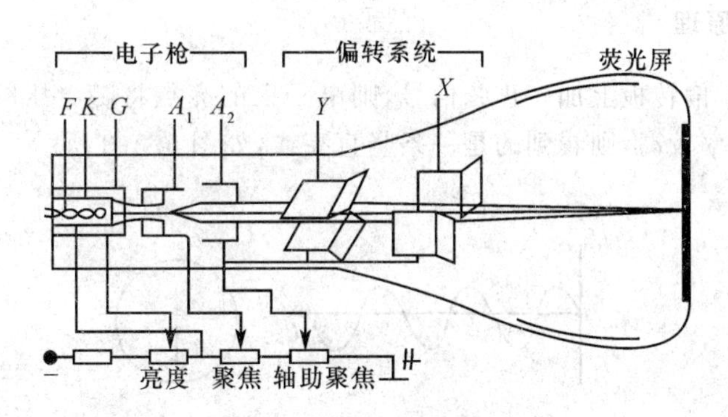

F—灯丝　K—阴极　G—控制栅极　A_1—第一阳极　A_2—第二阳极

Y—竖直偏转板　X—水平偏转板

图 6.2-2　示波管的结构简图

电子枪:由灯丝、阴极、控制栅极、第一阳极、第二阳极五部分组成。灯丝通电后,加热阴极,阴极是一个表面涂有氧化物的金属圆筒,被加热后发射电子。控制栅极是一个顶端有小孔的圆筒,套在阴极外面,它的电位相对阴极为负,只有达到一定初速的电子才能穿过栅极顶端的小孔。因此,改变栅极的电位,可以控制通过栅极的电子数,从而控制到达荧光屏的电子数目,改变屏上光斑的亮度。示波器面板上的"亮度"旋钮就是起这一作用的。阳极电位比阴极高得多,对通过栅极的电子进行加速,被加速的电子在运动过程中会向四周发散,如果不对其进行聚焦,在荧光屏上看到的将是模糊一片。聚焦任务是由阴极、栅极、阳极共同形成的一种特殊分布的静电场来完成的,这一静电场是由这些电极的几何形状、相对位置及电位决定的。示波器面板上的"聚焦"旋钮就是改变第一阳极电位用的,而"辅助聚焦"就是调节第二阳极电位用的。

偏转系统:它由两对互相垂直的平行偏转板——水平偏转板和竖直偏转板组成。只有在偏转板上加上一定的电压,才会使电子束的运动方向发生偏转,从而使荧光屏上光斑的位置发生改变。通常,在水平偏转板上加扫描信号,竖直偏转板上加被测信号。

荧光屏:示波管前端的玻璃屏上涂有荧光粉,电子打上去它就会发光,形成光斑。荧光材料不同,发光的颜色不同,发光的延续时间(余晖时间)也不同。玻璃屏上带有刻度,供测量时使用。

(2) 电子放大系统。

为了使电子束获得明显的偏移,必须在偏转板上加上足够的电压。被测信号一般比较弱,必须进行放大。竖直(Y 轴)放大器和水平(X 轴)放大器就是起这一作用的。

(3) 扫描与触发系统。

扫描发生器的作用是产生一个与时间成正比的电压作为扫描信号。触发电路的作用是形成触发信号。当示波器工作在"自激"方式时,扫描发生器始终有扫描信号输出;当示波器工作在“DC”或“AC”方式时，扫描发生器必须有触发信号的激励才产生扫描信号。一般地，示波器工作在内触发方式，触发信号由被测信号产生，以保证扫描信号与被测信号同步。当示波器工作在外触发方式时，触发信号由外部输入信号产生。

2. 波形显示原理

如果只在竖直偏转板上加一正弦信号，则电子束的亮点将随电压的变化在竖直方向来回运动；如果频率较高，则看到的是一条竖直亮线，如图 6.2-3 所示。

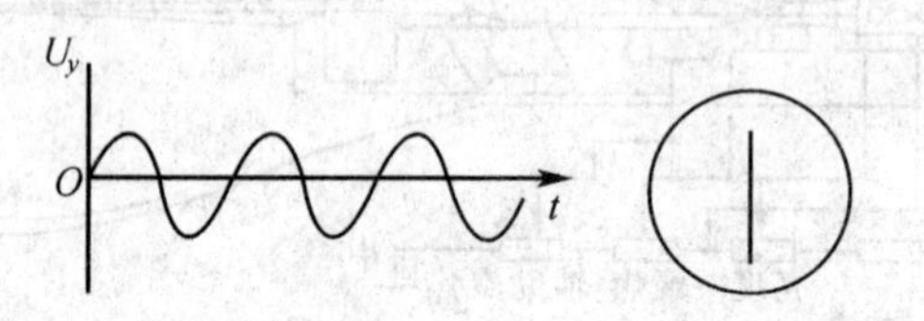

图 6.2-3　只在竖直偏转板上加一正弦电压的情形

要能显示波形，应使电子束在水平方向上也要有偏移，这就必须同时在水平偏转板上加扫描电压。扫描电压的特点是其幅值随时间线性增加到最大，又突然回到最小，此后再重复变化。在扫描信号的作用下，光点从左向右运动到最大位移，再突然回到左端起点，开始下一周期。我们把这一过程称为扫描。扫描电压的变化曲线形同锯齿，如图 6.2-4 所示，所以称为锯齿波。如果只有扫描信号加在偏转板上，在频率足够高时，屏上只能看到一条水平亮线。

如果在竖直偏转板(称 Y 轴)上加正弦电压，水平偏转板(称 X 轴)上加锯齿波电压，光点的运动将是两互相垂直运动的合成。若锯齿波电压的周期与正弦波电压的周期相等或锯齿波电压的周期稍大，则屏上将显示一个完整周期的波形，如图 6.2-5 所示。

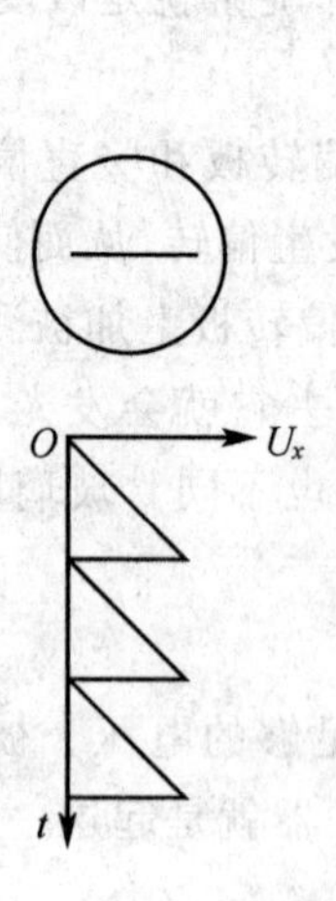

图 6.2-4　只在水平偏转板上加一锯齿波电压的情形

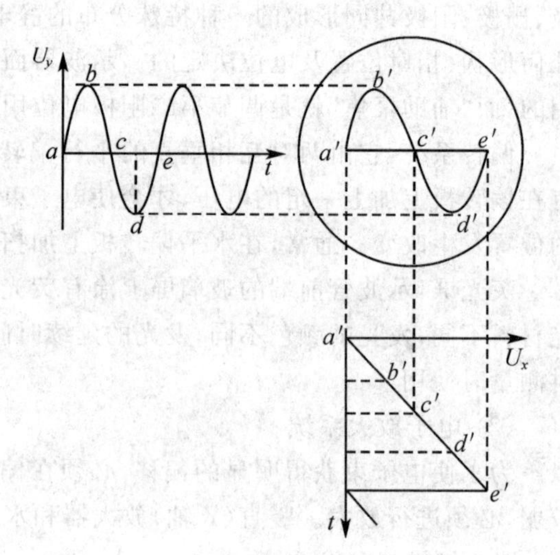

图 6.2-5　示波器显示正弦波形的原理图

当正弦波与锯齿波的周期稍微不同时，在下一扫描周期显示的波形与本次扫描周期显示的波形不能重叠，如图 6.2-6 所示，这样，在屏上看到的就是移动着的不稳定图形。欲使前后两个扫描周期内的波形重合，使波形稳定，解决的办法有两个：

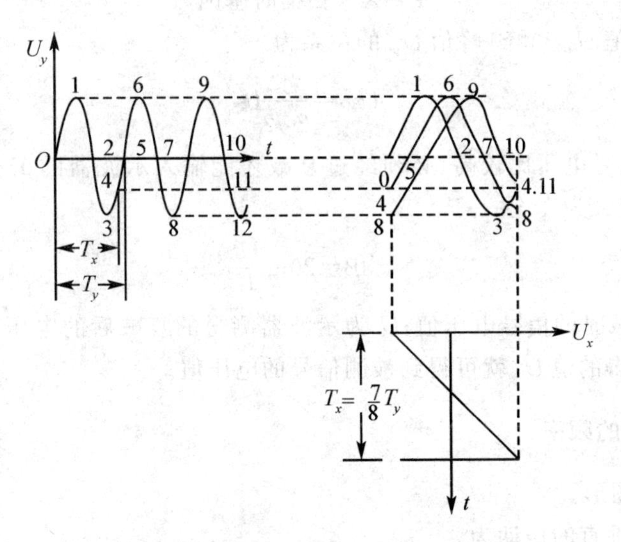

图 6.2-6　$T_x=(7/8)T_y$ 时显示的波形

(1) 使锯齿波的周期等于正弦波的周期的整数倍，即 $T_x=nT_y$，此时，示波器上显示 n 个完整的正弦波形。示波器面板上的“扫描微调”旋钮就是用来调节锯齿波的周期，使之满足上述关系的。

(2) 使扫描电压的起点自动跟随 Y 轴信号改变。这可以通过触发信号的激励作用来做到，即通过由 Y 轴信号所形成的触发信号使扫描信号在 Y 轴信号回到起点时自动回到起点。这种使扫描信号的周期等于被测信号的周期或扫描信号的起点自动跟随 Y 轴信号改变的现象称为“同步”(或整步)。

一般示波器只有一个电子枪，要能在屏上同时显示两路信号的图像，必须在人眼的视觉暂留时间内分别显示两波形在屏上不同的位置，这是通过电子开关来完成的。电子开关是一个自动的快速单刀双掷开关，它把 Y_1 通道和 Y_2 通道的信号轮流送入 Y 轴放大器，在屏上轮流显示。由于视觉暂留，观察者可以同时看到两路波形，即双踪显示。双踪显示有“交替”和“断续”两种方式。“交替”方式是在本次扫描时显示 Y_1 通道信号，下次扫描时显示 Y_2 通道信号，反复进行。“断续”方式是在每次扫描中，高速轮流显示 Y_1 通道和 Y_2 通道的信号，以虚线显示在屏上。由于虚线密集，图形看起来是连续的。

二、测量原理

1. 测量信号的电压和周期

用示波器测量信号的电压，一般是测量其峰-峰值 U_{pp}，即信号的波峰到波谷之间的电压值。在选择适当的通道偏转因数和扫描时基因数后，只要从屏上读出峰-峰值对应的垂直距离 Y(cm)和一个周期对应的水平距离 X(cm)，即可求出信号的电压和周期。

$$U_{pp}=Y\times\text{偏转因数} \tag{6.2-1}$$

$$T=X\times\text{扫描时基因数} \tag{6.2-2}$$

正弦信号的有效值 U_{eff} 和峰—峰值 U_{pp} 的关系为

$$U_{eff}=\frac{1}{2\sqrt{2}}U_{pp} \tag{6.2-3}$$

有时，被测信号电压比较高，必须经过衰减才能输入示波器的 Y 通道。衰减倍数用分贝数表示，其定义为

$$\mathrm{dB}=20\lg\frac{U_0}{U} \tag{6.2-4}$$

式中，U_0 为未衰减时的信号电压值；U 为示波器测得的衰减后的电压值。根据衰减的分贝数和示波器测得的值 U，就可得到被测信号的电压值。

2. 测量信号的频率

(1) 李萨如图形。

设两个互相垂直的振动为

$$x=A_1\cos(2\pi f_1 t+\varphi_1)$$

$$y=A_2\cos(2\pi f_2 t+\varphi_2)$$

式中，f_1、f_2 为两振动的频率；φ_1、φ_2 为两振动的初相。

当 $f_1=f_2$ 时合成振动的轨迹方程为

$$\frac{x^2}{A_1^2}+\frac{y^2}{A_2^2}-2\frac{xy}{A_1A_2}\cos(\varphi_2-\varphi_1)=\sin^2(\varphi_2-\varphi_1) \tag{6.2-5}$$

式(6.2-5)是一个椭圆方程。当 $\varphi_2-\varphi_1=0$ 或 $\pm\pi$ 时，椭圆退化为一条直线；当 $\varphi_2-\varphi_1=\pm\pi/2$ 时，合成轨迹为一正椭圆。

当 $f_1\neq f_2$ 时，合成振动的轨迹比较复杂，但当 f_1 与 f_2 成简单的整数比时，合成振动的轨迹为封闭的稳定几何图形，这些图形称为李萨如图形，如图 6.2-7 所示。

$f_1:f_2$	1∶1	1∶2	1∶3	2∶3	3∶2	3∶4
李萨如图形		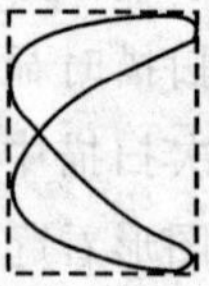	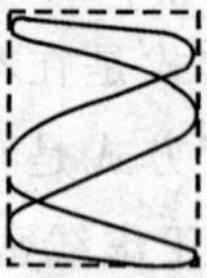		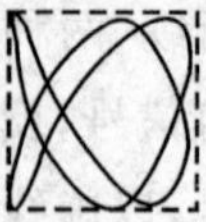	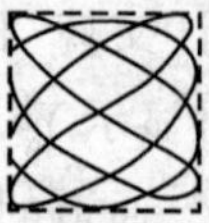
n_x	1	1	1	2	3	3
n_y	1	2	3	3	2	4

图 6.2-7 几种不同频率比的李萨如图形

从图形中，人们总结出如下规律：如果作一个限制光点在 x，y 方向运动的假想矩形框，则图形与此矩形框相切时，横边上的切点数 n_x 与竖边上的切点数 n_y 之比恰好等于两振动的频率之反比，即

$$f_x : f_y = n_y : n_x \tag{6.2-6}$$

或

$$n_x f_x = n_y f_y$$

因此，若已知其中一个信号的频率，从李萨如图形上数得切点数 n_x 和 n_y，就可以求出另一待测信号的频率。

(2) 拍。

设两个同方向的简谐振动为

$$y_1 = A_1 \cos(2\pi f_1 t + \varphi_1)$$
$$y_2 = A_2 \cos(2\pi f_2 t + \varphi_2)$$

选某一时刻两振动相位相同时作为计时起点，则 $\varphi_2 = \varphi_1 = \varphi$，若两振动的振幅也相同 $(A_1 = A_0 = A)$，则合成振动可以表示为

$$y = y_1 + y_2 = 2A\cos[\pi(f_2 - f_1)t]\cos[\pi(f_2 + f_1)t + \varphi]$$

当 f_1 与 f_2 的差值远小于 f_1、f_2 时，合成振动的振幅 $|2A\cos[\pi(f_2 - f_1)t]|$ 随时间缓慢地呈周期性变化，这种现象称为“拍”，振幅变化的频率叫“拍频”，即

$$f_3 = |f_2 - f_1| \tag{6.2-7}$$

图 6.2-8 所示为“拍”的形成示意图，其中，$t=0$ 时，y_1 与 y_2 的相位差为 π。如果信号频率 f_1 已知且连续可调，则通过改变 f_1 观察拍频的变化，可以判断出待测信号频率 f_2 是大于 f_1 还是小于 f_1，然后根据测得的拍频 f_3 和式(6.2-7)求出待测信号的频率。

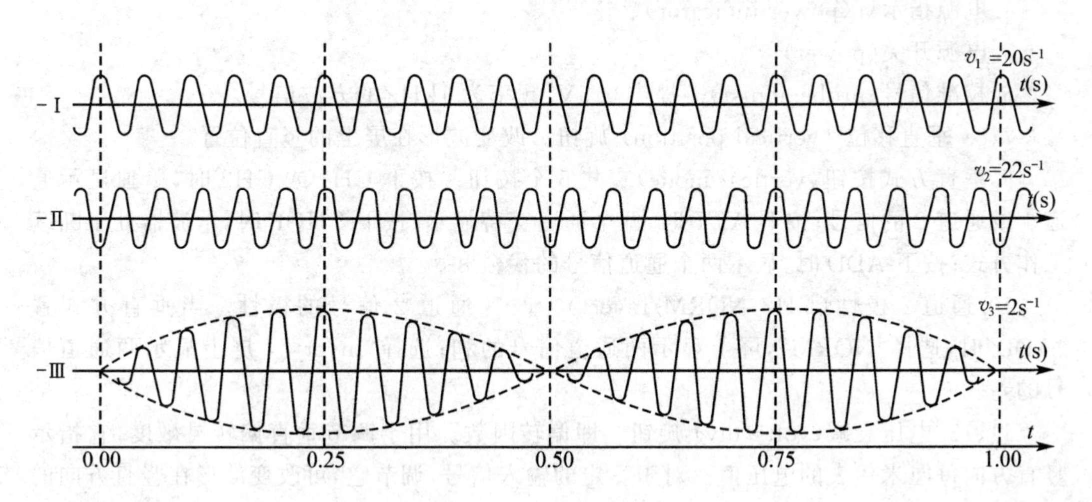

图 6.2-8　“拍”的形成

【实验仪器】

DF4320 型双通道示波器、EE1641B 函数信号发生器、连接线若干。

一、DF4320 型双通道示波器

DF4320 型双通道示波器的面板图如图 6.2-9 所示，各部件名称及作用如下：

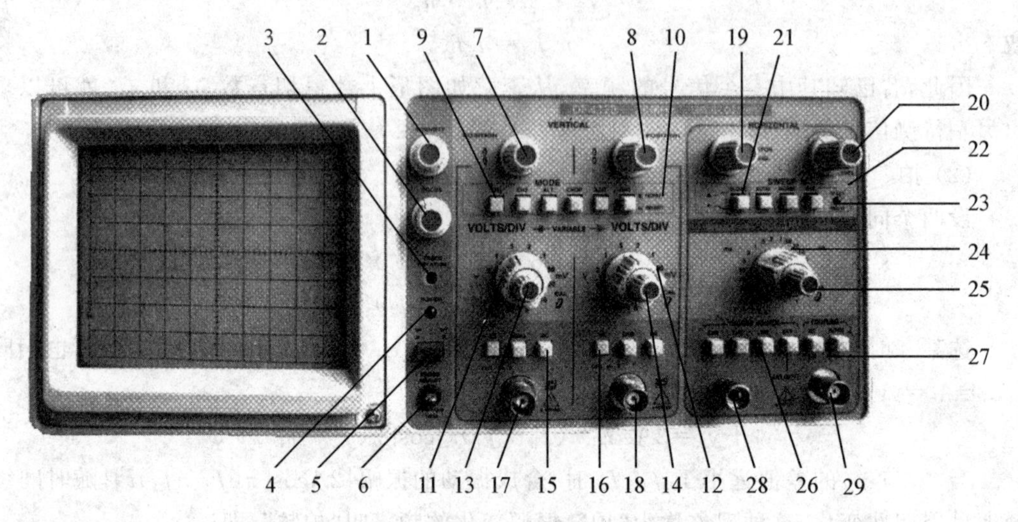

图 6.2-9　DF4320 双通道示波器前面板控制件位置

1.亮度(intensity)。用于调节光点亮度。

2.聚焦(focus)。用于调节光点大小。

3.轨迹旋转(trace rotation)。可调节波形与水平刻度线的角度。

4.电源指示灯(power indicator)。

5.电源开关(power)。

6.校准信号(probe adjust)。提供 0.5V、频率为 1kHz 的方波信号。

7、8. 垂直移位 (vertical position) 旋钮。改变波形在屏上的竖直位置。

9.垂直方式按钮(vertical mode)。共 5 个按钮。按下 CH1 或 CH2 时，单独显示通道 1 或通道 2 的信号；按下 ALT 时，两个通道交替显示；按下 CHOP 时，示波器处于断续工作方式；按下 ADD 时，显示两个通道信号的代数和。

10.通道 2 极性(CH2 NORM/invert)。改变通道 2 信号的极性。当垂直方式置“ADD”时，选择“NORM”，屏上显示两通道信号的和；选择“invert”，屏上显示两通道信号的差。

11、12.电压衰减(volts/div) 旋钮。即偏转因数。用于调节垂直偏转灵敏度，它指示竖直方向每厘米代表的电压值。对于一定的输入信号，调节它，可改变波形在竖直方向的幅度。

13、14. 微调(variable) 旋钮。用于连续调节垂直偏转灵敏度。

15、16. 耦合方式(AC-GND-DC)按钮。输入信号的耦合方式。置“AC”时，交流输入，直流成分被隔断；置“DC”时，直流输入；置“GND”时，接地，输入零信号。

17、18. 通道 1(CH1 OR X)和通道 2(CH2 OR Y)信号输入插孔。

19. 水平移位(horizontal) 旋钮。调节它可使波形水平移动。

20. 电平(level) 旋钮。用来调节被测信号在某一电平触发扫描。

21. 触发极性(slope)。用于选择触发信号的上升沿或下降沿去触发扫描。

22. 扫描方式(sweep mode)按钮。选择"AUTO"(自动)时扫描发生器自动工作，屏上始终有扫描线；选择"NORM"(常态)时，必须有触发信号扫描发生器才有扫描信号输出；选择"SINGLE"(单次)时，触发信号只触发一次扫描，下次扫描需再按动一次该键。

23. 被触发或准备指示灯(trig'd ready)。在被触发扫描时，指示灯亮；在单次扫描时，指示灯亮表示扫描电路在触发等待状态。

24. 扫描速率(sec/div)旋钮。即扫描时基因数。用于调节扫描速度，其数值的倒数即扫描速率。它指示水平方向每厘米代表的时间值，其范围从 0.1μs/div 到 0.2s/div。

25. 扫描微调、扩展(variable pull×5) 旋钮。用于连续调节扫描速度。当旋钮被拉出时，扫描速度扩大 5 倍。在测量时间(周期)时，该旋钮应关上。

26. 触发源(trigger source)按钮。用于选择产生触发的源信号。有四种方式选择：CH1、CH2、LINE、EXT。在单踪显示时，无论是选择 CH1 还是 CH2，触发信号都来自被显示的通道。

27. 触发耦合(coupling)按钮。有"AC/DC"和"TV"。

28. 接地(⊥)。

29. 外触发输入(EXT input)插座。

30. Z 轴输入(Z axis input)亮度调制信号输入插座。

31. 电源插座。

32. 电源设置。

33. 保险丝座。

二、EE1641B 函数信号发生器

EE1641B 函数信号发生器可以输出频率在 0.2Hz～2MHz 的正弦波、三角波、方波信号等，其面板图如图 6.2-10 所示，各部件的作用如下：

1. 频率显示窗口。显示输出信号频率值(或外测频值)。

2. 信号幅度显示窗口。显示输出信号的幅度值。

3. 扫描宽度调节旋钮。调节它，可以改变内扫描时间的长短。

4. 速率调节旋钮。用以调节扫频输出的扫频范围。

5. 外部输入插座。外扫描控制信号或外测频信号输入端。

6. TTL 信号输出端。输出标准 TTL 脉冲信号，输出阻抗为 600Ω。

7. 函数信号输出端。1MΩ 负载时，输出 20Vp-p，50Ω 负载时，输出 10Vp-p。

8. 函数信号输出幅度调节旋钮。

9. 函数输出信号直流电平预置调节旋钮。

10. 波形对称性调节旋钮。调节它可改变输出波形的对称性。当它置于"OFF"时，输出对称波形。

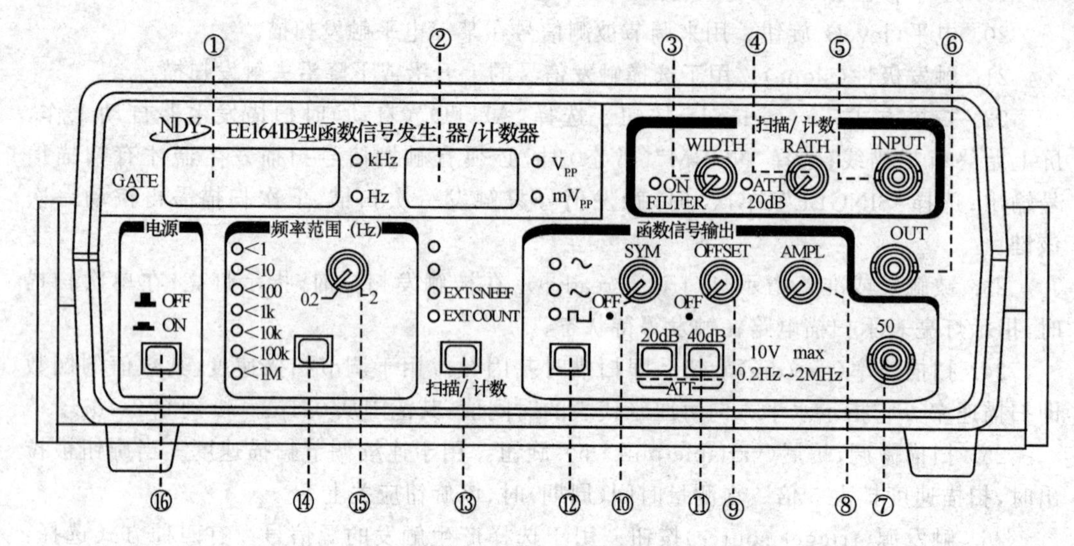

图 6.2-10　前面板示意图

11. 输出衰减旋钮。有 20dB 和 40dB 两档选择。

12. 输出波形选择。用来选择输出信号的波形。

13. “扫描/计数”按钮,用于选择扫描方式和外测频方式。

14. 频段选择。选择输出信号的频段,每按压一次,改变一个频段。

15. 频率调节。调节输出信号的频率。

16. 电源开关。

【实验内容】

1. 使用练习

(1) 开机准备。开机前,把示波器面板上的旋钮调到如下位置:

亮度(intensity) 旋钮	居中
聚焦(focus) 旋钮	居中
垂直移位 (vertical position) 旋钮	居中
水平移位(horizontal) 旋钮	居中
垂直方式 (vertical mode) 按钮	CH1
扫描方式(sweep mode)按钮	自动
扫描速率(sec/div)旋钮	逆时针到底
扫描微调、扩展(variable pull×5) 旋钮	关(顺时针)
触发耦合(coupling)按钮	AC 常态
触发源(trigger source)按钮	CH1
触发极性(slope)	上升沿
输入耦合(AC-GND-DC)	DC

(2) 打开电源开关，电源指示灯亮，稍等预热，屏上出现亮点。分别调节亮度和聚焦旋钮，使光点亮度适中、清晰。

(3) 观察交流信号波形。打开信号发生器电源开关，将其输出接 CH1。调信号发生器频率为 1kHz，输出电压调为 4.0V，输出衰减置 20dB，CH1 通道偏转因数旋钮（volts/div）调为 0.2V/div，扫描速率（sec/div）旋钮调为 0.5ms/cm，观察示波器上的波形。若波形不稳定，调节电平旋钮使之稳定。将扫描速率（sec/div）旋钮改为 0.2ms/cm，再观察示波器上的波形。

2. 测量信号的电压与周期

(1) 校准。将校准信号（probe adjust）接入 CH1，偏转因数置 0.1V/cm，扫描速率（sec/div）旋钮调为 0.5ms/cm，观察信号幅度（5cm）及信号一个周期的长度（2cm）值是否正确？若不正确，请老师校准。

(2) 测量。按前述(3) 调好信号发生器，CH1 通道偏转因数（volts/div）置为 50mV/div，选择合适的扫描速率（sec/div）值，使屏上刻度范围内出现一个完整波形，记下信号峰-峰值长度 Y 和一个周期的长度 X。

3. 观察李萨如图形，测信号频率

(1) 将待测信号输入 CH1 通道，使示波器显示出信号波形，并估算其频率大致值。

(2) 将标准已知频率信号输入 CH2 通道，扫描速率（sec/div）旋钮置 X-Y（逆时针到底），调节信号幅度或改变通道偏转因数，使图形不超出荧光屏视场。

(3) 根据待测信号频率的粗测值，调节 CH2 通道信号的频率，使示波器屏上分别出现 $f_y : f_x = n_x : n_y = 1:1$、$1:2$、$2:3$、$3:4$ 的李萨如图形。描下李萨如图形，并记下相应的 CH2 通道信号的频率值 f_x。

4. 用"拍"现象测正弦信号的频率

(1) 将待测信号输入 CH1 通道，垂直方式 (vertical mode)选 CH1，选择适当的偏转因数和扫描速率，使屏上出现合适的稳定的正弦波图形，估算信号的大致频率。

(2) 旋将可调标准信号源信号输入 CH2 通道，垂直方式 (vertical mode)选 CH2，调节信号源，使其输出信号的频率和幅度与待测信号的大致相同。

(3) 垂直方式选 ADD，通道 2 极性选 NORM，扫描速率调到合适值。可调标准信号源信号频率，使屏上出现稳定的"拍"波形。记下此时一个"拍"波形的长度 X_1、标准信号源频率 f_1 和扫描速率值。缓慢改变标准信号源频率，得到另一稳定的"拍"波形，记下此时一个"拍"波形的长度 X_2、标准信号源频率 f_2 和扫描速率值。

【注意事项】

(1) 不要使光点过亮，特别是光点不动时，应使亮度减弱，以免损伤荧光屏；

(2) 旋动旋钮和按键时必是有的放矢，不要将开关和旋钮强行旋转、死拉硬拧，以免损坏按键、旋钮和示波器；

(3) 测信号周期时，一定要将扫描微调、扩展（variable pull×5）旋钮（顺时针）关上。

【数据处理】

(1) 自拟表格记录正弦信号电压与周期；

(2) 自拟表格记录用李萨如图形测量正弦信号的频率；

(3) 自拟表格记录用"拍"现象测正弦信号的频率；

(4) 对结果进行分析讨论。

【实验后思考题】

(1) 如何测定扫描波的频率?

(2) 能否用示波器测市电的频率?

(3) 如何用示波器测量两正弦信号的相位差?

§6.3 用惠斯通电桥测电阻

测电阻的方法很多,不仅可以用万用表直接测量,也可以用伏安法、半偏法进行测量,还可以用比较法、间接比较法、零示法、替代法、补偿法、转换测量法测量电阻、本实验采用比较法测量电阻。

桥式电路是电磁测量中电路连接的一种基本方式。由桥式电路制成的电桥是一种主要用于测电阻的仪器。电桥在电测量技术中应用广泛,除测电阻外,它还可以测量与电阻有一定函数关系的其他物理量,如电感、电容、频率、温度、压力等。电桥分单电桥(惠斯通电桥)和双电桥(开尔文电桥)两种。前者用于测量 $10\sim10^6\,\Omega$ 范围的中值电阻;后者用于测量$10^{-5}\sim10\Omega$范围的低值电阻。本实验选用较简单的惠斯通电桥,将用自组敞式电桥和 QJ23 型箱式电桥两套实验装置来完成实验任务。

【实验目的】

(1) 掌握电桥测电阻的原理;

(2) 学会调节电桥平衡的方法;

(3) 学会用自组电桥和箱式电桥测电阻。

【预习思考题】

(1) 推导自组惠斯通电桥实验公式 $R_X=\sqrt{R_S\cdot R_S'}$。

(2) 何谓电桥平衡? 实验中如何判断电桥平衡?

(3) 自组电桥实验中,检流计指针不动,原因何在?

(4) 自组电桥实验中,检流计指针总向一边偏转,可能的原因有几种?

(5) 箱式电桥中选择比率 C 时应注意什么?

(6) QJ-23 型电桥检流计接线柱"内接"和"外接"的作用是什么? 实验结束后为什么要将短路片接到"外接"接线柱?

【实验原理】

图 6.3-1 为惠斯通电桥原理图。图中 R_1、R_2、R_s 是已知阻值的标准电阻,R_x 是待测电阻。A、C 点连接电源,B、D 间连接检流计(G)作为"桥"。调节 R_s(标准电阻箱),使检流计中电流为零。此时 B、D 点电势相等,电桥达到平衡,于是可得

$$I_1R_x=I_2R_s \qquad I_1R_1=I_2R_2$$

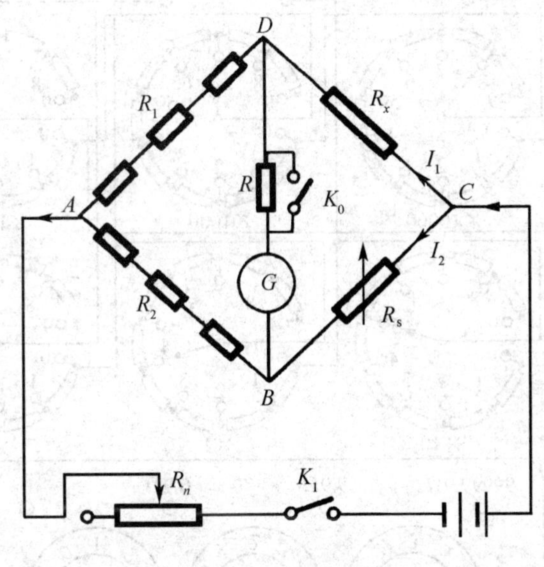

图 6.3-1 惠斯通电桥原理图

两式相除得

$$R_x = \frac{R_1}{R_2} R_s \tag{6.3-1}$$

R_x 可由 R_1、R_2、R_s 三个标准电阻的值求得,而与电源的电压无关。R_x 通过和标准电阻值相比较获得,所以电桥测量电阻使用的是一种比较测量法,即在电桥平衡时,将被测电阻与标准电阻进行比较,得到被测电阻阻值。由于标准电阻有很高的精确度,所以电桥测量电阻的精确度很高。

【实验仪器】

QJ-23 型直流电阻电桥、指针式检流计、ZX21 型旋转式电阻箱、滑线变阻器、多用电表、比例电阻盒、待测电阻盒、开关、SS1792 可跟踪直流稳压电源。

1. ZX21 型旋转式电阻箱简介

ZX21 型旋转式电阻箱由若干精密电阻串联而成,通过十进位的旋钮来改变阻值。如图 6.3-2 所示,旋钮在不同部位,表示不同阻值的各旋钮的电阻相互串联。总电阻就是各旋钮读数之和。面板图中选用了"0"和"99999.9Ω"两个接线柱,此时总电阻为 $R=3\times0.1+4\times1+5\times10+6\times100+7\times1000+8\times10000=87654.3(\Omega)$。如果六个旋钮下的电阻全部都用上,总电阻为 99999.9Ω;如果只需要 0.1~0.9(或 9.9)Ω 范围的阻值变化,则应该选用"0"和"0.9Ω"(或"9.9Ω")两个接线柱,这是为了避免电阻箱可以不必使用部分的接触电阻和导线电阻对低电阻带来的较大相对误差。

电阻箱各档电阻允许通过的电流是不同的。本实验室所用 ZX21 型电阻箱各档阻值的额定电流如表 6.1 所示。

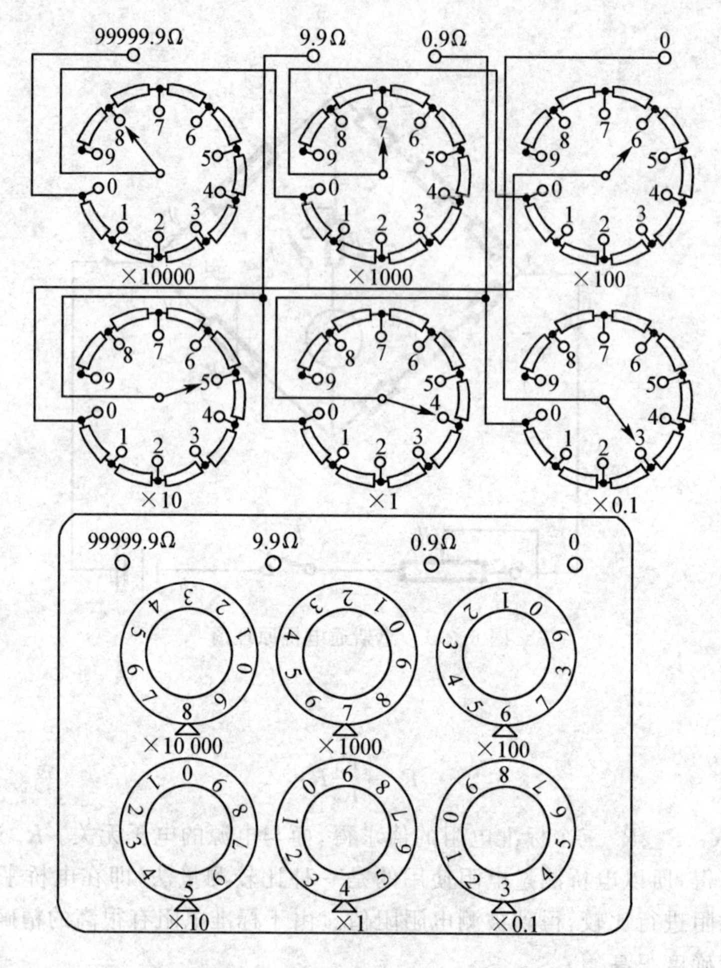

图 6.3-2 ZX21 型旋转式电阻箱

表 6.1 **ZX21 型电阻箱各档阻值的额定电流**

旋钮倍率	×0.1	×1	×10	×100	×1000	×10000
允许负载电流(A)	1.5	0.5	0.15	0.05	0.015	0.005

2. 滑线变阻器简介

滑线变阻器的结构如图 6.3-3(a)所示，它由电阻丝均匀绕在绝缘瓷管上制成。电阻丝的表面涂有一层绝缘膜，使丝间彼此绝缘。电阻丝的两头分别固结在瓷管两端的 A、B 接线柱上。滑动头 D 可沿金属杆滑动。杆的两端支撑在金属架上，并与其绝缘；杆的一端有接线柱 C。滑动头和电阻丝接触处的绝缘膜已被刮掉，因此，改变滑动头的位置，就可改变 AC(或 BC)之间电阻的大小。变阻器的符号如图 6.3-3(b)所示。变阻器的参数有额定电流和全电阻等，使用时，不应超过额定电流。

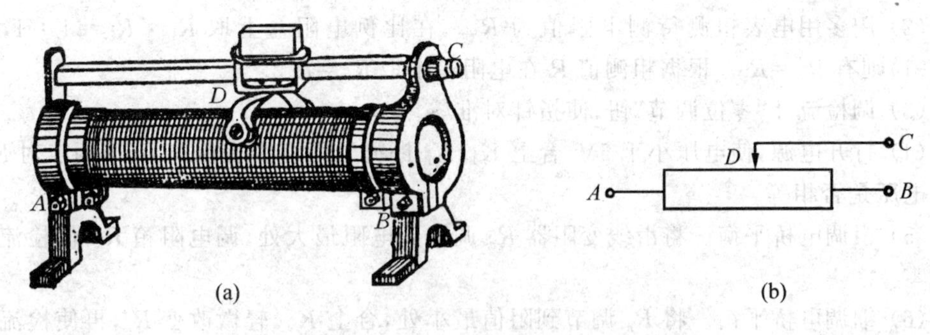

图 6.3-3　滑线变阻器

3. QJ-23 型直流电阻电桥

QJ-23 型直流电阻电桥采用惠斯通电桥线路，内附检流计和稳压电源，接通交流 220V 电源就可工作。测量范围为 1Ω～11.110MΩ，量程倍率从×0.001 到×1000 共七挡。本仪器主要由测量盘(R_0)、量程变换器(K)、内附检流计(G)及电源(E)等组合而成，如图 6.3-4 所示。测量盘由×1Ω，×10Ω，×100Ω，×1000Ω 四组十进式开关盘组成；量程变换器采用并值式，其开关上电刷接触电阻归纳到电源回路，对电桥精度没有影响。按钮“B”和按钮“G”为测量时用以分别接通电源和检流计的。

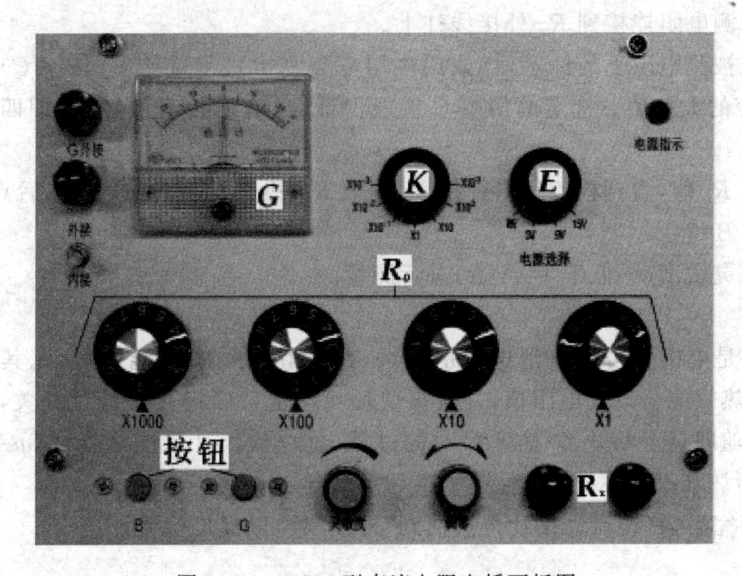

图 6.3-4　QJ23 型直流电阻电桥面板图

【实验内容】

1. 自组惠斯通电桥测电阻

(1) 按图 6.3-1 用回路接线法接线，先接四边形电桥四臂，后接“桥”支路，不易出错。实验前 K_0、K_1 断开。

(2) 用多用电表粗测待测电阻值为 R'_x。在比例电阻盒上取 $R_1:R_2=1:1$，按式(6.3-1)则有 $R_x=R_s$。根据粗测值 R'_x 在电阻箱上取 $R_s=R'_x$。

(3) 调检流计“零位调节”钮，使指针对准零。

(4) 打开电源，使电压小于5V，合上 K_1(K_0 断开)，用多用表检查 B、D 两点对 K_1 点间的电压是否相等。

(5) 粗调电桥平衡。将滑线变阻器 R_n 调节到电阻最大处，调电阻箱 R_s，使检流计指针指零。

(6) 细调电桥平衡。将 R_n 调节到阻值最小处，合上 K_0，轻微改变 R_s，再使检流计指针指零，记下此时电阻箱上的电阻值 R_s。

(7) 为消除 $R_1:R_2\neq1:1$ 带来的系统误差，将 R_1、R_2 交换位置(在图6.3-1中，将 B、D 点 R_1、R_2 的接线叉对换)，重复上述测量，得 R'_s。则待测电阻值

$$R_x=\sqrt{R_s\cdot R'_s} \tag{6.3-2}$$

2. 用箱式惠斯通电桥测电阻

(1) 打开电源，根据待测电阻值选择电源电压(见电桥侧面)，将箱式桥面板上的检流计连接片从“外接”转到“内接”，即接通“桥”支路。

(2) 调节检流计调零旋钮，使指针对准零。

(3) 将待测电阻连接到 R_x 处接线柱上。

(4) 根据被测电阻上的标示值(或用多用电表测出)，预置比率(倍率 C)和测量读数盘(R_s)于相应的大约值。选定的倍率 C 应能保证 R_s 有四位有效数字，即四个读数盘都要用上。

(5) 调节 R_s 值，直到检流计指针指零，读取 R_s；操作时应先按 B 键，后点按 G 键；先断 G 键，后断 B 键。

(6) 升高灵敏度(不低于 $1/a\%R$)进行测量。

【注意事项】

(1) B 键是电桥自带干电池电源的开关，注意在操作中只能点按，尤其不能将其锁定，否则电流热效应会改变电阻值，并且很快耗尽电池。G键是检流计开关，它也只能点按瞬时接通，随即马上断开，以防非瞬时的过载电流(检流计只能承受0.5μA的电流)使检流计指针撞坏甚至烧坏检流计。

(2) 实验完后，将检流计接片再换回到“外接”处，以保护检流计。

【数据处理】

(1) 自拟表格记录实验数据。

(2) 根据公式计算自组电桥的不确定度。

$$R_x=\sqrt{R_s\cdot R'_s}$$

$$U=R_x\sqrt{\left(\frac{U_{R_s}}{2R_s}\right)^2+\left(\frac{U_{R'_s}}{2R'_s}\right)^2}$$

$$\Delta_{仪}=\frac{a}{100}R_s+0.005(N+1)$$

式中，a 为电阻箱的准确度级别，在电阻箱上有标示；N 为实际所用的十进制电阻盘的个数。

$$U_{R_s}=\frac{1}{3}\Delta_{仪}=\frac{1}{3}\left[\frac{a}{100}R_s+0.005(N+1)\right](\Omega)$$

$$U_{R'_s}=\frac{1}{3}\Delta'_{仪}=\frac{1}{3}\left[\frac{a}{100}R'_s+0.005(N+1)\right](\Omega)$$

(3) 给出实验结果并进行分析。

(4) 计算箱式电桥的不确定度，给出结果并对结果进行分析。

$$\Delta_{仪}=\frac{a}{100}\left(CR_s+\frac{CR_0}{10}\right)$$

【实验后思考题】

(1) 惠斯通电桥为什么不宜用于测量高电阻(如 $10^9\Omega$ 以上的电阻)？又为什么不能测量 1Ω 以下的低电阻？

(2) 检流计指针摇摆不定的原因是什么？如何排除？

(3) 此实验还可用几种比率测某电阻的阻值？你能用几种方法测电阻？

(4) 请写出自组电桥测一根长为 L、面积为 S 电阻棒的电阻率的主要步骤。

§6.4　用非平衡电桥测电阻

直流电桥是一种精密的电阻测量仪器，具有重要的应用价值。按电桥的测量方式可分为平衡电桥和非平衡电桥。平衡电桥是把待测电阻与标准电阻进行比较，通过调节电桥平衡，从而测得待测电阻值。它们只能用于测量具有相对稳定状态的物理量。而在实际工程和科学实验中，很多物理量是连续变化的，只能采用非平衡电桥才能测量。非平衡电桥的基本原理是通过桥式电路来测量电阻，根据电桥输出的不平衡电压，得到引起电桥不平衡的电阻的变化量，从而进一步得到其他相关物理量。

【实验目的】

(1) 理解非平衡直流电桥的基本原理；

(2) 掌握非平衡直流电桥的操作方法；

(3) 用电压输出法测量 Cu50 型铜电阻和它的温度系数；

(4) 用电压输出法测量热敏电阻的温度系数(选做)。

【预习思考题】

(1) 非平衡电桥与平衡电桥的异同是什么？

(2) 在用非平衡电桥测电阻之前为什么要预调平衡？

(3) 怎样由电阻的温度特性实验曲线确定电阻的温度系数？

【实验原理】

1. 非平衡电桥测电阻原理

非平衡电桥原理如图 6.4-1 所示，R_1、R_2、R_3、$R_4(R_X)$构成一电桥。A、C 两端提供一个恒定的电压 U_S，B、D 之间为一负载电阻 R_g。只要测出电桥输出电流 I_g 或输出电压

U_g，就可以得到 R_X 的值，实验中常采用输出电压的测量方式。

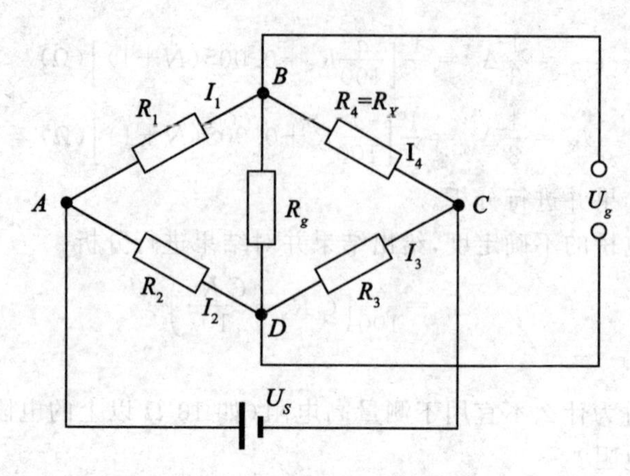

图 6.4-1　非平衡电桥原理示意图

根据电桥各臂电阻的不同关系可以将电桥分为如下三种：

(1) 等臂电桥：$R_1=R_2=R_3=R_4$；

(2) 卧式电桥：$R_1=R_4=R$，$R_2=R_3=R'$，且 $R\neq R'$；

(3) 立式电桥：$R_1=R_2=R'$，$R_3=R_4=R$，且 $R\neq R'$。

当负载电阻 $R_g\to\infty$ 时，有 $I_g=0$，此时仅有电压输出 U_g，将此时的 U_g 用 U_0 表示。由于 ABC 半桥上的电压降为 U_S，且通过 R_1、R_4 两臂的电流同为

$$I_1=I_4=\frac{U_S}{R_1+R_4} \tag{6.4-1}$$

则 R_4 上的电压降为

$$U_{BC}=\frac{R_4}{R_1+R_4}\cdot U_S \tag{6.4-2}$$

同理可以得出 R_3 上的电压降为

$$U_{DC}=\frac{R_3}{R_2+R_3}\cdot U_S \tag{6.4-3}$$

输出电压 U_0 为 U_{BC} 与 U_{DC} 之差

$$\begin{aligned} U_0 &=U_{BC}-U_{DC}=\frac{R_4}{R_1+R_4}\cdot U_S-\frac{R_3}{R_2+R_3}\cdot U_S \\ &=\frac{(R_2\cdot R_4-R_1\cdot R_3)}{(R_1+R_4)(R_2+R_3)}\cdot U_S \end{aligned} \tag{6.4-4}$$

由式(6.4-4)，当满足条件 $R_1\cdot R_3=R_2\cdot R_4$ 时，输出电压 $U_0=0$，即电桥处于平衡状态。若用电压输出的方式进行测量，且采用卧式电桥($R_1=R_4=R$，$R_2=R_3=R'$，$R\neq R'$)，当电桥预调平衡后待测电阻 R_4 的值随某变量(如温度、压力等)变化，即当 $R_4\to R_4+\Delta R$ 时，电桥的平衡被破坏而产生输出电压，此时由于 R_1、R_2 和 R_3 的阻值固定不变，则输出电压只与 R_4 的阻值变化有关。因电桥不平衡而产生的输出电压为

$$U_0=\frac{R_2\cdot R_4+R_2\cdot\Delta R-R_1\cdot R_3}{(R_1+R_4)(R_2+R_3)+\Delta R(R_2+R_3)}U_S \tag{6.4-5}$$

如果电阻增量 ΔR 较小(即满足 $\Delta R\ll R_g$)时,式(6.4-5)分母中含 ΔR 的项可略去,代入 $R_1=R_4=R, R_2=R_3=R'$,则式(6.4-5)简化为

$$U_0=\frac{U_S}{4}\cdot\frac{\Delta R}{R} \tag{6.4-6}$$

由于 R 为已知(由预调平衡后给出),如果测出了 U_0 的值,则可求得 ΔR,进而可求出待测电阻的值

$$R_x=R_4+\Delta R \tag{6.4-7}$$

2. 热敏电阻简介

热敏电阻是用半导体材料制成的。它具有以下显著特点:

(1) 灵敏度高,其电阻随温度变化非常灵敏;

(2) 电阻率大,很小的体积可以有很大的阻值($10^2\sim10^5\,\Omega$);

(3) 体积小,已生产出直径只有 0.07mm 的珠状热敏电阻,可以测量热电偶和其他温度计无法测量地方的温度;

(4) 热惯性小,可以测量变化较快的温度。它不像热电偶那样需要冷端补偿,不必考虑测试线路引线电阻和接线方式,容易实现远距离测量,很适合石油工业中井下温度的测量;

(5) 热敏电阻的主要缺点是阻值与温度是非线性关系,元件稳定性和互换性较差。

有正温度系数或负温度系数的热敏电阻,实际中,负温度系数的热敏电阻用得较多。对于负温度系数的热敏电阻,它的阻值随温度的升高而迅速下降,其电阻的温度特性可以用一指数函数来描述

$$R_T=A\exp(B/T) \tag{6.4-8}$$

式中,A 为常量;B 为与材料有关的常量;T 为绝对温度。

根据实验测得的 R_T、T 值,可以求出 A 和 B 的值,方法是将式(6.4-8)线性化后进行直线拟合。对式(6.4-8)两边取对数,有

$$\ln R_T=\ln A+\frac{B}{T} \tag{6.4-9}$$

从实验拟合直线 $\ln R_T\sim\frac{1}{T}$ 中即可确定 A、B,从而得出热敏电阻的温度特性函数式。根据电阻温度系数 α 的定义

$$\alpha=\frac{1}{R_T}\frac{\mathrm{d}R_T}{\mathrm{d}T} \tag{6.4-10}$$

由式(6.4-8)可得负温度系数热敏电阻的电阻温度系数为

$$\alpha=-\frac{B}{T^2} \tag{6.4-11}$$

显然,α 是温度的函数。表 6.2 给出了 2.7kΩMF51 型热敏电阻的电阻-温度特性。

表 6.2　　**2.7kΩMF51 型热敏电阻的电阻-温度特性(仅供参考)**

温度(℃)	25	30	35	40	45	50	55	60	65
电阻(Ω)	2700	2225	1870	1573	1341	1160	1000	868	748

实验所用 Cu50 型铜电阻是线性电阻,具有正温度系数,其电阻随温度的变化关系为

$$R_t = R_0(1+\alpha t) \tag{6.4-12}$$

R_0 为温度 $t=0$℃时的阻值。如果测量定出了铜电阻和温度的关系,则可以由 R_t-t 关系曲线决定电阻的温度系数。

【实验仪器】

1. FQJ 型非平衡直流电桥

FQJ 型非平衡直流电桥将一个惠斯通电桥和一个非平衡电桥设计为一体,其面板如图 6.4-2 所示。

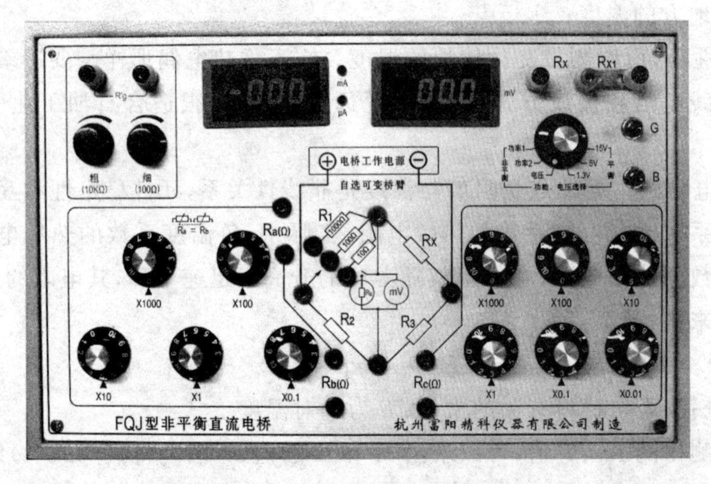

图 6.4-2　FQJ 型非平衡直流电桥

(1) 惠斯通电桥:将"功能、电压选择"旋钮置于"平衡"位置时即为惠斯通电桥工作模式,"电压选择 15V、5V、1.3V"挡需根据不同的量程倍率选用。"R_X"为待测电阻接线柱。量程倍率分为$\times10^{-3}$、$\times10^{-2}$、$\times10^{-1}$、$\times1$、$\times10$、$\times10^{2}$、$\times10^{3}$共七挡,使用时可以根据测量需要自行设计量程倍率,并通过面板上 R_1、R_2 二组接线柱和与 $R_2(R_b)$对应的旋钮来实现。$R_3(R_c)$为标准比较电阻,与其对应的旋钮用来调节电桥平衡并测量 R_3 的值。待测电阻阻值为 $R_X=\dfrac{R_1}{R_2}R_3$。

(2) FQJ 型非平衡直流电桥:将"功能、电压选择"旋钮置于"非平衡"位置即为非平衡直流电桥工作模式,"功率 1、功率 2、电压" 挡应根据不同的测量需要而选用,"功率 1"用

于测量较小电阻（小于 1kΩ），“功率 2”用于测量较大电阻（大于 1kΩ）。“R_X”为待测电阻接线柱。电桥的三个桥臂为 R_a、R_b 和 R_c，R_a 和 R_b 由 10×（1000＋100＋10＋1＋0.1）Ω 电阻和十进步开关组合而成，可在 0～11.111kΩ 范围内调节，R_c 则由 10×（1000＋100＋10＋1＋0.1＋0.01）Ω 电阻和十进步开关组合而成，可在 0～11.1111kΩ 范围内调节。负载电阻 R_g' 由“粗”、“细”两个调节旋钮在 0～（10＋0.1）kΩ 范围内调节。“mV”为数字电压表，用于显示输出电压，最大量程为 200mV。“mA、μA”为数字电流表，用于显示输出电流，当用“功率 1”档、采样电阻 R_s＝10Ω 时，最大量程为 20mA，当用“功率 2”档、采样电阻 R_s＝1kΩ 时，最大量程为 200μA。“G”按键是数字电表控制开关；“B”按键是电桥电源开关。电桥电源 U_S＝1.3V。

2. FQJ-2 型非平衡电桥加热实验装置

FQJ-2 型非平衡电桥加热实验装置由加热炉和温控仪两部分组成。

（1）温控仪。温控仪面板如图 6.4-3 所示。“铜电阻”、“热敏电阻”接线柱分别与非平衡电桥相连，可以进行铜电阻阻值和温度特性或热敏电阻温度特性的测量。“加热电源输出”、“风扇电源输出”、“信号输入”三个接口分别与加热炉作如图 6.4-4 所示的连接，“加热电源输出”接口为加热炉升温，“风扇电源输出”接口为加热炉降温，“信号输入”接口将待测电阻的加热情况由加热炉传回温控仪。“加热选择”旋钮分为“1、2、3”三档，由“关”位置打向任意一档，即开始加热，加热速度依次递增，使用时可根据升温速度需要和环境温度的高低进行适当的选择。“测量-设定”转换按键右边按下时，为设定加热温度；“测量-设定”转换按键左边按下时，为测量加热温度。将“测量-设定”转换按键置于设定位置时，转动“设定调节”旋钮可以将所需温度设定好。“PID 调节旋钮”为温度设定的手动再调旋钮，为在加热温度超过或达不到设定值时微调使用。数字显示视窗显示加热温度值。“开”按键为风扇电源开关，打开时可对加热炉送风降温。

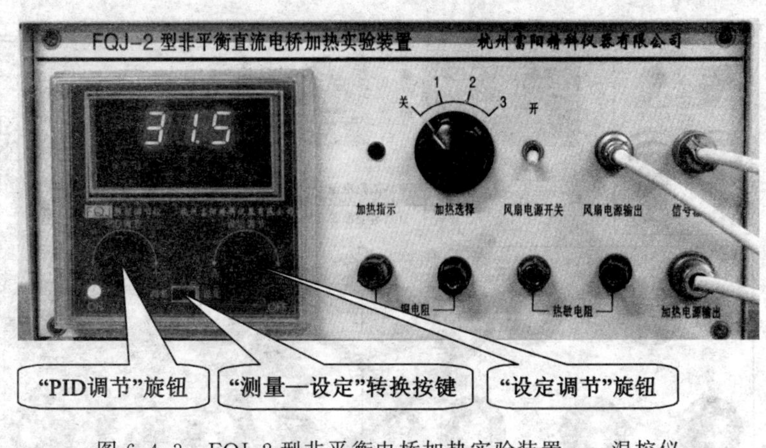

图 6.4-3　FQJ-2 型非平衡电桥加热实验装置——温控仪

（2）加热炉。如图 6.4-4 所示，加热炉由加热装置、温度传感器、风扇等组成。

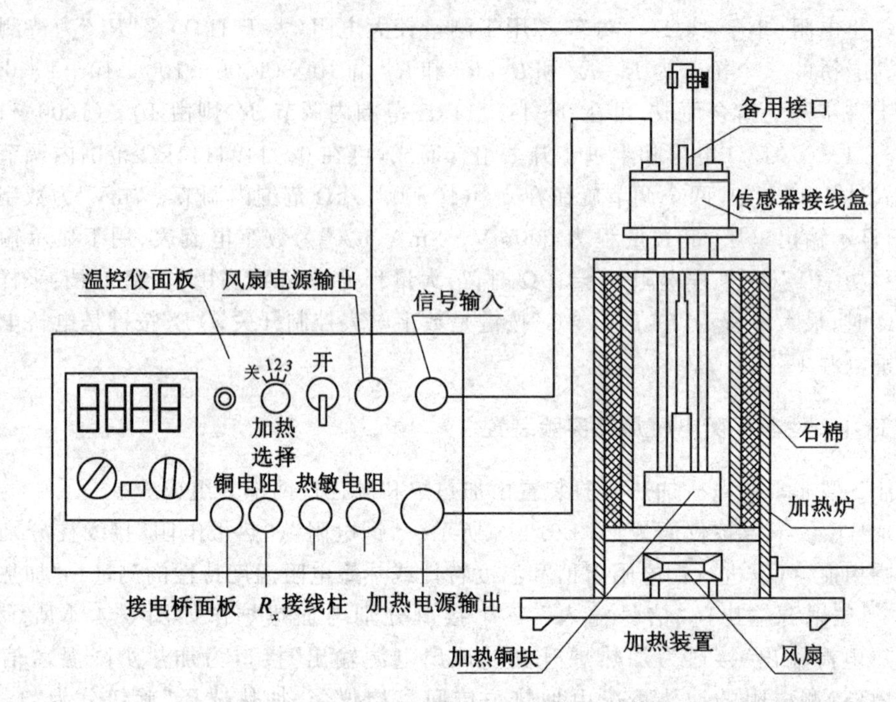

图 6.4-4 测量铜电阻温控仪和加热炉接线示意图

【实验内容】

采用卧式电桥，用电压输出的方法测量 Cu50 型铜电阻和它的温度系数，测量步骤如下：

(1) 连接线路。按照图 6.4-4 和图 6.4-5 连接线路，将温控仪“加热选择”旋钮旋于“关”的位置。检查无误后打开仪器电源开关。

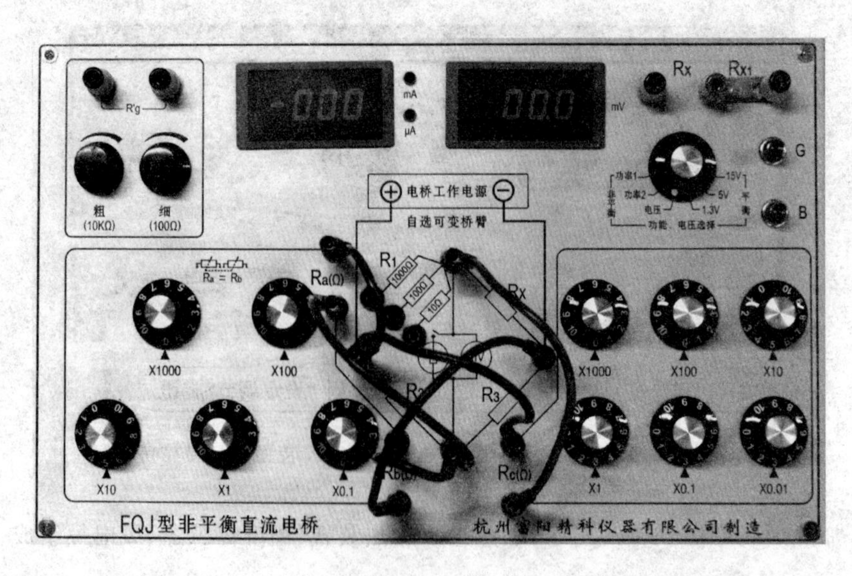

图 6.4-5 用卧式电桥测量铜电阻电桥面板接线示意图

(2) 确定各桥臂电阻。如图 6.4-5 连接线路后有 $R_2=R_a$、$R_3=R_b$、$R_1=R_c$。设定室温时的铜电阻值为 R_4(室温时的铜电阻值可用本实验仪器的惠斯登电桥测出,也可以查铜电阻的电阻温度特性表得出),选择 $R=R_c=R_4$、$R'=R_a=R_b=50\Omega$(供参考,可以自行设计)。

(3) 预调电桥平衡。将电桥面板上的"功能、电压选择"旋钮旋至"电压"档,按下"B"、"G"按键使之处于接通状态,微调 R_c 使输出电压 $U_0=0$,此时电桥达到平衡。记录 $R_c=R$ 和 $R'=R_a=R_b$ 的数值。

(4) 设定加热温度上限。将温控仪"测量-设定"转换按键置于"设定"位置,转动"设定调节"旋钮,将所需加热温度上限设定为 70～80℃(供参考),然后再将"测量-设定"转换按键置于"测量"位置。

(5) 加热铜电阻进行测量。加热前,先将"PID 调节"旋钮逆时针方向旋到底,再顺时针方向旋至该整个调节行程的 1/3 左右处。将温控仪面板上"加热选择"开关打开并旋至"1"档,此时加热炉开始加热铜块。当温度逐渐升高至 t℃时,按下"B"、"G"按钮,同时读取并记录温度 t 以及对应的输出电压值 $U_0(t)$。建议测量从室温开始,每间隔 5℃测一次,连续测 8 次并记录数据(供参考,可以自行设计)。

(6) 关闭仪器。测量完成后将温控仪上"加热选择"开关旋至"关"档,把加热炉中的铜块提升至加热筒之上并固定,然后打开温控仪上风扇开关对加热炉降温,直至温控仪显示的温度值接近室温时关闭风扇开关,并将铜块放回加热炉中,最后关闭电源,拆线,收拾仪器。

采用卧式电桥用电压输出的方法测量热敏电阻的温度系数时,第一要在接线时改为将温控仪"热敏电阻"接线柱与电桥面板上"R_X"接线柱连接;第二要注意在设计各桥臂电阻时确保电压输出 U_0 不会溢出(预先计算设计好)。测量步骤与上相同。

【注意事项】

(1) 开机前检查所有导线,特别是加热炉与温控仪之间的信号输入线连接是否正确,温控仪"加热选择"旋钮是否置于"关"的位置;

(2) 在温度设定时,必须将"加热选择"旋钮置于"关"位置。由于铜电阻、热敏电阻耐高温的局限,在设定加热的温度上限时请不要超过 100℃;

(3) 在加热时,请注意关闭风扇电源;

(4) 加热铜块与传感器组件,出厂时已由厂家调节好,请不要随意拆卸;

(5) 使用仪器上的各个旋钮和按键时,请用力轻微、均匀,以免损坏仪器。测量完毕后,切记检查加热铜块或加热炉体是否降温至室温;实验完毕,注意关闭所有电源。

【数据处理】

(1) 测量 Cu50 型铜电阻和它的温度系数。

记录室温以及与其对应的铜电阻值 $R=R_4$,自拟表格记录铜电阻温度 t 及对应的电桥输出电压 U_0,根据测量数据画出 R_t-t 关系曲线。用最小二乘法求 0℃时的铜电阻值 R_0 和电阻温度系数 α,并计算测量相对误差。

(2) 测量热敏电阻的温度系数。

自拟表格记录热敏电阻温度 t 及对应的电桥输出电压 U_0,根据测量数据画出热敏电

阻的 R_T-T 关系曲线(注意 $T=t+273.15\text{K}$)。对 R_T-T 关系曲线线性化,方法为:令 $x=\frac{1}{T}$、$y=\ln R_T$、$a=\ln A$、$b=B$,作拟合直线 $y=a+bx$,由拟合直线求出 a 和 b,得出 $A=\exp(a)$、$B=b$,最后确定热敏电阻的电阻温度系数 α。

【实验后思考题】

(1) 非平衡电桥能否用来测非线性电阻的温度系数?若不能,请说明理由;若能,请说明测量方法。

(2) 如果预调电桥平衡后,待测电阻的温度变化很大,测量结果准确吗?请说明理由。

(3) 与采用卧式电桥用电压输出法测量铜电阻相比较,采用立式电桥用电压输出法测量铜电阻时有哪些不同?

(4) 可以采用测量输出电流的方式测量待测电阻吗?若不能,请说明理由;若能,请推导测量原理并说明测量方法。

§6.5 用线式电势差计测电池的电动势

电势差计是根据补偿原理构造的一种精密仪器。补偿原理是把未知电压与电位差计上的标准电压作比较,不从被测对象中支取电流,因而不干扰被测量的数值,测量结果准确可靠。它不仅可以高精度测量电动势或电压,还可以间接测量电流、电阻等电学量。此外,电势差计与各种传感器结合,还能测量温度、位移等非电量。近年来,随着集成技术和计算机技术的发展,电势差计的地位已逐渐被高性能的数字电压表所取代,但是关于补偿原理的物理思想,在测量技术中仍然有着重要的意义。

【实验目的】

(1) 了解补偿法测量原理。

(2) 掌握电势差计的工作原理和结构特点。

(3) 利用电势差计测量电池的电动势。

【预习思考题】

(1) 补偿法测量电动势的基本原理是什么?

(2) 线式电势差计的基本结构和工作原理是什么?

(3) 为什么要进行电流标准化调节?

(4) 使用标准电池应注意哪些事项?

【实验原理】

电源的电动势等于电源开路时电源正负极间的电势差。如果用电压表去测量电源的电动势,由于电压表内阻不可能为无限大,因此,电源内部将有电流通过,此时,我们从电压表上读到的将是端电压而不是电源的电动势。

采用补偿法可使待测电源内部没有电流通过而又能测定其电动势。将待测电源 E_x 与已知电动势的电源 E_0、检流计 G 组成如图 6.5-1 所示的电路。其中,E_0 是高精度连续可调电源,电动势可以准确读出。调节 E_0 使检流计 G 指零,回路中没有电流通过,表明回路中两电源电动势大小相等，方向相反。在数值上 $E_x = E_0$，我们称电路此时达到补偿状态。由于 E_0 可以准确读出，因此也相当于准确地测出了未知电动势 E_x 的值。

实际使用中，高精度是可以实现的，但连续可调却无法实现。为了实现上述测量，可采用电势差计代替已知电动势的电源 E_0。本实验使用的线式电势差计工作原理如图6.5-2所示。

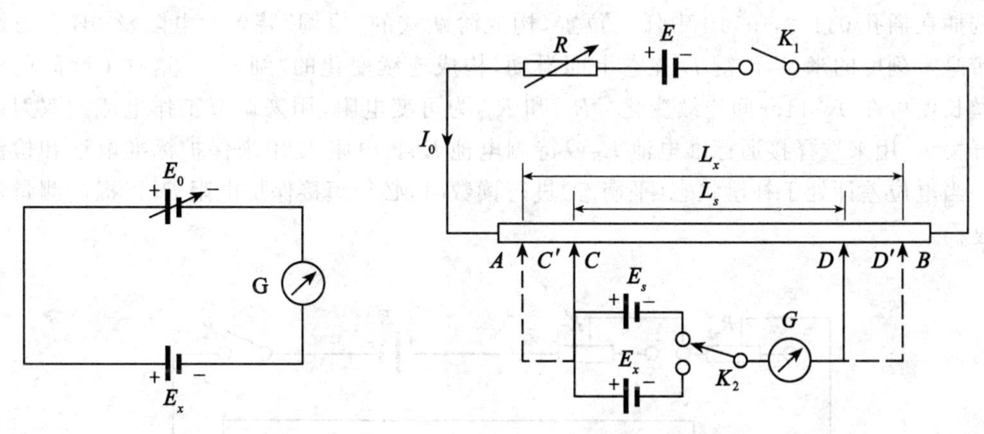

图 6.5-1　补偿法原理图　　　　图 6.5-2　线式电势差计原理图

由工作电源 E、限流电阻 R、开关 K_1、粗细均匀的电阻丝 AB 串联成一闭合回路，称为工作电流调节回路(简称工作回路)；由检流计 G、标准电池 E_S、开关 K_2 和电阻丝 AB 中的一段 CD 构成的回路，称为校准工作电流回路(简称校准回路)；由检流计 G、待测电池 E_x、开关 K_2 和电阻丝 AB 中的一段 $C'D'$ 构成的回路，称为待测电动势回路(简称待测回路)。调节 R，使 AB 中有一恒定工作电流 I_0 通过，则 AB 上的电势差也恒定。AB 上有两个活动接头 C、D。改变 C、D 的位置，就能改变 C、D 间电势差 U_{CD} 的大小。

将开关 K_2 与标准电池 E_S 相接，移动接头 C、D 在 AB 上的位置，使检流计 G 中的电流为零，电路达到平衡，E_S 被补偿。此时，C、D 间长度为 L_S 的电阻丝两端电势差 U_S 在数值上等于标准电池电动势 E_S，即

$$E_S = U_S = I_0 r L_S \qquad (6.5\text{-}1)$$

式中，I_0 是电阻丝 AB 上通过的电流；r 为电阻丝 AB 上单位长度的电阻值。

将 K_2 与待测电动势 E_x 相接。保持 I_0 不变，即将 K_2 接通 E_x 时，限流电阻 R 应不再改变。移动接头 C、D 分别到 C'、D'，使检流计中电流为零，电路达到平衡，E_x 被补偿。这时，C'、D' 间长度为 L_x 的电阻丝两端的电势差 U_x 等于待测电动势 E_x，即

$$E_x = U_x = I_0 r L_x \qquad (6.5\text{-}2)$$

由式(6.5-1)和式(6.5-2)可得

$$E_x = \frac{L_x}{L_S} E_S \qquad (6.5\text{-}3)$$

式(6.5-3)表明，若已知 E_S，只要测得 L_S、L_x 即可求得待测电动势 E_x。

【实验仪器】

直流稳压电源1台、万用电表1块、线式电位差计1台、指针式检流计1块、标准电池

1个、待测电池1个、滑线变阻器1个、电位器1个、电阻1个、单刀开关2个、双刀双掷开关1个、导线等。

1. 线式电位差计

木实验所用十一线电位差计的结构如图6.5-3所示。由一根全长11.0000m的电阻丝往复绕在11个带插孔的接线柱上，相邻两插孔间的电阻丝长度为1.0000m。插头C可选插在插孔0,1,2,…,10中任一位置，构成阶跃式的“粗调”装置。电阻丝0B下方附有带毫米刻度的米尺，滑键D在它上面滑动，构成连续变化的“细调”。这样CD间的电阻丝长度可在0～11m间连续变化。R_{n1}和R_{n2}为可变电阻，用来调节工作电流。双刀双掷开关K_2用来选择接通标准电池E_S或待测电池E_x。电阻R用来保护标准电池和检流计。当电位差计处于补偿状态(平衡态)进行读数时，必须短接保护电阻R，以提高测量灵敏度。

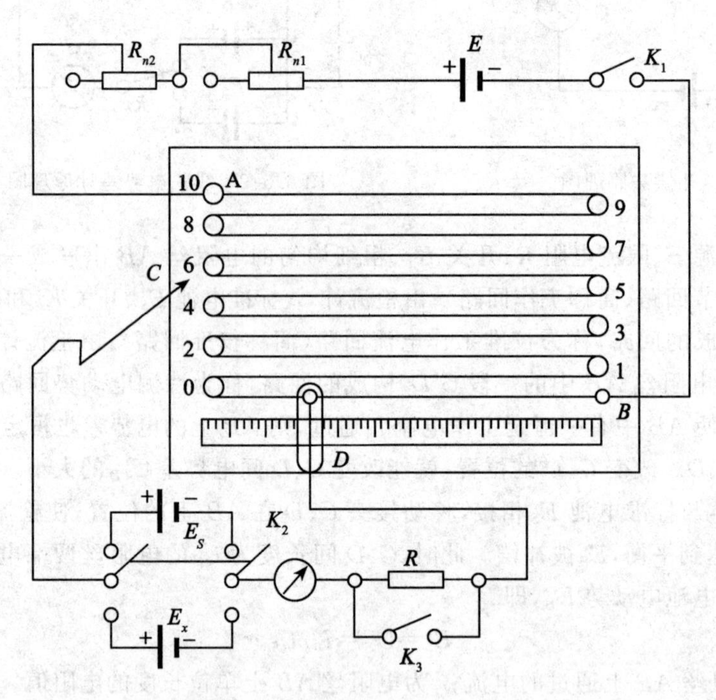

图6.5-3　线式电势差计实验线路图

2. 标准电池

目前通用的标准电池是用化学溶液配制而成(也称汞镉标准电池)，按内部结构形状可分为H型封闭管式和单管式两种，按电解液浓度又可分为饱和与不饱和两种。本实验所用标准电池为BC9a型饱和标准电池，它是一单管式可逆原电池。由于封闭在玻璃管内的各种化学物质均经过严格提纯，其用量精确，化学成分稳定，因而使得标准电池具有准确度高、稳定性好、可比性强等特点。BC9a型标准电池的使用范围为0～40℃，温度为t℃时，其电动势可由下式确定：

$$E_S(t)=E_{20}-[39.94(t-20)+0.929(t-20)^2-0.0090(t-20)^3]\times10^{-6}(\mathrm{V}) \tag{6.5-4}$$

式中，$E_{20}=1.01863\mathrm{V}$，是标准电池在20℃时的电动势。使用标准电池应注意下面两点：

(1) 标准电池是电动势的度量器，不能作电源使用，其通电时间不宜太长，允许通入或流出的电流 $I_0\leqslant1\mu A$。严禁直接用任何电表来查验标准电池电路及电动势。

(2) 由于标准电池是用化学溶液配制，不允许振荡和倒置，并应防止阳光照射和其他强光源、热源、冷源的直接作用。

3. 检流计

本实验使用的是AC5型检流计，结构如图6.5-4所示。它属于便携型磁电式结构。其可动部分固定在张丝上面，使用时需水平放置，检流计采用短路阻尼法制动。当其锁扣钮转至红色圆点处时，线圈即被锁定。

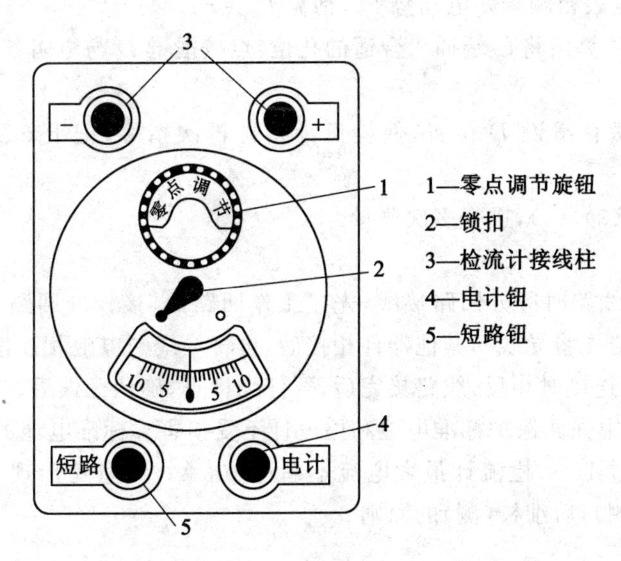

图6.5-4　AC5型检流计

使用中，首先将检流计接线柱3按极性接入电路中，然后将锁扣2转至白色圆点处，调零点调节旋钮1使指针指向零刻度。电计钮4相当于检流计的开关，按下此钮，检流计回路接通。若接通时间较长，可按下此钮并旋转一下，电计钮被锁定不再弹起。当把检流计当做指零仪表时，不能将电计钮锁定。短路钮5是一个阻尼开关，当指针不停地摆动时，按下此钮，指针便会停止摆动。

检流计使用完后，应将电计钮和短路钮放松，并将锁扣转至红色圆点处。

【实验内容】

(1) 按图6.5-3所示连接线路。接线时需断开所有开关，先连接其他器件，再连接电池，并注意不可将工作电源、标准电池、待测电池的正负极接错。

(2) 测量室温，计算标准电池的电动势。

测量室温 t，查表或用公式(6.5-4)算出与此温度对应的标准电池电动势。

(3) 校准电位差计。

① 将 R_{n1} 和 R_{n2} 调至适当位置，取 C、D 间电阻丝长度为 $L_S=6.0000\text{m}$，接通 K_1，将 K_2 置 E_S 一边。

② 用万用电表测量 C、D 间电阻丝上的电压，调节 R_{n1} 使 C、D 间电阻丝上的电压接近标准电池电动势。

③ 按下扣键 D，调节 R_{n2}，使检流计指针指零。

④ 接通 K_3，使保护电阻 R 短路，调节 R_{n2}，使检流计指针再次指零。此时电位差计已被校准，由此可得到电阻丝单位长度上的电压 $M=\dfrac{E_S}{L_S}$。

(4) 测量未知电动势。

① 断开 K_3，将 K_2 合向 E_x，保持 R_{n1}、R_{n2} 值不变，即保持工作电流不变。

② 先用万用电表粗测未知电动势 E_x，估算 $L_x=E_x/M$。

③ 根据 L_x 的估算值将 C 端插入合适的孔位，点按滑键 D 与电阻丝点接触，使检流计指针指零。

④ 接通 K_3，微移滑键 D 位置，使检流计指针再次指零，记下 C、D 间电阻丝的长度 L_x。

(5) 重复步骤(3)、(4)，进行多次测量。

【注意事项】

(1) 按图连接线路时应分回路接线，先接工作回路，再接校准回路，最后将标准电池接上；连接电池时应先将导线与其他器件相接后，再将导线与电池相连接，实验完成后，拆装导线的顺序应与连接时相反；线路接完后，要仔细检查，确认无误后方可接通电源。

(2) 实验过程中强调保护标准电池和检流计不受损害。标准电池的通电时间宜短不宜长，电流不得超过 $1\mu\text{A}$，检流计最大电流不超过 $10\mu\text{A}$。为避免出现过大电流，测量时必须遵循先粗校(测)，后细校(测)的原则。

【数据处理】

(1) 列表记录实验所测数据；

(2) 根据实验数据计算出未知电动势，并讨论其测量不确定度。

不确定度计算方法：

① 测量 L_S 和 L_x 所引起的误差按下式估算

$$\Delta_{仪}=0.002L_i \quad (i=S,x)$$

② 标准电池在工作温度 0～40℃ 范围内其最大误差不超过 $50\mu\text{V}$，即 $\Delta_{仪}=5.0\times10^{-5}(\text{V})$，按正态分布处理，则 $U_{E_s}=\dfrac{5.0\times10^{-5}}{3}=2\times10^{-5}(\text{V})$

【实验后思考题】

(1) 工作电流不稳定是本实验测量误差的主要来源之一，试提出几种改进方法。

(2) 如何用线式电势差计测电源的内阻？画出线路简图，并导出内阻计算公式。

(3) 线式电势差计能否“扩大量程”，要扩大量程应采取什么措施？

§6.6　温差电动势的测量

在实际测量中，为了提高测量精度，使测量更方便、快捷，人们经常将一些非电学量(如温度、速度、长度等)转换为电学量进行测量。热电偶就是这样一种利用温差电效应制作的、将温度转换为电动势来进行测量的测温元件。由于热电偶具有热惯性小，反应灵敏，可测温度高，且以电动势的形式输出测量结果，便于传输和处理等特点，因此在温度测量，温差发电和控制系统中得到广泛应用。

【实验目的】

(1) 观察并了解温差电现象；

(2) 进一步掌握电势差计的工作原理，学会使用箱式电势差计；

(3) 通过测量热电偶的温差电动势，学会对热电偶进行定标的方法；

(4) 作热电偶温差电动势与温度差之间的关系曲线，用图解方法求出热电偶温差系数，并写出其经验方程。

【预习思考题】

(1) 为什么当两种金属的两个接触点温度不同时会产生温差电动势？它与哪些因素有关？

(2) 温差电动势与温差之间的关系是否是线性关系？在什么情况下是线性关系？

(3) 在对未知电动势进行测量时，为什么不能调节 R_{n1}(粗)、R_{n2}(中)、R_{n3}(细)三个旋钮？

【实验原理】

两种不同的金属(如铜和康铜)构成一个闭合回路，如图 6.6-1 所示，若两接触点的温度不同，则在两接触点间将产生电动势，回路中会出现热电流，这种现象称为温差电现象，所产生的电动势称为温差电动势，这两种不同金属构成的组合称为热电偶。其高温端称为工作端或热端，低温端称为自由端或冷端。热电偶的温差电动势由热端与冷端的温度差决定，其极性高温端为正极，低温端为负极。

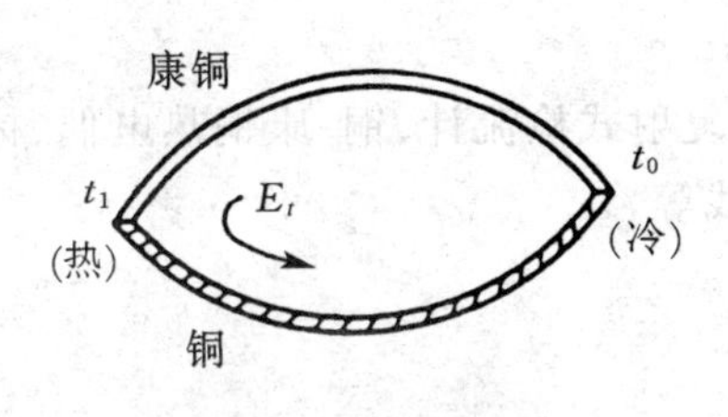

图 6.6-1　热电偶

热电偶温差电动势与其两端温度差的关系可表示为

$$E_t = \alpha(t_1 - t_0) + \frac{1}{2}\beta(t_1 - t_0)^2 + \cdots \tag{6.6-1}$$

式中，E_t 为温差电动势；t_1 为热端温度；t_0 为冷端温度；α、β 为常数，由构成热电偶的金属材料的种类决定。

因 $\alpha \gg \beta$,当冷热端温度差不是很大时,上式可简化为

$$E_t = \alpha(t_1 - t_0) \tag{6.6-2}$$

可见,温差电动势 E_t 与冷热端温度差 $t_1 - t_0$ 呈线性关系。比率系数 α 称为热电偶的温差系数或称热电动势率。

由热电偶配以电势差计及其他相关仪器,便构成了热电偶温度计。当已知冷端温度,并测出其温差电动势以后,便可确定热端温度。

$$t_1 = \frac{E_t}{\alpha} + t_0 \tag{6.6-3}$$

显然,使用热电偶温度计测量温度时,必须进行定标。所谓定标就是要确定温差电动势的大小与温度差的对应关系,即确定热电偶温差系数 α 的值。实验中,由于热电偶热端温度 t_1 不可能很高,故可通过式(6.6-2)作出 E_t 与t_1-t_0 的线性关系曲线,用图解法求出 α。如图 6.6-2 所示,在曲线上取 ΔE_t 和 $\Delta(t_1 - t_0)$,则有

$$\alpha = \frac{\Delta E_t}{\Delta(t_1 - t_0)} \tag{6.6-4}$$

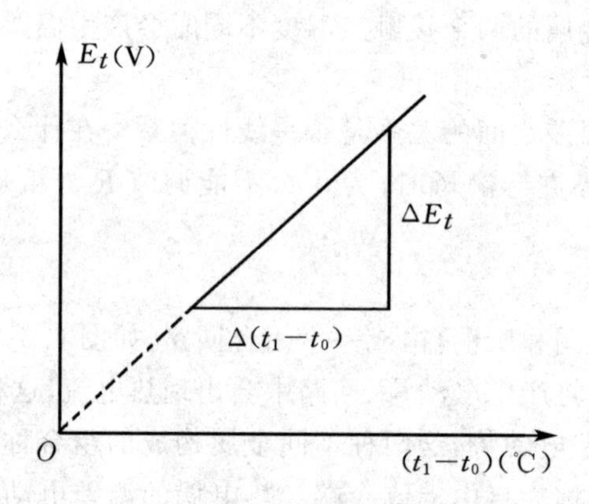

图 6.6-2 E_t-$(t_1 - t_0)$曲线图

【实验仪器】

UJ31 型电势差计、直流复射式检流计、铜-康铜热电偶、标准电池、高稳定直流电源、保温瓶、搪瓷杯、温度计、导线等

一、箱式电势差计

1. 工作原理及面板简介

箱式电势差计有多种型号,本实验使用的是 UJ31 型低电势直流电势差计,其工作原理如图 6.6-3 所示。

箱式电势差计同样也是由工作回路、校准回路及待测回路三部分组成的,工作中仍需先校准后测量。

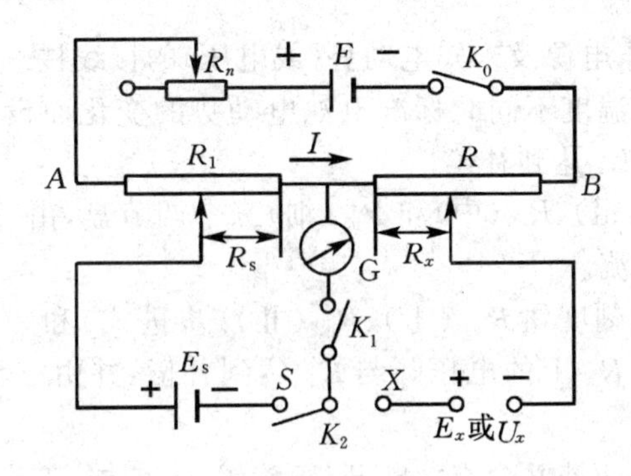

图 6.6-3　箱式电势差计工作原理图

校准时，合上 K_0（见图 6.6-3），接通工作回路；将 K_2 合向 S 端；取 R_s 为某一预定值，合上 K_1，调 R_n 使检流计 G 指零。此时，R_s 上的压降与 E_s 达到补偿状态，显然

$$I=E_s/R_s$$

测量时，将 K_2 合向 X 端，保持工作电流 I 不变（即 R_n 保持不变），调 R_x 使检流计指零，即 R_x 上的压降与待测电动势（或电压）E_x 达到补偿，则有

$$E_x=IR_x=E_s\cdot R_x/R_s$$

根据上式便可求出待测电动势的值。

UJ31 型低电势直流电势差计正是基于上述原理经过一定计算设计而成的，它对未知电动势（或电压）的测量，是直接从刻度盘上读出测量值，不必再由公式计算。

UJ31 型电势差计是一种测量低电势的电势差计，其工作电流为 10mA，需外接 5.7～6.4V 的工作电源，其测量范围分两档：

"×1"档：0～17.1000mV，刻度盘最小分度值为 1μV，游标分度值为 0.1μV；

"×10"档：0～171.000mV，刻度盘最小分度值为 10μV，游标分度值为 1μV。

其准确度等级为 0.05 级。

UJ31 型低电势直流电势差计的面板如图 6.6-4 所示，上端第一排从左到右依次为接

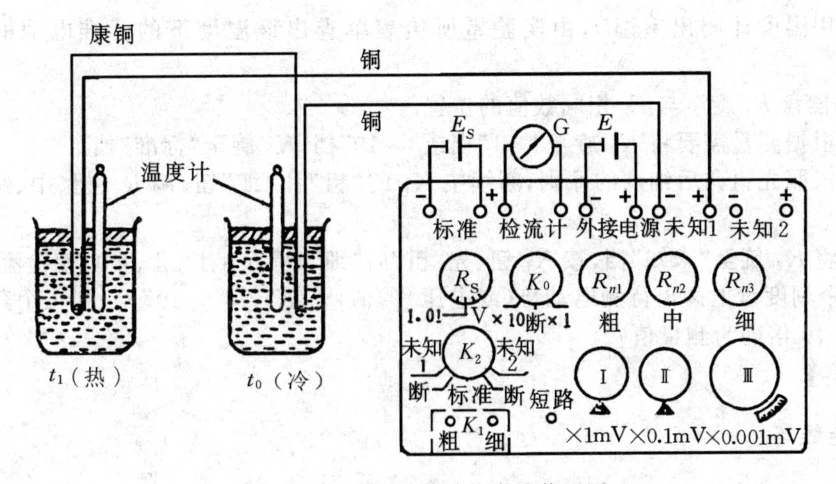

图 6.6-4　测温差电动势实验装置图

入标准电池、检流计、工作电源及未知电动势(或电压)的接线柱。

补偿盘 R_s 为补偿因温度不同时标准电池电动势的变化而设，调节 R_s，改变 R_s 上的电压降，从而保证 U_{Rs} 与 E_s 达到补偿。

调流盘 R_n 分为 R_{n1}(粗)、R_{n2}(中)和 R_{n3}(细)三个调节盘，由三组可调电阻串联，用于快速、准确地调节工作电流。

测量盘 R_x 分为两个刻度钮 R_{x1}(Ⅰ)、R_{x2}(Ⅱ)(步进式)和一个带游标的刻度盘 R_{x3}(Ⅲ)(滑线式)，用于调节 R_x 上的电压降与 E_x 达到补偿，并由三盘上示值读出待测电动势的值。

量程转换开关 K_0 分两档并含有一断开位，旋置"×1"档(工作回路接通)，待测 E_x(或 U_x)由 R_x(Ⅰ、Ⅱ、Ⅲ)三个刻度盘上直接读出。旋置"×10"档测量 E_x(或 U_x)为 R_x(Ⅰ、Ⅱ、Ⅲ)三个刻度盘示值的 10 倍。

在"×1"档、"×10"档之间，有一空位，旋置此位时，工作回路被断开，电势差计处于非工作状态。

检流开关 K_1 分为"粗"、"细"两个按钮，按下"粗"钮表示将保护电阻与检流计串联后接入电路，降低检流计的灵敏度，便于调节(粗调)；按下"细"钮，表示将保护电阻短路，检流计直接与电路相连，便于精细调节。操作中应先按"粗"钮，待检流计几乎不偏转时，再按"细"钮调节。

测量选择开关 K_2 分为 5 个档位，旋置"断"档，表示校准回路和待测回路都没接通，处于不工作状态；旋置"标准"档，表示校准回路被接通，用于校准电势差计；旋置"未知"档，表示待测回路被接通，用于测量未知电动势(或电压)。

短路钮是一个阻尼开关，当检流计指针晃动不定时，按下此钮可使检流计指针快速回零。

2. 校准和测量步骤

(1) 将 K_0 旋至空位档(断开位)，K_2 旋至"断"档，松开"粗"、"细"及"短路"钮，按面板上所分布的接线柱极性(不能出错)分别接入标准电池、检流计、工作电源和未知电动势(或电压)。

(2) 用温度计测出室温 t，由实验室所给表单查出该温度下的标准电池的电动势 E_s 值。

将补偿盘 R_s 旋至与 E_s 相同数值的位置。

(3) 根据测量需要将 K_0 旋至"×1"档或"×10"档，K_2 旋至"标准"档。

(4) 依照先粗调后细调的原则，断续按 K_1 的"粗"和"细"钮，调 R_n(粗、中、细)，使检流计指零。

(5) 将 K_2 旋至"未知"档，按 K_1 钮(先"粗"后"细")调 R_x(Ⅰ、Ⅱ、Ⅲ)，使检流计指零。从 R_x 三个刻度盘上读出待测电动势(或电压)的值(若 K_0 为"×10"档，则三个刻度盘示值之和的 10 倍即为测量值)。

【实验内容】

1. 连线

按图 6.6-4 合理布置仪器，连接线路。接线时，电势差计上 K_0 应旋至空位档(断开)；K_2 旋至"断"档，并注意工作电源 E、标准电池 E_s 及热电偶热端(＋)、冷端(－)的极性不可接错。

2. 检流计调节

接通检流计电源，将分流器旋钮旋至"×0.1"档，调光斑对准零刻度线(机械调零)。

3. 校准电势差计

(1) 接通工作电源，根据室温由表格查出对应温度下标准电池电动势 E_s 的值。将电势差计上 R_s 旋至与 E_s 相应的值；K_0 旋至"×1"档或"×10"档(本实验用"×1"档)，K_2 旋至"标准"档。

(2) 点按 K_1"粗"钮，先调节 R_{n1}(粗)，再调 R_{n2}(中)，最后调 R_{n3}(细)，使检流计光斑对准零刻度线(粗校)；然后按下 K_1"细"钮，调 R_{n3}(细)，使检流计光斑再次对零(细调)。此时工作回路与标准回路达到补偿，电势差计已被校准。

4. 测热电偶温差电动势

(1) 将电势差计上 K_2 旋至"未知 1"(或"未知 2")，在保温瓶中装入足够量的自来水，测出其温度作为冷端温度 t_0；将适量开水倒入搪瓷杯中，并盖好，其温度计的示值将作为热端温度 t_1。选定一个起始测量温度，先进行粗测：点按 K_1"粗"钮，调节 R_{x1}(Ⅰ)和 R_{x2}(Ⅱ)，使检流计光斑对准零刻度线；然后进行细测：将 K_1"细"钮按下，调节 R_{x2}(Ⅱ)和 R_{x3}(Ⅲ)使检流计光斑再次对零，此时应迅速记录下热端温度计示值 t_1，再记下 R_x(Ⅰ，Ⅱ，Ⅲ)三个刻度盘上的示值之和，此即热电偶对应于温度差 t_1-t_0 的温差电动势。

(2) 热端温度采用自然冷却法，要求热端温度 t_1 每下降 3～5℃测一次温差电动势，连续测 8 组数据。将所测数据记录于数据表格中。

【注意事项】

(1) 测量盘 R_x 三个盘中 R_{x3}(Ⅲ)是一个带游标的刻度盘，其刻度值不是完全均匀分布的，在 100～0 之间有一段没有刻度线，当此小段对准游标时，待测回路被断开，回路中无电流，检流计将回零，但此时，并不表明待测回路与工作回路达到补偿，因此，在操作中，应注意避免将无刻度线的小段对准游标。

(2) 操作完成后，应将 K_0 旋置空位档(断开位)，K_2 旋置"断"档。

(3) 箱式电势差计的使用与线式电势差计一样，强调保护标准电池，实验中必须遵循先粗校(测)，后细校(测)的原则。

(4) 电势差计被校准后，R_n(粗，中，细)不可再调动，因为调动 R_n，将使工作回路中的电流发生变化，导致补偿状态被破坏。为提高测量精度，减少误差，每测一组数据，都必须检查一下检流计的零点和电势差计的校准状态是否改变；若变化，必须重新校准。

(5) 测量过程中，由于冷端温度基本保持不变，故只需在实验开始和结束时各测一次即可。而热端温度则时刻在变，所测 E_t 只是一个瞬时值，因此，细测中检流计光斑对零后，要立即读取并记录热端温度计的示值 t_1，然后再记录所测 E_t 值；否则，E_t 与 t_1-t_0 不是对应关系，将产生较大误差。

(6) 使用箱式电势差计 K_0 旋钮时，要注意在“×1”档、“×10”档两档中间有一空位档（面板上无标记），当 K_0 旋至此处时，表示电势差计的工作回路被断开，电势差计处于非工作状态。

(7) 注意不让带游标的刻度盘（$R_{x3(Ⅲ)}$）的无刻度线的小段对准游标的刻线。

【数据处理】

由自拟表格记录的数据，绘制热电偶温差电动势与温度差的关系曲线，即 E_t-(t_1-t_0) 曲线。用图解法求出热电偶温差系数 α，写出 E_t 的经验方程。

【实验后思考题】

(1) 如何确定热电偶的正、负极性？

(2) 电势差计作为第三种金属接入热电偶两种金属之间，对测量结果有无影响？为什么？

(3) 如何用箱式电势差计测电阻、校准电压表和电流表？画出线路简图，简述实验步骤。

§6.7　用密立根油滴仪测电子电量

密立根油滴实验是由美国物理学家密立根设计并完成的，因此该实验以他的名字命名。密立根油滴实验的设计思想巧妙，方法简单，而结论却具有毋庸置疑的说服力。这一实验证明了任何带电体所带的电量都是基本电荷的整数倍，即电荷的量子性。基本电荷的电量与一个电子所带的电量相同。目前，基本电荷的电量公认值是 1.6021892×10^{-19} C。密立根油滴实验是近代物理学发展中具有重要意义的实验。

【实验目的】

(1) 理解密立根油滴实验的设计思想；

(2) 运用密立根油滴仪测定油滴的电量，并验证电荷的量子性。

【预习思考题】

(1) 实验中在调平衡电压的同时，能否加上升降电压？

(2) 实验中测量油滴匀速运动的时间 t 时，如何保证油滴做匀速运动？

【实验原理】

密立根油滴实验测定油滴所带电量的方法有两种：动态测量法与平衡测量法。本实验采用平衡测量法。

如图 6.7-1 所示，两平行板产生竖直方向的电场，当带电油滴在该电场中处于静态平衡时有

$$q\cdot\frac{U}{d}-mg=0 \tag{6.7-1}$$

式中，U 是两平行板间的电势差；d 是两平行板的距离；g 是重力加速度；q 是带电油滴的电量；m 是带电油滴的质量。

由式(6.7-1)可知，当带电油滴在电场中处于静态平衡时，若能测出此时两平行板间的电势差 U、距离 d 以及带电油滴的质量 m，则可算出油滴所带的电量 q。

本实验的油滴质量 m 很小，其测量方法如下：如图 6.7-2 所示，当平行板间不加电压

时，油滴在重力作用下降落。在下降过程中，油滴将受到空气阻力 f_r 的作用(油滴所受的空气浮力可忽略不计)，因此，下降一段距离后，油滴将匀速下降。此时，空气阻力 f_r 等于油滴的重力 mg，即

$$f_r=6\pi r\eta v=mg \tag{6.7-2}$$

式中，r 是油滴的半径；η 是空气的黏滞系数；v 是油滴匀速下降时的速度。

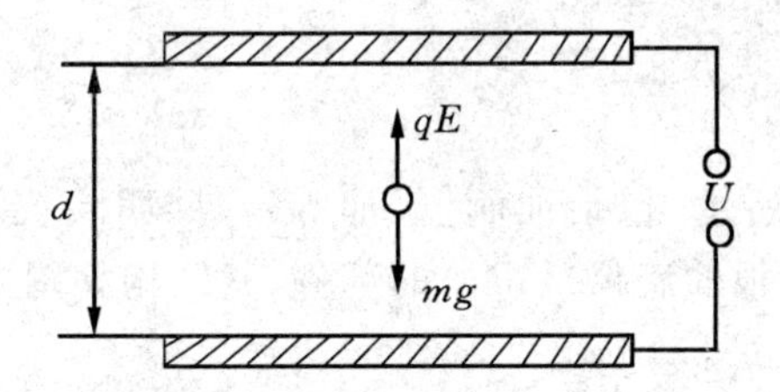

图 6.7-1　油滴在平行板间的受力图

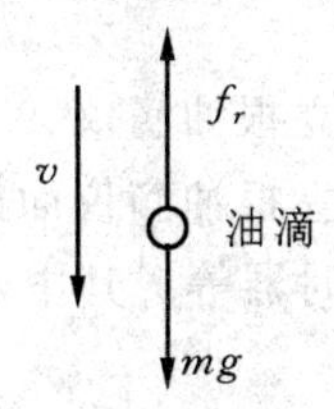

图 6.7-2　油滴降落时的受力图

设油滴的密度为 ρ，则油滴的质量是

$$m=\frac{4}{3}\pi r^3\rho \tag{6.7-3}$$

由式(6.7-2)、式(6.7-3)可以求出油滴的半径

$$r=\sqrt{\frac{9\eta v}{2\rho g}} \tag{6.7-4}$$

对于半径为 10^{-6} m 数量级，在空气中运动的油滴小球，空气介质不能认为是均匀的，空气的黏滞系数 η 应作如下修正：

$$\eta'=\frac{\eta}{1+\frac{b}{pr}} \tag{6.7-5}$$

式中，b 是修正系数；p 是大气压强。

油滴的半径修正为

$$r=\sqrt{\frac{9\eta v}{2\rho g}\frac{1}{1+\frac{b}{pr}}} \tag{6.7-6}$$

在式(6.7-6)的根号内还包含油滴的半径 r。在要求不是十分精确的情况下，可以用式(6.7-4)代替式(6.7-6)计算 r。

由式(6.7-6)、式(6.7-3)可以得到油滴的质量

$$m=\frac{4}{3}\pi\rho\left[\frac{9\eta v}{2\rho g}\cdot\frac{1}{1+\frac{b}{pr}}\right]^{3/2} \tag{6.7-7}$$

当油滴在时间 t 内匀速下降 l 距离时，则有

$$v=\frac{l}{t} \tag{6.7-8}$$

由式(6.7-1)、式(6.7-7)及式(6.7-8)可以得到油滴所带电量 q 的计算式

$$q=\frac{18\pi d}{\sqrt{2\rho g U}}\left[\frac{\eta l}{t\left(1+\frac{b}{pr}\right)}\right]^{3/2} \tag{6.7-9}$$

对不同的油滴进行测量，可以得到油滴所带的电量 q 皆为某一最小量 e 的整数倍，即

$$q=ne \quad (n=\pm 1,\pm 2,\cdots) \tag{6.7-10}$$

式中，e 是电子所带的电量。

由此，证实了电荷的量子性，并能测出电子的电量。

【实验仪器】

MOD-5C 密立根油滴仪、9 寸黑白监视器各 1 台。

MOD-5C 密立根油滴仪面板如图 6.7-3 所示，包括油滴盒、油雾室、照明装置、显微镜、供电电源、计时器等。其中，油滴盒是密立根油滴仪最重要的部件，其结构如图 6.7-4 所示。

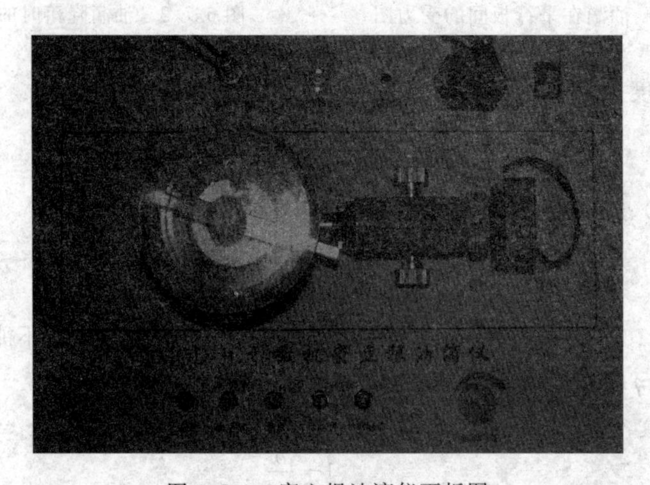

图 6.7-3　密立根油滴仪面板图

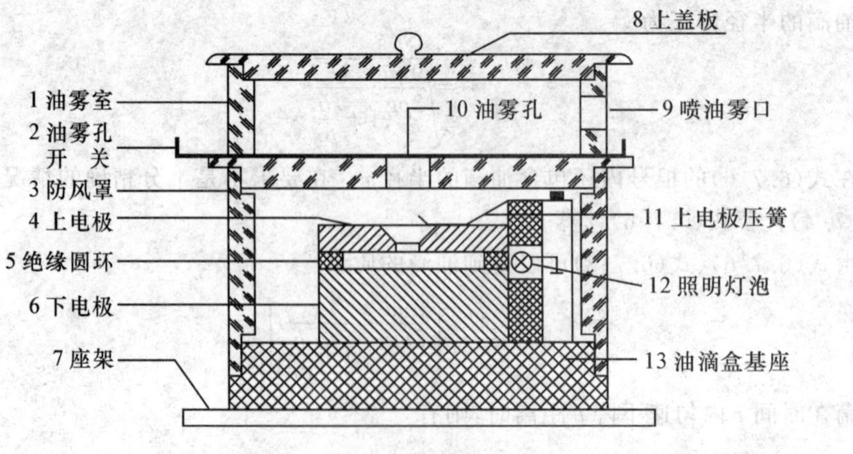

图 6.7-4　油滴盒结构示意图

油滴盒是由两块经过精磨的金属平板，中间垫以胶木圆环，构成的平行板电容器。在上板中心处有落油孔，使微小油滴可进入电容器中间的电场空间，胶木圆环上有进光孔、观察孔。进入电场空间内的油滴由照明装置照明，油滴盒可通过调平螺旋调整水平，用水准仪检查。油滴盒防风罩前装有测量显微镜，用来观察油滴。

【实验内容】

(1)仪器调节。

①水平调节。将油滴仪放置平稳，转动调平螺丝，使水准器水泡居中。此时，平行板调到水平，平衡电场方向与重力方向平行。

②将"电压调节"旋钮调到最小值位置，打开电源开关，使仪器预热大于10min。

(2)观察油滴的运动。

①在喷雾器中注入少许油，将油从喷雾口轻轻喷入(一次即可)。微调测量显微镜的调焦轮，使视场中的油滴清晰。

②按"平衡"按钮，调节"电压调节"旋钮，使平衡电压在250V左右。选择其中一滴油滴，仔细调节平衡电压使其静止。

③按"升降"按钮，利用升降电压，使所选择的油滴上下移动。

(3)测量平衡电压及油滴匀速运动的时间。

①选择一滴油滴，利用上一步骤中的方法，测量其平衡电压U。

②按"测量"按钮，当油滴匀速下降时，按"计时/停"按钮测量该油滴匀速运动$l=2.00\text{mm}$所用的时间。

③对同一油滴进行5次测量。用同样的方法对3～5滴油滴进行测量。

【注意事项】

(1)测量前，须将仪器调水平，仪器需要预热10min。

(2)将油喷入油雾室时喷一次即可，切勿喷得过多，以免堵塞油滴盒。

(3)测量前，应任意选择几滴运动速度快慢不同的油滴，反复训练，以掌握测量油滴运动时间的方法。

【数据处理】

(1) 根据自拟表格所记录的数据计算油滴所带的电量，并验证电荷的量子性。计算时，可使用以下参数：

油的密度　$\rho=981\text{kg/m}^3$

重力加速度　$g=9.78\text{m/s}^2$

空气黏滞系数　$\eta=1.83\times10^{-5}\text{Pa}\cdot\text{s}$

大气压强　$p=1.013\times10^5\text{Pa}$

修正系数　$b=8.23\times10^{-3}\text{m}\cdot\text{Pa}$

平行板间距离　$d=5.00\times10^{-3}\text{m}$

油滴匀速下降距离　$l=2.00\times10^{-3}\text{m}$

则油滴所带电量的计算式为

$$q=\frac{1.43\times10^{-14}}{[t(1+0.02\sqrt{t})]^{3/2}}\cdot\frac{1}{U}(\text{C}) \tag{6.7-11}$$

（2）对测量结果进行评价。

【实验后思考题】

（1）长时间地监测一滴油滴时，由于挥发，油滴质量会不断减少，这将影响哪些量的测量？

（2）在选择被测油滴时，希望油滴所带电量是多还是少？为什么？

第 7 章　光学基本量的测量

§7.1　液体旋光率及浓度的测量

自然光通过一块偏振片后，将产生与偏振片透振方向相同的线偏振光。当线偏振光通过某些物质时，出射光的振动面相对于原入射光的振动面将产生一定角度的旋转，这种现象称为旋光现象。能使光的振动面产生旋转的物质，称为旋光物质。旋光物质的种类很多，如固体中的石英、云母、朱砂等，液体中的石油、酒石酸、糖溶液等都是旋光物质。分析和研究物质的旋光性，在石油化工、制药、制糖和生物医疗工程等方面有广泛的应用。本实验主要讨论溶液的旋光性。

【实验目的】

(1) 观察线偏振光通过旋光溶液后的旋光现象；

(2) 了解旋光仪的原理和结构特点，掌握其使用方法；

(3) 学会用旋光仪测旋光溶液的旋光率和浓度。

【预习思考题】

(1) 为什么通常用钠黄光($\lambda=5\ 893\text{Å}$)来测旋光率？

(2) 为什么要确定旋光仪的零点？如何确定零点？

(3) 为什么在装待测溶液的试管中不能留有较大气泡？

【实验原理】

一束线偏振光通过旋光物质后，将产生旋光现象，偏振光的振动面将旋转一定的角度 φ(如图 7.1-1 所示)，φ 称为旋转角或旋光度。对固体介质，φ 正比于光在该介质中所经过的路程长度，即

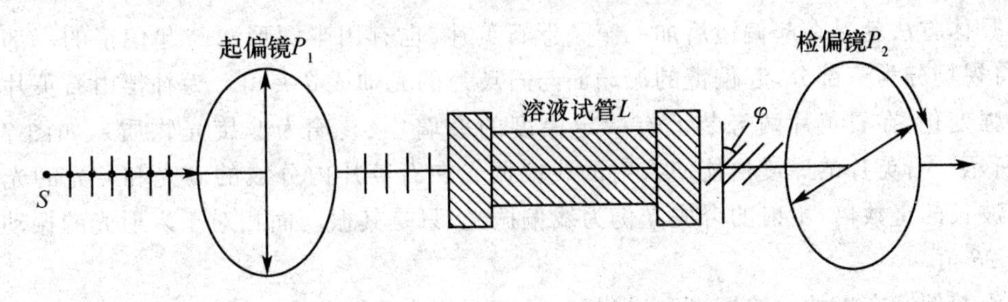

图 7.1-1　旋光率测量原理图

$$\varphi = aL \tag{7.1-1}$$

对溶液介质，旋转角除与路程长度有关外，还正比于溶液中旋光物质的浓度，即

$$\varphi = acL \tag{7.1-2}$$

上面两式中，L 为旋光介质的长度，c 为溶液中旋光物质的浓度，a 称为物质的旋光率。在相同条件下，不同波长的偏振光将旋转不同的角度，即旋光率与偏振光的波长有关（$a \propto 1/\lambda^2$），这种现象称为旋光色散。在实际测量中，为避免旋光色散对测量结果的影响，通常用钠的 D 谱线（平均波长为 5.893×10^{-7} m）来测定旋光率。温度的变化对物质的旋光率也有影响，但因这种影响很微弱，可以忽略不计。

测量旋光溶液的旋光率，原则上如图 7.1-1 所示，由光源 S 发出的光通过一块偏振镜（起偏镜）成为线偏振光，经过第二块偏振镜（检偏镜）后，迎着出射光的方向观察，以光线传播方向为轴转动检偏镜时，会发现光的亮度在变化。当两个偏振镜的振动面相互垂直时，亮度最暗。此时，将装有旋光溶液的试管放在起偏镜和检偏镜之间，由于溶液的旋光作用，原来亮度最暗的状态变得较为明亮。若将检偏镜旋转适当的角度，使之恢复到亮度最暗的状态，则检偏镜由第一次最暗至第二次最暗所旋转的角度，即为被测溶液的旋光度。如已知溶液的浓度及试管长度，便可由式(7.1-2)求出此旋光溶液的旋光率。

因为人的眼睛难以准确地判断视场是否达到最暗，所以上述方法得到的测量结果，其精确度不高。为了得到更为理想的测量结果，在实际操作中，常采用半荫法进行测量（见图 7.1-2）。

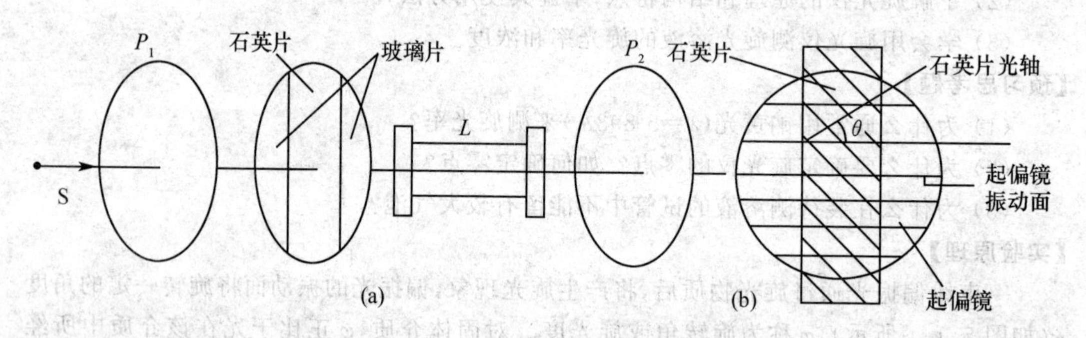

图 7.1-2　半荫法原理图

具体方法就是在起偏镜后加一窄条形石英片（也有用半圆形），与起偏镜的一部分重叠，将视场分为三部分，起偏镜的振动面与石英片的光轴成 θ 夹角。为补偿由石英片引起的光强变化，在石英片两旁装上有一定厚度的玻璃片（玻璃为非旋光物质），如图 7.1-2(b)所示。石英片的厚度恰能使入射的线偏振光在石英片内分成的 o 光和 e 光的光程差为半波长的奇数倍，出射的合成光仍为线偏振光，只是其振动面相对于入射光的振动面旋转了 2θ 角。

由起偏镜产生的线偏振光，中间部分通过石英片后射向检偏镜，而两旁的光则经玻璃后射向检偏镜，检偏镜接收的是振动面成 2θ 夹角的两束线偏振光。转动检偏镜，视场将出现不同的情形。

如图 7.1-3 所示，用 A 表示起偏镜的振动面（视场中①区光线的振动面），B 表示经石英片后出射光的振动面（视场中②区光线的振动面），C 表示检偏镜的振动面。当转动检偏镜，使其振动面 C 与振动面 A 垂直时，视场中①区光线被挡住，不能通过检偏镜，而②区部分光线可通过检偏镜，视场变为中间亮、两边暗（见图 7.1-4(a)）；当振动面 C 与振动面 B 垂直时，①区部分光线可通过检偏镜，而②区光线被挡住，不能通过检偏镜，视场变为中间暗、两边亮（见图 7.1-4(b)）；当 C 处于 A、B 夹角平分线位置（与 y 轴重合）时，①、②区均有大部分光线可通过检偏镜，视场亮度均匀且明亮（见图 7.1-4(c)）；当 C 与 AB 夹角平分线垂直（与 x 轴重合）时，①、②区均有小部分光线可通过检偏镜，视场亮度均匀但较暗（见图 7.1-4(d)）。

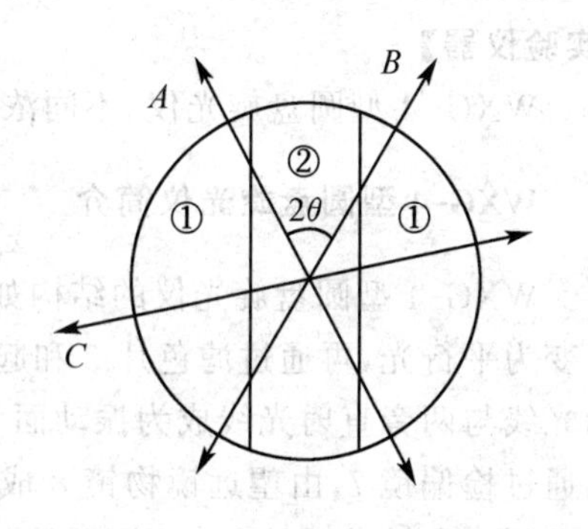

图 7.1-3 振动面示意图

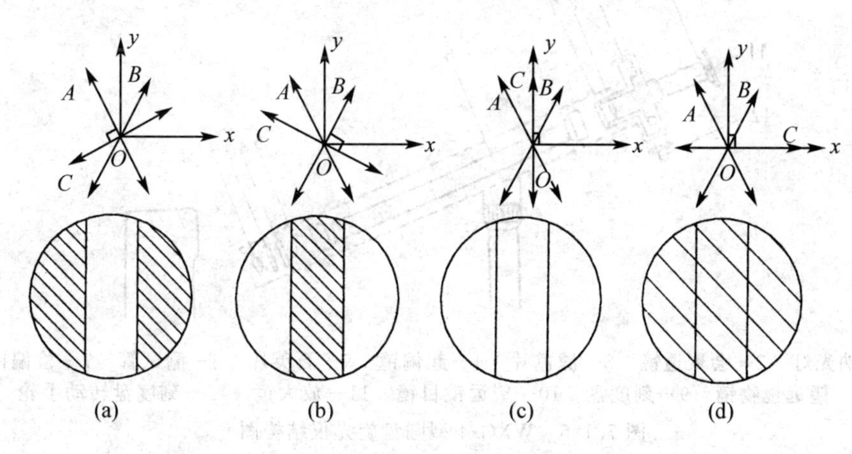

图 7.1-4 视场情景图

由于人眼对暗视场的变化较敏感，因此，把图 7.1-4(d)所示的亮度均匀但较暗的视场作为测量起点，即把此刻检偏镜振动面所对应的位置作为测量零点。然后，在石英片与检偏镜之间加入装有待测溶液的试管，由检偏镜和石英片射出的两束光在通过待测溶液后，其振动面在保持原有夹角 2θ 不变的同时，又都转过一个相同的角度 φ。此时转动检偏镜，使视场恢复到原亮度均匀但较暗的状态，则检偏镜振动面转过的角度即为待测溶液的旋光度。根据已知的试管长度和待测溶液的浓度，由式(7.1-2)便可求出待测溶液的旋光率。通过测量旋光性溶液的旋光度，根据已知的试管长度和待测溶液的旋光率，由式(7.1-2)也可确定溶液中所含旋光物质的浓度。求物质的浓度还可根据测出的旋光度从该物质的旋光曲线上查出。本实验采用前一种方法测物质的浓度。

线偏振光通过旋光物质后振动面的旋转具有方向性。迎着出射光的方向观察，使偏振光的振动面沿顺时针方向旋转的物质称为右旋物质，而使偏振光的振动面沿逆时针方向旋转的物质则称为左旋物质。

【实验仪器】

WXG-4 型圆盘旋光仪、不同浓度的葡萄糖溶液、烧杯、脱脂棉、擦镜纸等。

WXG-4 型圆盘旋光仪简介

WXG-4 型圆盘旋光仪的结构如图 7.1-5 所示。由钠光灯 1 发出的光经会聚透镜 2 后变为平行光,再通过滤色片 3 和起偏镜 4 后变为线偏振光。中间部分经过石英片 5 后的光线与两旁直射光线成为振动面为 2θ 夹角的两束线偏振光,射向装有待测溶液的试管 6,通过检偏镜 7,由望远镜物镜 8 成像于分划板上。观察者通过目镜 10 进行观察测量。旋转刻度盘转动手轮 12,可调节检偏镜振动面的方向,其位置值由刻度盘 9 指示;观察者可通过放大镜 11 读取数据。WXG-4 型圆盘旋光仪采用的是双游标读数,游标最小分度值为 0.05°(即 3′)。

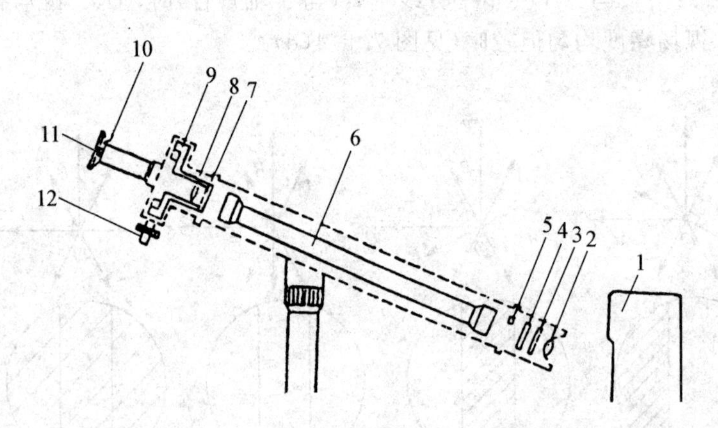

1—钠光灯　2—会聚透镜　3—滤色片　4—起偏镜　5—石英片　6—测试管　7—检偏镜
8—望远镜物镜　9—刻度盘　10—望远镜目镜　11—放大镜　12—刻度盘转动手轮

图 7.1-5　WXG-4 型圆盘旋光仪结构图

【实验内容】

(1) 准备工作。

① 接通钠光灯,预热 10min。待钠光灯发光正常后再开始零点校正。

② 将葡萄糖溶液配成不同浓度的溶液,将已知浓度的葡萄糖溶液装入仪器配备的长为 20cm 的试管中,未知浓度的葡萄糖溶液装入长为 10cm 的试管中,将试管透光螺盖适当旋紧(以不漏液为宜),擦干外部残液。不要旋太紧,以免产生应力影响读数的精确性。

(2) 调旋光仪零点。

① 由于各人眼睛分辨能力的差异,不同的测量者读出的零点不一定完全一致,和仪器本身零点也有差异,即产生零点误差。在计算旋光度时对该误差处理不当必然会影响测量结果。零点视场是准确测量物质旋光度的依据,因此正确地判断零点视场是准确测量旋光度的首要保证。

② 向一个方向旋动转动手轮,直到目镜中出现亮度逐渐变暗而出现非零点视场时,放慢旋转速度,会很快出现另一相反的非零点视场,此时细心地左右微调转动手轮就可准

确地调出零点视场。若向某个方向旋动手轮后，目镜中亮度一直未变暗（即找不到零点视场），则向相反的方向旋动手轮，一直到目镜中出现非零点视场并找到零点视场为止。此时在目镜中看到的视场为亮度均匀且较暗的状态（见图 7.1-4(d)）。刻度盘上的刻度值就是旋光仪的零点。

③ 记录刻度盘游标所指示的左、右两个刻度值。重复调整 5 次，分别记录每次调整到仪器零点的两个刻度值。

(3) 测葡萄糖溶液的旋光率：将装有已知溶液浓度的 20cm 试管放入仪器暗盒中，旋转刻度盘转动手轮，使视场恢复到仪器零点时的状态，记录下此时刻度盘游标指示的两个刻度值。重复 5 次，分别记录。

(4) 测葡萄糖溶液的浓度：将装有未知溶液浓度的 10cm 试管放入仪器暗盒中，旋转刻度盘转动手轮，使视场恢复到仪器零点时的状态，记录刻度盘游标指示的两个刻盘值。重复 5 次，分别记录。

(5) 判断旋光物质左旋或右旋：旋光物质分为左旋物质和右旋物质。朝向线偏振光加旋光物质后，使线偏振光的振动面逆时针转过一个角度的为左旋物质；朝向线偏振光加旋光物质后，使线偏振光的振动面顺时针转过一个角度的为右旋物质。

判断旋光物质是左旋或右旋的方法：

① 改变浓度法：使旋光物质的浓度逐渐由小变大，线偏振光的角度逆时针（180°→90°→0°）逐渐变大则为左旋物质，线偏振光的角度顺时针（0°→90°→180°）逐渐变大则为右旋物质。

② 样品管长度变化法：使线偏振光通过旋光物质的长度由小变大，振动面逆时针偏转的角度由小变大的为左旋物质，振动面顺时针偏转的角度由小变大的则为右旋物质。

请根据实验测量数据判断葡萄糖溶液的旋光性。

【注意事项】

(1) 旋光仪钠光灯需预热 10min，待其发光稳定后，方可进行观察测量。

(2) 把待测溶液装入试管时，要尽量装满，不能留有较大气泡。对残存的少量气泡，可轻微摆动试管，使气泡移至试管一端凸出的部位处，并将带凸出部分的一端朝上放置于仪器暗盒中。

(3) 装完待测液后，要适当旋紧螺盖并擦干外部的残液，特别要把试管两端的玻璃片擦干净，避免影响其透射率。不要将溶液洒落于仪器暗盒中。

(4) 试管用完后要及时放入塑料盒中，防止滚落到地上摔破试管。

【数据处理】

(1) 自拟表格记录实验数据。

(2) 根据公式

$$\Delta=\frac{0.05}{\sqrt{3}}=0.03^{\circ}$$

$$U_{\bar{\varphi}_0}=\sqrt{S_{\bar{\varphi}_0}^2+\Delta^2}$$

$$U_{\bar{\varphi}_1}=\sqrt{U_{\bar{\varphi}_1}^2+U_{\bar{\varphi}_0}^2}$$

$$U_{\overline{\varphi}_2}=\sqrt{U_{\overline{\varphi}_2'}^2+U_{\overline{\varphi}_0}^2}$$

$$\overline{a}=\frac{\overline{\varphi}_1}{L_1C_1}$$

$$U_{\overline{a}}=\frac{U_{\overline{\varphi}_1}}{L_1C_1}$$

进行计算，给出结果并进行分析。

(3)根据公式

$$\overline{C}=\frac{\overline{\varphi}_2}{\overline{a}L_2}$$

$$U_{\overline{c}}=\overline{C}\sqrt{\left(\frac{U_{\overline{\varphi}_2}}{\overline{\varphi}_2}\right)+\left(\frac{U_{\overline{a}}}{\overline{a}}\right)^2}$$

进行计算，给出浓度的测量结果并进行分析。

【实验后思考题】

(1) 为什么说用半荫法测定旋光度比单用两块偏振片更方便、更准确？

(2) 对波长 $\lambda=5893$ Å 的钠黄光，石英的折射率 $n_o=1.5442$，$n_e=1.5533$。如果要使垂直入射的线偏振光(其振动方向与石英片光轴的夹角为 θ)通过石英片后变为振动方向转过 2θ 的线偏振光，石英片的最小厚度应为多少？

§7.2 透明介质折射率的测量

折射率是透明材料的一个重要光学常数。测定透明材料折射率的方法很多，全反射法是其中之一。全反射法具有测量方便快捷，对环境要求不高，不需要单色光源等特点。然而，因全反射法属于比较测量，故其测量准确度不高(大约 $\Delta n=3\times10^{-4}$)，被测材料的折射率的大小受到限制(为 1.3～1.7)，且对固体材料还需制成试件。尽管如此，在一些精度要求不高的测量中，全反射法仍被广泛使用。

阿贝折射仪就是根据全反射原理制成的一种专门用于测量透明或半透明液体和固体折射率及色散率的仪器，它还可用来测量糖溶液的含糖浓度。它是石油化工、光学仪器、食品工业等有关工厂、科研机构及学校的常用仪器。

【实验目的】

(1) 加深对全反射原理的理解，掌握应用方法；

(2) 通过对几种液体折射率的测量，学会使用阿贝折射仪。

【预习思考题】

(1) 阿贝折射仪使用什么光源？所测得的折射率是对哪条谱线的折射率？

(2) 进光棱镜的工作面为什么要磨砂？

(3) 折射率液起何作用？对其折射率有何要求？

【实验原理】

由全反射定律可知，当光线从光密媒质进入光疏媒质时，若入射角为某个特定角，其折射角可达 90°，此入射角称为全反射临界角。反之，当光线以 90°入射角自光疏媒质进入光密媒质时，其折射角即为全反射临界角。

如图 7.2-1 所示，在进光棱镜 $A'B'C'$ 与折射棱镜 ABC 之间均匀充满折射率为 n_x 的液体。设折射棱镜的折射率为 n_1，且 $n_1>n_x$，光线进入进光棱镜后被磨砂面 $A'B'$ 漫反射为各种方向的光线通过待测液体后射向折射棱镜。沿 AB 面掠射的光线（入射角 $i=90°$）经界面 AB 折射后以全反射临界角 α 进入折射棱镜，又以折射角 β 从 BC 面出射至空气中。所有入射角小于 90°的光线都能折射进入折射棱镜，经 AB 面折射后的折射角都小于临界角 α。而所有入射角大于 90°的光线都被棱镜的金属外壳挡住，不能进入折射棱镜。因此，入射角等于 90°的光线是折射到棱镜内的所有光线中最靠边（折射角最大）的一条光线（图 7.2-1 中 1-1′光线），其他光线均在该光线的下方（见图7.2-1中 2-2′光线），在此光线以上则完全无光。用望远镜迎着出射光方向观察，就会看到图 7.2-1 中明暗分明的两分视场，其分界线对应于以 β 角出射的光线。

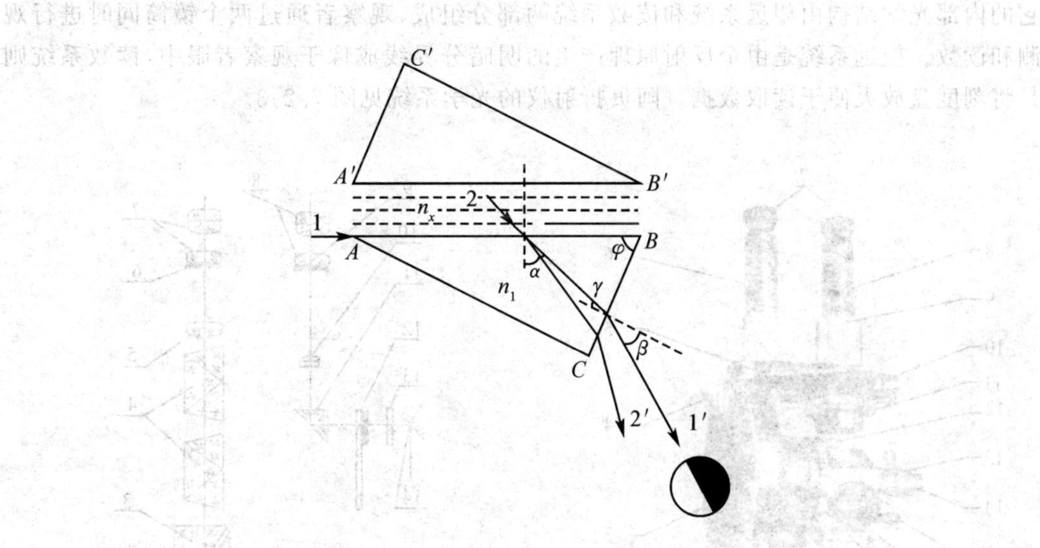

图 7.2-1　透明介质折射率测量原理图

物质材料不同，其折射率就不相同。不同的折射率又对应着不同的全反射临界角，因而出射角也就不相同。简而言之，就是一定的出射角 β 对应于一定的折射率。

由折射定律，光线经 AB 面折射满足

$$n_x \sin i = n_1 \sin\alpha \tag{7.2-1}$$

经 BC 面折射满足

$$n_1 \sin\gamma = n_2 \sin\beta \tag{7.2-2}$$

已知 $i=90°$，$n_2=1$（空气的折射率），由角度关系 $\alpha=\varphi-\gamma$ 和三角函数关系解得

$$n_x = \sin\varphi\sqrt{n_1^2-\sin^2\beta}-\cos\varphi\sin\beta \tag{7.2-3}$$

式中，φ 为折射棱镜入射面 AB 与出射面 BC 之间的夹角。

当出射光线在折射棱镜 BC 面法线的上方（右侧）时，式（7.2-3）中 $\cos\varphi\sin\beta$ 前的“－”号应改为“＋”号。

若 φ 和 n_1 已知，则只需测出出射角 β，便可计算出待测液体的折射率 n_x。阿贝折射

仪的刻度盘上直接刻有与出射角 β 对应的 n 值，因此用阿贝折射仪测物体的折射率不必计算，可从刻度盘上直接读出 n_x 的值。

物质的折射率与通过该物质的光的波长有关。通常所指固体和液体的折射率是对钠光发出的平均波长为 5.893×10^{-7}m 的 D 谱线（钠黄光）而言的，用 n_D 表示。一般情况下略去下标记为 n。阿贝折射仪中的阿米西棱镜（也称色散棱镜），是按照让 D 谱线直通（偏向角为零）的条件设计的，所以用阿贝折射仪测得的折射率 n_x 就是待测物对 D 谱线的折射率 n。

【实验仪器】

阿贝折射仪 1 台、照明台灯 1 座、标准玻璃块 1 块、折射率液（溴代萘）1 瓶、待测液（自来水、酒精、糖溶液）、滴管、脱脂棉及擦镜纸。

本实验使用的是 WZS-1 型阿贝折射仪，其外形结构及各部件名称如图 7.2-2 所示。它的内部光学结构由望远系统和读数系统两部分组成，观察者通过两个镜筒同时进行观测和读数。望远系统是由全反射原理产生的明暗分界线成像于观察者眼中，读数系统则是将刻度盘放大便于读取数据。阿贝折射仪的光学系统见图 7.2-3。

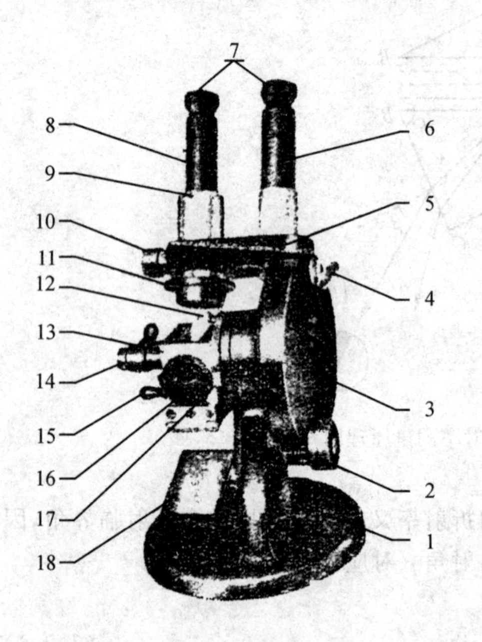

1—底座　　2—棱镜转动手轮
3—圆盘组（内有刻度盘）　　4—小反光镜
5—支架　　6—读数镜筒
7—目镜　　8—望远镜筒
9—刻度值校准螺钉　　10—阿米西棱镜组手轮
11—色散值刻度圈　　12—棱镜锁紧扳手
13—棱镜组　　14—温度计座
15—恒温器接口　　16—保护罩
17—主轴　　18—反光镜

图 7.2-2　WZS-1 型阿贝折射仪

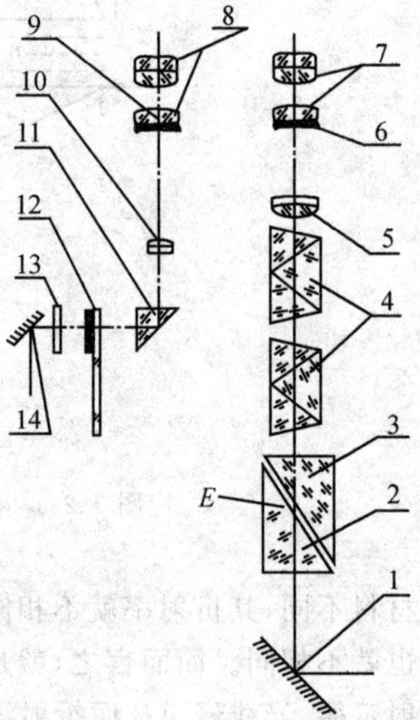

1—反射镜　　2—进光棱镜
3—折射棱镜　　4—阿米西棱镜
5—望远镜物镜　　6—望远镜分划板
7—望远镜目镜　　8—读数镜目镜
9—读数镜分划板　　10—读数镜物镜
11—转向棱镜　　12—刻度盘
13—毛玻璃　　14—小反射镜
E—待测样品

图 7.2-3　阿贝折射仪的光学系统

(1) 望远系统。

光线由反射镜 1 反射后进入进光棱镜 2,待测液体在进光棱镜与折射棱镜 3 之间形成均匀薄层。光线在进光棱镜磨砂面(与待测液体相接触的面)的漫反射作用下,以各种方向通过待测液射入折射棱镜,然后出射至空气中。能绕望远系统光轴旋转的阿米西棱镜组 4 可使光的色散为零,望远镜物镜 5 则将已消色散的明暗分界线成像于望远镜分划板 6 上,观察者通过目镜 7 便可进行观察测量。

(2) 读数系统。

光线由小反射镜 14 反射至毛玻璃 13 后,将刻度盘 12 照亮,在转向棱镜 11 的作用下,光线改变传播方向射向读数镜物镜 10,成像于读数镜分划板 9 上,观察者通过目镜 8 便可进行观察读数。

【实验内容】

1. 校准阿贝折射仪读数

(1) 打开照明台灯,调节两个反射镜 4、18 的方位,使两镜筒内视场明亮。

(2) 在标准玻璃块的光学面上滴少许折射率液(溴代萘),把它贴在折射棱镜的光学面上,标准块侧边光学面的一端应向上,以便于接收光线(见图 7.2-4)。

(3) 旋转棱镜转动手轮 2,使读数镜视场中的刻线对准标准块上所标刻的折射率值,此时望远镜视场中的明暗分界线应正对十字叉丝的交点(见图 7.2-5)。若有偏差,则需调节刻度校准螺钉 9,使分界线对准叉丝交点,以后不可再调动该螺钉。

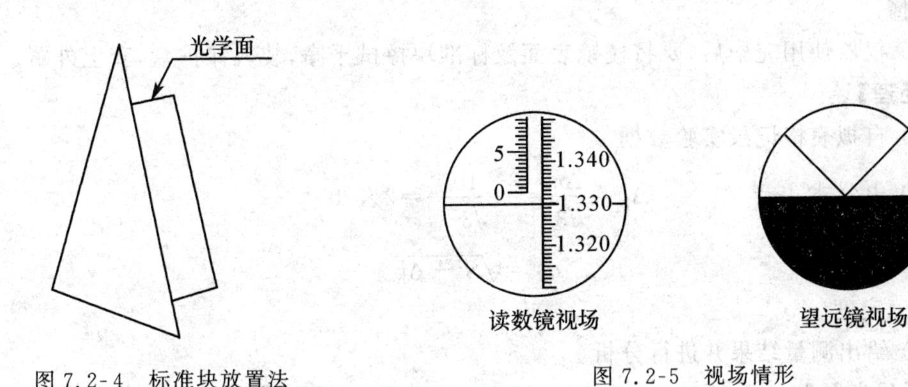

图 7.2-4　标准块放置法

图 7.2-5　视场情形

2. 测定液体的折射率

(1) 用脱脂棉蘸酒精或乙醚将进光棱镜和折射棱镜擦拭干净,干燥后使用,避免因残留有其他物质,而影响测量结果。

(2) 用滴管将少许待测液滴在进光棱镜的磨砂面上,旋紧棱镜锁紧扳手 12,使两镜面靠紧,待测液在中间形成一层均匀无气泡的液膜。若待测液属极易挥发的物质,则在测量中,需通过棱镜组侧边的小孔予以补充。

(3) 旋转棱镜转动手轮 2,在望远镜视场中观察明暗分界线的移动,使之大致对准十字叉丝的交点。然后旋转阿米西棱镜手轮 10,消除视场中出现的色彩,使视场中只有黑、白两色。

(4) 再次微调棱镜转动手轮2,使明暗分界线正对十字叉丝的交点。此时,读数镜视场中读数刻线所对准的右边的刻度值,就是待测液体的折射率 n_x。

(5) 分别测定自来水、酒精和糖溶液的折射率各5次。

(6) 求出自来水、酒精、糖溶液的折射率的最佳值和不确定度,写出结果表达式。

3. 测糖溶液的含糖浓度

完成2中的(1)、(2)、(3)、(4)步骤后,读数镜视场中读数刻线所对准的左边的刻度值,即为所测糖溶液的百分比含糖浓度。

【注意事项】

(1) 使用仪器前应先检查进光棱镜的磨砂面、折射棱镜及标准玻璃块的光学面是否干净,如有污迹可用酒精或乙醚棉擦拭干净。

(2) 用标准块校准仪器读数时,所用折射率液不宜太多,使折射率液均匀布满接触面即可。过多的折射率液易堆积于标准块的棱尖处,既影响明暗分界线的清晰度,又容易造成标准块从折射棱镜上掉落而损坏。

(3) 在加入的折射率液或待测液中,应防止留有气泡,以免影响测量结果。

(4) 读取数据时,首先沿正方向旋转棱镜转动手轮(如向前),调节到位后,记录一个数据;然后继续沿正方向旋转一小段后,再沿反方向(向后)旋转棱镜转动手轮,调节到位后,又记录一个数据。取两个数据的平均值为一次测量值。

(5) 实验过程中要注意爱护光学器件,不要用手触摸光学器件的光学面,避免剧烈震动和碰撞。

(6) 仪器使用完毕后,要将棱镜表面及标准块擦拭干净,装入保护盒,套上外罩。

【数据处理】

(1) 自拟表格记录实验数据。

(2) 由公式

$$\Delta_{仪}=\frac{\Delta n}{\sqrt{3}}=\frac{3\times10^{-4}}{\sqrt{3}}=2\times10^{-4}$$

$$u_{n_x}=\sqrt{S_{\bar{x}}^2+\Delta_{仪}^2}$$

计算不确定度。

(3) 给出测量结果并进行分析。

【实验后思考题】

(1) 用阿贝折射仪测量酒精的折射率时,若使用钠光照明,在望远镜中可见到________;若用日光照明,则必须消除色散,这是为了改善________的清晰度,从而提高测量精度。

(2) 用阿贝折射仪测物体折射率的方法是建立在________基础上的________法。

§7.3 薄透镜焦距的测量

透镜是各种光学仪器的基本元件。平行于主光轴的近轴光线,通过透镜折射后,会聚于主光轴上的点称为焦点。薄透镜的光心到焦点的距离称为焦距,透镜的焦距是透镜的重要参数之一。对于不同的使用要求往往需要选择焦距不同的透镜和透镜组,为此就需要测定透镜的焦距。透镜的焦距决定了透镜成像的规律,而要正确使用光学仪器,必须掌握透镜成像的一般规律。因此,学习各种测透镜焦距的方法,不仅可以加深理解几何光学中的成像规律,也有助于光学仪器调节技术的训练。

测定透镜焦距的方法有多种,如自准法、共轭法、物距像距法等。本实验用这三种方法测薄透镜的焦距。

【实验目的】

(1) 学会简单的光学系统同轴等高的调节技能;

(2) 学会测薄透镜焦距的几种基本方法;

(3) 能发现和消除已知的系统误差。

【预习思考题】

(1) 远方物体经透镜成像的像距为什么可视为焦距?

(2) 如何把几个光学元件调至等高共轴?粗调和细调应怎样进行?

(3) 你能用什么方法辨别出透镜的正负?

(4) 测凹透镜焦距的实验成像条件是什么?两种测量方法的要领是什么?

(5) 共轭法测凸透镜焦距时,二次成像的条件是什么?有何优点?

【实验原理】

所谓薄透镜,指的是透镜的厚度较自身两折射球面的曲率半径和焦距可忽略不计的透镜。如图 7.3-1 所示,在近轴光线(物点到主光轴的距离比透镜孔径小得多,且物点到主光轴的距离比物体到光心的距离小得多的光线)条件下,物距 u、像距 v 和焦距 f' 满足空气中的高斯公式

$$-\frac{1}{u}+\frac{1}{v}=\frac{1}{f'} \tag{7.3-1}$$

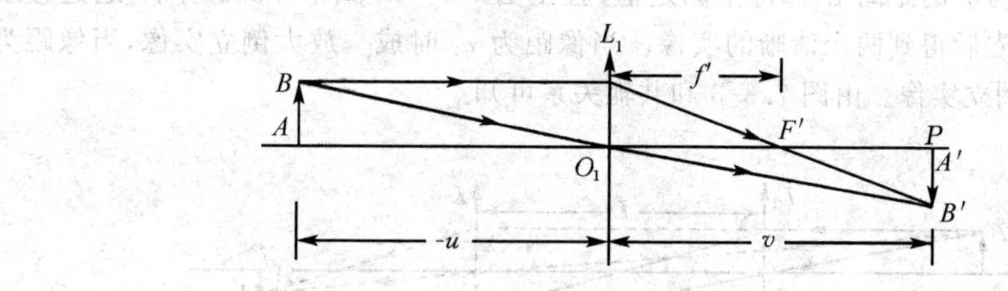

图 7.3-1　凸透镜成像光路

式(7.3-1)中的符号规定如下:u、v、f' 均从薄透镜光心量起,顺光线方向的距离的数值为正,逆光线方向距离的数值为负,光路图中出现的长度只用正值。由此符号规定可知,图 7.3-1 中 u 的数值为负,v 和 f' 的数值为正。

1. 凸透镜焦距的测定

(1) 物距像距法。

如图 7.3-1 所示,在近轴光线条件下,移动薄透镜 L_1 离开箭矢物 AB 的距离为 $|u|$

时，在沿光线方向与凸透镜相距为 v 的屏 P 上呈现一个清晰的倒立实像，由高斯公式可知，只要测得 u 和 v，就可以得到焦距

$$f'=\frac{uv}{u-v} \tag{7.3-2}$$

(2) 自准法。

如图 7.3-2 所示，将箭矢物 AB 放在凸透镜 L_1 前焦平面上，物 AB 各点发出的光经透镜折射后的光线为不同方向的各组平行光线，这些平行光经与主轴垂直的平面镜 M 反射回来，透过 L_1 后会聚于原物 AB 焦平面上形成一清晰的倒立的实像 $A'B'$。只要测出箭矢物 AB 到薄透镜光心 O_1 的间距，就是该凸透镜的焦距 f'，即

$$f'=AO_1$$

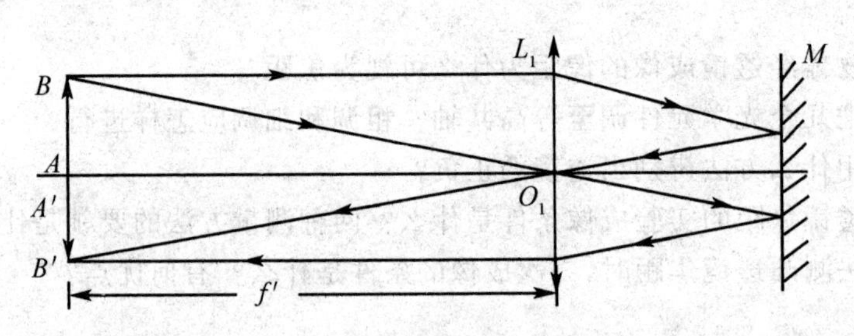

图 7.3-2　自准法测凸透镜焦距光路图

此种方法相当于物距趋于无穷大，由高斯公式知像距即为薄透镜焦距。因此，只要用尺量出 AO_1 即得到薄透镜焦距。

(3) 共轭法。

共轭法又称位移法、贝塞尔法或二次成像法。此种方法使用的元件与物距像距法相同，其特点是物与屏的距离 D 保持一固定值，且使 $D>4f'$。如图 7.3-3 所示，通过移动透镜，可在屏上先后得到两个清晰的实像。当像距为 v_1 时成一放大倒立实像，当像距为 v_2 时成一缩小倒立实像。由图 7.3-3 和共轭关系可知

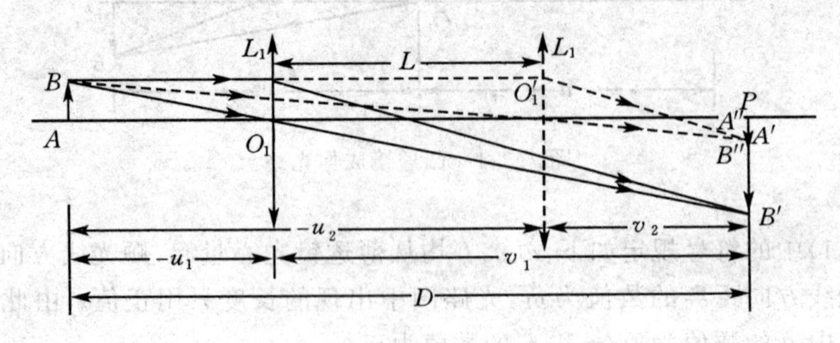

图 7.3-3　共轭法测凸透镜焦距光路图

$$D=-u_1+v_1,\quad L=v_1-v_2=u_1+v_1$$

L 为透镜两次成像所移动的距离，由上式可得

$$-u_1=\frac{D-L}{2}\quad v_1=\frac{D+L}{2}$$

将上述两式代入式(7.3-2)，得

$$f'=\frac{D^2-L^2}{4D} \tag{7.3-3}$$

只要测出物与屏的距离 D 及透镜的位移 L，就可算出 f'。用这种方法求出的焦距在理论上是比较准确的，因为它避免了测量物距 u、像距 v 时估计光心位置不准所带来的误差。

2. 凹透镜焦距的测定

由于凹透镜为虚焦点，实物成虚像，因而它的焦距是无法直接测量的，但可借助凸透镜作为辅助透镜来测量凹透镜的焦距。

(1) 物距像距法。

如图 7.3-4 所示，将辅助透镜 L_1 所成的实像 $A'B'$ 作为凹透镜 L_2 的虚物以成实像 $A''B''$，再用物像公式来计算 $f'_凹$。只要测出 u 和 v，代入公式(7.3-2)，就可求出凹透镜的焦距 $f'_凹$。这里 u 和 v 均为正，由于 $u<v$，$f'_凹$ 必小于零，即为负。

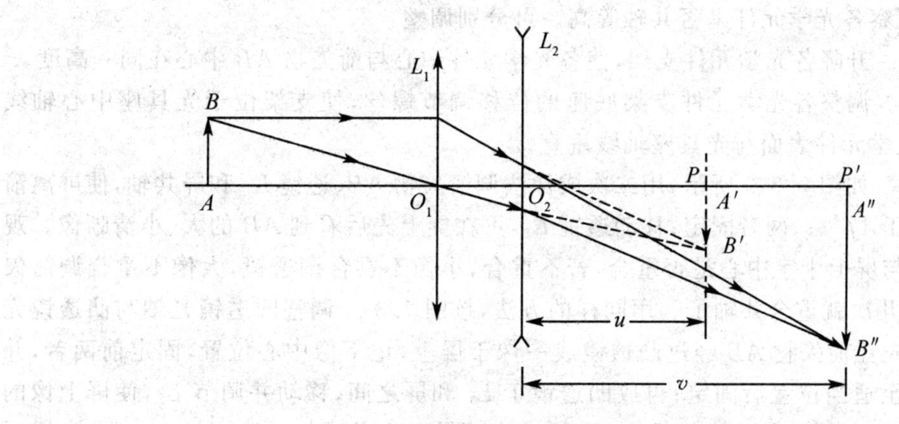

图 7.3-4　物距像距法测凹透镜焦距光路图

(2) 自准法。

如图 7.3-5 所示，凸透镜 L_1 将箭矢物 AB 成像于屏 P 处；固定物 AB 和 L_1，并在 L_1 与屏 P 之间放入待测凹透镜 L_2 与平面镜 M；移动 L_2，当 L_2 与 P 的距离等于凹透镜的焦距 f_2 时，L_2 折射出的光为不同方向的各组平行光。这些平行光经垂直于主轴的平面镜 M 反射回来，经 L_1 会聚后在物 AB 平面上成一清晰倒立实像。测出 O_2 与 P 之间的距离，就测出了凹透镜的焦距 f_2。由几何光学可知，与 f_2 对应的焦距 f'_2 为负且其绝对值与 f_2 相等。即

$$f'_2=-|O_2P|$$

【实验仪器】

光具座(带标尺)、带箭头的光孔光源、平面反射镜、凹透镜、凸透镜、光屏、可调光学元件底座和支架等。

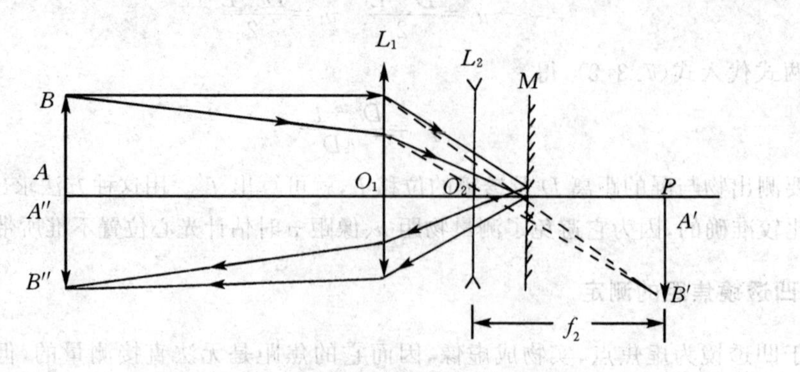

图 7.3-5　自准法测凹透镜焦距光路图

【实验内容】

1. 共轴等高调节

(1) 粗调：将箭矢物 AB、凸透镜、凹透镜、平面镜及光屏依次放在光具座上，使它们靠拢，用眼睛观察各光学元件是否共轴等高。可分别调整：

① 等高。升降各光学元件支架，使各光学元件中心与箭矢物 AB 中心在同一高度。

② 共轴。调整各光学元件支架底座的位移调节螺丝，使支架位于光具座中心轴线上，再调各光学元件表面与光具座轴线垂直。

(2) 细调：如图 7.3-3 所示，用二次成像法调箭矢物 AB、透镜 L_1 和屏共轴，使屏离箭矢物距离大于 $4f'$后，两者固定；移动透镜 L_1，可在屏上先后看到 AB 的大、小清晰像。观察像的中心与屏上十字中心是否重合，若不重合，小像不重合调透镜，大像不重合调箭矢物 AB，来回几次就重合共轴了。用同样的方法，按图 7.3-4 调整凹透镜光轴与凸透镜光轴共轴。首先让箭矢物 AB 经过凸透镜成一像于屏上，记下像中心位置，固定前两者，并向后移动屏至适当位置后固定；再放凹透镜于 L_1 和屏之间，移动并调节 L_2，使屏上像的中心与未放 L_2 时屏上像的中心重合，此时，共轴等高调整完成。

2. 凸透镜焦距的测定

(1) 物距像距法测凸透镜的焦距 f'_1：按图 7.3-1 放置光路测凸透镜焦距 f'_1。由于人眼观察透镜成像有一清晰范围，为了消除成像清晰范围带来测量数据的差异，我们采用先将透镜(或屏)左、右移动找出清晰像的范围，然后取平均值的方法来进行测量。按图中光路固定箭矢物 AB 和屏，读记箭矢物 AB 支架底座中心和屏支架底座中心的坐标位置 $x'_{物}$ 和 x_P。用左、右移动透镜的逼近方法找出其成清晰倒立实像的范围的坐标位置 $x_{左}$、$x_{右}$，重复测 5 次。读出修正值 $\Delta x_{物}$，并求出箭矢物 AB 平面的坐标位置 $x_{物}$。

(2) 用自准法测凸透镜焦距 f'_1：按图 7.3-2 放置光路，已固定的箭矢物 AB 保持不动；固定平面镜 M，用左、右逼近法移动凸透镜，使其成清晰的倒立实像于物平面上。为了便于观察，稍微偏转平面镜，使所成实像与原物稍有偏离，记录此时透镜光心在光具座上的坐标位置 $x_{左}$、$x_{右}$，重复测 5 次。

(3) 用共轭法测凸透镜的焦距 f'_1：按图 7.3-3 放置光路。取 $D>4f'_1$，已固定的箭矢物 AB 保持不动，并固定屏 P。用左、右逼近法移动透镜，测成放大像时透镜的坐标位置($x_{左}$，$x_{右}$)和成缩小像时透镜的坐标位置($x'_{左}$，$x'_{右}$)，重复测 5 次。

3. 凹透镜焦距的测定

(1) 用物距像距法测凹透镜的焦距：f'_2：按图 7.3- 4 放置光路。已固定的箭矢物 AB 保持不动，移动凸透镜 L_1 与光屏 P，使箭矢物 AB 在光屏上成缩小的像(不应太小)；固定凸透镜 L_1，用左、右逼近法移动光屏，测像的清晰位置坐标($x_{左}$，$x_{右}$)，重复测 5 次。放凹透镜于光路中，移动光屏和凹透镜，成像后固定光屏，记录其坐标位置 x_{p2}；用左、右逼近法移动凹透镜 L_2，测像清晰时 L_2 的位置坐标($x'_{左}$，$x'_{右}$)，重复测 5 次。

(2) 用自准法测凹透镜的焦距：f'_2(选做)：按图 7.3-5 放置光路。已固定的箭矢物 AB 保持不变，取凸透镜 L_1 与箭矢物 AB 的间距略大于 $2f'_1$，然后固定凸透镜 L_1；用左、右逼近法移动光屏，测像清晰处屏的坐标位置($x_{左}$，$x_{右}$)，重复测 5 次，求取平均值 $\bar{x}_P$。放凹透镜 L_2 和平面镜 M 于 O_1P 之间，用左、右逼近法移动凹透镜 L_2，看到箭矢物 AB 平面上清晰的倒立实像时，记录 L_2 的坐标位置($x'_{左}$，$x'_{右}$)，重复测 5 次，求取平均值。

在做此实验时，要注意箭矢物 AB 位置一般保持不变，并找准箭矢物 AB 所在平面的坐标位置，否则，求出来的已知系统误差不准。特别是箭矢物 AB 平面有倾斜时，一定要进行再次修正。

【数据处理】

(1) 自拟表格记录所有实验数据。

(2) 分别用公式

$$U_{\bar{f}'}=\sqrt{\left(\frac{\partial f'}{\partial u}\right)^2 U_{\bar{u}}^2+\left(\frac{\partial f'}{\partial v}\right)^2 U_{\bar{v}}^2}\quad \text{(物距像距法)}$$

$$U_{\bar{u}}=\sqrt{S_{\bar{x}}^2+\Delta^2\times 2}$$

$$U_{\bar{v}}=\sqrt{S_{\bar{x}'}^2+\Delta^2\times 2}$$

$$U_{\bar{f}'_1}=\sqrt{S_{\bar{x}}^2+S_{\bar{x}'}^2\Delta^2\times 2}\quad \text{(自准法)}$$

$$U_{\bar{f}'_1}=\sqrt{\left(\frac{\partial f'_1}{\partial D}\right)^2 U_D^2+\left(\frac{\partial f'_1}{\partial L}\right)^2 U_L^2}\quad \text{(共轭法)}$$

$$U_{\bar{L}}=\sqrt{S_{\bar{x}}^2+S_{\bar{x}'}^2+\Delta^2\times 2}$$

计算不确定度。

(3) 给出实验结果并进行分析。

【实验后思考题】

(1) 如何用自准成像法调平行光？其要领是什么？

(2) 不同物距的物体经凸透镜成像时，像的清晰区大小是否相同？

(3) 用自准法测凸透镜焦距时，透镜光心偏离底座中心坐标时，应如何解决？

(4) 分析测焦距时存在误差的主要原因。

(5) 没有接收屏就看不到实像，这种说法正确吗？

§7.4 用分光计测棱镜玻璃的折射率

分光计是一种精确测定光线偏转角度的光学仪器，常用来测量光波波长、棱镜的折射率、色散率等。由于分光计比较精密，调整部件较多，所以正确地调整和使用分光计，对于初学者有一定的难度。分光计是一种具有代表性的基本光学仪器，熟练掌握分光计的调整和使用，对一般光学仪器具有普遍的参考和指导作用。

折射率是介质材料光学性质的重要参量。测量玻璃折射率的具体方法很多，既可以根据折射定律，通过测量角度来求折射率，也可以根据光经过介质反射或透射后所引起的光程差与折射率的关系来求折射率。本实验是利用前一种方法，通过测量三棱镜的顶角和最小偏向角来求出棱镜玻璃的折射率。

【实验目的】

(1) 了解分光计的结构与原理，学会调节和使用分光计的方法；

(2) 测量三棱镜的顶角与最小偏向角；

(3) 用最小偏向角法测定棱镜玻璃的折射率。

【预习思考题】

(1) 为什么当在望远镜视场中能看见清晰且无视差的绿十字像时，望远镜分划板已调至物镜的焦平面上？

(2) 为什么当平面镜反射回的绿十字像与调节用叉丝重合时，望远镜主光轴必垂直于平面镜？为什么当双面镜两面所反射回的绿十字像均与调节用叉丝重合时，望远镜主光轴才垂直于分光计主轴？

(3) 为什么要用“减半逼近法”调节望远镜主光轴与分光计的主轴垂直？

(4) 如何测最小偏向角？

【实验原理】

1. 测量三棱镜的顶角

(1) 自准法。

将三棱镜置于已调节好的分光计的载物台上，调节载物台，使棱镜顶角 A 的两个侧面 AB 与 AC 均平行于分光计主轴。让望远镜(主光轴)先后垂直对准 AB 与 AC 面(如图7.4-1所示)。由几何关系可知，望远镜转过的角度 φ 与棱镜顶角 A 之间的关系为

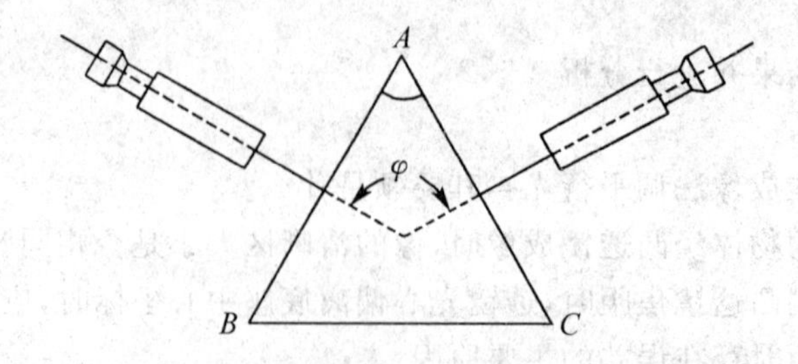

图 7.4-1 自准法测棱镜顶角光路图

$$A=\pi-\varphi \tag{7.4-1}$$

只要在实验中测出 φ 的大小，就可由上式计算出 A。

（2）反射法。

将三棱镜置于已调节好的分光计的载物台上，调节载物台，使棱镜顶角 A 的两个侧面 AB 与 AC 均平行于分光计主轴。让棱镜顶角 A 对准平行光管，使平行光管出射的平行光一部分由 AB 面反射，另一部分由 AC 面反射，如图 7.4-2 所示。转动望远镜测出两反射光之间的夹角 φ'，由几何关系可知

$$A=\varphi'/2 \tag{7.4-2}$$

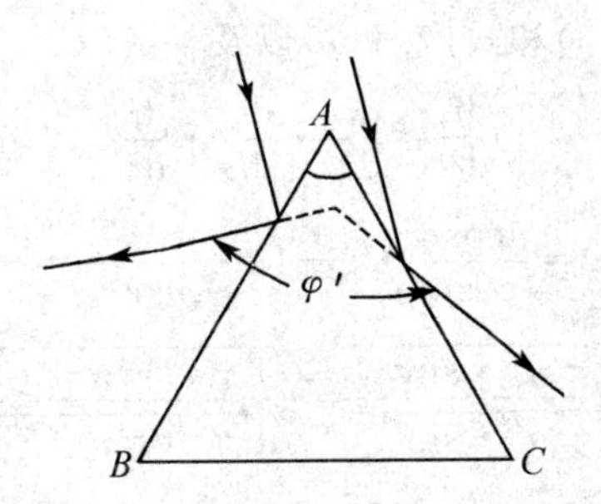

图 7.4-2　反射法测棱镜顶角光路图

2. 测量三棱镜玻璃的折射率

如图 7.4-3 所示，单色光 l_1 射向顶角为 A 的三棱镜的侧面 AB，经折射后由另一侧面 AC 射出，且入射光 l_1 与出射光 l_2 共面。b、c 分别为两侧面的法线，l_1 与 l_2 的夹角 δ 称为偏向角。根据图中的几何关系可得

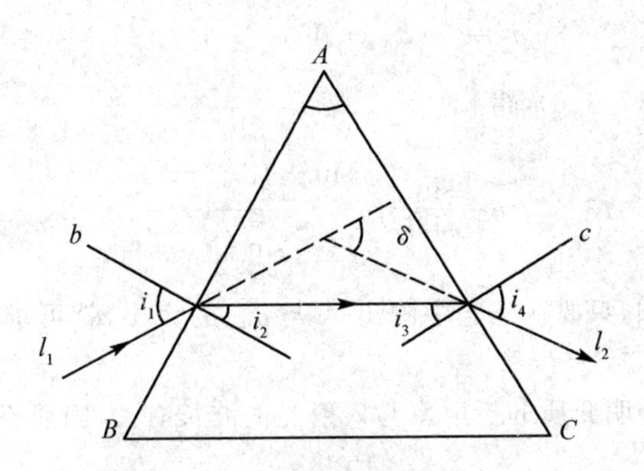

图 7.4-3　测三棱镜玻璃折射率光路图

$$\delta=(i_1-i_2)+(i_4-i_3)$$

$$A=i_2+i_3 \tag{7.4-3}$$

故

$$\delta=(i_1+i_4)-A \tag{7.4-4}$$

对于给定的棱镜，顶角 A 是定值，故 δ 随 i_1 和 i_4 而变化，而 i_4 又是 i_1 的函数，所以偏向角 δ 仅随 i_1 变化。可以证明，当 $i_4=i_1$ 时，δ 有一极小值（该值称为最小偏向角）。证明如下：

为求 δ 的极值，令 $\frac{d\delta}{di_1}=0$，则由式(7.4-4)得

$$\frac{di_4}{di_1}=-1 \tag{7.4-5}$$

两折射面处的折射条件为

$$\sin i_1=n\sin i_2 \tag{7.4-6}$$

$$\sin i_4=n\sin i_3 \tag{7.4-7}$$

利用式(7.4-3)、式(7.4-5)和式(7.4-7)以及

$$\frac{di_4}{di_1}=\frac{di_4}{di_3}\cdot\frac{di_3}{di_2}\cdot\frac{di_2}{di_1}$$

可得

$$\frac{di_4}{di_1}=\frac{n\cos i_3}{\cos i_4}\cdot(-1)\cdot\frac{\cos i_1}{n\cos i_2}=-1$$

于是有

$$\frac{\cos i_3\cdot\sqrt{1-n^2\cdot\sin^2 i_2}}{\cos i_2\cdot\sqrt{1-n^2\cdot\sin^2 i_3}}=\frac{\sqrt{1+(1-n^2)\cdot\tan^2 i_2}}{\sqrt{1+(1-n^2)\cdot\tan^2 i_3}}=1$$

由此得

$$\tan i_2=\tan i_3$$

因在棱镜折射的条件下，i_2 与 i_3 均小于 $\frac{\pi}{2}$，故有 $i_2=i_3$，由此可得 $i_1=i_4$。于是，δ 取极值的条件就是

$$i_2=i_3 \text{ 或 } i_1=i_4$$

可见，δ 取极值时，入射光与出射光的方向相对于棱镜两侧是对称的。若用 $\delta_{\min}$ 表示最小偏向角，并将以上极值条件代入式(7.4-3)与式(7.4-4)，可得

$$\delta_{\min}=2i_1-A \text{ 及 } A=2i_2$$

故

$$i_1=\frac{1}{2}(\delta_{\min}+A),\qquad i_2=\frac{A}{2}$$

将此结果代入式(7.4-6)，得

$$n=\frac{\sin i_1}{\sin i_2}=\frac{\sin\frac{1}{2}(\delta_{\min}+A)}{\sin\frac{A}{2}} \tag{7.4-8}$$

由式(7.4-8)可知，只要在实验中测出 A 与 $\delta_{\min}$ 的大小，就可求出棱镜玻璃对某单色光的折射率 n。

需要指出的是，透明介质的折射率与入射光的波长有关，因而不同波长光的最小偏向角 $\delta_{\min}$ 是不一样的。

由于同一材料的棱镜对不同波长的光具有不同的折射率，所以当复色光经棱镜折射后，不同波长的光将因偏向角的不同而被分开，故棱镜常作为摄谱仪的分光元件。

本实验要求测量三棱镜玻璃对汞灯绿光($\lambda=546.1$nm)的折射率。

【实验仪器】

JJY 型分光计、6.3V/220V 变压器、手持照明放大镜、双面镜、三棱镜、低压汞灯、电源等

1. 分光计

分光计一般由自准直望远镜、平行光管、载物台、读数装置和底座五大部分组成，图7.4-4是JJY型分光计的结构示意图。

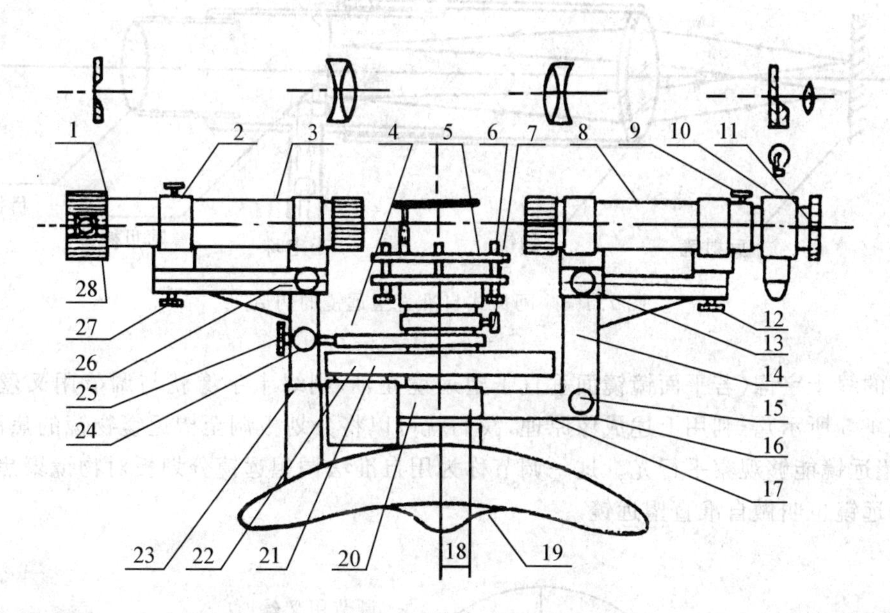

1—狭缝装置　2—狭缝装置锁紧螺钉　3—平行光管　4—制动架(二)　5—载物台　6—载物台调平螺钉(3颗)　7—载物台锁紧螺钉　8—望远镜　9—目镜锁紧螺钉　10—阿贝式自准直目镜　11—目镜视度调节手轮 12—望远镜水平调节螺钉　13—望远镜方位调节螺钉　14—支臂　15—望远镜微调螺钉　16—转座与度盘止动螺钉　17—望远镜止动螺钉　18—制动架(一)　19—底座　20—转座　21—度盘　22—游标盘　23—立柱　24—游标盘微调螺钉　25—游标盘止动螺钉　26—平行光管方位调节螺钉　27—平行光管水平调节螺钉　28—狭缝宽度调节螺钉

图7.4-4　JJY型分光计结构图

(1) 自准直望远镜。

分光计采用的是自准直望远镜。望远镜中常用的自准目镜有高斯目镜和阿贝目镜两种。JJY型分光计使用的是阿贝目镜。望远镜的物镜、分划板和目镜分别装在三个套筒中，彼此可以相对移动，借以达到调焦的目的(如图7.4-5所示)。

分划板是刻有黑十字准线(即十字叉丝)的透明玻璃板。在分划板的下方，紧贴着一块小棱镜(也称阿贝棱镜)，在其涂黑的端面上刻有一个透明的十字，利用小电珠的照明可使小棱镜成为发光体。从小电珠出射的光线经阿贝棱镜斜面的反射，就可从透明的十字中出射。十字叉丝的中央水平线称为测量用水平线，与此对应的十字叉丝称为测量用叉丝。在十字叉丝竖线的上方，与透明十字中心对称的位置上还有一条水平线，这条水平线称为调节用水平线，与此对应的十字叉丝称为调节用叉丝(如图7.4-6所示)。如果我们调节分划板的位置，使它处在望远镜物镜的焦面位置上，那么从阿贝棱镜的透明十字中出射的光线经望远镜物镜的折射就成为平行光。如果让这些平行光经平面镜的反射再重新回到望远镜中，那么反射回的平行光将会聚在物镜的焦面上，即汇聚于分划板上，形成一

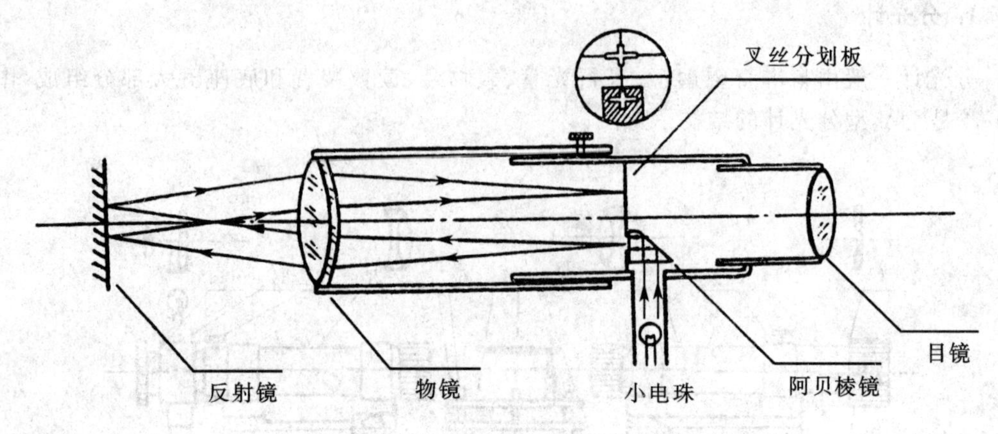

图 7.4-5 阿贝式自准直望远镜的构造

个清晰的绿十字像(若平面镜镜面垂直于望远镜光轴,则绿十字像就与调节用叉丝重合,如图 7.4-5 所示)。利用上述成像原理,我们就可以将分划板调至望远镜物镜的焦面位置上,使望远镜能够观察平行光。这一调节称为用自准法调望远镜分划板对物镜聚焦,所以这种望远镜也叫做自准直望远镜。

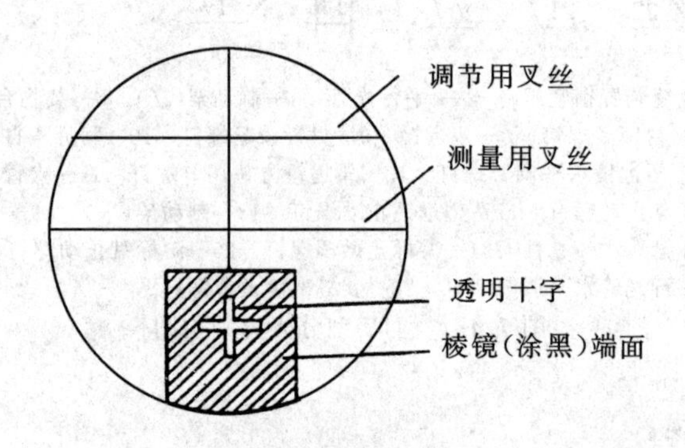

图 7.4-6 分划玻璃板

如图 7.4-4 所示,阿贝式自准直望远镜 8 安装在支臂 14 上,支臂与转座 20 固定在一起,并套在度盘 21 上。松开止动螺钉 16 时,转座与度盘可作相对转动;旋紧止动螺钉 16 时,转座与度盘一起旋转,亦即望远镜与度盘一起旋转。旋紧制动架(一)18 与底座 19 上的止动螺钉 17 时,借助制动架(一)末端上的调节螺钉 15,可以对望远镜进行微调(旋转)。望远镜光轴的水平倾斜度和左右方位可通过调节螺钉 12、13 进行调节。

(2) 平行光管。

平行光管安装在与底座固定在一起的立柱 23 上,用来获得平行光束。它的一端装有消色差的复合准直物镜,另一端是套筒。套筒末端有一狭缝装置 1,狭缝宽度可由螺钉 28 调节,调节范围为 0.02～2mm。前后移动套筒可改变狭缝和准直物镜之间的距离,当狭缝位于物镜的焦平面时,从狭缝入射的光线经准直物镜后成为平行光。平行光管下方的螺钉 27

可用来调节平行光管的水平倾斜度。调节螺钉 26 用来对其光轴的左右方位进行微调。

(3) 载物台。

载物台 5 套在游标盘 22 上,可绕分光计中心轴旋转。旋紧载物台锁紧螺钉 7 和制动架(二)4 与游标盘的止动螺钉 25 时,借助立柱上的调节螺钉 24,可以对载物台进行微调(旋转)。松开载物台锁紧螺钉时,可根据需要升高或降低载物台,调到所需位置后,再把锁紧螺钉旋紧(此时,载物台只能连着游标盘一起转动)。载物台有三颗调平螺钉 6,用来调节载物台面与中心轴的垂直度。

(4) 读数装置。

读数装置包括度盘 21 和游标盘 22,两者都套在中心轴上。中心轴固定于底座 19 的中央,度盘和游标盘可绕中心轴旋转,度盘下端有一推动轴承支撑,使之旋转轻便灵活。度盘上刻有 720 等份的刻线,每一格的分度值为 30 分,小于半度(30′)或过半度的数值(分)则从游标上读出。游标上刻有 30 小格,其弧长与度盘上 29 个分格的弧长相当,因此游标每一小格对应的角度为 29′,故游标的读数精度为 1′。游标角度的读数方法与游标卡尺的读数方法相似。图 7.4-7 所示的角度读数为 116°12′。为了消除度盘转轴与分光计中心轴线之间由于制造带来的偏心差,在游标盘同一直径的两端(相隔 180°)各装一个游标,测量时,两个游标都应读数,然后算出每个游标两次读数的差,再取平均值。这个平均值即为望远镜(或载物台)所旋转过的角度,并消除了偏心差。

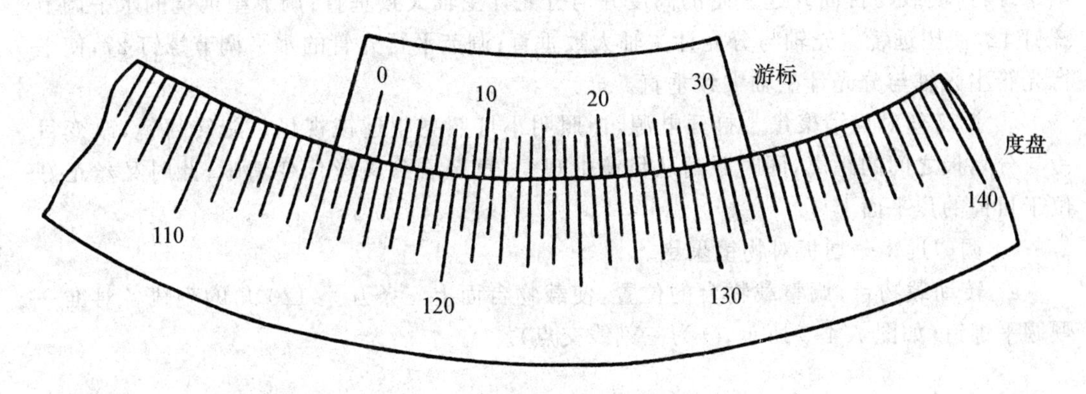

图 7.4-7　读数装置

读数举例:

望远镜初始位置读数		望远镜转过 θ 角后的读数	
游标 a	游标 b	游标 a	游标 b
335°5′	155°2′	95°7′	275°6′

差数:游标 a:$360°+95°7'-335°5'=120°2'$　游标 b:$275°6'-155°2'=120°4'$

望远镜转过角度的平均值为　$\theta=\frac{1}{2}(120°2'+120°4')=120°3'$

游标 a 的差数可以这样来理解:游标 a 的开始位置为 335°5′,转到 360°0′(即 0°)后,再从 0°转到 95°7′,因此最后结果是 $360°+95°7'-335°5'=120°2'$。

2. 三棱镜简介

三棱镜即玻璃三棱柱(如图 7.4-8 所示)。本实验所用三棱镜的两底面为正三角形,三个侧面中两个侧面为光学面(即磨光面,既能透光,也能反光,如图中面 $BB'A'A$ 与面 $AA'C'C$),一个侧面为非光学面(即磨砂面,既不透光,也不反光,如图中面 $BB'C'C$)。两光学面所夹的角(二面角的平面角)即为本实验所要测量的棱镜的顶角。

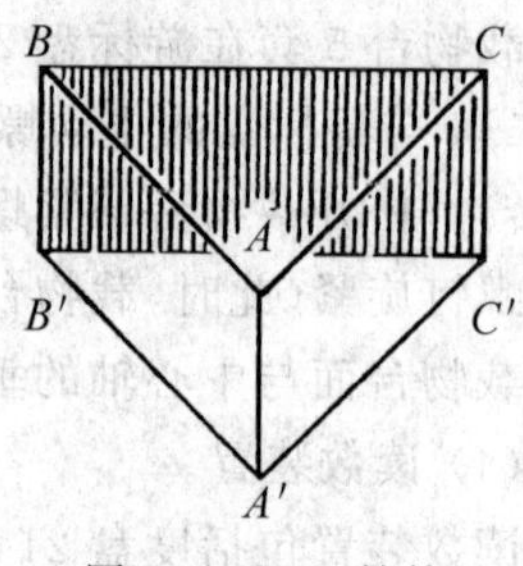

图 7.4-8　三棱镜

【实验内容】

1. 调节分光计

(1) 调节的要求。

分光计的调节有"三垂直"的几何要求和"三聚焦"的物理要求。三垂直是指载物小平台的平面、望远镜的主光轴、平行光管的主光轴必须与分光计主轴(分光计中心轴)垂直。三聚焦是指叉丝对目镜聚焦、望远镜分划板对物镜聚焦、狭缝对平行光管物镜聚焦。

(2) 调节的步骤。

① 目测粗调。目测粗调是指在目测的情况下粗调三垂直,即调节载物台下面的三颗调平螺钉,使载物台面升起一定的高度并与分光计主轴大致垂直;调节望远镜的水平调节螺钉 12,使望远镜主光轴与分光计主轴大致垂直;调节平行光管的水平调节螺钉 27,使平行光管主光轴与分光计主轴大致垂直。

② 调叉丝对目镜聚焦。打开电源,让照明小灯照亮望远镜视场。旋转目镜,改变目镜与分划板之间的距离,同时眼睛从目镜中观察,直至看到叉丝像变清晰,此时叉丝正好位于目镜的焦平面上。

③ 调望远镜分划板对物镜聚焦。

a) 转动载物台,调整载物台的位置,使载物台面上三条互呈 120°角的刻线各对准一颗调平螺钉(如图 7.4-9 所示,O 为三刻线交点)。

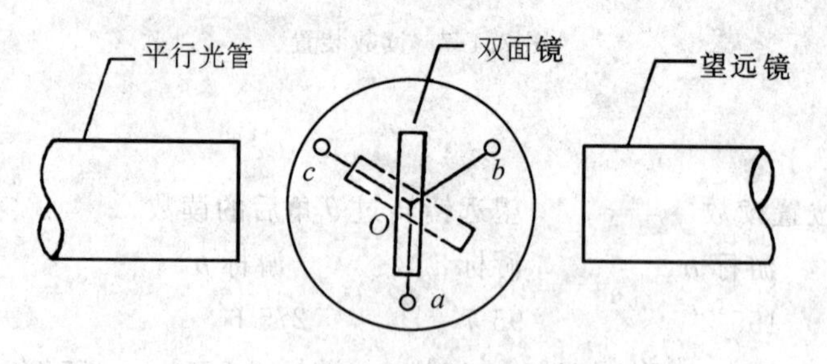

图 7.4-9　载物台的调整与双面镜的放置(俯视图)

b) 将双面镜(即双平面反射镜,其两镜面相互平行)放置于载物台上。放置时,双面镜两镜面的对称轴线要与载物台上某一条刻线重合(如图 7.4-9 所示,双面镜两镜面的对

称轴线与刻线 Oa 重合)。

c) 转动载物台,使双面镜的某一面对准望远镜,观察望远镜内的分划板上有无绿色的模糊像斑。若无,则调节一下螺钉 b 或 c,以使像斑出现在望远镜视场中。松开目镜锁紧螺钉 9,伸缩分划板套筒,调节分划板与物镜间的距离,使绿色的模糊像斑逐渐变为清晰的绿十字像。继续细调,直到绿十字像最清晰并与叉丝间无视差为止,此时望远镜的分划板位于物镜的焦平面上。然后,微转载物台,观察叉丝的水平线是否与绿十字像的运动方向平行,若不平行,则转动一下分划板套筒(注意不要破坏望远镜的调焦),将它们调平行,随后将目镜锁紧螺钉 9 锁紧。

④ 调望远镜的主光轴与分光计主轴垂直。微转载物台,使双面镜镜面稍稍偏对望远镜,人眼在望远镜镜筒外一侧且与望远镜主光轴大致等高的位置上向镜面内观察,这时容易看到镜面内望远镜镜筒的像(以下简称镜筒像)以及处在镜筒像内的绿十字像(如图 7.4-10(a)所示)。同样,观察双面镜另一面中的镜筒像以及其中的绿十字像。两个绿十字像的高低位置不同,它们之间有一差 h(如图 7.4-10(b)所示)。调节载物台调平螺钉 b 或者 c,改变镜面的俯仰,使某一镜面内偏下或偏上的绿十字像向上或向下(如图 7.4-10(b)中箭头所示)移动 $0.5h$ 的距离。然后,将载物台转过 180°,观察另一镜面内的绿十字像。比较两镜面中绿十字像的上下位置是否相同,若不同,则再用上述方法调节,直至调到它们的上下位置相同为止。

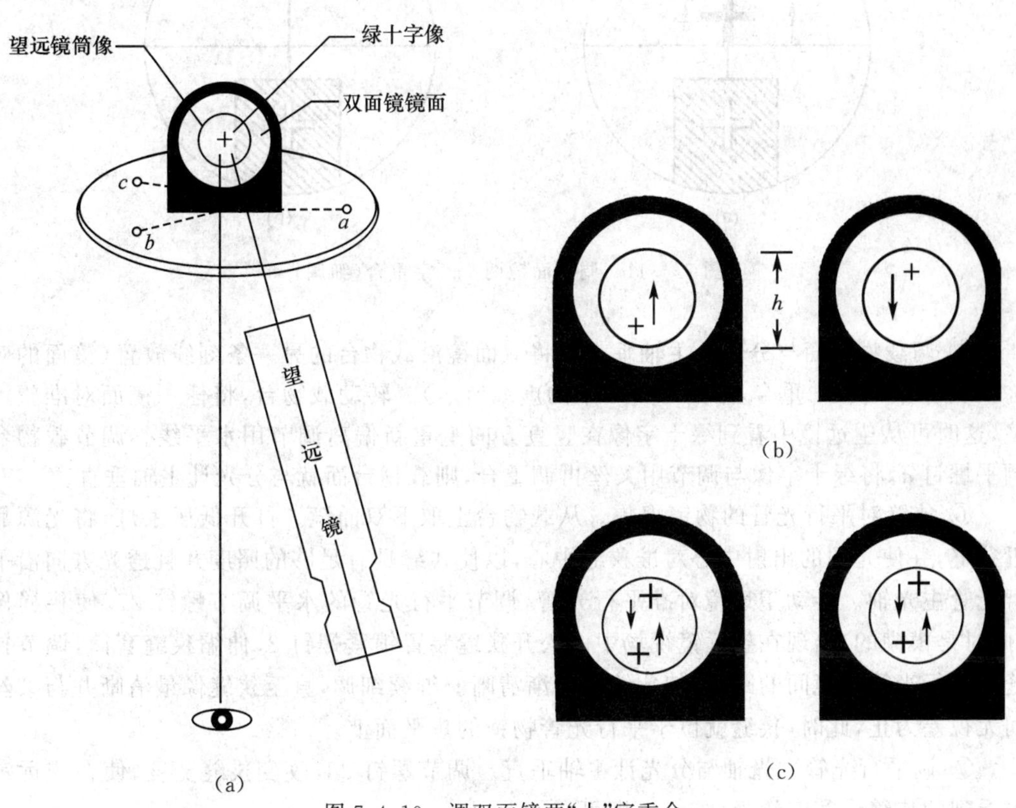

图 7.4-10　调双面镜两“十”字重合

当两镜面内绿十字像的上下位置相同后，它们相对于镜筒像中心仍有距离（如图7.4-10(c)所示），这时还需调节望远镜的倾斜度，将绿十字像都调到中心。

调节望远镜的水平调节螺钉12，使双面镜一镜面内偏上（或偏下）的绿十字像向下（或向上）（如图7.4-10(c)中箭头所示）移动到镜筒像的中心位置上，此时，将双面镜两面分别对准望远镜，就能够在望远镜中看到两面所反回的绿十字像了。

完成以上调节后，望远镜的主光轴与分光计主轴已接近垂直，下面就细调，使它们严格垂直。

将双面镜的任一面对准望远镜，这时的绿十字像一般不会处在调节用水平线上，它们之间在竖直方向上有一段距离 d（如图7.4-11(a)所示）。调节载物台调平螺钉 b 或者 c，使绿十字像向着调节用水平线移动 $d/2$ 的距离，然后调望远镜水平调节螺钉12，使绿十字像移动剩下的 $d/2$ 距离，这样绿十字像就与调节用叉丝重合（如图7.4-11(b)所示）。将载物台转过180°，使双面镜的另一面对准望远镜，用同样的方法调节这一面反回的绿十字像与调节用叉丝重合。如此反复调节几次，直到双面镜两面反回的绿十字像均与调节用叉丝重合为止。这时，望远镜主光轴就与分光计主轴垂直。以上调节称为"减半逼近法"（或称"二分法"）。

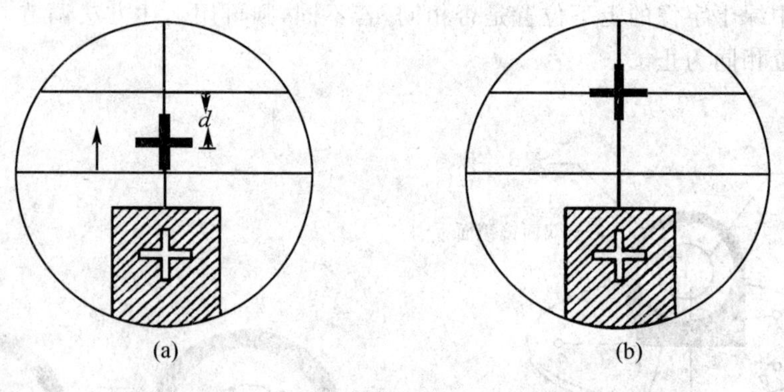

图7.4-11　调双面镜两"＋"字重合（细调）

⑤ 调载物台面与分光计主轴垂直。将双面镜沿载物台的另一条刻线放置（镜面的对称轴线与 Ob 或 Oc 重合，如图7.4-9中的虚线所示）。转动载物台，将任一镜面对准望远镜，这时可从望远镜中看到绿十字像在竖直方向上重新偏离调节用水平线。调节载物台调平螺钉 a，将绿十字像与调节用叉丝再调重合，则载物台面就与分光计主轴垂直。

⑥ 狭缝对平行光管的物镜聚焦。从载物台上取下双面镜。打开低压汞灯，将光源靠近狭缝，并使光源的出射中心对准狭缝中心，以使狭缝具有足够的照度并且透光方向沿平行光管主光轴。转动望远镜对准平行光管，调节平行光管的水平调节螺钉27，使狭缝像（此时是模糊的）出现在望远镜视场中。松开狭缝装置锁紧螺钉2，伸缩狭缝套筒，调节狭缝与平行光管物镜间的距离，使狭缝像逐渐清晰。继续细调，直至狭缝像最清晰并与叉丝间无视差为止，此时，狭缝就位于平行光管物镜的焦平面上。

⑦ 调平行光管主光轴与分光计主轴垂直。调节螺钉28，改变狭缝宽度，使在望远镜中看到的狭缝像宽度约为0.5mm即可。

转动狭缝套筒(注意不要破坏平行光管的调焦),使狭缝像平行于叉丝的水平线,然后调节平行光管的水平调节螺钉27,使狭缝像与测量用水平线重合,此时,平行光管的主光轴就与分光计主轴垂直,如图7.4-12所示。

将狭缝套筒转过90°,使狭缝像与叉丝的竖直线重合,随即锁紧狭缝装置锁紧螺钉2。调节望远镜与平行光管的方位调节螺钉13、26,使两者在目测的情况下共轴。

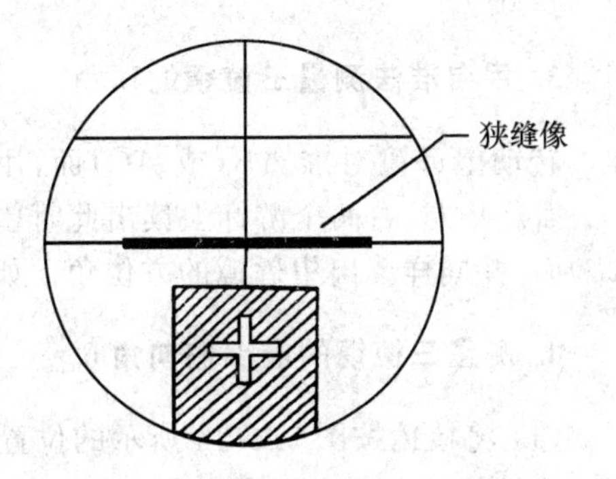

图7.4-12　调平行光管主光轴

2. 调节三棱镜的两个光学面平行于分光计主轴

将三棱镜放置于载物台上,使其每一个角对准一个调平螺钉,并使其非光学面对准平行光管(如图7.4-13所示。图中棱镜的AB、AC面为光学面,BC面为非光学面,以下图示均与此同)。用压杆压紧棱镜(压杆的位置应处于棱镜的BC面一侧)。转动望远镜,使之对准棱镜的AB(或AC)面,这时可从望远镜中看到AB(或AC)面所反回的绿十字像。此时的绿十字像与调节用水平线在竖直方向上有一段距离。调节AB面所背对的调平螺钉c(若望远镜对准的是AC面,则相应地调节b),使距离减少一半,再调节棱镜顶角所对的调平螺钉a,使剩下的一半距离减掉,这样绿十字像就与调节用叉丝重合。然后对AC(或AB)面也作同样的调节。如此反复调几次,直至AB、AC两面反回的绿十字像均与调节用叉丝重合为止。此时,棱镜的两光学面就平行于分光计主轴。

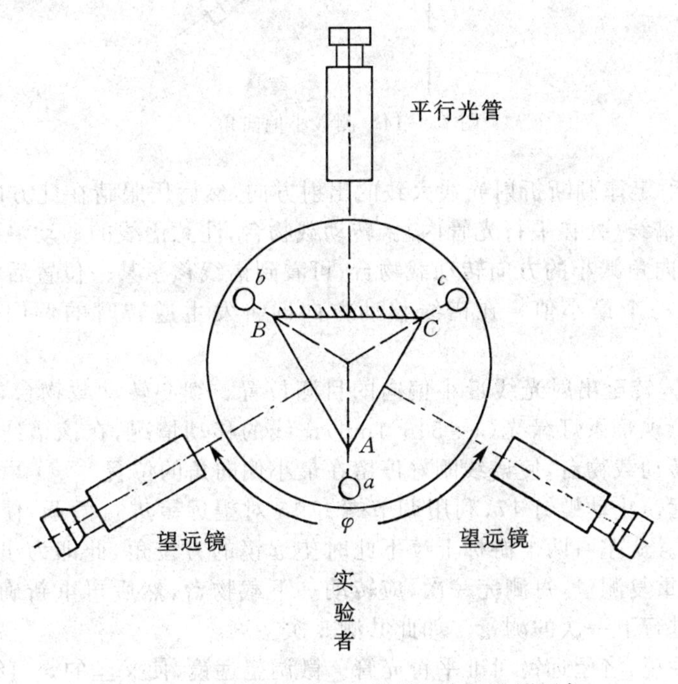

图7.4-13　棱镜光学面的调整及自准法测顶角

3. 用自准法测量三棱镜的顶角

转动望远镜对准 AB(或 AC)面,用望远镜微调螺钉 15 细调望远镜垂直于 AB(或 AC)面。从左、右两个游标上读出此时望远镜的方位角。再转动望远镜垂直对准 AC(或 AB)面,并同样读出望远镜的方位角。如此共测 5 次。

4. 测量三棱镜的最小偏向角 δ_{min}

(1) 将棱镜按图 7.4-14 所示的位置置于载物台上,棱镜的 AB(或 AC)面的法线与平行光管轴线的夹角大约为 60°。

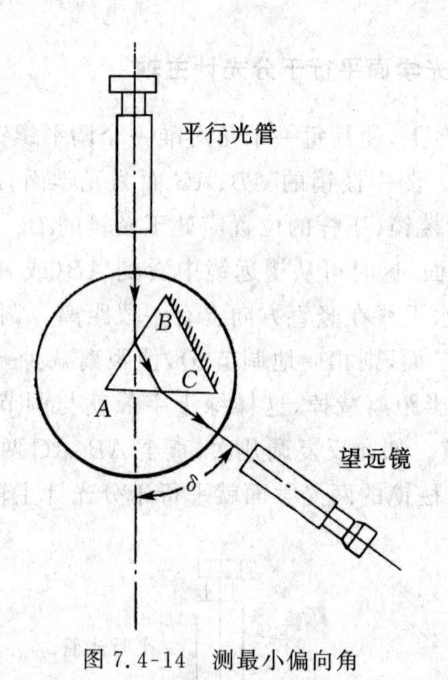

图 7.4-14 测最小偏向角

(2) 根据折射定律判断折射光线大致的出射方向,然后用眼睛在此方向观察,可看到几条平行的彩色谱线(处在平行光管内)。转动载物台,注意谱线的移动情况,观察偏向角的变化。选择偏向角减小的方向转动载物台,可看到谱线移至某一位置后将反向移动,这说明偏向角存在一个最小值。在谱线移动方向即将发生逆转时的偏向角就是最小偏向角。

(3) 将望远镜转至出射光线最小偏向的目测位置。细心转动载物台,使望远镜始终跟踪谱线,并注意观察汞灯绿光($\lambda=546.1\text{nm}$)谱线的移动情况,在该谱线即将逆向移动时,仔细缓慢地转动载物台,使谱线刚好停留在最小偏向角的位置。

(4)旋紧望远镜止动螺钉 17,利用调节螺钉 15 对望远镜进行微调,使叉丝的竖直线与所测谱线重合。从左右两个游标上读下此时望远镜的方位角,此即为出射光线的方位角。为避免简单重复测量,每测完一次,应转动一下载物台,然后再重新确定所测谱线的最小偏向位置,进行下一次的测量。如此共测 5 次。

(5)移去三棱镜,将望远镜对准平行光管。微调望远镜,使叉丝的竖直线对准狭缝像,在两游标上读出此时望远镜的方位角,此即为入射光线的方位角。如此共测 5 次。

【数据处理】

（1）自拟表格记录实验数据。

（2）不确定度计算。

$$U_B=\frac{1}{\sqrt{3}}\Delta_{仪}=\frac{1'}{\sqrt{3}}$$

$$U_{\bar{n}}=\frac{1}{2}\csc\frac{\overline{A}}{2}\sqrt{\left(\sin\frac{\overline{\delta}_{\min}}{2}\csc\frac{\overline{A}}{2}\right)^2U_{\overline{A}}^2+\cos^2\frac{\overline{\delta}_{\min}+\overline{A}}{2}U_{\overline{\delta}_{\min}}^2}$$

（3）给出实验结果并进行分析。

【实验后思考题】

（1）通过实验，你认为分光计调节的关键在何处？

（2）能否直接通过三棱镜的两个光学面来调望远镜主光轴与分光计主轴垂直？

（3）分光计的双游标读数与游标卡尺的读数有何异同点？

（4）转动望远镜测角度之前，分光计的哪些部分应固定不动？望远镜应和什么盘一起转动？

§7.5　光电管特性与普朗克常量的测定

7.5.1　光电管特性的研究

当光照射到金属或其化合物表面上时，光的能量仅部分以热的形式被吸收，而另一部分则转换为金属或其化合物表面中某些电子的能量，使这些电子从金属表面逸出，这种现象叫做光电效应，所逸出的电子称为光电子。在光电效应中，光在被吸收时以能量 $h\nu$ 的微粒出现，充分显示了光的粒子性质。

1905 年，爱因斯坦引入光量子理论，给出了光电效应方程，成功地解释了光电效应的全部实验规律。1916 年，密立根用光电效应实验验证了爱因斯坦的光电效应方程，并测定了普朗克常量。爱因斯坦和密立根都因为在光电效应方面做出杰出贡献，而分别获得 1921 年和 1923 年诺贝尔物理学奖。

【实验目的】

（1）通过光电效应理解光的粒子性；

（2）通过测量光电管的伏安特性和光电特性，了解器件特性测量的方法；

（3）学习用最小二乘法处理实验数据。

【预习思考题】

（1）在经典物理学中，光与物质相互作用理论的主要内容有哪些？

（2）金属逸出功的数量级是多大？

【实验原理】

1. 光电效应原理

在光照射下，使物体中的电子逸出的现象叫做光电效应（photoelectric effect）。光电效应具有如下规律：

(1)阴极(发射光电子的金属材料)发射的光电子数和照射发光强度成正比。

(2)光电子逸出物体时的初速度和照射光的频率有关,而和发光强度无关,即光电子的初动能只和照射光的频率有关,而和发光强度无关。

(3)仅当照射物体的光频率不小于某个确定值时,物体才能发射出光电子,这个频率叫做极限频率(或截止频率),相应的波长 λ 称为红限波长。不同物质的极限频率和相应的红限波长是不同的。

(4)产生光电流的过程非常快,一般不超过 10^{-9} s;光停止照射后,光电流也立即停止。这表明,光电效应是瞬时的。

1905 年,爱因斯坦提出了光量子假说,发表了在物理学发展史上具有里程碑意义的光电效应理论。根据爱因斯坦的理论,当光子照射到物体表面时,它的能量可以被物体中的某个电子全部吸收。电子吸收光子的能量 $h\nu$,不需要积累能量的过程。如果电子吸收的能量 $h\nu$ 足够大,能够克服脱离原子所需要的能量(即电离能量)I 和脱离物体表面时的逸出功(或叫做功函数)W,则电子就可以离开物体表面逃逸出来,成为光电子,这就是光电效应。

光电子的初动能满足

$$h\nu=(1/2)mv^2+I+W \tag{7.5-1}$$

式中,$(1/2)mv^2$ 是逸出物体后的光电子的初动能,m、v 分别是光电子的质量、速度;h 是普朗克常数,ν 是照射光波的频率。上式即为爱因斯坦光电效应方程。

金属内部有大量的自由电子,这是金属的特征,因而对于金属来说,I 可以略去,爱因斯坦光电效应方程变为

$$h\nu=(1/2)mv^2+W \tag{7.5-2}$$

假如 $h\nu<W$,电子就不能逸出金属的表面。对于一定的金属,产生光电效应的最小光频率(极限频率) ν_0 由 $h\nu_0=W$ 确定,相应的红限波长 $\lambda_0=C/\nu_0=hC/W$。增加发光强度能使照射到物体上的光子的数量增加,因而发射的光电子数和照射光的强度成正比。

利用光电效应,可制作光电管、光电倍增管、光电池等光电转换器件,这些光电器件在科学技术中已得到广泛的应用,因此研究这些器件的特性具有重要的意义。

2. 光电管的特性

如图 7.5-1 所示,光电管中产生光电发射的物体表面通常接电源负极,所以又称为光电阴极。光电阴极 C 往往不是由纯金属制成,而常用锑铯或银氧铯的复杂化合物制成,因为这些金属化合物阴极的电子逸出功远小于纯金属。把光电阴极与另一金属电极——阳极 A 一起封装在抽成真空的玻璃壳里,就成了光电管。光电管在现代科学技术,如自动控制、电影、电视及光信号测量中,都有重要的应用。

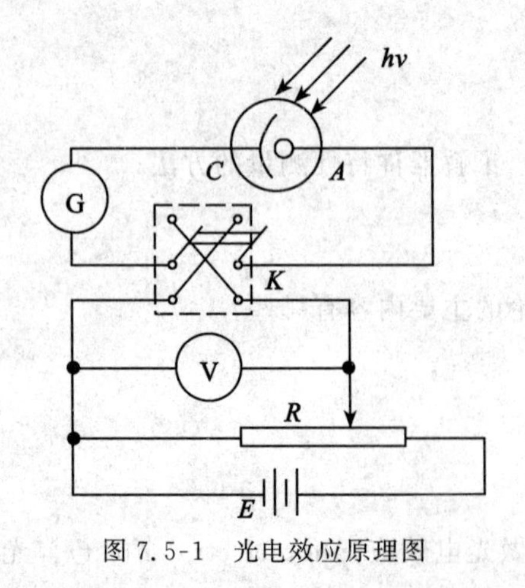

图 7.5-1　光电效应原理图

当用适当频率的光照射于阴极时，阴极发射出电子（光电子）。如果将光电管接入回路中，则当光电子达到阳极后，将在回路中产生电流 I。这个电流与无光照射时的电流（称为暗电流）I_g 之差 I_ϕ 称为光电流。因为 I_g 比较小，因此可用 I 代替 I_ϕ。光电流的大小主要由本身的性质（主要是阴极性质）及外界条件（光的频率、强度及光电管极间电压）决定。使用光电管就必须了解光电流与上述条件之间的关系，即光电管的特性。光电管的特性主要有如下几方面：

（1）伏安特性。如图 7.5-2 所示，光照一定时，当电压从零开始增大时，光电流也随之增大，但当电压增加到一定值后，尽管继续增加极间电压，但光电流却增加很小或不再增加，这时几乎所有光电子都参加了导电。能使光电流饱和的最小极间电压称为饱和电压，此时的光电流称为饱和光电流。当光通量增大时，所需的饱和电压就越高，饱和光电流也越大。当极间电压为零时，光电流并不为零，其原因是光电子从阴极逸出时还具有一定的初动能，只有加上一定的反向电压，光电流才等于零，这个电压称为遏止电压。遏止电压的大小与光的强度无关，而与光的频率及阴极的材料有关。

（2）光电特性。当光源一定时，饱和光电流 I_H 与照射到光电管阴极的光通量 ϕ 存在正比关系：$I_H \propto \phi$。如果强度为 E 的点光源照射在距它为 r、面积为 S 的阴极上，则

$$\phi = \frac{ES}{r^2}$$

如果保持 E 和 S 不变，则 ϕ 与 $1/r^2$ 成正比，因为 I_H 与 ϕ 成正比，所以 I_H 与 $1/r^2$ 也成正比关系，如图 7.5-3 所示。

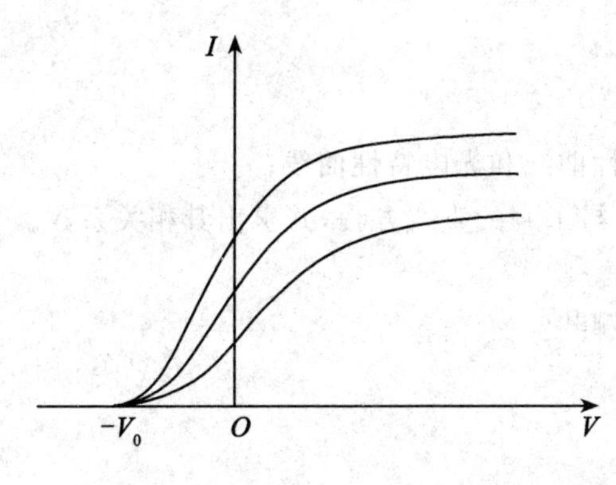

图 7.5-2　光电管伏安特性曲线

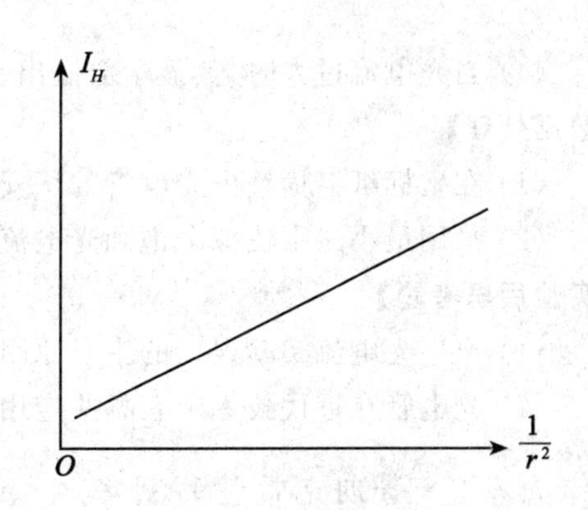

图 7.5-3　光电管光电特性曲线

【实验仪器】

GD-1 型光电管特性实验仪 1 台。

GD-1 型光电管特性实验仪是一成套仪器，包括暗箱一只、实验仪一台，共 2 件。实验仪包括两路独立的稳压电源和一个高灵敏度的电流计。实验仪面板如图 7.5-4 所示。实验仪器左侧为 24V 稳压电源，并且内附电位器调压装置，在接线柱上可获得 0～24V 连续可调电压，该电压由电压表显示。右侧为 12V 稳压电源，且内附可变电阻电流调节装置，在接线柱上连接灯泡后可连续调节灯泡的发光度，电流值由电流表

显示。

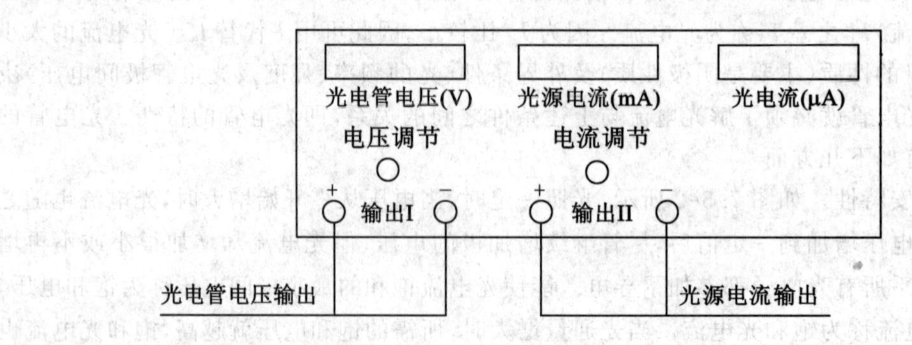

图 7.5-4 实验仪面板

【实验内容】

(1) 测量光电管在不同光强照射下的伏安特性;

(2) 测量光电管的光电特性。

【注意事项】

(1) 开机、关机之前必须将电压调节、电流调节旋转到最小;

(2) 光电管和线路连接必须良好,否则会导致灯电流、光电流不稳;

(3) 当光电管反向连接时,即光电管加反向电压时,实际电流与指示电流极性正好相反;

(4) 当光电流过大时,其显示会溢出。

【数据处理】

(1) 在坐标纸上描绘出光电管的伏安特性曲线和光电特性曲线;

(2) 采用最小二乘法拟合饱和光电流 I_H 与 $1/r^2$ 的直线方程,并求出其相关系数。

【实验后思考题】

(1) 产生光电流实验误差的主要原因有哪些?

(2) 光电管在近代技术中有哪些应用?

7.5.2 普朗克常量的测定

普朗克常量是在辐射定律的研究过程中,由普朗克(1858—1947)于 1900 年引入的与黑体的发射和吸收相关的普适常量。普朗克在解释黑体辐射时提出了与经典理论相悖的假设,认为能量不能连续变化,只能取一些分立值,这些值是最小能量的整数倍。1905 年,爱因斯坦把这一观点推广到光辐射,提出了光量子概念,用爱因斯坦方程成功地解释了光电效应。普朗克的理论解释和公式推导是量子论诞生的标志。

【实验目的】

(1) 通过实验加深对光电效应及光量子性的理解;

(2) 利用光电效应法测量普朗克常量。

【预习思考题】

(1) 由于光电管阴极和阳极金属材料不同，两者之间存在接触电势差，这个电势差对遏止电压的测量有何影响？

(2) 确定遏止电压的方法有交点法、拐点法，这两种方法各适用于什么性能的光电管？

【实验原理】

如图 7.5-5 所示，由爱因斯坦光电效应方程

$$h\nu=\frac{1}{2}mv^2+W \tag{7.5-3}$$

可知，入射到金属表面的光频率越高，逸出的电子动能越大，所以，即使阳极电位比阴极电位低时也会有电子落入阳极形成光电流，直至阳极电位低于遏止电压 V_0，光电流才为零，此时有关系

$$eV_0=\frac{1}{2}mv^2 \tag{7.5-4}$$

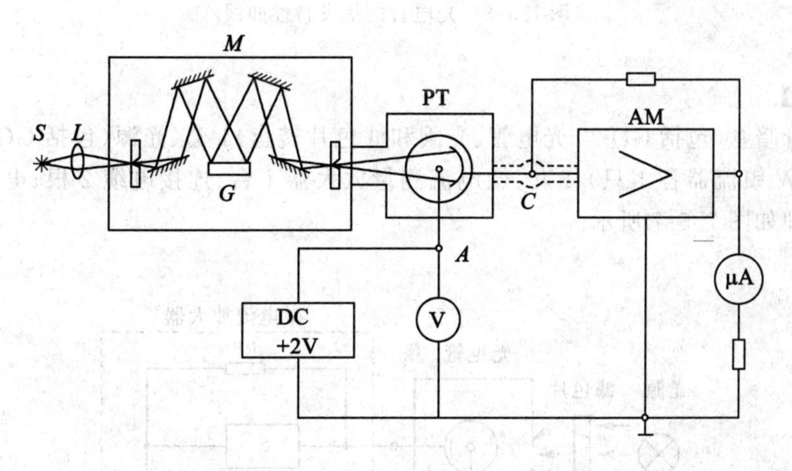

S—卤钨灯　L—透镜　M—单色仪　G—光栅　PT—光电管　AM—放大器

图 7.5-5　普朗克常量实验装置光电原理图

将式(7.5-4)代入式(7.5-3)可得

$$eV_0=h\nu-W \tag{7.5-5}$$

此式表明遏止电压 V_0 是频率 ν 在线性函数，直线斜率 $K=h/e$，只要用实验方法得出不同的频率对应的遏止电压，求出直线斜率，就可算出普朗克常数 h。

应当指出，本实验获得的光电流曲线，并非单纯的阴极光电流曲线，其中不可避免地会受到暗电流和阳极发射光电子等非理想因素的影响，产生合成效果。如图 7.5-6 所示，在实测曲线光电流为零处(A 点)，阴极光电流并未被遏止，此电位也就不是遏止电位，当加大负压，伏安特性曲线接近饱和区段的 B 点时，阴极光电流才为零，该点对应的电位正是外加遏止电位。实验的关键是准确地找出各选定频率入射光的遏止电位。

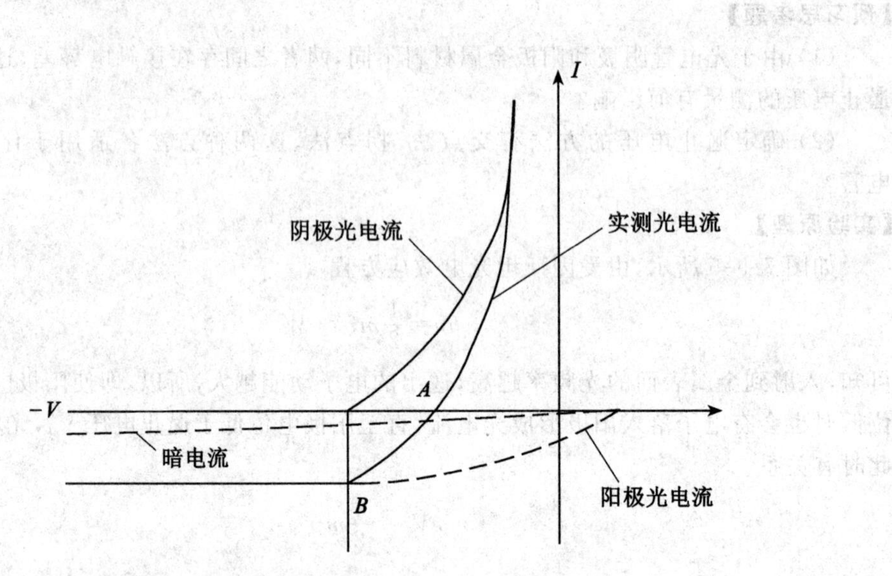

图 7.5-6　光电管的伏安特性曲线

【实验仪器】

光电管暗盒(包括 GD-27 光电管、光阑和滤色片转盘)1 套、光源(包括 GGQ-50 高压汞灯及 50W 镇流器各 1 只)1 套、微电流测量放大器 1 台、连接电缆 2 根、电源线 1 根。其工作原理如图 7.5-7 所示。

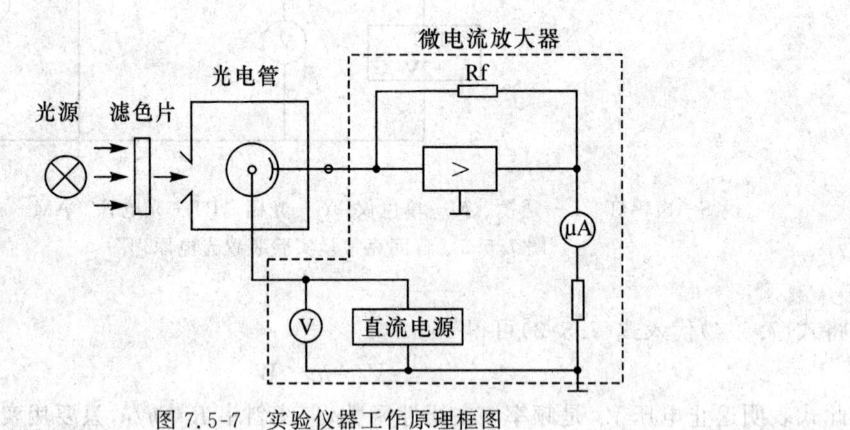

图 7.5-7　实验仪器工作原理框图

【实验内容】

(1)开机前的准备

将光源、光电管暗盒、微电流放大器安放在适当位置,暂不连线,并将微电流测量放大器面板上的各开关旋钮置于下列位置:“电流调节”开关置“短路”,“电压调节”旋钮反时针调到底。

(2)打开微电流测量放大器电源开关,预热 20～30 分钟,调节光阑转盘,使光不能入射到光电管，打开光源开关，让汞灯预热。

(3)待微电流测量放大器充分预热后，将“调零、校准测量”转换开关置“调零校准”档，“电流调节”开关置“短路”档，调节“调零”旋钮使电流表指示为零，置“电流调节”开关于“校准”档，调“校准”旋钮使电流指示100，对“调零”旋钮和“校准”旋钮反复调整，使之都能满足要求。然后置“调零、校准、测量”开关于测量档，旋动“电流调节”开关于各档，电流表指示都应为零(在10^{-7}档因零点漂移，指示不大于4字)。在测量过程中若零点漂移，可随时进行调零和校准操作，这时要断开电流输入电缆。调好后，“调零、校准、测量”开关仍置“测量”档进行测量。

(4)连接好光电管暗盒与微电流测量放大器之间的屏蔽电缆及地线和阴极电源线，测量放大器“电流调节”旋钮置10^{-7}或10^{-6}档，顺时针旋转“电压调节”旋钮读出相应的电压、电流值，此即光电管的暗电流值。

(5)让光源出射孔对准暗盒窗口，并让暗盒距离光源约20～30cm，调节光阑转盘，使光阑为Φ5mm，换上滤色片，测量放大器“电流调节”置10^{-5}或10^{-6}档，“电压调节”从最小值－3V调起，滤色片从短波长起逐次更换，每换一枚滤色片读出一组I-V值。

(6) 测出不同光频率的I-V值之后，用精度合适的计算方格纸作出I-V曲线，从曲线中得出曲线的拐折处，找出拐折处的电压V_0，再用精度合适的计算方格纸作出V_0-ν曲线，从曲线的斜率K求出普朗克常数$h=eK=(\Delta V_0/\Delta\nu)e$。

【注意事项】

(1)本仪器是精密测量仪器，使用时应小心轻放。

(2)使用时，室内人员不要在靠近仪器的地方走动，以免使入射到光电管的光强产生变化。

(3)仪器不用时，应调节光阑转盘，使光不能入射到光电管，以免光电管长期受光照而老化。

(4)光电管随着时间的推移，遏止电压会向正的方向偏移，这时，只要能测出相应的I-V曲线，既不会影响仪器的使用。

【数据处理】

(1) 列表记录实验数据。

(2) 在坐标纸上分别作出被测光电管在4～5种波长(频率)光照射下的伏安特性曲线，并从这些曲线中找到和标出I_{AK}的遏止电位。

(3) 作V_0-ν关系图，如得一直线，即说明光电效应的实验结果与爱因斯坦光电方程是相符合的。用该直线的斜率$\frac{\Delta V_0}{\Delta\nu}=\frac{h}{e}$乘以电子电荷$e$(1.602×$10^{-19}$C)，求得普朗克常量。

(4) 将测出的普朗克常量与公认值作比较。

【实验后思考题】

(1) 自由电子能不能吸收光子？

(2) 能否用其他方法测量光电子逸出金属表面后的最大初动能？

[illegible]

[illegible]

【注意事项】

(1) 本仪器是精密测量仪器，使用时应小心谨慎。

(2) 使用时，[illegible]，以免使入射到光电管的光强产生变化。

(3) 仪器不用时，[illegible]，使光不能入射到光电管，以免光电管长时间受光照而老化。

(4) 光电管[illegible]

【数据处理】

(1) 列表记录实验数据。

(2) 在坐标纸上分别作出[illegible]

(3) 作[illegible]，如得一直线，即说明光电效应[illegible]

(4) 将测出的普朗克常量与公认值作比较。

【实验后思考题】

(1) [illegible]

(2) [illegible]

第三部分

物理现象及规律的研究实验

第 8 章　力学规律的研究

§8.1　气垫导轨综合实验

气垫技术是20世纪70年代才发展起来的一项新技术,它在机械、电子、纺织、运输等工业生产中已有广泛应用。它在各项应用(如空气轴泵、气垫船、气垫运输线等)中都充分显示出了几乎无摩擦的特点。利用这一特点制成的力学实验装置——气垫导轨,在物理实验中得到广泛的应用。

由于摩擦的存在,力学实验的误差往往很大,甚至使某些力学实验无法进行。现在,采用气垫技术就可克服摩擦的影响。由于气垫的漂浮作用,物体在导轨上运动时,它与导轨面实际上不发生任何直接接触,这就大大减小了运动时的摩擦阻力,从而可以对一些力学现象和过程进行较精密的定量研究。

【实验目的】

(1) 了解气垫导轨的基本结构与原理,掌握气垫导轨的调平方法;

(2) 学会气垫导轨和电子计时仪的使用方法;

(3) 学习运用气垫导轨验证和研究有关物理规律。

【预习思考题】

(1) 气垫导轨为什么要调水平?如何调水平?

(2) 使用气垫导轨应注意的事项是什么?

(3) 为了验证动量守恒定律,本实验在操作上应如何实现实验条件,减少测量误差?

【实验原理】

1. 测弹簧的劲度系数

如图8.1-1所示,在水平气垫导轨上有一滑块 m,其两端连接两根劲度系数分别为 k_1 和 k_2 的弹簧,组成一个谐振系统。如果将滑块 m 从平衡位置(坐标原点 O 处)向右移动距离 x,则滑块在弹力 $F=-(k_1+k_2)x$ 的作用下发生运动,根据牛顿第二定律有

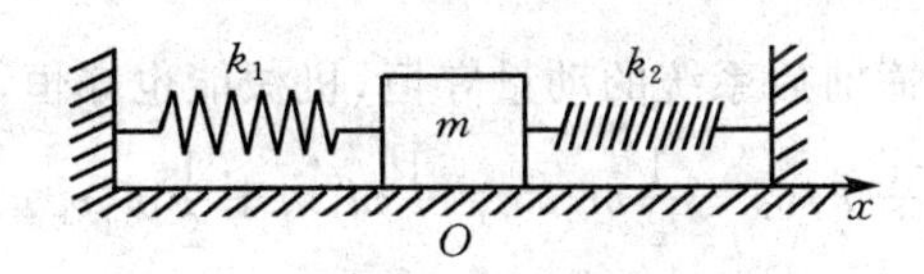

图 8.1-1　弹簧振系的振动

$$m\frac{d^2x}{dt^2}=-(k_1+k_2)x$$

令
$$\omega^2=\frac{k_1+k_2}{m} \tag{8.1-1}$$

则有
$$\frac{d^2x}{dt^2}+\omega^2x=0 \tag{8.1-2}$$

式(8.1-2)的解为

$$x=A\cos(\omega t+\varphi_0) \tag{8.1-3}$$

式(8.1-2)和式(8.1-3)表明滑块的运动是简谐振动，它的振动周期为

$$T'=\frac{2\pi}{\omega}=2\pi\sqrt{m/(k_1+k_2)} \tag{8.1-4}$$

式(8.1-4)表明，周期 T' 决定于振动系统本身的性质，与初始状态无关。

在式(8.1-4)的推导过程中，我们没有考虑振动系统在振动过程中空气阻力的影响和弹簧质量的影响。通过计算可知，在气垫导轨上的滑块因空气阻尼使振动周期增大的值是可以忽略的，但考虑弹簧质量后，振动周期的改变量是不能忽略的。理论计算表明，考虑弹簧质量 m'（质量均匀分布）后，系统的振动周期应为

$$T=2\pi\sqrt{\frac{m+\frac{1}{3}m'}{k_1+k_2}} \tag{8.1-5}$$

令 $k=k_1+k_2$，由式(8.1-5)有

$$k=4\pi^2\frac{m+\frac{1}{3}m'}{T^2} \tag{8.1-6}$$

式(8.1-6)是本实验测量弹簧劲度系数的实验公式。只要测得滑块的质量 m、弹簧的质量 m 和系统谐振动的周期 T，就可求得弹簧的劲度系数 k。

2. 验证动量守恒定律

动量守恒定律指出，如果系统所受的合外力为零，则该系统的总动量保持不变。如果系统所受的合外力在某个方向的分力为零，则此系统的总动量在该方向守恒。

考虑在水平气垫导轨上质量分别为 m_1 和 m_2 的两个滑块，由于气垫的漂浮作用，它们受到的摩擦力可以忽略不计。它们在平直的气垫导轨上沿直线方向发生碰撞，碰撞前的速度分别为 v_{10} 和 v_{20}，碰撞后的速度分别为 v_1 和 v_2，根据动量守恒定律有

$$m_1v_{10}+m_2v_{20}=m_1v_1+m_2v_2 \tag{8.1-7}$$

实验测出 m_1、m_2、v_{10}、v_{20}、v_1、v_2，就可验证动量守恒定律。

(1) 弹性碰撞。

弹性碰撞的特点是碰撞前后系统的动量守恒，机械能也守恒，因此有

$$\frac{1}{2}m_1v_{10}^2+\frac{1}{2}m_2v_{20}^2=\frac{1}{2}m_1v_1^2+\frac{1}{2}m_2v_2^2 \tag{8.1-8}$$

联立式(8.1-7)和式(8.1-8)，求解得

$$v_{10}-v_{20}=v_2-v_1 \tag{8.1-9}$$

式(8.1-9)表明,两滑块弹性碰撞前的接近速度($v_{10}-v_{20}$),等于它们碰撞后的分离速度(v_2-v_1)。

① 若 $m_1=m_2$,$v_{20}=0$,由式(8.1-7)和式(8.1-8)可解出

$$v_1=0,\quad v_2=v_{10}$$

即两滑块彼此交换速度。

② 若 $m_1\neq m_2$,$v_{20}=0$,则可得

$$v_1=\frac{m_1-m_2}{m_1+m_2}v_{10}$$

$$v_2=\frac{2m_1}{m_1+m_2}v_{10}$$

(2) 完全非弹性碰撞。

如果两个滑块碰撞后合在一起以同一速度运动,这种碰撞为完全非弹性碰撞。完全非弹性碰撞的特点是碰撞前后系统的动量守恒,而机械能不守恒。

设碰撞后两滑块合在一起具有相同的速度 v,即 $v_1=v_2=v$,由式(8.1-7)有

$$m_1v_{10}+m_2v_{20}=(m_1+m_2)v$$

于是有

$$v=\frac{m_1v_{10}+m_2v_{20}}{m_1+m_2}$$

① 若 $m_1=m_2$,$v_{20}=0$,则有 $v=\frac{1}{2}v_{10}$

② 若 $m_1\neq m_2$,$v_{20}=0$,则有 $v=\frac{m_1}{m_1+m_2}v_{10}$

3. 验证牛顿第二定律

牛顿第二定律是动力学的基本定律。根据该定律,对一定质量 m 的物体,其所受到的合外力 F 与物体获得的加速度 a 之间的关系

$$F=ma$$

在忽略空气和摩擦阻力后,在气垫导轨上测量在不同外力 F 的作用下滑块的加速度 a,并验证物体的质量 m 一定时,其所受合外力 F 和物体的加速度 a 成正比,从而验证牛顿第二定律。

从附着于气垫导轨的米尺上读出两支撑螺钉刻线的位置 L_1 和 L_2,求得其间距离 $L=L_2-L_1$,用游标卡尺测得垫块的厚度 h。将垫块放在导轨支撑螺钉的下面,使导轨倾斜,如图 8.1-2 所示,则重力沿导轨方向的分量

$$F=ma=mg\sin\theta\approx mgh/L \tag{8.1-10}$$

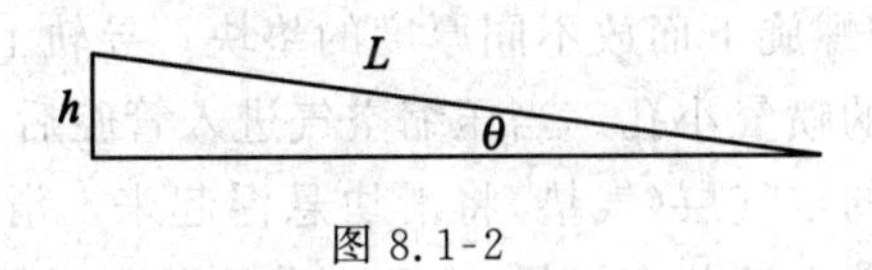

图 8.1-2

重力加速度沿导轨方向的分量(滑块的加速度的理论值)

$$a=\frac{gh}{L} \tag{8.1-11}$$

在实验中，在气垫导轨上，设置两个光电门，其间距为 S。使受到力作用的滑块（做匀加速直线运动）依次通过这两个光电门，计数器可以显示出滑块分别通过这两个光电门的速度 v_1 和 v_2，则可测得滑块加速度的实验值为

$$a=\frac{v_2^2-v_1^2}{2S} \tag{8.1-12}$$

本实验将测得的滑块加速度的实验值与理论值进行比较。

【实验仪器】

L-QG-T1500 气垫导轨、MUJ-ⅢA 计时计数测速仪、天平、弹簧、橡皮泥、垫块

1. 气垫导轨

气垫导轨的基本结构如图 8.1-3 所示，它可分为三部分：导轨、滑块、光电门。

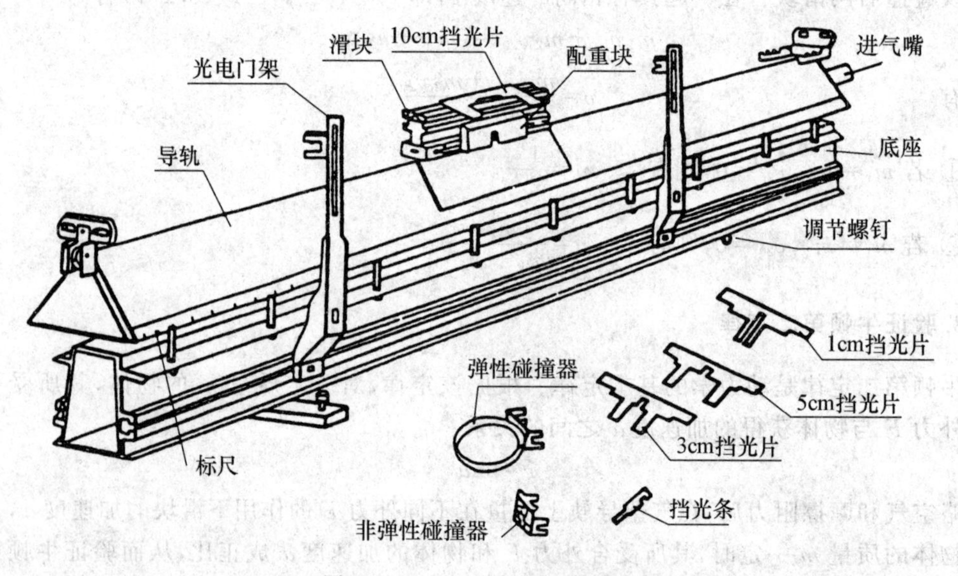

图 8.1-3　L-QG-T1500 气垫导轨

导轨是用一端封闭，另一端接气源的角形铝合金管制成的。为了防止导轨变形和便于调节导轨各段的平直度，整个导轨有几个竖直方向的螺杆安装在一根平直的底座上，可以通过调节螺杆使气垫导轨平直。底座上装有三个底脚螺旋，双脚端的螺旋用来调节导轨侧面的倾斜，保证轨身两侧面对称于铅直线，单脚端螺旋用来调节水平。要想得到不同倾斜度的导轨面，可在单脚螺旋下面放不同厚度的垫块。导轨上部两侧面经过精密加工，表面平直并钻有均匀分布的喷气小孔。当压缩空气进入管腔后，气流从小孔喷出，在导轨与滑块之间形成一层很薄的空气层（气垫）将滑块悬浮起来。滑块沿导轨表面运动时，只受到很小的空气阻力。导轨上还装有标尺，在两端分别装有碰簧等附件。

滑块是由角形铝合金材料制成的，其两侧内表面与导轨精确吻合。根据实验需要，可

在滑块上装上各种挡光片、加重物、碰簧、非弹性碰撞器(尼龙搭扣)等附件。通气后,滑块可在导轨上自由运动。

光电门由光电二极管和照明聚光小灯组成。光电二极管与电子计时仪光控端相连,组成光电计时系统。利用光电二极管上光照度变化时产生的电脉冲信号触发计时仪,使之开始计时或停止计时。光电门的位置可由导轨上的标尺读出。

2. MUJ-ⅢA 计时计数测速仪

电子计时仪是近代发展起来的计时仪器,如常用的数字毫秒仪,数字频率仪,计时、计数、测速仪等均属此类。电子计时仪通常用高精度的石英晶体振荡器产生的方波作为时基信号,因而计时精确度高且测量范围很广。配置光电探测器,可自动测量移动物体的速度和振动部件的振动周期、频率等。

(1) 一般电子计时仪的结构原理。

图 8.1-4 是电子计时仪的工作原理框图。图中时钟是由石英晶体振荡器组成的标准信号源,可产生稳定可靠的周期信号,通常产生 10MHz 或 100MHz 的频率信号。分频电路是将时钟信号变成 10kHz,1kHz,0.1kHz 等信号的电路,它们对应于 0.1ms、1ms、10ms 时基。

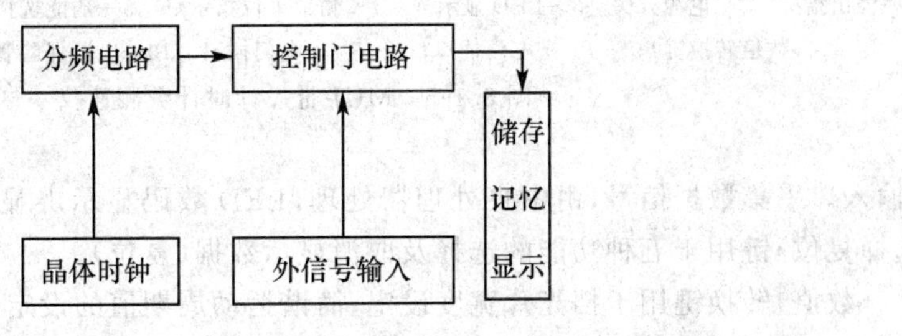

图 8.1-4

控制门电路是计时的控制电路。计时开始时,它发出一个脉冲信号,使由分频电路分出的周期信号进入储存、记忆、显示系统;计时终止时,它再次发出一个脉冲信号,使分频电路的信号输出不再进入计时系统,然后显示系统显示出累计的时间。控制门电路不工作时,则无信号进入计时系统。控制门电路由待测时间系统的信号控制。

"储存、记忆、显示"将分频电路输出的信号进行计数,并转换成时间,然后再用数字的形式显示出来。这部分电路通常都有储存、记忆的功能。

(2) MUJ-ⅢA 计时计数测速仪的使用方法。

MUJ-ⅢA 计时计数测速仪采用单片微处理器程序化控制,它是一种最新设计的智能仪器。它除了具有一般数字毫秒计的同样功能外,还具有将所测时间直接转换为速度值与加速度值的特殊功能。该仪器只设置了两个操作键,可转换五种功能,如图 8.1-5 所示。

① 仪器功能:

仪器通过功能(选择复位)键输入指令,通过(数值)转换键设定所需数值。P_1、P_2 光

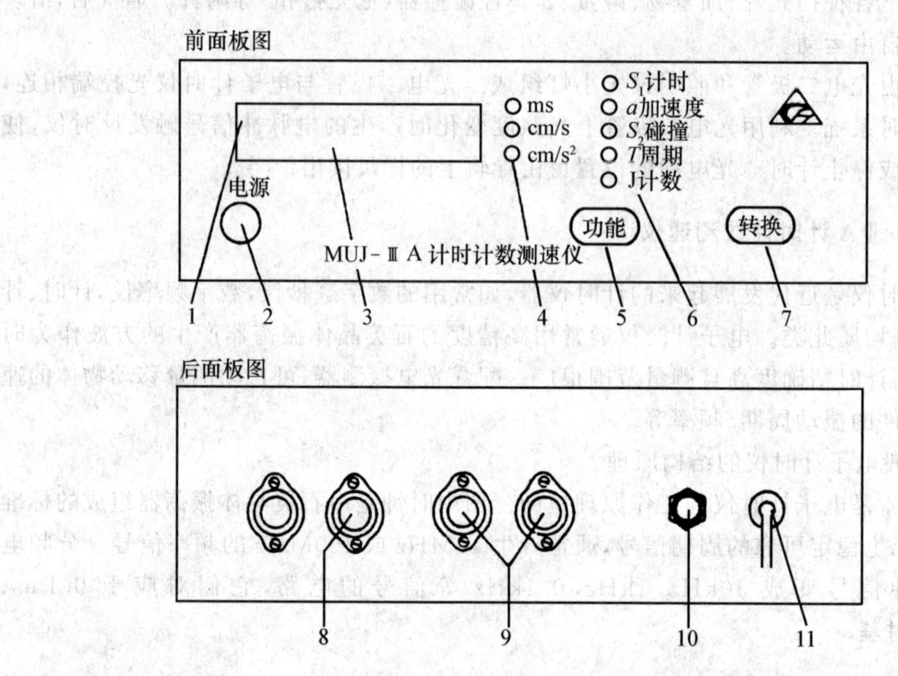

1—溢出指标　2—电源开关　3—LED 显示屏　4—测量单位指示灯　5—功能选择复位键　6—功能转换指示灯
7—数值转换键　8—P_1 光电门插口　9—P_2 光电门插口　10—电源保险管座　11—电源插头线

图 8.1-5　MUJ-ⅢA 计时计数测速仪

电输入口采集数据信号，由中央处理器处理，LED 数码显示屏显示多种测量结果。功能(选择复位)键用于五种功能的选择及取消显示数据(复位)。

(数值)转换键用于挡光片宽度设定，简谐运动周期值的设定，测量单位的转换。

根据实验需要，选择所需光电门的数量。将光电门线插入 P_1、P_2 插口，接通电源，打开电源开关，按功能键，选择所需要的功能。当光电门未遮光时，每按功能键一次转换一种功能，可循环显示；当光电门被遮光后，按一下功能键，则复位清零。

每次开机时，挡光片宽度会自动设定为 10mm，周期自动设置为 10 次。

选择计时、加速度或碰撞功能时，按下(数值)转换键若小于 1.5s，则测量单位自动在 ms、cm/s、cm/s^2 之间循环显示，以供选择。按下转换键若大于 1.5s，将显示已设定挡光片的宽度，10mm 的显示 10，30mm 的显示 30。此时如有已完成的实验数据，可由显示屏保持。再按转换键，可重新选择所需的挡光片宽度，此时前面所保持的实验数据将被消除。应特别注意，实验中使用的挡光片宽度与选择设定的挡光片宽度数值应相符，否则，显示 ms 时正确，显示 cm/s^2 时将是错误的。

当功能选择周期(T)时，按上述方法可设定所需要的周期数值。

② 五种功能的使用方法：

a) 计时(S_1)：按功能键，选定计时功能。当测量单位选择 ms 时，可测量 P_1 或 P_2 中任一门两次被遮光的时间间隔，亦可测量从 P_1 门被遮光到 P_2 门被遮光的时间间隔。当测量单位选择 cm/s 时，让带有凹形挡光片(又称遮光叉)的滑块通过光电门，即可显示速度测量值。

b）加速度(a)：按功能键，选定加速度功能。当测量单位选择 cm/s 时，让带有遮光叉的滑块通过光电门，则显示其速度值。当测量单位选择 cm/s^2，让带遮光叉的滑块通过第一光电门与第二光电门，屏上显示出滑块由第一光电门到第二光电门的加速度测量值。仪器具有保护功能，只有按下功能键才可选择下一次测量。

c）碰撞(S_2)：按功能键，选定碰撞功能。按转换键，选择测量单位 cm/s。将 P_1、P_2 各接一个光电门，在两只滑块上装好相同宽度的遮光叉和碰簧，让滑块从气轨两端向中间运动，各自通过一个光电门后相碰，相碰后向反方向运动分别通过各自第一次通过的光电门。仪器将循环显示下列数据：

P_{11}，×××××（遮光叉Ⅰ第一次通过 P_1 光电门时速度的测得值）

P_{12}，×××××（遮光叉Ⅰ第二次通过 P_1 光电门时速度的测得值）

P_{21}，×××××（遮光叉Ⅱ第一次通过 P_2 光电门时速度的测得值）

P_{22}，×××××（遮光叉Ⅱ第二次通过 P_2 光电门时速度的测得值）

为提高循环显示效率，仪器只显示遮过光的光电门的测量值。如果滑块三次通过 P_1 门，仪器将不显示 P_{22} 而显示 P_{13}；若滑块三次通过 P_2 门，仪器将不显示 P_{12} 而显示 P_{23}。一次测量所得数据，仪器将持续循环显示，只有按一下功能（选择复位）键，才可选择下一次测量。

d）周期(T)：测量简谐运动 1～100 个周期的时间。

滑块在装好挡光条接插好光电门接口后，按功能键，选定周期(T)功能，按下（数值）转换键不放，待显示出所需周期数时放开此键。测量时，简谐振动每完成一个周期，显示的周期数就会自动减 1，当最后一次遮光完成，仪器便自动显示出累计时间值。需要重新测量时，按功能键复位。

e）计数(J)：测量遮光次数。将光电门接插好，按功能键，选定计数功能，滑块装好挡光条，挡光条开始通过光电门，计数开始，屏上显示出所计数目。最大计数量程为 99 999 次，超过后会自动清零，重新开始计数。所需计数较大时，只需记住有几次清零，用 99 999 乘以清零次数再加上显示数值即为计数值。

【实验内容】

1. 调整仪器

(1) 接线。

将两根完全一样的四芯导线的一端分别插入 P_1 和 P_2 光电门插口，另一端分别插接光电门；仪器电源线接插 220V 电源。

(2) 检查计时测速仪工作是否正常。

开机后，检查计时测速仪工作是否正常。如发现有异常情况，应及时予以排除。

(3) 调平气垫系统。

旋转导轨底座上的单脚螺旋，使导轨水平。可用下述两种方法判断导轨是否水平：

滑块静止判断法：气轨通气后，将滑块置于导轨上任意位置，若滑块都能静止不动（基本上不动），则可以认为导轨已调平，否则，继续调节单脚螺旋，直到调平为止。

滑块运动判断法：打开计时测速仪电源开关，按功能键使“S_1”的指示灯亮，按转换键使“ms”指示灯亮（表示仪器为计时功能，计时单位为 ms）；调节两光电门之间的距离约为 50cm；在一滑块上装好 1.00cm 的遮光叉和碰簧（两端均装好）后，让其在通气的导轨上运动，若滑块上的遮光叉通过两个光电门时仪器显示的时间相同（其差值不超过 2%），可认为气轨已调平，否则，继续调节单脚螺旋，直到调平为止。

调平气垫导轨一般以滑块运动法为判断标准。

2. 在弹性碰撞情形下验证动量守恒

实验分两种情况进行。

(1) 两滑块 $m_1=m_2$，且 $v_{20}=0$。

① 两滑块上装好 1.00cm 遮光叉和两个碰簧；用天平称出配重块（或实验室给出）、弹性碰撞器（碰簧）、非弹性碰撞器（尼龙搭扣）、两个安装好遮光叉和碰簧的滑块的质量；如果两滑块的质量不相等，利用橡皮泥使它们的质量相等。

② 调节两光电门在导轨上的位置，使它们在导轨中间部分并相距 40cm。

③ 按功能键使“S_2”指示灯亮（仪器为碰撞功能）；按转换键使“cm/s”指示灯亮（速度单位为 cm/s）。气轨通气。

④ 将滑块 m_2 置于两光电门 P_1 和 P_2 之间，并靠近 P_2，令其静止（必要时可用手轻靠住滑块 m_2，待滑块 m_1 即将与其相碰时迅速放开手），保证 $v_{20}=0$。

⑤ 将滑块 m_1 放在光电门 P_1 的外侧导轨上，用平行于导轨的适当大小的力向 m_2 的反方向发射滑块 m_1，使它返回以初速度 v_{10} 通过 P_1 门，如图 8.1-6 所示。

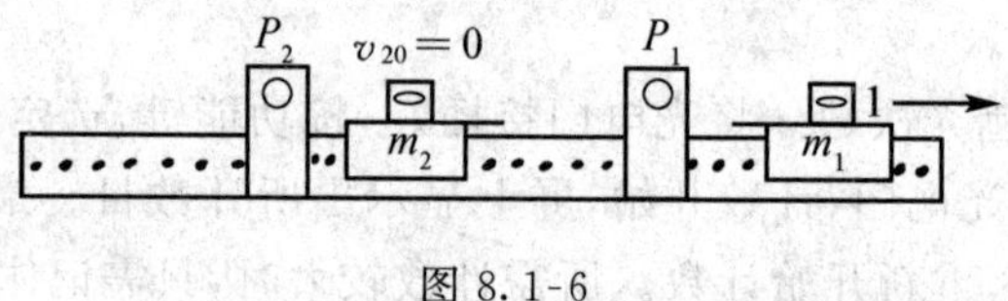

图 8.1-6

⑥ 两滑块相碰后，可观察到滑块 m_1 静止，m_2 以速度 v_2 通过 P_2 门，记下 $P_{11}(v_{10})$ 和 $P_{21}(v_2)$ 的数据后按功能键（仪器复位）。

⑦ 按步骤④、⑤、⑥重复多次，测读并记录最好的三组数据。

(2) 两滑块 $m_1\neq m_2$，$v_{20}=0$。

小滑块为 m_1，加了配重块的滑块为大滑块 m_2，重复上述步骤④、⑤、⑥、⑦，记下 P_{11} 的数据（v_{10}），P_{21} 的数据（v_2），P_{12} 的数据（v_1）。

3. 在完全非弹性碰撞情形下验证动量守恒

将滑块相碰端的弹性碰撞器换装成非弹性碰撞器，注意不要使装的非弹性碰撞器影响滑块在气垫导轨上自由滑动。

实验仍分两种情形进行：

(1) $m_1=m_2$，且 $v_{20}=0$。

按前面所述步骤④、⑤、⑥、⑦操作，记下 P_{11} 的数据(v_{10})和 P_{21} 的数据(v)。

(2) $m_1 \neq m_2, v_{20}=0$。

小滑块为 m_1，大滑块为 m_2，重复前述步骤④、⑤、⑥、⑦，记下 P_{11} 的数据(v_{10})和 P_{21} 的数据(v)。

4. 测弹簧的劲度系数

具体操作步骤如下：

(1) 将一滑块上的遮光叉和碰簧(或非弹性碰撞器)分别换成遮光片和勾弹簧的小钩，将导轨两端的碰簧换成小钩。

(2) 按图 8.1-1 安装好振动系统，安装一个光电门，使中心对准滑块的平衡位置。

(3) 使电子计时计数测速仪处于"周期"功能状态，设定周期数为 50；按功能键清零。

(4) 将滑块向一端移动一段距离，令其振动，待计数器屏上出现总时间数值时，记下时间值，如此重复 5 次。

5. 验证牛顿第二定律

(1) 在滑块上装好 1.00cm 遮光叉和两个碰簧，用天平称出安装好遮光叉和碰簧的滑块的质量，并测出导轨两底脚的间距 L。

(2) 调节两光电门在导轨上的位置，使它们在导轨中间部分并相距为 $S=20.00$cm。将厚度为 1.00cm 的垫块垫进导轨的单底脚螺钉下面。

(3) 按功能键使"S_2"指示灯亮(仪器为碰撞功能)；按转换键使"cm/s"指示灯亮(速度单位为 cm/s)。气轨通气。

(4) 将滑块 m 置于光电门 P_1 上方，使滑块 m 依次通过 P_1 门和 P_2 门，分别记下 v_1 和 v_2 的数据后按功能键(仪器复位)。

(5) 将厚度为 1.50cm、2.00cm、2.50cm、3.00cm 的垫块依次垫进导轨的单底脚螺钉下面，重复步骤(4)，测读并记录数据。

(6) 由式(8.1-12)计算出不同外力作用下加速度的理论值，并与测量值进行比较，以理论值为标准值，求出误差，并写出测量结果。

【注意事项】

(1) 使用前先用绒布蘸少许酒精擦拭导轨表面及滑块内表面；

(2) 通气后先检查轨面上的小气孔是否都通畅，如发现某些气孔堵塞，可用 0.5mm 左右的钢丝疏通；

(3) 在未通气时，请不要在导轨上移动滑块。往滑块上装附件时，滑块应从导轨上取下，安好以后再置于导轨上。滑块要轻拿轻放，切忌摔碰，严防轨面和滑块内表面划伤。使用完毕后应先将滑块取下再关闭气源；

(4) 实验完毕，滑块放入附件箱内，用罩布把导轨盖好，以免沾染灰尘。

【数据处理】

(1) 验证动量守恒，并计算比值 $|P-P_0|/P_0$。

(2) 由 $P=mv$ 有

$$U=P\sqrt{\left(\frac{\Delta_m}{m}\right)^2+\left(\frac{\Delta_v}{v}\right)^2}$$

由 $P=m_1v_1\pm m_2v_2=P_1\pm P_2$ 有

$$\begin{aligned}U&=\sqrt{(v_1\Delta_{m_1})^2+(m_1\Delta_{v_1})^2+(v_2\Delta_{m_2})^2+(m_2\Delta_{v_2})^2}\\&=\sqrt{(v_1\Delta_{m_1})^2+P_1^2\left(\frac{\Delta_{v_1}}{v_1}\right)^2+(v_2\Delta_{m_2})^2+P_2^2\left(\frac{\Delta_{v_2}}{v_2}\right)^2}\end{aligned}$$

实验中,滑块的质量 m_1 和 m_2 是用物理天平(最小称量值为 0.10g)称量的,取天平的仪器误差限为 0.05g,则有 $\Delta_{m_1}=\Delta_{m_2}=(0.05/\sqrt{3})$g。

在 $m_1\neq m_2$ 的弹性碰撞和完全非弹性碰撞的三组数据中各取一组数据计算不确定度,同时进行误差分析。对于实验结果,只要 $|P_0-P|$ 的数值小于 $(P-P_0)$ 的不确定度,即只要满足不等式

$$|P-P_0|<\sqrt{U_P^2+U_{P_0}^2}$$

我们就可以作出在实验的不确定度范围内,动量守恒定律得到验证的结论;否则,只能作出本次实验未能验证动量守恒定律的结论。同时,要检查、分析实验失败的原因。

(3) 对弹簧的劲度系数的测量结果进行分析。

(4) 对牛顿第二定律的验证进行分析。

【实验后思考题】

(1) 如果 $v_{20}\neq 0$,怎样验证动量守恒定律?

(2) 在气垫导轨上怎样验证机械能守恒定律?还能做哪些实验?

§8.2 刚体转动的研究

单线摆(简称扭摆)是比三线摆更简单的力学实验装置。它不仅可测类似三线摆仪所测的较大物体(如金属圆盘和圆环)的转动惯量,还可测三线摆仪所不好测的较小物体(如钟表齿轮、录音机转子等)的转动惯量,且可测量金属悬丝的扭转系数和材料的切变模量。在许多仪器仪表(如灵敏电流计、扭称等)中,扭摆又是其中的主要组成部分。单线扭摆结构简单、稳固耐用,对实验者可作多方面的训练,是力学实验中较好的实验之一。

【实验目的】

(1) 观察扭转振动现象,加深对转动惯量概念的理解;

(2) 用扭摆法测定轴对称物体对中心轴的转动惯量。

【预习思考题】

(1) 转动惯量的物理意义是什么?

(2) 单线摆比之三线摆有什么优越的地方?有什么不足之处?

(3) 你认为测周期时,是在平衡位置还是在最大位置开始计时好?

【实验原理】

将一金属丝上端固定,下端悬挂一刚体就构成单线扭摆(见图 8.2-1)。本实验扭摆的悬挂物为圆盘。对圆盘施加一外力矩,圆盘扭转一角度 θ。因悬线上端固定,悬线扭转

则产生弹性恢复力矩 M。外力矩撤走后，在弹性恢复力矩 M 作用下，圆盘往复扭动。忽略空气阻尼力矩作用，根据刚体转动定律有

$$M=J_0\beta \tag{8.2-1}$$

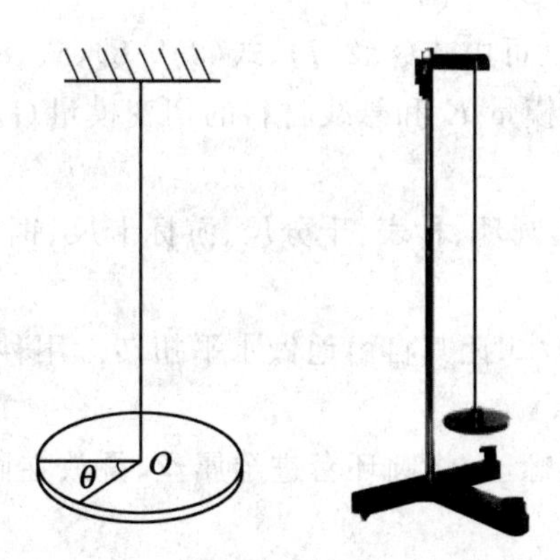

图 8.2-1　扭摆仪和扭摆谐振图

式中，J_0 为刚体对悬线轴的转动惯量，β 为角加速度。弹性恢复力矩 M 与转角 θ 的关系为

$$M=-K\theta \tag{8.2-2}$$

式中，K 为扭转模量。它与悬线长度 L、悬线直径 d 及悬线材料的切变模量 G 的关系为

$$K=\frac{\pi G d^4}{32L} \tag{8.2-3}$$

扭摆的运动微分方程为

$$\beta=-\frac{K}{J_0}\theta \tag{8.2-4}$$

可见，角加速度与角位移成正比，而方向相反。说明圆盘做角谐振动，它与质点谐振动完全相似。其周期 T_0 为

$$T_0=2\pi\sqrt{\frac{J_0}{K}} \tag{8.2-5}$$

若悬线的扭转模量 K 已知，则测出圆盘的摆动周期 T_0 后，就可用(8.2-5)式计算出圆盘的转动惯量 J_0。K 未知时，可用一个对其质心轴的转动惯量为 J_1 的圆环附加到圆盘上，组成复合体。并使其质心位于扭摆悬线上。该复合体以悬线为转轴的转动惯量为 J_0+J_1，摆动周期为

$$T=2\pi\sqrt{\frac{J_0+J_1}{K}} \tag{8.2-6}$$

由式(8.2-5)、式(8.2-6)可得

$$J_0=\frac{T_0^2}{T^2-T_0^2}J_1 \tag{8.2-7}$$

$$K=\frac{4\pi^2}{T^2-T_0^2}J_1 \tag{8.2-8}$$

圆环对悬线轴的转动惯量 J_1 由下式计算

$$J_1=\frac{m_1}{8}(D_1^2+D_2^2) \tag{8.2-9}$$

式中,m_1 为圆环质量;D_1 和 D_2 为圆环的内、外径。

实验中测出 T_0、T 后,就可由式(8.2-7)、式(8.2-8)、式(8.2-3)三式分别算出圆盘的转动惯量 J_0、金属丝的扭转模量 K 和悬线材料的切变模量 G。

【实验仪器】

DH4601A 扭摆仪、金属圆环、秒表、千分尺、游标卡尺、钢卷尺、物理天平。

【实验内容】

(1) 将扭摆圆盘扭转约 30°让其自由地做水平扭转。用秒表测出来回扭动 50 次所需的时间。重复测 5 次。

(2) 松开固定金属丝的螺丝,将圆环套进金属丝,叠放在圆盘上使二者共轴。重复步骤 1。

(3) 用游标卡尺测圆环内、外径各 5 次。

(4) 用钢卷尺测金属丝长度 5 次(上下两个固定金属丝的螺丝之间的距离)。

(5) 用千分尺测钢丝直径 d,在钢丝上、中、下三个部位两个正交方向共测 6 次。

(6) 如圆环质量 m_1 实验室未给定,则用天平称测其一次。

【注意事项】

(1) 圆盘扭转角度不可过大,否则不可视为谐振动。

(2) 圆盘要在完全静止的状态下开始起摆,待扭动稳定且无晃动时,开始计时。

(3) 周期测量容易造成较大误差,因为在不确定度传播公式中,周期是带平方的项,测量中尤其不可数错周期数。

(4) 实验完成后,要松开卡钢丝的螺丝,将圆环取下后,再将圆盘悬挂好。

【数据处理】

(1) 自拟表格记录实验数据。

(2) 计算圆环对中心轴的转动惯量;圆盘对中心轴的转动惯量;金属丝的扭转模量;悬线材料的切变模量。

(3) 计算圆盘 J_0 的不确定度

$$U_{\overline{J_0}}=\overline{J_0}.\sqrt{\left(\frac{2U_{\overline{T_0}}}{\overline{T_0}}\right)^2+\left(\frac{2\overline{T}U_{\overline{T}}+2\,\overline{T_0}U_{\overline{T_0}}}{\overline{T}^2-\overline{T_0}^2}\right)^2+\left(\frac{U_{\overline{J_1}}}{\overline{J_1}}\right)^2}$$

上式中,圆环 J_1 的不确定度

$$U_{\overline{J_1}}=\overline{J_1}.\sqrt{\left(\frac{U_{m_1}}{m_1}\right)^2+\left(\frac{2\,\overline{D_1}U_{\overline{D_1}}+2\,\overline{D_2}U_{\overline{D_2}}}{\overline{D_1}^2+\overline{D_2}^2}\right)^2}$$

圆环质量的不确定度只取 B 类分量(天平的仪器误差) $U_{m_1}\approx\Delta=\frac{1}{3}\Delta_{仪}$

圆环内、外径的不确定度 $U_{\overline{D_1}}\approx U_{\overline{D_2}}=\sqrt{S_{\overline{D_2}}^2+\Delta^2}$

圆盘、圆盘加圆环周期的不确定度 $U_{\overline{T}}\approx U_{\overline{T_0}}=\sqrt{S_{\overline{T_0}}^2+\Delta^2}$

(4) 给出实验结果并进行分析。

【实验后思考题】

(1) 本实验中,测量不确定度主要来自于哪一项?为什么?如何减小误差?

(2) 通过测量连续 50 次振动的时间求出的周期,为什么比测一次振动时间所得周期的测量不确定度小?

(3) 根据扭摆的工作原理,你可以设计一个测定扭摆扭转模量的实验吗?

§8.3　弦振动研究

一切机械波,在有限大小的物体中进行传播时会形成各式各样的驻波。驻波是常见的一种波的叠加现象,它广泛存在于自然界中。利用驻波理论研究弦振动的产生及其传播规律在声学、无线电学和光学等学科中都有非常重要的意义,驻波理论在工程技术上也有重要的应用。欧拉最早提出了弦振动的二阶方程,后来达朗贝尔等人通过对弦振动的研究开创了偏微分方程论。

本实验意在通过对一段两端固定弦振动的研究,了解弦振动的特点和规律。

【实验目的】

(1) 了解驻波形成的条件,观察弦振动时形成的驻波;

(2) 学会测量弦线上横波传播速度的方法;

(3) 用作图法验证弦振动频率与弦长、张力的关系。

【预习思考题】

(1) 什么是驻波?它是如何形成的?

(2) 什么是弦振动的模式?共振频率与哪些因素有关?

(3) 张力对波速有何影响?

【实验原理】

在一根拉紧的弦线上,若其张力为 T,线密度为 ρ,则沿弦线传播的横波应满足下述运动方程

$$\frac{\partial^2 y}{\partial t^2}=\frac{T}{\rho}\frac{\partial^2 y}{\partial x^2} \tag{8.3-1}$$

式中,x 为波在传播方向(与弦线平行)的位置坐标,y 为振动位移。将(8.3-1)式与典型的波动方程 $\frac{\partial^2 y}{\partial t^2}=v^2\frac{\partial^2 y}{\partial x^2}$ 相比较,即可得到波的传播速度

$$v=\sqrt{\frac{T}{\rho}} \tag{8.3-2}$$

若波源的振动频率为 f,横波波长为 λ,由于 $v=f\lambda$,故波长与张力及线密度之间的关系为

$$\lambda=\frac{1}{f}\sqrt{\frac{T}{\rho}} \tag{8.3-3}$$

或

$$f=\frac{n}{2L}\sqrt{\frac{T}{\rho}}\quad (n=1,2,3,\cdots) \tag{8.3-4}$$

弦振动的基频为

$$f_0=\frac{f}{n}\quad (n=1) \tag{8.3-5}$$

故有

$$f_0=\frac{1}{2L}\sqrt{\frac{T}{\rho}} \tag{8.3-6}$$

两边取自然对数得

$$\ln f_0=\frac{1}{2}\ln T-\ln L+\ln\frac{1}{2\sqrt{\rho}} \tag{8.3-7}$$

上式中若固定张力 T 及线密度 ρ，改变弦长 L，测相应的共振频率 f_0，作 $\ln f_0$ 与 $\ln L$ 曲线，如得斜率为 -1 的直线，就验证了 $\ln f_0$ 与 $\ln L$ 的线性关系成立。

同理，若固定弦长 L 及线密度 ρ，而改变张力 T，并测出各相应的共振频率 f_0，作 $\ln f_0$ 与 $\ln T$ 曲线，如得到斜率为 0.5 的直线，则证明了 $\ln f_0$ 与 $\ln T$ 的线性关系成立。

【实验仪器】

FB301 型弦振动实验仪 1 台、DF4320 双踪示波器 1 台、FB303 弦振动信号源 1 台。

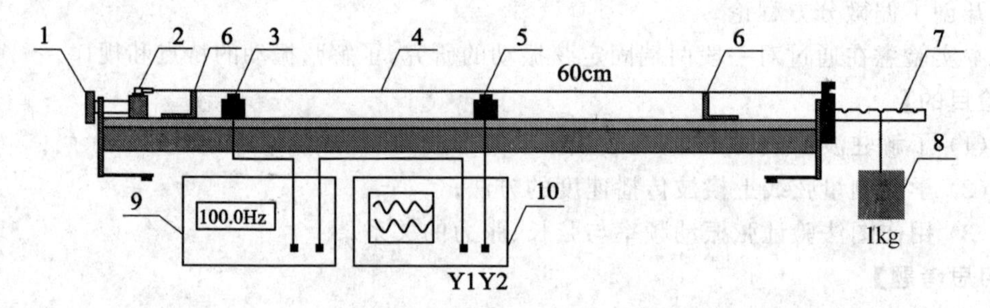

1—调节螺杆　2—圆柱螺母　3—驱动传感器　4—弦　5—接收传感器
6—支撑板　7—拉力杆　8—悬挂物块　9—信号源　10—示波器

图 8.3-1　弦振动研究实验仪器示意图

【实验内容】

(1) 研究弦振动时共振频率与弦长的关系。

① 将一根密度(ρ 由实验室给出)已知的弦固定在弦振动仪上，并在张力杆上悬挂一定质量的砝码，给弦一定的张力，调拉力杆水平，移动两支撑板的位置，先使弦长为 60cm，并把驱动传感器和接收传感器放在适当位置。

② 按图 8.3-1 所示连接仪器，开启信号源、示波器预热约 10min，由低到高调节其输出信号的频率，当弦上产生 $n=1,2,3,4$ 个半波区的情况下，即弦共振(示波器上振幅达到最大)时，记下信号源输出信号的频率(你会发现示波器上读出的频率和信号源上的频率不相等，为什么？哪个是弦的共振频率？)。

③ 保持弦的张力不变，改变弦的长度，使弦长分别为 60cm、55cm、50cm、45cm、40cm 时重复步骤②。

④ 作 $\ln f_0$ 与 $\ln L$ 曲线，求出其斜率验证关系式(8.3-7)。

(2) 研究弦振动共振频率与张力的关系。

① 固定弦长，改变张力，使 T=1kg，2kg，3kg，4kg，5kg 时，调节信号源的频率始终使

弦线只出现一个驻波,测出共振频率(基频)。注意:每次改变张力时都要调拉力杆水平。

② 作 $\ln f_0$ 与 $\ln T$ 曲线,求出其斜率验证关系式(8.3-7)。

(3) 研究弦共振时弦线的动态线密度。

计算不同张力下弦线的线密度 ρ。

(4) 根据 $v=f\lambda$ 和 $v=\sqrt{T/\rho}$ 分别计算波速值,并分析产生误差的原因。

【数据处理】

(1) 自拟表格记录实验数据。

弦线密度 $\rho_0 = 9.54\times10^{-4}\text{kg/m}$

(2) 作 $\ln f_0$ 与 $\ln L$ 曲线,求出其斜率验证关系式;作 $\ln f_0$ 与 $\ln T$ 曲线,求出其斜率验证关系式;计算不同张力下弦线的线密度 ρ。

(3) 对实验结果进行分析。

【实验后思考题】

(1) 分析 $v=f\lambda$ 和 $v=\sqrt{T/\rho}$ 产生误差的原因。

(2) 从信号源上读出的频率为什么与示波器测得的频率不同?

(3) 试比较以基频和第一谐频共振时弦中的波速。

§8.4 空气中超声传播规律的研究

声波是机械振动在媒质中传播形成的。声波的传播速度与媒质的特性或状态等有关。振动频率在20~20 000Hz的声波称为可闻声波,频率超过20 000Hz的声波称为超声波。测量声速在声波定位、探伤、测距中有着广泛应用。例如在石油工业中,常用声波测井获得孔隙度等有关地层信息;在勘探中,常用地震波勘测地层剖面寻找储油层,因此声速的测量具有重要意义。

【实验目的】

(1) 了解超声压电换能器的结构和原理,进一步掌握信号源和示波器的使用;

(2) 学习用共振干涉法和相位比较法测量空气中的声速;

(3) 加深对驻波及振动合成的理解。

【预习思考题】

(1) 为什么先要调整换能器系统处于谐振状态?怎样调整谐振频率?

(2) 为何要使两个换能器的端面互相平行?

(3) 共振干涉法理论依据是什么?仪器怎样接线?实验中如何判断驻波已稳定形成?

(4) 相位比较法的理论依据是什么?仪器怎样接线?观察什么现象?

【实验原理】

振动状态在弹性媒质中传播形成波,波速完全由媒质的物理性质决定。空气的压强在平衡位置附近的瞬时起伏可以在空间激起疏密区,这些疏密区向前传播形成声波。在空间,相邻两疏区(或密区)之间的距离为一个波长。由波动学可知,波速 u、波长 λ 和波的频率 f 间的关系为

$$u=\lambda \cdot f \tag{8.4-1}$$

通过实验,测出波长 λ 和频率 f 就可求出波速 u。

由于超声波具有波长短、易于定向发射等优点,所以在超声波段进行声速测量能够有效避免实验室内各种声音的干扰,提高测量的精确度。在实验中,利用压电陶瓷超声换能器发射和接收超声波,采用驻波法(共振干涉法)和相位比较法(行波法)来测量空气中的声速。

1. 驻波法

如图 8.4-1 所示,S_1 为超声波发射换能器(亦称发射头),由于压电陶瓷元件的压电效应,电信号由它转换成超声波发射;S_2 为超声波接收换能器(亦称接收头),S_2 把接收到的超声波能量又转换成电信号。如果 S_1 与 S_2"面对面"放置,且接收面与发射面严格平行,S_2 在接收超声波的同时还向 S_1 反射一部分超声波,这样由 S_1 发出超声波和由 S_2 反射的超声波将在两端面间来回反射并且叠加。调节 S_1 与 S_2 两端面间的距离恰好为 $L_n=n\lambda/2$ 时,两端面间的声波干涉场内出现共振并形成声波驻波,驻波的相邻波节(或波峰)之间的距离为 $\lambda/2$。改变空气柱长度,其再次形成驻波时距离为 $L_{n+1}=(n+1)\lambda/2$,则

$$|L_{n+1}-L_n|=\frac{\lambda}{2} \tag{8.4-2}$$

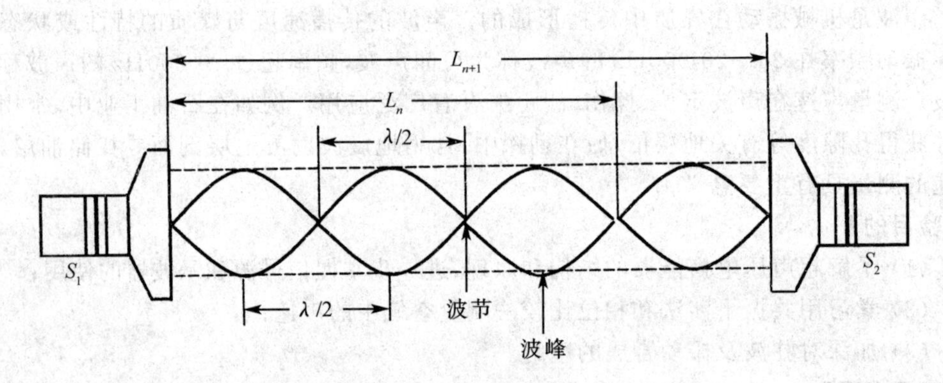

图 8.4-1 驻波法测波长原理图

继续改变空气柱长度,可得到与声源发生共振干涉空气柱长度的一系列值 $L_1, L_2, \cdots$,不难看出,在移动接收头的过程中,相邻两次达到共振所对应的接收头端面之间的距离为半波长。

由波动理论知,当接收头端面处于波节时,声压振幅值极大,按声压来说为波峰。因此,在声驻波中,波节处声压最大,波峰处声压最小;而接收换能器反射界面处近似为一波节,声压应最大,经 S_2 转换后的电压信号也最强。实验中,将 S_2 输出的电压信号输入示波器,通过测量电信号相邻两次出现振幅极大值时接收换能器端面之间的距离 $\lambda/2$,求得波长 λ。同时,用信号源测得声源频率 f,就可通过式(8.4-1)计算声速 u。

应该指出,由于 S_1 发射的超声波,其波阵面的发散及其他损耗随着 S_2 与 S_1 的距离

增大，各声压极大值的电信号振幅将逐渐减小，但两相邻极大值（或极小值）之间的距离保持 $\lambda/2$ 不变，如图 8.4-2 所示。

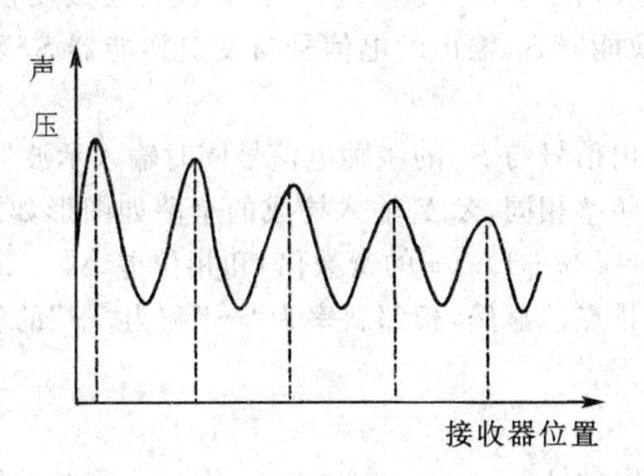

图 8.4-2　声压变化与接收器位置的关系

2. 相位比较法

由声源 S_1 发出的频率为 f 的声波，在 S_1 与 S_2 之间形成一声波场。声波场中任一点振动的相位是随时间而变化的，但该点与声源 S_1 的振动相位之间的相位差却不随时间变化，如图 8.4-3 所示。设接收头 S_2 距声源 S_1 为 L，声速为 u，声频为 f，则

$$\Delta\varphi=2\pi f\frac{L}{u} \tag{8.4-3}$$

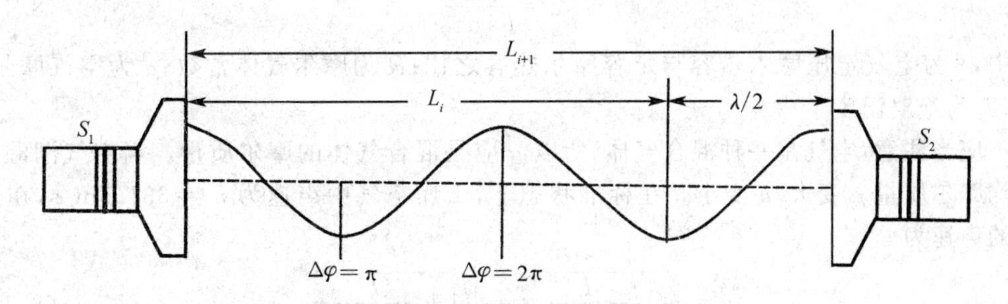

图 8.4-3　相位法测波长原理图

而 $u=\lambda\cdot f$，　所以　$\Delta\varphi=2\pi\dfrac{L}{\lambda}$。

可见，声源 S_1 与接收头 S_2 存在相位差。若接收换能器 S_2 在距离 L_{i+1} 处时，S_2 与 S_1 同相位，相位差 $\Delta\varphi=2n\pi$ $(n=1,2,3,\cdots)$，而 S_2 移至 L_i 处时，S_2 与 S_1 反相位，相位差 $\Delta\varphi=(2n-1)\pi$ $(n=1,2,3,\cdots)$，则

$$2\pi\frac{L_{i+1}}{\lambda}-2\pi\frac{L_i}{\lambda}=\pi \tag{8.4-4}$$

即有

$$|L_{i+1}-L_i|=\frac{\lambda}{2} \tag{8.4-5}$$

将 S_2 慢慢移动远离 S_1，可测得一系列与声源 S_1 同相位或反相位点的位置 $L_1, L_2, \cdots$，因此，可通过比较接收换能器 S_2 输出的电信号与发射换能器 S_1 输入的激励电信号的相位关系，求出声波波长 λ。

实验中，将 S_2 的输出信号与 S_1 的激励电信号同时输入示波器进行 X、Y 轴方向的振动合成。由于两谐振动频率相同，X、Y 输入构成的李萨如图形如图 8.4-4 所示。为了便于判断，选择相位差 $\Delta\varphi=(2n+1)\pi$（π 的奇数倍）和相位差 $\Delta\varphi=2n\pi$（π 的偶数倍）时的李萨如图形，作为 S_2 的测量点。显然，相邻斜率为"－"和为"＋"的斜直线所对应接收器端面间距离等于 $\lambda/2$。

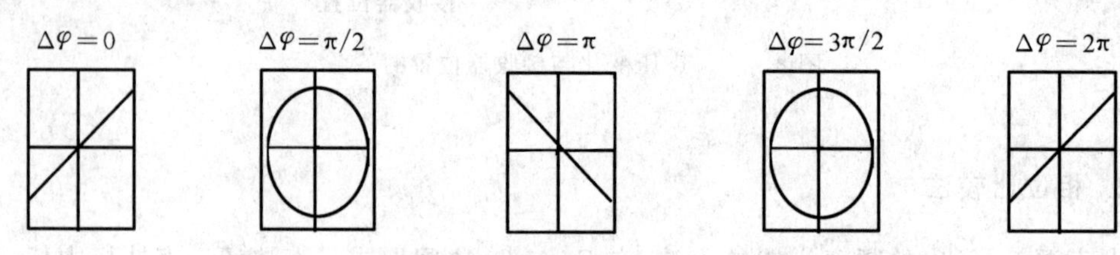

图 8.4-4　示波器上同频率不同相位差的李萨如图形

应当指出，声波在空气中的传播速度与声波的频率无关，只取决于空气本身的性质，由下式决定

$$u=\sqrt{\frac{\gamma RT}{\mu}} \tag{8.4-6}$$

式中，γ 为空气定压摩尔热容与定容摩尔热容之比；R 为摩尔气体常数；μ 为空气摩尔质量；T 为绝对温度。

应当注意，空气是一种混合气体，所以 μ 应是混合气体的摩尔质量。当空气潮湿时，平均摩尔质量 μ 变大，u 变小。在标准状态下，干燥空气中声速为 $u_0=331.5\text{m/s}$，在 t℃时的声速为

$$u_t=u_0\sqrt{\frac{T}{273.15}}=u_0\sqrt{1+\frac{t}{273.15}}\ \text{m/s} \tag{8.4-7}$$

在实验中，将式(8.4-7)近似作为空气中声速理论值的计算公式。

【实验仪器】

SBZ-A 超声声速测定仪，信号源，SR-071 型双踪示波器，屏蔽导线等。

(1) 信号源简介。

信号源本身具备计频数字显示电路和功率输出电路，所以在实验中可取代一台频率计和一台低频信号发生器。仪器刚开机时，输出频率会有少量漂移，使用时应先开机预热 5min。信号源输出正弦电压信号，仪器面板上五位荧光数码管的显示值，即为输出信号的频率数。

(2) 超声声速测定仪简介。

超声声速测定仪主要由安装在支架上的游标尺和安装在游标尺下面的两只压电换能

器组成。作为超声波发射的换能器 S_1 固定在左端，另一端作为超声波接收换能器 S_2 装在右端，S_2 可在游标尺上移动。两只换能器的相对位移可从游标尺上读出。游标尺精度为 0.02mm，游标尺有效测量距离为 250mm。

换能器的主要部件是用多晶体结构的压电材料（如钛酸钡）在一定的温度下经极化处理制成的压电陶瓷片。从结构上看，换能器实际上是在压电陶瓷片的前后表面连接（黏合）两块金属组成的夹心形振子。如图 8.4-5 所示，其头部用轻金属做成喇叭形，尾部用重金属做成锥形，中部为压电陶瓷圆环，环中间穿过螺钉固定。S_1 和 S_2 结构与几何尺寸完全相同。当在 S_1 压电陶瓷环片两底面加上正弦交变电压时，环片按正弦规律产生纵向长度的伸缩，直接带动头部轻金属喇叭做同样纵向长度的伸缩（对尾部重金属作用小），从而耦合空气介质振动，产生方向性强的平面超声波。反过来，S_2 也可将声压变化转化成为电压变化，即用它将机械振动转换成可供观测的电压信号。

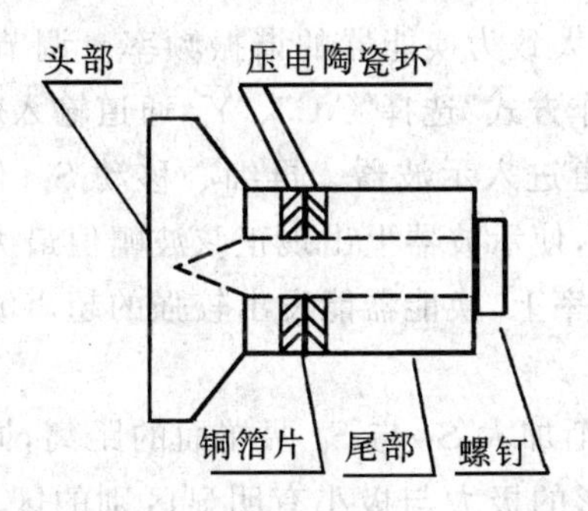

图 8.4-5　压电陶瓷换能器结构图

换能器有一谐振频率，当输入的交变电压频率与其固有频率相等时，陶瓷片就发生机械谐振，换能器 S_1 能发出较强的超声波；换能器 S_2 做声电转换的灵敏度也最高。当 S_1 处于谐振状态时，阻抗急剧下降，激励电流最大，在 S_1 电路中串联的谐振指示灯将最亮，换能器处于最佳工作状态。

【实验内容】

（1）调仪器至待测状态。

① 连接线路。

按图 8.4-6 所示接好线。将信号源“频率调节旋钮”逆时针旋至最小，信号源的“输出”端与换能器 S_1 连接，同时，将 S_2 和 S_1 正弦电压信号分别连接到示波器的“Y_1”和“Y_2(X)”输入通道，连接时注意极性，将红端与红端相连，黑端与黑端相连，不要接错。让示波器开机预热。

② 调声速测定仪。

首先，将两个换能器的圆平面彼此贴紧，如不合，可调固定卡环上的紧定螺钉，使二者贴合、固定；然后，将两换能器分开 3cm 左右。注意通电后两只换能器端面不可接触，否则会改变发射换能器的谐振频率。

③ 调整换能器系统的谐振频率。

首先让信号源开机预热。调示波器，使其荧光屏出现一条稳定的、亮度适中的扫描

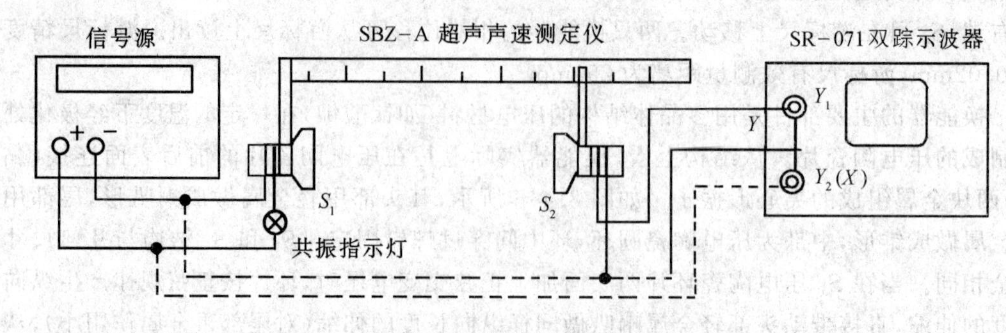

图 8.4-6　测声速实验装置

线。慢慢按顺时针方向调节"频率调节旋钮"(先"粗"后"细"),使发射换能器上的指示灯点亮,此时,信号源输出频率大致为换能器的谐振频率。调节示波器,使"Y 轴工作方式"选择 Y_1 通道输入、"触发工作方式"选择"AC"、"Y_1 通道输入耦合"选择 AC,这样 S_2 输出的正弦电压信号通过 Y_1 通道进入示波器。再细心移动 S_2(信号源开机后,S_2 不能与 S_1 接触),同时微调信号源频率,使示波器上出现正弦波幅值最大,此时信号源频率才最终等于换能器固有频率。在该频率上,换能器能发出较强的超声波。

(2) 驻波法测声速。

移动接收换能器 S_2,逐渐加大 S_1 与 S_2 两端面的距离,同时观察示波器上正弦波幅值的周期性变化,在正弦波形的极大与极小有明显区别的区域,选择一振幅极大位置 L_1 作为测量的起点,测量相继出现 10 个极大值 S_2 的位置 L_i,同时记下 L_i 对应的信号源频率值。注意:在测量开始和结束时,要先后记录室温 t_1 和 t_2。

(3) 相位法测声速。

将示波器"$Y_2(X)$"置拉出位置,示波器为 X-Y 工作方式。"Y_2 通道输入耦合"选择 AC,此时 S_1 和 S_2 两路正弦电压信号在示波器上进行 X-Y 方向的振动合成。移动 S_2,并适当调节示波器 Y_1 和 $Y_2(X)$ 轴的灵敏度,使示波器显示便于测量的椭圆或斜直线的李萨如图形。选择一个图形为斜直线时作为测量的起点,记下 10 个相邻的直线斜率为"+"、"−"时 S_2 的位置 L_i,同时记下 L_i 对应的信号源频率的示值。记录测量开始时室温 t_1 和结束时室温 t_2。

【数据处理】

(1) 记录实验数据和采用逐差法进行计算(表格自拟,表格设计要便于求相应的逐差值)。

(2) 实验中两种方法测声速,其波长测量值均用逐差法求出:$\lambda_i=\frac{2}{5}(L_{i+5}-L_i)$,算出 λ 和 f 的平均值,代入式(8.4-1)计算声速的测量值 $\bar{u}_{测}$。

(3) 不确定度计算及结果表达式:

频率的不确定度　　　　　$U_{\bar{f}}=\sqrt{U_A^2+U_B^2}$

取信号源输出频率的误差限 $\Delta_{仪}$ 为 5Hz,其分布为均匀分布,则 $U_B=5/\sqrt{3}$(Hz)。

波长的不确定度　　　　　　$U_{\bar{\lambda}}=\sqrt{U_A^2+U_B^2}$

取游标卡尺精度的一半为误差限 $\Delta_{仪}$，其分布为均匀分布，则 $U_B=0.02/2\sqrt{3}$(mm)。

由 $u=\lambda\cdot f$ 得

$$U_{\bar{u}}=\bar{u}\cdot\sqrt{\left(\frac{U_{\bar{f}}}{\bar{f}}\right)^2+\left(\frac{U_{\bar{\lambda}}}{\bar{\lambda}}\right)^2}$$

测量结果表达式　　　　　　$u=\bar{u}\pm U_{\bar{u}}$ （SI）

(4) 根据室温 t，由式(8.4-7)算出声速的理论值 $u_{理}$。计算时应取 $t=\frac{1}{2}(t_1+t_2)$。两种方法均要将实验值与理论值作比较，求出相对误差。

【实验后思考题】

(1) 本实验为什么要采用逐差法处理数据？其优点是什么？

(2) 用共振法测波长时，示波器上声压波形最大振幅选择对结果有无影响？为什么？

(3) 用相位比较法测波长，能否在示波器上采用别的图形代替李萨如图形作相位比较？

(4) 能不能用双显法(把接收头的信号与发射头的激励信号输入 Y_1、Y_2 通道，同时显示图形并比较，移动接收头寻找同相位点的位置)测超声波波长？

§8.5　伯努利方程的研究

流体力学在现代化建设中越来越显示出它应用的广泛性和重要性。在化工、水利、航天、航运等方面都不可缺少。加之流体力学是符合相似性原理的，所有关于流体方面的工程都是建立在实验的基础上的。就连居家生活中司空见惯的水、暖、气管网等，均少不了流体力学的应用。

【实验目的】

(1) 掌握流速、流量、压强等流动参量的测量方法；

(2) 观察流速与压强的关系；

(3) 验证理想流体在定常流动下的伯努利方程。

【预习思考题】

(1) 了解仪器的基本结构、使用方法及注意事项；

(2) 伯努利方程成立的条件是什么？实验中如何满足？

【实验原理】

如图 8.5-1 所示，在做定常流动的理想流体中任取一根流管，由截面 S_1 和 S_2 截出一段流体，在时间间隔 Δt 内，左端的 S_1 从位置 a_1 移到 b_1，右端的 S_2 从位置 a_2 移到 b_2，令 $\overline{a_1b_1}=\Delta l_1$，$\overline{a_2b_2}=\Delta l_2$，则 $\Delta V_1=S_1\Delta l_1$、$\Delta V_2=S_2\Delta l_2$ 分别是在同一时间间隔内流入和流出的液体的体积，对于不可压缩流体的定常流动，$\Delta V_1=\Delta V_2=\Delta V$。因没有黏滞性，即没有耗散，因此可以运用机械能守恒定律于这段流管内的流体，故考察能量的变化时只需计算两端元 ΔV_1 和 ΔV_2 之间的能量差。

先看动能的变化：

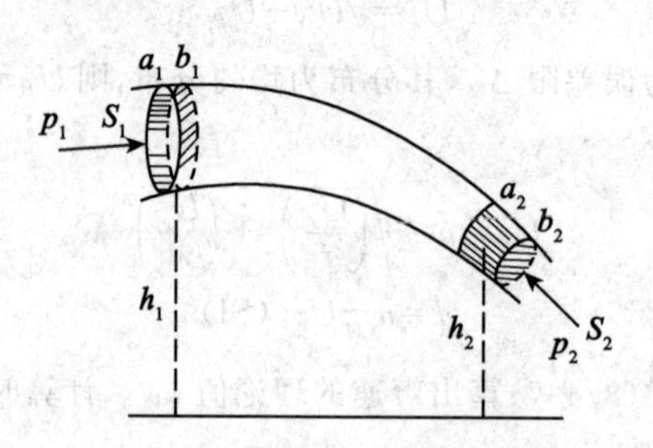

图 8.5-1 伯努利方程原理图

$$\Delta E_k=\frac{1}{2}\rho v_2^2\Delta V-\frac{1}{2}\rho v_1^2\Delta V$$

式中，v_1、v_2 为 S_1 和 S_2 处之流体的流速。

再看重力势能的改变：

$$\Delta E_p=\rho g(h_2-h_1)\Delta V$$

而外力对这段流管内流体所做的功可作如下计算：

设左端压强 P_1 作用在 S_1 上的力 $F_1=P_1S_1$，外力做功为

$A_1=F_1\Delta l_1=P_1S_1\Delta l_1=P_1\Delta V$；右端的 $F_2=P_2S_2$，$A_2=F_2\Delta l_2=-P_2S_2\Delta l_2=-P_2\Delta V$

故

$$A_{外}=A_1+A_2=(P_1-P_2)\Delta V$$

由机械能守恒 $A_{外}=\Delta E_k+\Delta E_p$ 得

$$(P_1-P_2)\Delta V=\frac{1}{2}\rho(v_2^2-v_1^2)\Delta V+\rho g(h_2-h_1)\Delta V \tag{8.5-1}$$

或

$$P_1+\frac{1}{2}\rho v_1^2+\rho gh_1=P_2+\frac{1}{2}\rho v_2^2+\rho gh_2$$

即

$$P_i+\frac{1}{2}\rho v_i^2+\rho gh_i=恒量 \quad 或 \quad h_i+\frac{P_i}{\rho g}+\frac{v_i^2}{2g}=恒量 \tag{8.5-2}$$

上式为伯努利方程。

在验证上式时，流体要在定常流动，即处于层流状态下进行。其判断依据为雷诺数：

$$R_e=\frac{\rho vd}{\eta} \tag{8.5-3}$$

这里取 $R_e=2000\sim2300$（无量纲数），d 是小导流管内径，η、ρ 分别为流体的黏性系数和密度，v 为求出的流速（上、下限）。

流体在稳压水箱水头的作用下，经过变径管和节流阀做定常的稳定流动，同一水平流线上三个不同点的压强和流速满足

$$\frac{1}{2}\rho v_1^2+\rho gh_1=\frac{1}{2}\rho v_2^2+\rho gh_2=\frac{1}{2}\rho v_3^2+\rho gh_3=H(恒量) \tag{8.5-4}$$

根据理想流体做稳定流动时的连续性原理有

$$v_1S_1=v_2S_2=v_3S_3=Q$$

其中，$S_1=\frac{1}{4}\pi d_1^2$，$S_2=\frac{1}{4}\pi d_2^2$，$S_3=\frac{1}{4}\pi d_3^2$，h_1 和 v_1、h_2 和 v_2、h_3 和 v_3 分别是截面为 S_1、S_2

和 S_3 时测压管中液体的静压高度和流速，将势能零点校准在变径管的轴线上，若测出了时间 t 内流出的液体的质量 m，则可用

$$v_1=\frac{4m}{\pi d_1^2\rho t},v_2=\frac{4m}{\pi d_2^2\rho t},v_3=\frac{4m}{\pi d_1^3\rho t} \tag{8.5-5}$$

求出各测压点的流速。

以测压基准台上平面为基准，从各管断面处设置的测静压的测管中读出三变径管对应的高度值，每根直管上有两处测静压管，取两处平均(可只测一处)，作为每根直管的静压水头值，又通过测管路的流量，计算出各断面的平均流速 v，代入式(8.5-4)即可求出各断面的伯努利方程。

【实验仪器】

流体力学综合实验仪(L-Ⅱ)、秒表、物理天平、烧杯、直尺等。

1. L-Ⅱ流体力学综合实验仪的结构及特点

该仪器为台式结构，如图 8.5-2 所示，可布置于任意实验桌上，水流自动循环，水头在一定范围内任意调节，使其实验具有多样性。具体结构可分四部分组成：

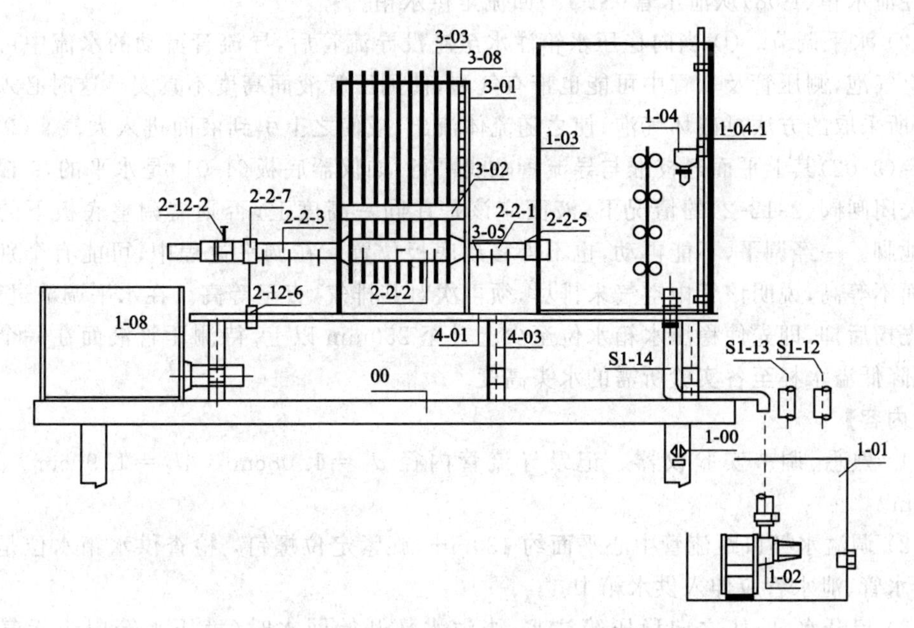

00 实验桌　1-00 电源　1-01 供水箱　1-02 潜水泵　1-03 稳压水箱　1-04 溢水杯
1-04-1 定位螺丝　1-08 泄水箱　S1-12 泄水管　S1-13 溢水管　S1-14 上水管
2-2-1 导流管(1)　2-2-2 导流管(2)　2-2-3 导流管(3)　2-2-5 管支承(甲)
2-2-7 管支承(乙)　2-12-6 支柱螺母　3-08 标尺　3-01 测压台　3-02 测压基准台
3-03 测压管　3-05 测压针管(共 9)　2-12-2 闸阀　4-01 底板　4-03 可调地脚

图 8.5-2　流体力学综合实验仪

第一部分主要部件为 1-01 供水箱、1-02 潜水泵、1-03 稳压水箱、1-08 泄水箱、1-04 溢

水杯、1-04-1 定位螺钉、1-05 水位调节套、1-09 进水法兰管、1-10 溢水法兰管、1-11 泄水法兰管(法兰图上未标注),S1-12、S1-13、S1-14 分别为泄水管、溢水管和上水管,1-00 电源插座。

第二部分主要部件为:2-2-1、2-2-2、2-2-3 三变径导流管,2-2-4 锥度套、2-2-5 管支承(甲),2-2-7 管支承(乙),2-12-6 支柱螺母,2-12-2 闸阀,2-12-3、2-12-4 分别为出水管接头和出水管(图上未标注)。

第三部分主要部件为测压部分:3-01 为测压台,3-02 为测压基准台,3-03 为 9 根测压管,3-04 为测压软管(三变径管与测压管连接管),3-08 为标尺。

第四部分主要部件为底板及地脚。4-01 底板,4-02 地脚(固定、未标注),4-03 三个可调地脚。

2. 仪器的使用与维护

(1) 流体的运行。首先将溢水杯(1-04)调整到所需高度,用定位螺钉(1-04-1)旋紧定位;再开启水泵,流体经上水管(S1-14)向稳压水箱(1-03)注水。液面至所需高度后,溢水杯(1-04)经溢水管(S1-13)向供水箱(1-01)回水。同时开启闸阀(2-12-2)至适当位置,使流体经泄水箱(1-08)从泄水管(S1-12)回流至供水箱。

(2) 水平调节。① 当向稳压水箱注水至淹没导流管后,导流管流动的水流中可能夹带着空气泡,测压管及软管中可能也带有气泡,使测压管液面高度不真实。这时必须排尽气泡,所采取的方法是破坏气泡,使之随流体流出,或使之上引到液面进入大气。② 测压基准台(3-02)其上平面经校准与导流管轴线平行,如仪器底板(4-01)是水平的,9 根测压管在关闭闸阀(2-12-2)的情况下,液面应该是在同一高度上,否则需调整底板下的三支可调地脚。一经调平,不能再动,也不得移动底板位置。在调平过程中,可能有个别测压管液面不等高,说明该管内空气未排尽,须再次对其排气,直至等高。在水平调节过程中,总是先扬后抑,即先使稳压水箱水位至少上升至 250mm 以上,待测压管液面在一个水平上,再降低溢水杯至各实验所需的水头高度。

【实验内容】

(1) 熟悉、调节实验仪器。记录导流管内径 $d_1=1.08\text{cm}$ $d_2=1.90\text{cm}$ $d_3=1.08\text{cm}$。

(2) 调溢水杯口距流管中心平面约 180mm,旋紧定位螺钉,检查供水箱水位是否足够,溢水管、泄水管应伸入供水箱中。

(3) 启开水泵,使之向稳压箱注水,当溢水杯开始回水时(稳压水箱内应无气泡冒出),打开闸阀(注意轻旋)。

(4) 排除导流管和测压管内空气(方法见使用说明书)。

(5) 关闭闸阀,检查测压管内液面是否等高,否则应调整可调地脚,若其中个别不等高,说明该管内空气未排净,需再次排气。

(6) 水平调好后,适当开启闸阀使水流稳定,观察流速与压强的关系。

(7) 读出室温,查出常数 ρ、η,调整流速,使流速满足式(8.5-3)之流速上、下限。

(8) 测量并记录 3、4、7 三根静压管液面的高度。

（9）用烧杯在管的出水口处接约300 ml的水并记录时间，在物理天平上称水的质量，同一水头高度重复测3次，算出结果验证方程。

（不须记全压管读数）等间距取不同水头高度，记录3组不同数据。

注：1、3、4、6、7、9为静压管，2、5、8为总压管（或全压管）

【注意事项】

（1）导流管不得受力，以免折断。

（2）搬运任何水箱时，必须双手对称搬，不得单手单边搬运，以免水箱破损。

（3）水泵运行一段时间后，应取下滤网，清理网上及叶轮上杂物，以免叶轮不能灵活转动而烧毁水泵电机。若较长时间不用，一定要从供水箱中取出，等水沥干后，置于塑料袋中封装，特别是冬天，不能让水泵在供水箱中结冰。

（4）注意用电安全，不能将水滴入插座、插头上，以免出现短路，造成烧毁电器或人身触电事故。

（5）潜水泵一定要淹没至水中运行，否则将烧毁水泵电机。

（6）每次实验结束后，应将上水管连同水泵、溢水管、泄水管从供水箱中取出沥干、平放。

【数据处理】

（1）自拟表格记录实验数据。

（2）计算有关数据及相对不确定度。

（3）给出实验结果并进行分析。

【实验后思考题】

（1）简述观察到的流速与压强之间的关系。

（2）对本实验中产生误差的原因作简要的分析。

（3）通过实验你认为该仪器还可以做哪些方面的改进？

（4）如何用该实验仪器研究理想流体定常流动的伯努利能量方程？如何用Pitot管测流体的流速？如何验证泊肃叶公式？如何研究局部阻力损失？

第9章　热学规律的研究

§9.1　不良导体导热现象的研究

导热系数是表征物质热传导性质的物理量。导热系数是指在稳定传热条件下，1m厚的材料，两侧表面的温差为1℃时，在1s内，通过$1m^2$面积传递的热量，其单位为W/m・℃。

导热系数与材料的组成结构、密度、含水率、温度等因素有关。非晶体结构、密度较低的材料，导热系数较小。材料的含水率、温度较低时，导热系数较小。材料结构的变化与所含杂质等因素都会对导热系数产生明显的影响，在科学实验和工程设计中，所用材料的导热系数常常需要用实验方法来精确测定。

测量导热系数的主要方法有稳态法和动态法：用稳态法测量时，先用热源对测试样品进行加热，并在样品内部形成稳定的温度分布，然后进行测量。用动态法测量时，待测样品中的温度分布是随时间变化的。本实验介绍用稳态法对不良导体的导热系数进行测量。

【实验目的】

(1) 掌握稳态法测材料导热系数的方法；

(2) 了解用热电转换方式进行温度测量的方法。

【预习思考题】

(1) 什么叫稳定导热状态？如何判定实验达到了稳定导热状态？

(2) 待测样品盘是厚一点好，还是薄一点好？为什么？

(3) 测导热系数λ要满足哪些条件？在实验中如何保证？

【实验原理】

本实验装置原理如图9.1-1所示。在支架D上先放进圆铜盘C，在C的上面放上待测样品盘B(圆盘形的不良导体)，再把带发热器的圆铜盘A从立柱上放下紧贴在盘B上，发热器通电后，热量从A盘传到B盘，再传到C盘，由于A、C盘都是热的良导体，其温度可以代表B盘上、下表面的温度T_1、T_2。T_1、T_2分别由插入A、C盘边缘小孔的热电偶E来测量。热电偶的冷端则浸在杜瓦瓶H中的冰水混合物中，通过双刀双掷开关G切换A、C盘中的热电偶与数字电压表F的连接回路。当热传导达到稳定状态时，由傅立叶热传导定律，在Δt时间内通过样品盘上表面或下表面的热量ΔQ满足下述关系：

$$\frac{\Delta Q}{\Delta t}=\lambda\frac{T_1-T_2}{h_B}S_B \tag{9.1-1}$$

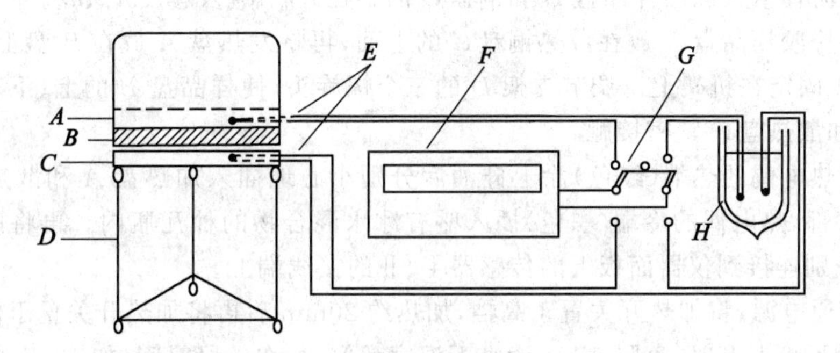

A—发热盘　B—样品盘　C—散热盘　D—支架　E—热电偶

F—数字毫伏表　G—双刀双掷开关　H—杜瓦瓶

图 9.1-1　固体导热系数测量装置示意图

式中，h_B 为样品厚度，$S_B=\pi R_B{}^2$ 为样品上、下表面的面积，(T_1-T_2)为样品上、下表面的温度差，λ 为样品盘的导热系数。

实验中，当上铜盘 A 的温度 T_1 和下铜盘 C 的温度 T_2 稳定不变时，通过样品盘 B 的热量就等于下盘 C 向周围散发的热量，即 B 盘的导热速率等于 C 盘的稳定散热速率。C 盘的稳定散热速率可表示为

$$\left(\frac{\Delta Q}{\Delta t}\right)_{C散热}=\left(\frac{cm\Delta T}{\Delta t}\right)_{C散热}=cm\left(\frac{\Delta T}{\Delta t}\right)\Bigg|_{T=T_2} \tag{9.1-2}$$

式中，m 和 c 分别为散热盘 C 的质量和比热容，$\left(\frac{\Delta T}{\Delta t}\right)\Big|_{T=T_2}$ 是 C 在 T_2 的冷却速率。

在测量稳态时的 T_1 和 T_2 之后，将样品盘 B 移去，使上发热盘 A 的底面与下散热盘 C 直接接触。当盘 C 温度上升到比 T_2 高若干度后，再将圆盘 A 移开，让盘 C 全部外表面与空气接触自然冷却。观察其温度 T 随时间变化情况，然后由此求出盘 C 在 T_2 的冷却速率。要注意，在观察测试样品盘的稳态传热时，下盘 C 的上表面是被样品盘 B 覆盖着的；而在测量下盘 C 的冷却速率时，下盘 C 的全部外表面都暴露在空气中自然冷却。考虑到物体的散热速率与它的散热面积成正比，所以有

$$\frac{\Delta Q}{\Delta t}=\left(\frac{\Delta Q}{\Delta t}\right)_{C散热}\cdot\frac{\pi R_C{}^2+2\pi R_C h_C}{2\pi R_C{}^2+2\pi R_C h_C}=mc\,\frac{R_C+2h_C}{2R_C+2h_C}\cdot\left(\frac{\Delta T}{\Delta t}\right)\Bigg|_{T=T_2} \tag{9.1-3}$$

由式(9.1-1) 和式(9.1-3) 可求出样品盘 B 的导热系数 λ

$$\lambda=\frac{mch_B(R_C+2h_C)}{2\pi R_B{}^2(T_1-T_2)(R_C+h_C)}\cdot\left(\frac{\Delta T}{\Delta t}\right)\Bigg|_{T=T_2} \tag{9.1-4}$$

m、R_B、h_B、R_C、h_C、T_1 和 T_2 都可由实验测量出准确值，因此，只要测出$\left(\frac{\Delta T}{\Delta t}\right)\Big|_{T=T_2}$，就可以得到样品盘 B 的导热系数 λ。

【实验仪器】

TC-2/A 型导热系数测定仪、杜瓦瓶、游标卡尺、物理天平。

【实验内容】

(1) 称出 C 盘的质量 m。

(2) 用游标卡尺测出样品盘 B 和铜盘 C 的半径 R_B、R_C 及厚度 h_B、h_C。

(3) 将橡胶样品盘 B 放在散热铜盘 C 的上面,再将发热盘 A 放在 B 盘上方,用螺钉将发热盘 A 固定在机架上。调节支架 D 的三个螺旋头,使样品盘 B 的上、下表面分别与发热盘 A 和散热盘 C 紧密接触。

(4) 将热电偶的热端(红色)涂上硅油后分别小心地插入加热盘 A 和散热盘 C 侧面的小孔的底部,热电偶的冷端(黑色)插入盛有冰水混合物的杜瓦瓶内。再将两个热电偶的接线端分别连接到仪器面板上的传感器Ⅰ、Ⅱ的接线端上。

(5) 接通电源,将加热开关置于高挡,加热约 20min 后再将加热开关置于低挡。待传感器的读数不再上升时,每隔 5min 读一下温度示值,如在一段时间(如 10min)内样品上、下表面温度 T_1 和 T_2 示值都不变,即可认为已达到稳定状态。记录稳态时 T_1、T_2 值。

(6) 测量散热盘 C 的散热速率。移去样品,让发热盘 A 直接加热散热盘 C,当下铜盘 C 温度比 T_2 高出10℃左右时,移去发热盘 A 并关掉电源。让下盘 C 自然冷却,每隔 30s 读一次散热盘 C 的温度示值,根据测量数据求出散热盘 C 的散热速率。

【数据处理】

(1) 列表记录实验所测数据。

(2) 根据实验数据计算出散热盘 C 的散热速率。

(3) 计算出样品的导热系数 λ 及其不确定度,计算时,下散热铜盘 C 的比热容取 $c=0.3709\text{J/(g}\cdot\text{℃)}$。

(4) 写出实验结果并进行讨论。

【实验后思考题】

(1) 如何根据测量数据求出温度 T_2 附近散热盘 C 的散热速率?

(2) 试利用本实验仪器测量空气的导热系数。

(3) 讨论本实验的误差因素,并说明导热系数可能偏小的原因。

§9.2 金属线胀现象的研究

当温度升高时,一般固体因其原子或分子的热运动加剧,粒子间的平均距离会发生变化,温度越高,其平均距离越大,这就是固体的热膨胀。热膨胀是物质的基本热学性质之一。

"热胀冷缩"是由物体内部分子热运动加剧或减弱所造成的,绝大多数物质都具有这种特性。这个性质在工程结构的设计、机械和仪器的制造及材料的加工(如焊接)等中,都要加以考虑,否则将影响结构的稳定性、仪表的精度,甚至会造成工程的毁损、仪表的失灵及加工焊接中的缺陷或失败。固体的热膨胀非常微小,使物体发生很小形变时就需要很大的应力。热膨胀虽然不很大,却可以产生很大的应力。因此,在建筑工程、机械装配、电子工业等部门中,都会考虑固体材料的热膨胀问题,要定量地分析它所引起的结构变化。而各种材料的热膨胀系数,是定量分析热膨胀问题的依据,可见,测定固体的线膨胀系数有着重要的实际意义。

实验发现,同一材料在不同温度区域,其线胀系数不一定相同。某些合金,在金相组织发生变化的温度附近,同时会出现线胀量的突变。但是在温度变化不大的范围内,线胀系数仍可认为是一常数。物体的热膨胀不仅与物质种类有关,而且对晶体而言,其热膨胀还有各相异性。如石墨受热时,沿某些方向膨胀,而沿另一些方向则收缩。金属是晶体,是由许多晶粒构成的,而这些晶粒在空间方位上的排列是无规则的,所以,金属整体表现出各相同性,或称它们的线膨胀在各个方向均相同。因此测定线胀系数,还是了解材料特性的一种手段,具有科学研究的理论价值。而用实验方法测定热膨胀系数,则是一种最简便的途径。

【实验目的】

(1) 观察物体线膨胀现象;

(2) 测量铜棒的线膨胀系数;

(3) 掌握应用迈氏干涉仪测量物体长度微小变化量的方法。

【预习思考题】

(1) 什么是固体的线膨胀?什么是线胀系数?

(2) 椭圆干涉圆环的变化与金属棒伸长量之间有何关系?

(3) 在样品测试过程中,能否直接按"暂停"键?

【实验原理】

一般情况下,固体受热后长度的增加称为线膨胀。实验证明,长度为 L 的固体受热膨胀后,其相对伸长量 $\mathrm{d}L/L$ 与温度变化 $\mathrm{d}t$ 成正比,写成等式为:

$$\frac{\mathrm{d}L}{L}=\alpha\mathrm{d}t \tag{9.2-1}$$

其中,比例系数 α 称为固体线膨胀系数。

假设当温度由 t_1 变至 t_2 时,长度由 L_1变至 L_2,对式(9.2-1)积分,得

$$L_2=L_1\mathrm{e}^{\alpha(t_2-t_1)} \tag{9.2-2}$$

将式(9.2-2)中 $\mathrm{e}^{\alpha(t_2-t_1)}$ 展开成级数,得

$$\mathrm{e}^{\alpha(t_2-t_1)}=1+\alpha(t_2-t_1)+\frac{\alpha^2(t_2-t_1)^2}{2!}+\cdots+\frac{\alpha^n(t_2-t_1)^n}{n!} \tag{9.2-3}$$

因为 α 甚小,故上式二次项以后各项可略去,代回到式(9.2-2),得

$$L_2=L_1[1+\alpha(t_2-t_1)]$$

$$\alpha=\frac{L_2-L_1}{L_1(t_2-t_1)}=\frac{\Delta L}{L_1(t_2-t_1)} \tag{9.2-4}$$

(9.2-4)式即为测物体线胀系数的实验公式。当长度为 L_1 的待测固体试件被电热炉加热,温度从 t_1 上升至 t_2 时,试件因线膨胀伸长到 L_2,同时推动迈克耳孙干涉仪的动镜,使干涉条纹发生 N 个环的变化,则(9.2-4) 式中,$L_2-L_1=\Delta L=N\dfrac{\lambda}{2}$。

【实验仪器】

SGR-1 型热膨胀实验装置。试件品种:黄铜(H62)$\alpha=20.6\times10^{-6}$/ ℃,(25~300℃);硬铝(LY12)$\alpha=22.7\times10^{-6}$/ ℃,(20~100℃);钢(45)$\alpha=11.59\times10^{-6}$/ ℃,(20~100℃)。

SGR-1 型热膨胀实验仪由迈氏干涉仪、数显温控仪和电热炉三部分组成一个整体。仪器原理如图 9.2-1 所示。待测固体试件在图 9.2-1 右侧的电热炉(内部结构如图 9.2-3 所示)内被加热,试件受热膨胀伸长,便推动迈氏干涉仪的动镜(动镜固定在试件上端),使干涉条纹发生变化。试件的伸长量就可以根据条纹的变化数量来计算。在独立的迈氏干

涉仪中，动镜竖直放置，光束可垂直反射回分束镜。而本组合实验装置中，动镜则水平放置，所以在动镜上方加了一面转向镜，以保证光束仍垂直反射回分束镜。温度的变化由图 9.2-1 下侧的数显温控仪显示。

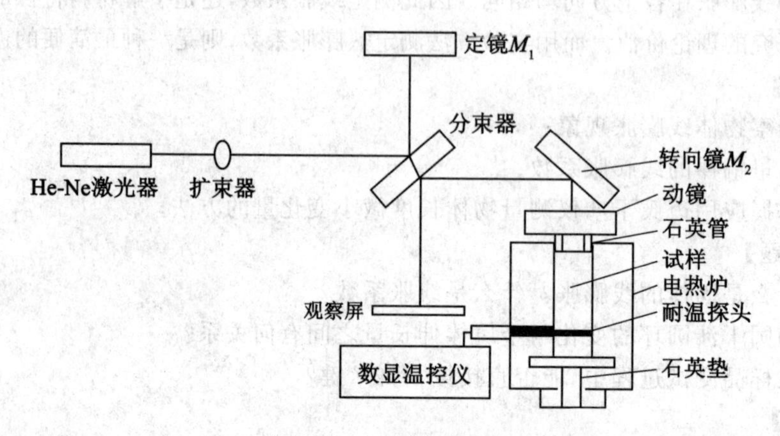

图 9.2-1 仪器原理图

数显温控仪如图 9.2-2 所示。数显温控仪的测温探头通过铂热电阻，取得代表温度信号的阻值，经电桥放大器和非线性补偿器转换成与被测温度成正比的信号；而温度设定值使用“设定旋钮”调节，两个信号经选择开关和 A/D 转换器，可在数码管上分别显示测量温度和设定温度。仪器加热到温度接近设定温度时，继电器会自动断开加热电路；在测量状态下，数屏显示当前探测到的温度。

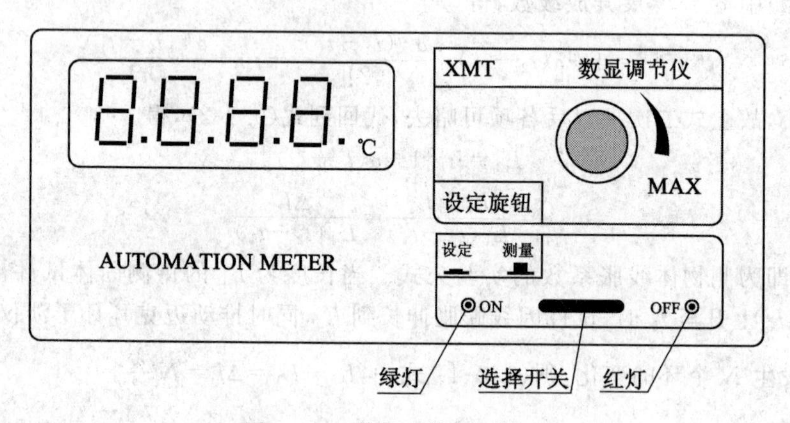

图 9.2-2 数显温控仪面版图

【实验内容】

(1) 安放试件。

先用 M4 长螺钉旋入试件一端的螺纹孔内，将试件从架上提拉出来，横放在实验台上，再用游标卡尺测量并记录试件长度 L_1 5 次。将电热炉从仪器侧面的台板上平移取下，手提 M4 螺钉把试件送进电热炉(注意：试件的测温孔与炉侧面的圆孔一定要对准)。然后卸下螺丝,用平面镜背面石英管一端的螺纹件将平面镜与试件连接起来。在炉体复位(从台板开口向里推到头)后,务必将测温探头穿过炉壁插入试件下半截的测温孔内,测温器手柄应紧靠电热炉的外壳。从炉内电阻丝引出的电缆插头应插入炉旁的插座上(见图9.2-3)。炉体下部与侧台板之间用两个手钮锁紧。

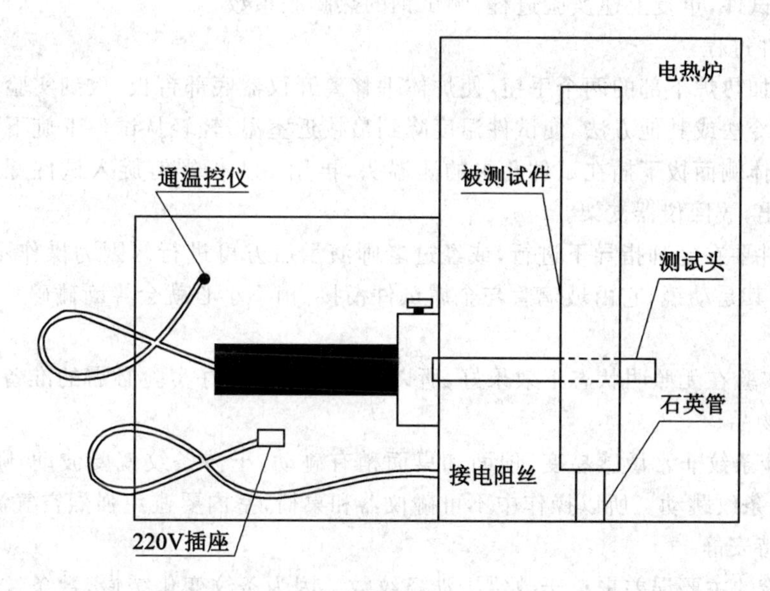

图 9.2-3　电热炉内结构示意图

(2) 调节迈克耳孙干涉光路。

接好激光器的线路(正负不可颠倒),考虑到安全问题,实验室一般事先已接好激光线路。先按下红色"电源"键,接通电路;再按下红色"激光"键,激光射出。拨开扩束器让出光路,调节 M_1(定镜)和 M_2(转向镜)两个平面镜背后的螺丝,使观察屏上两组光点中最亮的两点重合。然后合拢扩束器到光路中去,此时屏上可出现椭圆干涉环。这时微调平面镜的方位,可将椭圆干涉环的环心调到视场的适中位置。对扩束器作二维调节,可纠正观察屏上光照的不均匀。

(3) 设定温度。

温控仪自动控制加热时,试件温度升高到比设定温度大约低 2.8℃时,加热电路就会被切断。所以根据测量所需的温度范围设置温度上限时,设定温度可做如下估算:

设定温度＝基础温度＋温升＋2.8℃。设定温度确定后,按下选择开关于"设定"档(低帽),然后旋转旋钮,将温度调到该选定值。再按一次选择开关转换到"测量"档(高帽),此时数屏显示值为试件初温。初温并非就是 t_1,当室温低于试件的线性变化温度范围时,可加热至所需温度 t_1,再开始实验测量。根据夏季与冬季室温的差异,本实验的 t_1 选择范围定为:20～30℃。并将设定温度定在 70～80℃。

(4) 加温测量。

记下 t_1,按绿色"加热"键开始加温。认准干涉图样中心的形态,当一个干涉环刚消失时马上开始数环数,一直数到 300 环,记下此时温度 t_2。测试完毕后,按黄色"暂停"键,停止加热。然后按“激光”，关闭激光，再按“电源”键，关闭电源。在加温接近和达到设定温度时，红灯亮(绿灯闪灭)，加热电路会自动切断。

(5) 选做。

① 更换试件，重复上述实验过程，测试硬铝的热膨胀系数；

② 更换试件，重复上述实验过程，测试钢的热膨胀系数。

更换试件过程：

① 松开加热炉下部的两个手钮，使炉体平移离开仪器底部台板，放到实验桌上；

② 用风冷法或其他方法，使试件温度降到最接近室温，轻轻从试件上旋下动镜；

③ 从炉体侧面拔下插在试件孔中的测温头，再用 M4 长螺钉旋入试件螺纹孔，将试件从炉内取出，放回仪器支架。

更换试件要在老师指导下进行，或经过老师演示后方可进行。因为操作不当很容易损坏仪器，尤其是动镜，它由玻璃管与金属试件衔接，稍不小心就会弄断碰碎！

【注意事项】

(1) 本实验在无照明状态下效果好，所以关灯之前要做好实验必需的准备，以免在黑暗中摸索找物品。

(2) 干涉条纹非常敏感易变，地面和桌面稍有碰动，干涉条纹就要波动，哪怕呼吸的气流，都会让条纹跳动。所以操作中不可碰仪器和桌椅，室内要避免强烈空气流动。实验室一定要保持安静。

(3) 实验的主要误差来自于数错干涉条纹数。因为条纹变化缓慢，数条纹的时间长，眼睛易疲劳和看花眼，容易数漏环数，要格外专注细心才行。

(4) 实验前不要误按了“加热”开关，否则为恢复加热前的温度要延误实验时间，而且短时间内温度忽升忽降，会影响实验测量的准确度。

(5) 为了避免体温传热对炉内外热平衡扰动的影响，不要用手抓握待测试件。

(6) 平面动镜与铜螺丝之间粘接的石英细管质脆易损，不能承受较大的扭力和拉力；装或卸时都要非常小心。

(7) 炉底上的石英垫不能承受试件落体的冲击，试样入炉与出炉都必须用 M4 长螺钉旋紧了才能提和放。

(8) He-Ne 激光对眼睛视网膜是有伤害的，不要直接对视激光光束或激光干涉图样。

(9) 测试完成后，关机顺序是：黄色“暂停”键→“激光”键→“电源”键。

【数据处理】

(1) 自拟表格记录实验数据；

(2) 计算线膨胀系数和不确定度；

$$U_{\bar{\alpha}}=\bar{\alpha}\sqrt{\left(\frac{U_{\overline{L_1}}}{\overline{L_1}}\right)^2+\left(\frac{U_{\Delta L}}{\Delta L}\right)^2+\frac{U_{t_2}^2+U_{t_1}^2}{(t_2-t_1)^2}}$$

(3) 写出实验结果并进行讨论；

(4) 与标准值比较计算相对误差。黄铜(H62)的标准值：$\alpha=20.6\times10^{-6}$(℃$^{-1}$)。

【实验后思考题】

(1) 若金属棒从室温 t_1 和温度升到 t_2 时，对应的长度为 L_1、L_2，其伸长量为 $\Delta L=L_2$

$-L_1$，则线胀系数为 $\alpha=\dfrac{\Delta L}{L_1(t_2-t_1)}$。此式中哪些量容易测量？哪些量不易测量？

(2) 金属伸长量 ΔL 的测量是测量固体线胀系数要解决的关键问题。除了本实验采用的激光迈氏干涉测量系统外，你知道还有哪些方法可以测量这样微小的伸长量吗？

(3) 根据实验室条件，你能设计出一种测量固体微小伸长量 ΔL 的方案吗？

§9.3 液体表面现象的研究

表面张力是液体表面层由于分子引力不均衡而产生的沿表面作用于任一界线上的张力。表面张力的存在能说明物质处于液态时所特有的许多现象，比如泡沫的形成、润湿和毛细现象等。在工业技术上，如矿物的浮选技术和液体输送技术等，都要对表面张力进行研究。

测定液体表面张力的方法很多，常用的有拉脱法、毛细管法、最大气泡压力法等。本实验采用拉脱法的是一种直接测定方法。

【实验目的】

(1) 掌握用焦利秤测量微小力的原理和方法；

(2) 了解液体表面的性质，测定液体的表面张力系数。

【预习思考题】

(1) 影响液体表面张力系数的因素有哪些？

(2) 焦利秤与普通秤有什么区别？使用过程中要注意什么？

(3) 为什么要采用"三线对齐"的方式来测量？两线对齐可以吗？为什么？

【实验原理】

液体表面层(其厚度等于分子的作用半径，约 10^{-8} m)内的分子所处的环境跟液体内部的分子是不同的。在液体内部，每个分子四周都被同类的其他分子所包围，它所受到的周围分子的作用力的合力为零。由于液体上方的气相层的分子数很少，表面层内每一个分子受到的向上的引力比向下的引力小，合力不为零，这个合力垂直于液面并指向液体内部，如图9.3-1所示，所以分子有从液面挤入液体内部的倾向，并使液体表面自然收缩，直到处于动态平衡，即在同一时间内脱离液面挤入液体内部的分子数和因热运动而到达液面的分子数相等时为止。

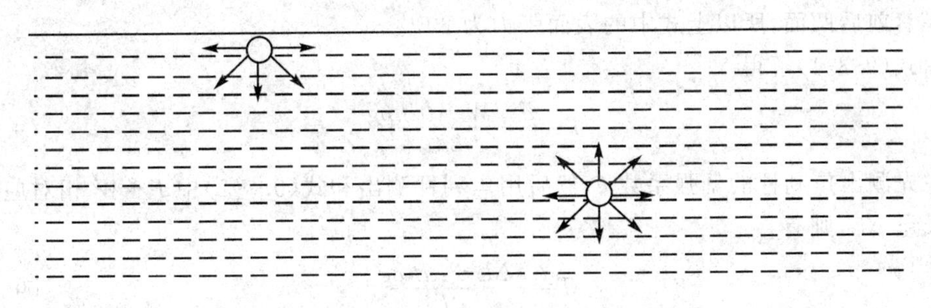

图 9.3-1 液体表面层和内部分子受力示意图

将一表面洁净的矩形金属丝框竖直地浸入水中，使其底边保持水平，然后轻轻提起，则其附近的液面将呈现出如图 9.3-2 所示的形状，即丝框上挂有一层水膜。水膜的两个表面沿着切线方向有作用力 f，称为表面张力，φ 为接触角。当缓缓拉出金属丝框时，接触角 φ 逐渐减小而趋向于零。这时表面张力 f 垂直向下，其大小与金属丝框水平段的长度 l 成正比，故有

$$f=2Tl$$

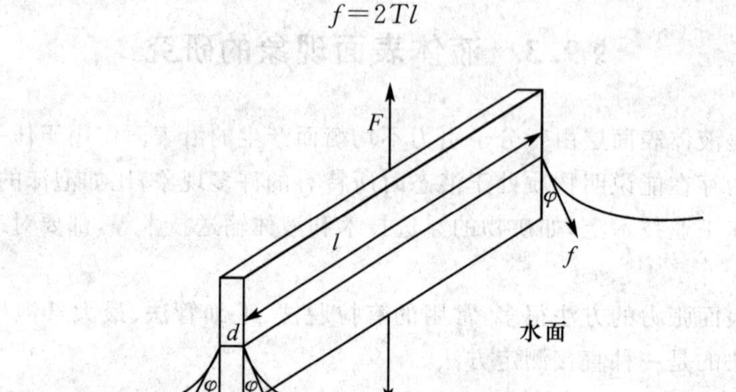

图 9.3-2　液体表面张力受力分析

式中，比例系数 T 称为表面张力系数，它在数值上等于单位长度上的表面张力。在国际单位制中，T 的单位为 N/m。

表面张力系数 T 与液体的种类、纯度、温度和它上方的气体成分有关。实验表明，液体的温度越高，T 值越小；所含杂质越多，T 值也越小。因此，在测定 T 值时，必须注明是在什么温度下测定的，并且要十分注意被测液体的纯度，测量工具（金属丝框、盛液器皿等）应清洁，不沾污渍。

在金属丝框缓慢拉出水面的过程中，金属丝框下面将带起一水膜，当水膜刚被拉断时，诸力的平衡条件是

$$F=W+2Tl+ldh\rho g \tag{9.3-1}$$

式中，F 为弹簧向上的拉力；W 为水膜被拉断时金属丝框的重力和所受浮力之差；l 为金属丝框的长度；d 为金属丝的直径，即水膜的厚度；h 为水膜被拉断时的高度；ρ 为水的密度；g 为重力加速度；$ldh\rho g$ 为水膜的重量，由于金属丝的直径很小，所以这项值不大。由于水膜有前后两面，所以上式中的表面张力为 $2Tl$。

由式(9.3-1)解得

$$T=\frac{F-W-ldh\rho g}{2l} \tag{9.3-2}$$

实验中先测出焦利秤的倔强系数 k，然后用焦利秤测出和式(9.3-2)中 $F-W$ 相对应的弹簧伸长量 ΔL，则有

$$T=\frac{k\Delta L-ldh\rho g}{2l} \tag{9.3-3}$$

式(9.3-3)即为实验公式。

【实验仪器】

焦利秤、金属丝框、砝码、玻璃皿、游标卡尺。

焦利秤简介

焦利秤的构造如图 9.3-3 所示，它实际上是一种用于测微小力的精细弹簧秤。一根金属套管 A 垂直竖立在三角底座上，调节底座上的螺丝，可使金属套管 A 处于垂直状态。带有毫米标尺的圆柱 B 套在金属套管内。在金属套管 A 的上端固定有游标 C，圆柱 B 顶端伸出的支臂上挂一锥形弹簧 D。转动旋钮 E 可使圆柱 B 上下移动，因而也就调节了弹簧 D 的升降。弹簧上升或下降的距离由主尺（圆柱 B）和游标 C 来确定。

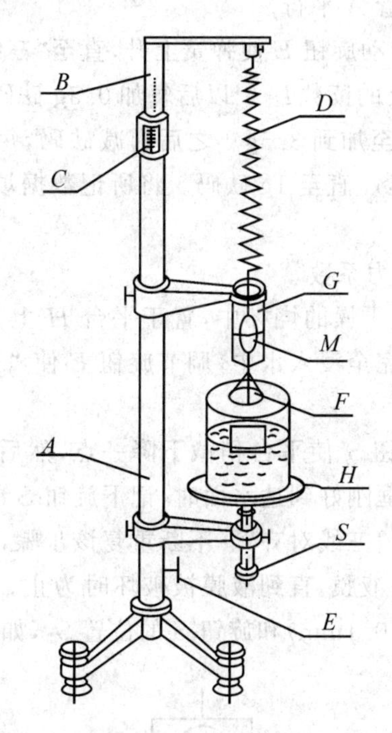

A—立柱　B—毫米标尺　C—游标　D—弹簧　E—立柱升降旋钮　F—砝码盘
G—玻璃圆筒　H—平台　M—平面反射镜　S—平台升降旋钮

图 9.3-3　焦利秤

G 为固定在金属套管 A 上一侧刻有刻线的玻璃圆筒，M 为挂在弹簧 D 下端的两头带钩的小平面镜，镜面上有一刻线。实验时，使玻璃圆筒 G 上的刻线、小平面镜上的刻线、G 上的刻线在小平面镜中的像，三者始终重合，简称"三线对齐"。用这种方法可保证弹簧下端的位置是固定的，弹簧的伸长量可由主尺和游标定出来（即伸长前后两次读数之差值）。一般的弹簧秤都是弹簧秤上端固定，在下端加负载后向下伸长，而焦利秤与之相反，它是控制弹簧下端的位置保持一定，加负载后向上拉动弹簧确定伸长值。H 为一平台，转动其下端的升降旋钮 S 时平台 H 可升降但不转动。F 为秤盘。

设在力 F 作用下弹簧伸长 Δl，根据胡克定律可知，在弹性限度内，弹簧的伸长量 Δl

与所加的外力 F 成正比，即

$$F=k\Delta l$$

式中，k 是弹簧的倔强系数。

对于一个特定的弹簧，k 值是一定的。如果将已知重量的砝码加在砝码盘中，测出弹簧的伸长量，由上式即可计算出该弹簧的 k 值。这一步骤称为焦利秤的校准。焦利秤校准后，只要测出弹簧的伸长量，就可计算出作用于弹簧上的外力 F。

【实验内容】

（1）测量弹簧的倔强系数 k。

将弹簧、砝码盘挂在焦利秤上，调节三角底座上的螺钉，使小镜 M 穿过玻璃圆筒 G 的中心，这时弹簧将与金属套管 A 平行。

在秤盘上加 1g 砝码，转动旋钮 E 使弹簧上升，直至"三线对齐"为止。这时读出游标零线所指示的毫米标尺 B 上的读数 L_0。以后每加 0.5g 砝码，调整一次旋钮 E 使"三线对齐"，再记下 B 上的读数，直至加到 3.5g。之后递减砝码，每减 0.5g，调整一次旋钮 E 使"三线对齐"，记下 B 上的读数，直至 1g 砝码。将所记数据填入表格，用逐差法处理数据，求出倔强系数 k 值。

（2）测量液体的表面张力系数。

将待测液体倒入洗净且干燥的烧杯中，置于平台 H 上，并将金属丝框悬挂于砝码盘下端的小钩上，使金属丝框完全浸入水中，调节旋钮 E 使"三线对齐"。调节时要保证金属丝框始终处于水面以下。

转动平台 H 下端的旋钮 S 使平台稍微下降一点，然后调节旋钮 E 重新使"三线对齐"，重复上述调节，当金属框刚好到达水面时，记下旋钮 S 的位置 S_1。使平台 H 继续下降一点，然后调节旋钮 E 使"三线对齐"。不断重复该步骤，金属丝框将慢慢露出液面，并在表面张力的作用下带起一液膜，直到液膜被破坏时为止。记下液膜被破坏时毫米标尺 B 上的读数 L_1（用游标读到 0.1mm）和旋钮 S 的位置 S_2，如图 9.3-4 所示。

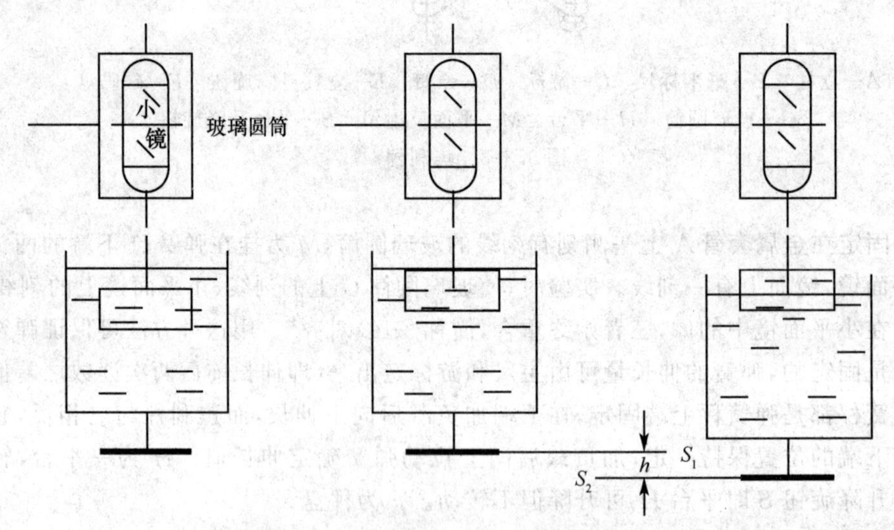

图 9.3-4 测量表面张力系数示意图

用吸水纸将金属丝框上的小水珠轻轻地吸去，转动升降旋钮 E 使金属丝框缓缓下降，直到“三线对齐”，读出毫米标尺 B 上的读数 L_2，则式(9.3-2)中的 $F-W=k(L_1-L_2)$。

将步骤(2)重复 5 次。

(3) 用游标卡尺测金属丝框的长度 l 和直径 d 各一次。

(4) 求 h 值。

测量过程中 S_1 和 S_2 之差即为水膜的高度，$h=S_1-S_2$。

(5) 用温度计测出实验时的水温。

【注意事项】

(1) 焦利秤中使用的弹簧是精密易损元件，要轻拿轻放，切忌用力拉。

(2) 实验时动作必须仔细、缓慢。平台一次只能下降一点，如果动作鲁莽，会使液膜过早破裂，引起较大误差。

(3) 每次实验前要用氢氧化钠溶液清洗玻璃杯和金属丝框，然后用洁净水冲洗多次才能使用。实验结束后用吸水纸将金属丝框表面擦干，以免锈蚀。

【数据处理】

(1) 自拟表格记录实验数据。

(2) 对 ΔL_i 进行逐差处理，用公式

$$k=\frac{3mg}{\Delta L} \qquad U_{\bar{k}}=\bar{k}\sqrt{\left(\frac{U_{\overline{\Delta L}}}{\overline{\Delta L}}\right)^2}$$

$$U_{\bar{T}}=\sqrt{\left(\frac{\overline{\Delta L}}{2l}U_{\bar{k}}\right)^2+\left(\frac{\bar{k}}{2l}U_{\overline{\Delta L}}\right)^2}$$

计算不确定度。

(3) 给出 K 和 T 的测量结果，并进行分析。

【实验后思考题】

(1) 用拉脱法测液体表面张力系数时，其测量结果一般要偏大，试分析产生这种系统误差的原因和应当如何修正。

(2) 试用图解法求焦利秤弹簧的倔强系数，并将所得结果与逐差法算出的倔强系数做比较。

(3) 如何从仪器和测量方法着手，改进表面张力系数的测量精度？

§9.4 用传感器研究空气的相对压力系数

传感器是一种能感受规定的待测量并按照一定的规律将其转换成易于测量的量(通常为电学量)的元件，它处于测量装置的输入端。传感器的种类非常多，应用极其广泛。如果按被测参数分类，有温度传感器、压力传感器、位移传感器、速度传感器，等等。本实验中用到的硅压阻式差压传感器即属于压力传感器。根据理想气体的查理定律，利用差压传感器测量定容气体的压强，从而测定出空气的相对压力系数。

【实验目的】

(1) 加深对理想气体状态方程和查理定律的理解；

(2) 了解差压传感器的工作原理，并掌握其使用方法；

(3) 学习用最小二乘法对数据作一元线性拟合处理。

【预习思考题】

(1) 硅压阻式差压传感器的工作原理?

(2) 转动三通活塞应注意什么?恒温水浴锅里的蒸馏水加多少为宜?

(3) 实验中是如何对差压传感器定标的?

【实验原理】

1. 气体的相对压力系数

一定质量理想气体的压强、体积、温度满足理想气体状态方程:

$$pV=\frac{m}{M_{\mathrm{mol}}}RT$$

当体积 V 保持恒定时,气体状态方程简化为查理定律:

$$p=p_0\frac{T}{T_0}=p_0\frac{T_0+t}{T_0}=p_0(1+\alpha_p t) \tag{9.4-1}$$

式中,$T_0=273.15\mathrm{K}$;t 为气体的摄氏温度;p 和 p_0 分别为气体在摄氏温度为 t℃和 0℃时的气体压强;α_p 即为相对压力系数,定义为 $\alpha_p=\frac{\Delta p}{p_0\Delta t}$,对于理想气体,$\alpha_p=\frac{1}{T_0}=3.66\times 10^{-3}\mathrm{K}^{-1}$。

实际气体如空气可近似地看做理想气体,其相对压力系数与理想气体非常接近。

2. 差压传感器

半导体材料(如单晶硅)因受力而产生应变时,材料中载流子的浓度和迁移率都会相应地发生变化,结果将导致半导体材料的电阻率发生改变,这种现象称为压阻效应。压阻式差压传感器就是利用压阻效应制成的。本实验中所使用的差压传感器的结构示意图如图9.4-1 所示。

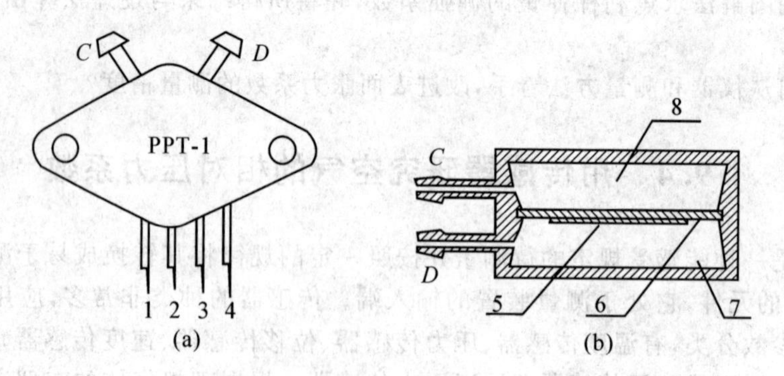

图 9.4-1　差压传感器结构示意图

图 9.4-1(a)为外形图,(b)为剖面图。1、3 为工作电压线(3 为正),2、4 为输出电压线(2 为正),5 为硅膜片,6 为固定片,7 为参考压力腔,8 为正压力腔,两个腔室由固定片 6

分开，互不相通。D、C 为 7、8 两个腔室的接口。它的核心元件是硅膜片 5，这种膜片是应用制造集成电路的方法，在硅单晶体基片上通过硼的扩散形成的，其结构为图 9.4-2 所示的十字形四端应变片，如果将一恒定电压 E（即工作电压）加在 M 和 N 的两端上，当膜片受到压力时，就会从 A 和 B 两端输出一个与 7、8 两腔室中气压差值 Δp 呈线性关系的电压 U_p（即输出电压）：

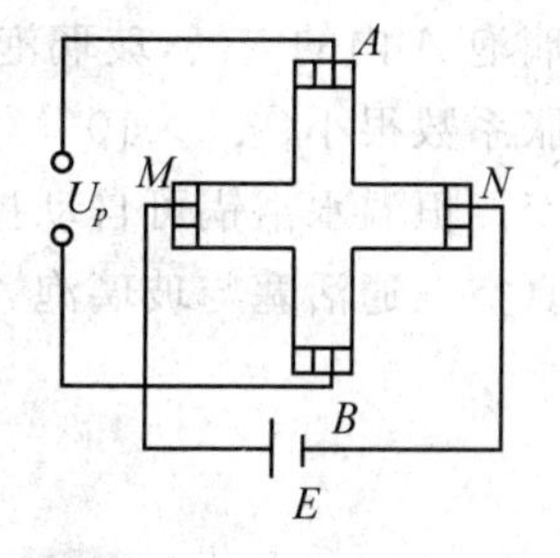

图 9.4-2　十字形四端应变片

$$U_p = U_0 + k_p \Delta p \tag{9.4-2}$$

式中，U_0 为气压差为零时的输出电压；系数 k_p 为一常数。

3. 常数 k_p 的测定

若差压传感器参考压力腔 7 的接口 D 通大气，大气压强记为 p_C，正压力腔 8 的接口 C 通被测气体，被测气体压强记为 p，将两腔室气压差值 $\Delta p = p - p_C$ 代入式(9.4-2)得

$$p = p_C + \frac{U_p - U_0}{k_p} \tag{9.4-3}$$

若接口 C、D 均通大气，此时气压差 $\Delta p = 0$，则输出电压 $U_p = U_0$，若参考压力腔 7 的接口 D 接真空泵，将参考压力腔中的气体抽空，直至气压为零，正压力腔 8 通大气，此时气压差 $\Delta p = p_C$，则输出电压 U_p 达到最大值 U_m：

$$U_m = U_0 + k_p p_C$$

由该式可得到：

$$k_p = \frac{U_m - U_0}{p_C} \tag{9.4-4}$$

测定常数 k_p 称为差压传感器的定标。将式(9.4-4)代入式(9.4-3)可得

$$p = p_C\left(1 + \frac{U_p - U_0}{U_m - U_0}\right)$$

再将上式代入式(9.4-1)得

$$\left(1 + \frac{U_p - U_0}{U_m - U_0}\right) = \frac{p_0}{p_C}(1 + \alpha_p t) \tag{9.4-5}$$

式(9.4-5)为测定空气相对压力系数的实验公式。式中 $\left(1 + \frac{U_p - U_0}{U_m - U_0}\right)$ 与温度 t 呈线性关系，该线性关系的斜率 $a = \frac{p_0}{p_C}\alpha_p$，截距 $b = \frac{p_0}{p_C}$，实验中先对传感器定标，测得 U_m 与 U_0，再测得若干组 (U_i, t_i) 值，对 $\left(t_i, 1 + \frac{U_i - U_0}{U_m - U_0}\right)$ 用最小二乘法进行直线拟合，求出斜率 a 和截距 b，则可求出空气相对压力系数 $\alpha_p = a/b$。

【实验仪器】

气体相对压力系数仪、差压传感器装置、数显恒温水浴锅、真空泵与电磁阀

(1) 差压传感器装置。

此传感器可用于非腐蚀性气体和液体的压力或压差的测量。测量范围为 0～10^5 Pa，综合精度为 0.3%。传感器装置主要部分的示意图如图 9.4-3 所示。被测介质是封装在

玻璃泡 A 内的空气,玻璃泡 A 浸没在恒温水浴锅内的蒸馏水中。由于玻璃随温度变化的膨胀系数很小($9.5\times10^{-5}/℃$),可近似看做零,因此可认为玻璃泡 A 内的空气体积恒定不变。恒温水浴锅可自动控制水温。差压传感器的接口 D 通大气,接口 C 经过细玻璃管和真空三通活塞与玻璃泡 A 相连。

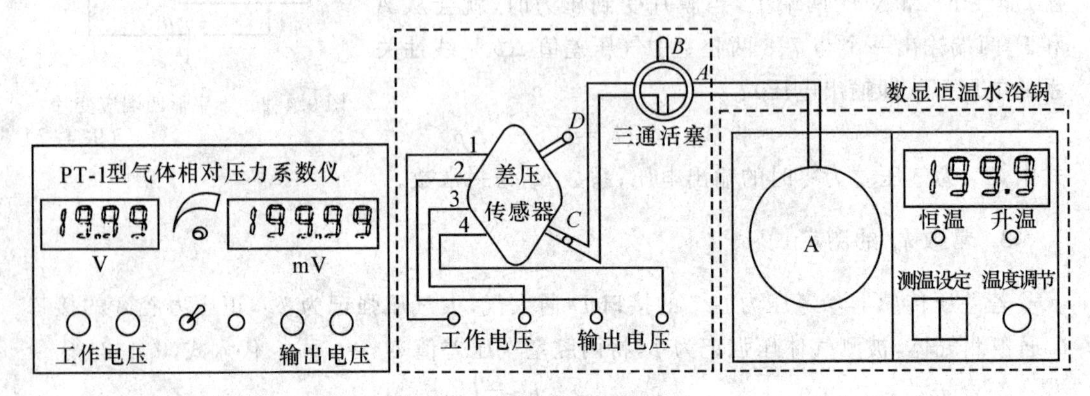

图 9.4-3　差压传感器装置图

(2) 数显恒温水浴锅。

在 $-50\sim100℃$ 范围内,金属铜丝的电阻值 R 与温度 t 有良好的线性关系,经过校正后,可用电阻值表示温度值和作为测控值。数显恒温水浴锅即根据该原理制成。

将玻璃泡 A 与毛细玻璃管相连。在管的中段设置三通活塞(如图 9.4-3 所示),若丁字形通孔以正丁字形放置,则玻璃泡 A 仅与三通活塞的 C 端相通,C 端接差压传感器。

若丁字形通孔以倒丁字形放置,则玻璃泡 A 与三通活塞的 C、B 端皆相通,B 端直通于大气。玻璃泡浸没于可变温、控温的水浴锅内,当水浴锅内充满蒸馏水以后,将选择开关拨至“测温”档时,则数字表显示出的温度值即蒸馏水底部的温度值;当选择开关拨至“设置”档时,轻轻旋转“温度调节”电位器旋钮,则水浴锅温度即定于所设值;当水温低于设置值时,则加热器自动通电升温,达到设置值后即自动停止,进入恒温状态。

(3) 气体相对压力系数仪。

PT-1 型气体相对压力系数仪给差压传感器提供工作电压 $E=3.00\text{V}$(3 位半的数字直流电源),同时可测量差压传感器输出电压,测量范围为 $\pm199.99\text{mV}$(4 位半数字电压表)。

【实验内容】

(1) 缓慢转动三通活塞,使丁字形通孔以倒丁字形放置,则玻璃泡 A、三通活塞的 B 端、差压传感器正压力腔出口 C 三者相通,将水浴锅内徐徐充满蒸馏水。

(2) 将“气体相对压力系数仪”的工作电压 E、输出电压 U 与差压传感器的 E、U 相连,三通活塞的丁字形通孔位置同前,此时差压传感器正压力腔出口 C 和差压传感器参考压力腔出口 D 均与大气相通,两腔室气压差 $\Delta p=0$,接通气体相对压力系数仪的电源,调节工作电压至额定值 $E=3.00\text{V}$,则输出电压的显示值(例如 17.90mV)即为 U_0 值,将 U_0 值记入数据表格。

（3）三通活塞的丁字形通孔仍以倒丁字形放置，将差压传感器参考压力腔7的接口D与真空泵相连，开动真空泵，从接口D抽气，几秒钟后，真空表指示值为负值，差压传感器的参考压力腔7内的压力可认为是0MPa，此时压力系数仪显示的输出电压值即为U_m值。在输出电压值稳定后，读取U_m值，记入数据表格。测完U_m值后立即关掉真空泵，则参考压力腔7随即复通于大气（真空表复指于0MPa）。

（4）缓慢转动三通活塞180°，使丁字形通孔以正丁字形放置，则玻璃泡A仅与差压传感器正压力腔接口C相通，与通大气的B端隔绝。将恒温水浴锅"设定"温度调至100℃，再将"选择开关"拨至"测温"档。当水温升至45℃左右时，开始记录，每增加5℃，记一次T_i和U_i，最后记下蒸馏水沸腾时的T_i和U_i值。

（5）实验结束后，将恒温水浴锅的温控旋钮置于最小值，关掉电源。是否从水浴锅上附设的橡皮管放掉蒸馏水，由实验指导教师决定。

【注意事项】

（1）差压传感器和玻璃制品极易损坏，操作要小心。转动三通活塞时一定要缓慢，另一只手一定要扶住活塞。需要更换蒸馏水时，用恒温水浴锅的橡胶管放水，不要倾倒水浴锅，以防损坏仪器。

（2）使用恒温水浴锅时，为了确保安全，请接上地线。向水浴锅内加蒸馏水要保证将电热管完全浸没于水中，以免烧坏电热管，造成漏水。一般蒸馏水要加到将玻璃泡完全浸没。严禁在不加蒸馏水时通电干烧，损坏水浴锅。

（3）不工作时，应切断电源，以防发生意外。

【数据处理】

（1）差压传感器定标。

（2）自拟表格记录实验数据。

由系列t_i-U_i值以及U_m和U_0，计算出相应的$1+\dfrac{U_i-U_0}{U_m-U_0}$，用最小二乘法对$\left(t_i,1+\dfrac{U_i-U_0}{U_m-U_0}\right)$进行直线拟合，求出斜率$a$、截距$b$和相关系数$\gamma$，则$\alpha_p=a/b$。

（3）计算α_p的理论值，并与实测值作比较。

【实验后思考题】

（1）对水加热时，为什么要控制好热平衡？升温过快有什么问题？

（2）实验中保持水沸腾时，若输出电压U_p的读数单调下降，可能是什么问题？

（3）环境室温的变化对测量有无影响？为什么？

第 10 章　电路特性与电磁场规律的研究

§10.1　用非线性电路研究混沌现象

混沌现象是指发生在确定性系统中的貌似随机的不规则运动，即一个确定性理论描述的系统，其行为却表现为不确定性——不可重复、不可预测。混沌研究最先起源于Lorenz研究天气预报时用到的三个动力学方程。后来的研究表明，无论是复杂系统，如气象系统、太阳系，还是简单系统，如钟摆、滴水龙头等，皆因存在着内在随机性而出现类似无规则，但实际是非周期有序运动，即混沌现象。现在混沌研究涉及的领域包括数学、物理学、生物学、化学、天文学、经济学及工程技术的众多学科，并对这些学科的发展产生了深远影响。混沌包含的物理内容非常广泛，研究这些内容更需要比较深入的数学理论，如微分动力学理论、拓扑学、分形几何学，等等。目前混沌的研究重点已转向多维动力学系统中的混沌、量子及时空混沌、混沌的同步及控制等方面。

【实验目的】

(1) 实验研究蔡氏电路，分析其电路特性和产生周期与非周期振荡的条件；

(2) 分析 RLC 电路中混沌现象的基本特性和混沌产生的方法；

(3) 对所观察的奇怪吸引子的各种图像进行探讨和说明；

(4) 测量有源非线性电路的负阻特性。

【预习思考题】

(1) 什么是混沌现象？产生混沌现象的根本原因是什么？

(2) 非线性的特点是什么？

(3) 什么是倍周期分岔？

【实验原理】

蔡氏电路原理图如图 10.1-1 所示，电路中电感 L 和电容 C_i($i=1,2,3$)并联构成一个振荡电路。非线性元件电阻 R 伏安特性如图 10.1-2 所示，表现为分段线性，且呈现负阻特性。耦合电阻 R_{w1}(实际是电导)呈现正阻性，它将振荡电路与非线性电阻 R 和电容 C_4 组成的电路耦合起来并且消耗能量，以防止由于非线性线路的负阻效应使电路中的电压、电流不断增大。

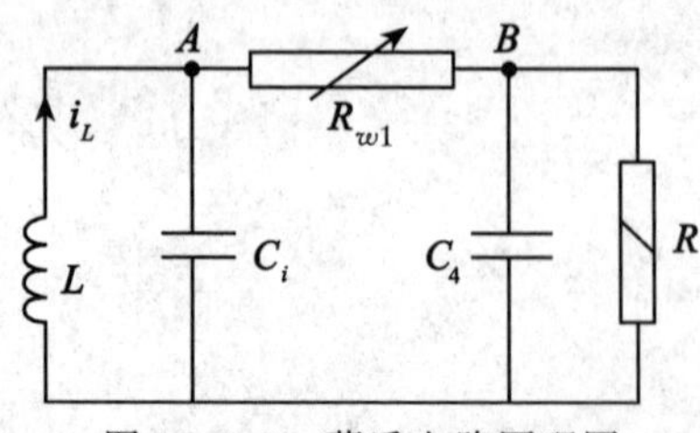

图 10.1-1　蔡氏电路原理图

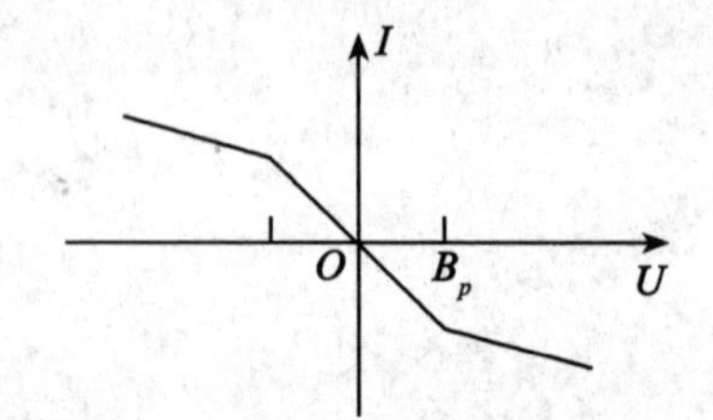

图 10.1-2　非线性元件伏安特性曲线

电路的状态方程式(即电路中的电流、电压关系式)为

$$C_i\frac{\mathrm{d}U_{C_i}}{\mathrm{d}t}=G(U_{C_4}-U_{C_i})+i_L$$

$$C_4\frac{\mathrm{d}U_{C_4}}{\mathrm{d}t}=G(U_{C_i}-U_{C_4})-f(U_{C_4})$$

$$L\frac{\mathrm{d}i_L}{\mathrm{d}t}=-U_{C_i}$$

其中,G 是 R_{w1} 的电导,U_{C_i}、U_{C_4} 分别是 C_i、C_4 上的电压,函数 $f(U)$ 是非线性电阻 R 的特征函数,它的分段表达式为

$$f(U)=\begin{cases}m_0U+(m_1-m_0)B_p & U\geqslant B_P\\ m_1U & |U|\leqslant B_p\\ m_0U-(m_1-m_0)B_p & U\leqslant -B_p\end{cases}$$

上式中 m_0、m_1 为常数,量纲与电导相同。

非线性元件 R 是产生混沌现象的必要条件,实验中用于产生非线性电阻的方法很多,如单结晶体管、变容二极管以及运算放大电路等。为了使选用的非线性元件特性接近图 10.1-2 的形状,实验中选用图 10.1-3 中所示的一个运算放大器电路作为产生非线性元件的电路,其伏安特性见图 10.1-4。比较图 10.1-2 和图 10.1-4,可以认为这个电路在分段线性方面与图 10.1-2 要求的理论特性相近,而当 U 过大或过小时都出现了负阻向正阻的转折。这是由于外加电压超过了运算放大器工作在线性区要求的电压值(接近电源电压)后的非线性现象。这个特性导致在电路中产生附加的周期轨道,但对混沌电路产生吸引子和鞍形周期轨道没有影响。

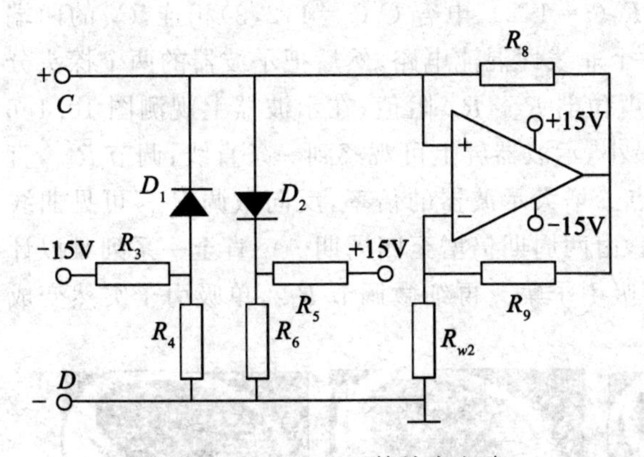

图 10.1-3　OP07 运算放大电路

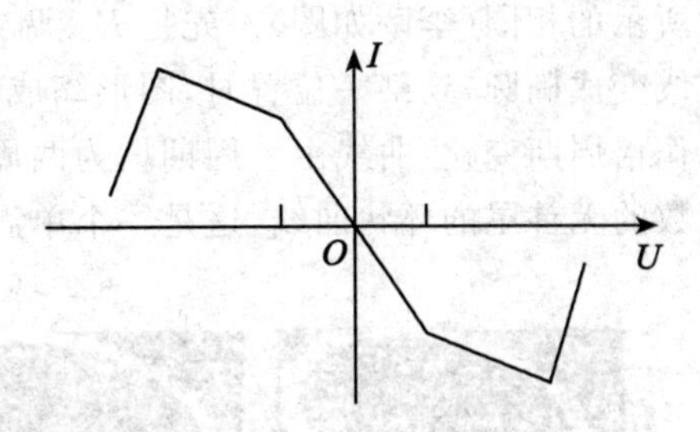

图 10.1-4　OP07 伏安特性曲线

电路中 L、C_i 并联构成振荡电路,C_4 的作用是分相,使 A、B 两处输入示波器的信号产生相位差,可得到 X、Y 两个信号的合成图形。运放 OP07 的前级和后级正负反馈同时存在,正反馈的强弱与比值 R_8/R_{w1} 有关,负反馈的强弱与比值 R_9/R_{w2} 有关,当正反馈大于负反馈时,LC_i 振荡电路才能维持振荡。若调节 R_{w1},正反馈就发生变化。因为运放 OP07 处于振荡状态,所以是一种非线性应用,从 C、D 两点看,OP07 与电阻、二极管的组合等效于一个非线性电路。

图 10.1-5 所示为非线性负阻 R_n 伏安特性测量电路，由于 R_n 是负电阻，为了保证运放的负载为一正电阻，与它并联了一个电阻比它小的正电阻，实验时调节电位器 R_{w3} 的大小，使得运放输出从 $-15V$ 变化到 $+15V$，即以上述电压加到待测非线性负阻网络，测量 R_n 两端的电压和电流（注意其方向）即可得到图 10.1-4 所示的非线性负阻特性。

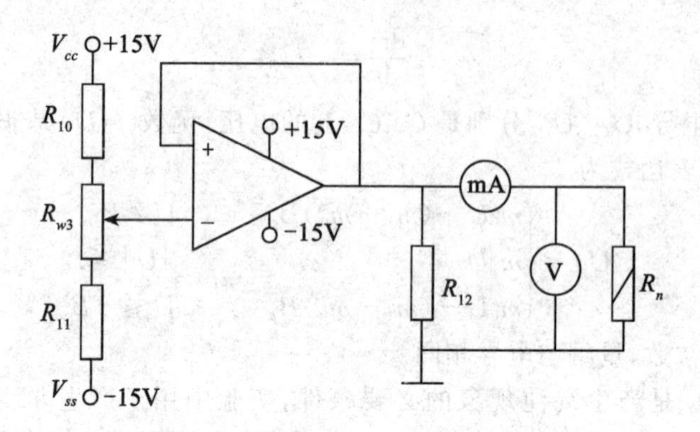

图 10.1-5　非线性电阻伏安特性测量电路

【实验仪器】

THQH-1 型混沌电路实验仪、双踪示波器。

【实验内容】

(1) 复习示波器基本功能的使用。

(2) 单吸引子和双吸引子的观察、记录。

将面板上振荡电路中电感 L 和电阻 R_i $(i=1,2)$、电容 C_i $(i=1,2,3)$ 相连，C_4 的两端和非线性负阻电路的两端相连，就成了一个非线性混沌电路，然后把示波器的两个探头分别接在面板上 R_{w1} 的两端，缓慢调整采样电位器 R_{w1}、R_{w2} 阻值，在示波器上观测图 10.1-6 所示的相图（李萨如图）。先把 R_{w1} 调到最小，示波器屏上可观察到一条直线；调节 R_{w1}，直线变成椭圆，到某一位置时，图形缩成一点。增大示波器的倍率，反向微调 R_{w1}，可见曲线作倍周期变化，曲线由一周期增为两周期，由两周期倍增至四周期……直至一系列难以计数的无首尾的环状曲线，这是一个单涡旋吸引子集。再细微调节 R_{w1}，单吸引子突然变成

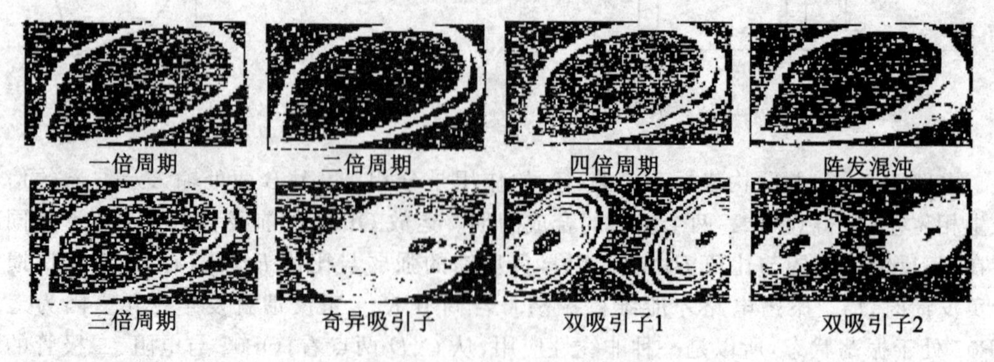

图 10.1-6

了双吸引子，只见环状曲线在两个向外涡旋的吸引子之间不断填充与跳跃，这就是混沌研究文献中所描述的“蝴蝶”图像，也是一种奇怪吸引子，它的特点是整体上的稳定性和局域上的不稳定性同时存在。观察并记录不同倍周期时 U_{c_i}-U_{c_4} 相图和相应的 R_{w1} 值，并记录产生的混沌现象。

(3) 测量有源非线性电阻的伏安特性。

将非线性负电阻电路和前面的电路断开，把测试电源模块中的 V_{CC}、V_{SS} 和电源相接，按图 10.1-5 连接好电路，调节测试电源左边的电位器 R_{w3}，使输出的电压最小，记录此时电流的大小，注意电流的方向，然后调节电位器，使输出电压升高，每隔 0.5V 记录一次电流值，表格自拟，作出非线性电阻的伏安特性曲线。

(4) 改变 C_i、L 的参数，研究电路参数对产生混沌的影响。

【数据处理】

(1) 观察和记录实验数据；

(2) 研究相关规律；

(3) 给出实验结果并进行分析。

【实验后思考题】

(1) 负电阻与正电阻有什么不同?

(2) 为什么混沌电路中要采用分段非线性电阻?

(3) 为什么要采用 RC 移相器，并且用相图来观测倍周期分岔等现象?

(4) 怎样理解混沌现象的非周期有序性?

§10.2　周期信号的傅立叶分解与合成研究

傅立叶分解合成仪是学习傅立叶分析法的一种较为直观的教学仪器。它可以将方波(三角波)通过 RLC 串联谐振回路分解为基波及各谐波的叠加，并用示波器显示基波和各次谐波的相对振幅和相对相位；也可以研究相反过程，即利用加法器将一组可调振幅和相位的正弦波信号合成为方波或三角波。

【实验目的】

(1) 加深理解傅立叶分解与合成的物理意义；

(2) 了解 RLC 串联电路的选频原理。

【预习思考题】

(1) 理解周期性函数傅立叶分解的物理意义；

(2) 分析 RLC 串联回路从方波中选出不同频率简谐波的原理；

(3) 选频电路输出的信号幅值小于理论值的原因是什么？怎样校正?

【实验原理】

(1) 周期函数的傅立叶分析。

任何周期为 $T\left(=\frac{2\pi}{\omega}\right)$ 的函数 $f(t)$ 都可以表示为三角函数所构成的级数之和，即

$$f(t)=\frac{1}{2}a_0+\sum_{n=1}^{\infty}A_n\sin(n\omega t+\varphi_n)$$

将周期函数 $f(t)$ 按上式展开，其物理意义是把一个比较复杂的周期运动看成许多不同频率的简谐振动的叠加。在电工学上，这种展开称为谐波分析。其中，第一项 $\frac{a_0}{2}$ 称为 $f(t)$ 的直流分量，ω 为角频率，$\omega=\frac{2\pi}{T}$，$A_1\sin(\omega t+\varphi_1)$ 称为一次谐波，又叫做基波，而 $A_2\sin(2\omega t+\varphi_2)$、$A_3\sin(3\omega t+\varphi_3)$ 等依次称为二次谐波、三次谐波。所谓周期性函数的傅立叶分解就是将周期性函数展开成直流分量，基波和所有 n 阶谐波的叠加。

如图 10.2-1 所示的方波可以写成

$$f(t)=\begin{cases} h & \left(0\leqslant t<\frac{T}{2}\right) \\ -h & \left(-\frac{T}{2}\leqslant t<0\right) \end{cases}$$

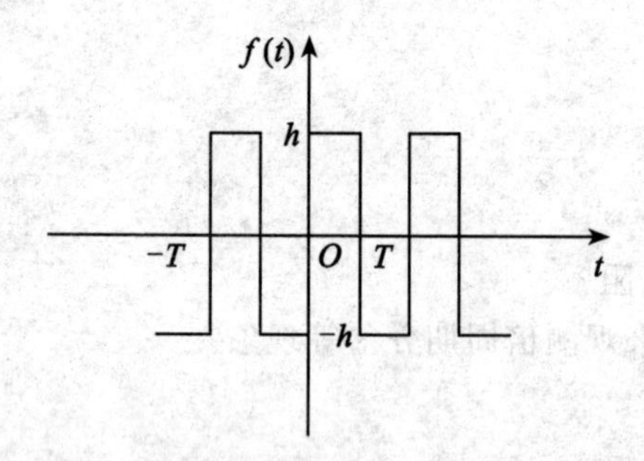

图 10.2-1 方波

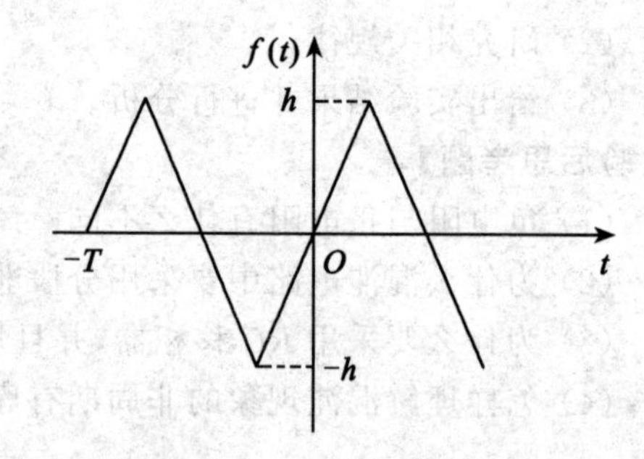

图 10.2-2 三角波

数学上可以证明此方波可表示为

$$f(t)=\frac{4h}{\pi}\left(\sin\omega t+\frac{1}{3}\sin3\omega t+\frac{1}{5}\sin5\omega t+\frac{1}{7}\sin7\omega t+\cdots\right)$$

$$=\frac{4h}{\pi}\sum_{n=1}^{\infty}\left(\frac{1}{2n-1}\right)\sin[(2n-1)\omega t] \tag{10.2-1}$$

由上式可知，方波由一系列正弦波(奇函数)合成，没有常数项。这一系列正弦波振幅为 $1:\frac{1}{3}:\frac{1}{5}:\frac{1}{7}:\cdots$，它们的初相位同相。同样，对于如图 10.2-2 所示的三角波

$$f(t)=\begin{cases} \frac{4h}{T}t & \left(-\frac{T}{4}\leqslant t<\frac{T}{4}\right) \\ 2h\left(1-\frac{2t}{T}\right) & \left(\frac{T}{4}\leqslant t<\frac{3T}{4}\right) \end{cases}$$

可以表示为

$$f(t)=\frac{8h}{\pi^2}\left(\sin\omega t-\frac{1}{3^2}\sin3\omega t+\frac{1}{5^2}\sin5\omega t-\frac{1}{7^2}\sin7\omega t+\cdots\right)$$

$$=\frac{8h}{\pi^2}\sum_{n=1}^{\infty}(-1)^{n-1}\frac{1}{(2n-1)^2}\sin[(2n-1)\omega t] \tag{10.2-2}$$

(2) 周期性波形傅立叶分解的选频电路。

由于方波(或三角波)是由一系列频率有规律变化的简谐波组成，因此可以用选频电

路将其中某一成分的简谐信号分离出来。我们用 RLC 串联谐振电路作为选频电路，对方波或三角波进行频谱分解。在示波器上显示这些被分解的波形，测量它们的相对振幅。我们还可以用一参考正弦波与被分解出的波形构成李萨如图形，确定基波与各次谐波的初相位关系。实验线路原理如图 10.2-3 所示。这是一个简单的 RLC 电路，其中 R、C 是可变的，L 一般取 0.1～1H 的范围。

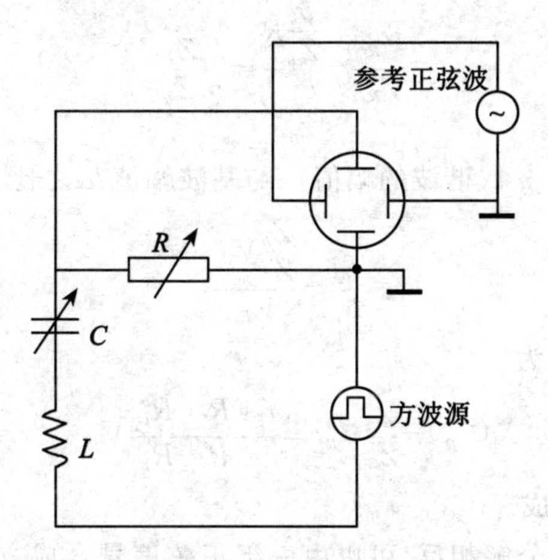

图 10.2-3　波形分解的 RLC 串联电路

在选频电路中输入一正弦信号，当输入信号的角频率 $\omega\left(=\frac{2\pi}{T}\right)$ 等于电路的谐振角频率 $\left(\text{谐振角频率 } \omega_0=\frac{1}{\sqrt{LC}}\right)$ 时，此时通过电路的电流幅值最大，因而，电路中 R 两端的电压幅值也最大，对于不同频率的正弦输入信号，可改变电路的 C 值，即改变电路的谐振 ω_0 来获得谐振。因此，当方波输入 RLC 串联电路时，只要逐步改变 C 值，即可将其中不同频率的简谐波成分选择出来。

RLC 串联电路的频带宽度可用品质因数 Q 值来表示：$Q=\frac{\omega_0 L}{R+R_L}$，式中，$R_L$ 为电感的损耗电阻，它的值与通过电流的频率有关。Q 值越大，谐振曲线越尖，选频性能越好，所以实验中我们应该选择 Q 值足够大，大到足够将基波与各次谐波分离出来。

如果我们调节可变电容 C 在 $n\omega$ 频率谐振，将从方波信号中选择出第 n 次谐波。它的值为：$V(t)=b_n\sin n\omega t$。这时电阻 R 两端电压为：$V_R(t)=I_0 R\sin(n\omega t+\varphi)$，此式中 $\varphi=\arctan\frac{X}{R}=0$（$X$ 为串联电路感抗和容抗之和；在谐振状态时 $X=0$）。$I_0=\frac{b_n}{Z}$，为电路中电流的幅值，Z 为串联电路的总阻抗。所以

$$V_R(t)=\frac{b_n}{Z}R\sin(n\omega t) \tag{10.2-3}$$

此时，阻抗 $Z=r+R+R_L+R_C=r+R+R_L$。其中，r 为方波或三角波电源的内阻；R 为取样电阻；R_L 为电感的损耗电阻；R_C 为标准电容的损耗电阻（R_C 值常因较小而忽略）。

电感用良导体缠绕而成，由于趋肤效应，电感阻值 R_L 随频率的增加而增加。总阻抗 Z 也随之增加，取样电阻 R 上的输出 V_R 幅值不再与 n 次谐波的幅值 b_n 成正比。为消除此系统误差，我们要对各次谐波振幅的测量值进行校正。设基波下 R 的电压输出幅值为 V_{R_1}，电感的损耗电阻为 R_{L_1}，总阻值 $Z_1=r+R+R_{L_1}$，第 n 次谐波下 R 的电压输出幅值为 V_{R_n}，电感的损耗电阻为 R_{L_n}，总阻值 $Z_n=r+R+R_{L_n}$，则由式(10.2-3)得

$$\frac{V_{R_n}}{V_{R_1}}=\frac{\dfrac{b_n}{Z_n}R}{\dfrac{b_1}{Z_1}R}=\frac{b_nZ_1}{b_1Z_n} \tag{10.2-4}$$

从式(10.2-4)中解出 n 次谐波的幅值 b_n 与基波幅值 b_1 之比为

$$\frac{b_n}{b_1}=\frac{\dfrac{Z_n}{Z_1}V_{R_n}}{V_{R_1}}$$

因此校正后的电压值为

$$V'_{R_n}=\frac{Z_n}{Z_1}V_{R_n}=\frac{r+R+R_{L_n}}{r+R+R_{L_1}}V_{R_n} \tag{10.2-5}$$

(3) 傅立叶级数的合成。

与周期信号的傅立叶分解相反，可以由一组正弦信号合成方波(或三角波)信号。需要满足如下条件的一组正弦信号电源：① 它们的频率之比为 1∶3∶5∶…；② 它们的初位相等；③ 它们的电压幅值之比为 $1:\frac{1}{3}:\frac{1}{5}:\cdots$。傅立叶分解合成仪提供振幅和相位连续可调 1kHz、3kHz、5kHz、7kHz 四组正弦波。将这四组正弦波初相位和振幅按上述要求调节好以后，输入到加法器叠加后，就可以分别合成出方波、三角波等波形。

【实验仪器】

FD-FLY-I 型傅立叶分解合成仪、DF4320 双通道示波器、0.1H 空心电感(附带一个取样电阻，$R=28\Omega$)、$R\times7/0$ 型十进式电容箱(通过不同数量级的电容并联组合而得到所需电容值)、导线若干。

图 10.2-4 为傅立叶分解合成仪面板示意图。它能输出频率 1000Hz、幅度可调的方波和三角形波。仪器左半部分输出频率 1000Hz、3000Hz、500Hz、7000Hz 的正弦波，信号幅值和相位都可连续调节。右半部分可以将四种输入信号进行叠加合成后输出。

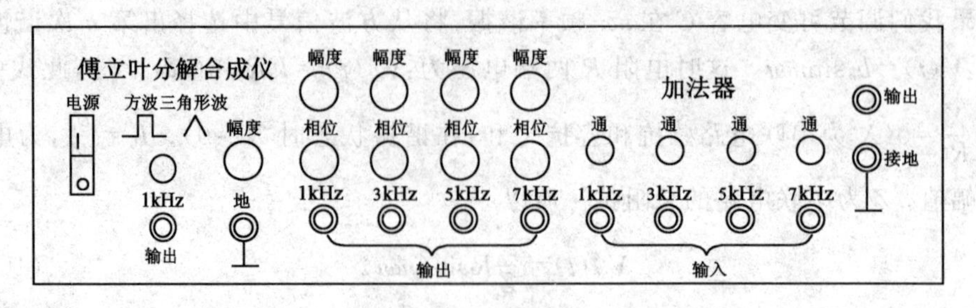

图 10.2-4　傅立叶分解合成仪面板示意图

【实验内容】

1. 方波的傅立叶分解

(1) 计算 RLC 串联电路对 1kHz、3kHz、5kHz 正弦波谐振时的电容值 C_1、C_3、C_5 的理论值。由谐振角频率 $\omega_0=\frac{1}{\sqrt{LC}}$ 和 $\omega_0=2\pi f$，得 $C=\frac{1}{4\pi^2 f^2 L}$，计算结果列表如表 10.1：

表 10.1 **RLC 谐振电容值**

谐振频率 f_i(Hz)	1000	3000	5000
电容 C_i(μF)	0.253	0.0280	0.0101

(2) 按图 10.2-5 接好线路。取样电阻 R 上的电压信号输入到示波器 CH2(Y)通道上，选择 CH2(Y)通道适当的偏转因数(volts/div)，适当的水平扫描速率(sec/div)，按表 10.1 逐步改变电容值，在示波器上观察谐振状态时 R 两端的各谐波信号，测量电压幅值填入表 10.2。

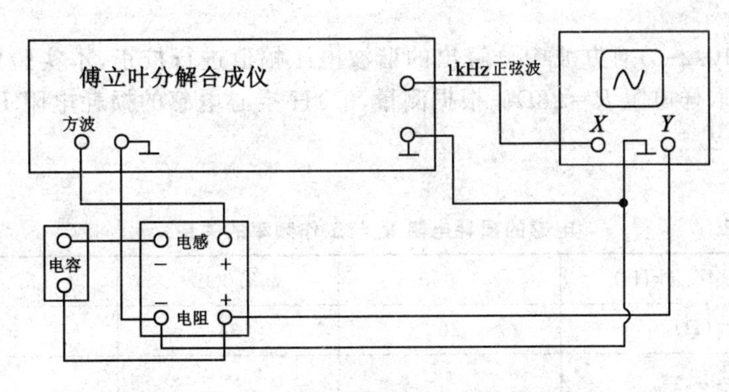

图 10.2-5 方波信号傅立叶分解接线示意图

(3) 将傅立叶分解合成仪 1kHz 参考正弦信号输入到示波器 CH1(X)通道，扫描速率(sec/div)旋钮置于 X-Y(逆时针旋到底)，与分解出的信号(在示波器 Y 通道)构成李萨如图形。调节 1kHz 参考正弦信号的相位，使之与 1kHz 的谐波同相，再观察其他倍频信号与参考信号的相位关系，如图 10.2-6 所示。

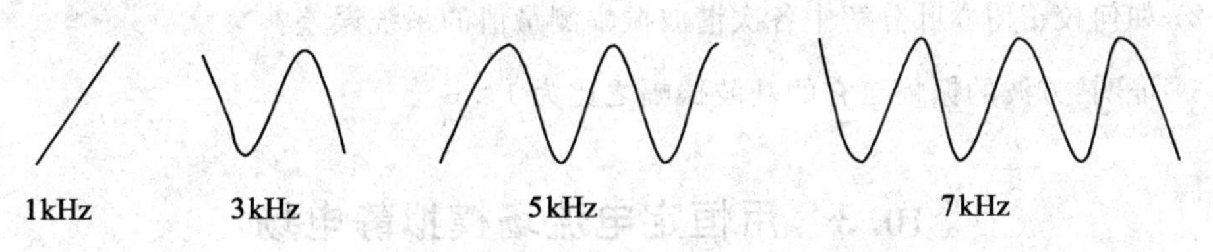

图 10.2-6 基波和各谐波同相时合成的李萨如图形

2. 方波和三角波的傅立叶级数合成

(1) 将1kHz正弦波(直接而不经加法器)输入示波器CH1(X)通道,而CH2(Y)通道分别输入1kHz、3kHz、5kHz、7kHz正弦波,扫描速率(sec/div)旋钮置于X-Y(逆时针旋到底),调节3kHz、5kHz、7kHz各谐波的相位,使得示波器上分别显示如图10.2-6所示李萨如图形。此时,基波和各阶谐波初相位相同。若发现5kHz或7kHz的正弦波相位无法调节到和1kHz同相时,可改变1kHz和3kHz的相位,重新调节以最终达到各谐波同相。

(2) 调节1kHz、3kHz、5kHz、7kHz正弦波振幅比为$1:\frac{1}{3}:\frac{1}{5}:\frac{1}{7}$。

(3) 将1kHz、3kHz、5kHz、7kHz正弦波逐次输入加法器,观察合成波形变化,可以看到:① 合成的方波的振幅与它的基波振幅比为$1:\frac{4}{\pi}$;② 基波上叠加谐波越多,越趋近于方波。③ 叠加谐波越多,合成方波前沿、后沿越陡直。

(4) 调节1kHz、3kHz、5kHz、7kHz正弦波振幅比为$1:\frac{1}{3^2}:\frac{1}{5^2}:\frac{1}{7^2}$。

(5) 将1kHz、3kHz、5kHz、7kHz正弦波逐次输入加法器,观察合成波形变化,可看到合成的三角波图形。

【数据处理】

(1) 按式(10.2-3)对方波中分解出的谐波电压幅值进行校正,本实验仪器的信号源内阻$r=6.0\Omega$,取样电阻$R=28\Omega$。根据测量,0.1H空心电感的损耗电阻R_L与工作频率的关系见表10.2。

表10.2 **电感的损耗电阻R_L与工作频率的关系**

工作频率f_i(kHz)	1.000	3.000	5.000
R_L(Ω)	26	34	53
测量值V_{R_n}			
校正值V'_{R_n}			

(2) 求校正后的电压幅值比,并与理论值$1:\frac{1}{3}:\frac{1}{5}$做比较。

【实验后思考题】

(1) 良导体的趋肤效应是怎样产生的?如何测量不同频率时电感的损耗电阻?

(2) 如何校正傅立叶分解中各次谐波振幅测量值的系统误差?

(3) 证明:方波的振幅与它的基波振幅之比为$1:\frac{4}{\pi}$。

§10.3 用恒定电流场模拟静电场

在工程技术中,常常会遇到一些不易被测试或者测试条件不足的物理量,这时,往往采用模拟法来进行测量。如对飞行器的性能进行测试，就要利用运动的相对性原理，把飞行器固定在风洞内进行鼓风，根据模拟飞行器的飞行来测试其有关性能。又如水库大坝闸门设计好后，在施工前，也要在实验室内按照一定比例对模型进行模拟测试。模拟法是科学研究的一种方法，它不直接研究物理现象或过程的本身，而用与这些现象或过程相似的模型来进行研究。例如，用振动台模拟地震对结构物强度的影响；用电流场模拟水坝渗流；用光测弹性法模拟工程构件内应力分布等。这些模拟称为物理模拟，它们在模拟过程中保持物理现象或过程的本质不变。

静电场的研究有多种方法，本实验运用一种数学模拟方法模拟静电场。

【实验目的】

(1) 学会用模拟法测绘和研究静电场的分布；

(2) 测绘柱形电极和平行极板间的电场分布。

【预习思考题】

(1) 用电流场模拟静电场的理论依据是什么？模拟的条件是什么？

(2) 本实验用不良导电媒介——水作导电介质，能否用导电性能好的溶液作导电介质？为什么？

【实验原理】

电场强度和电势是表征电场特性的两个基本物理量，为了形象地表示静电场，常采用电场线和等势面来描绘静电场。电场线与等势面处处正交，因此有了等势面的图形就可以大致画出电场线的分布图，反之亦然。

由于带电体的形状比较复杂，其周围静电场的分布情况很难用理论方法进行计算。同时仪表(或其探测头)放入静电场，总要使被测场原有分布状态发生畸变，不可能用实验手段直接测绘真实的静电场。

为了克服直接测量静电场的困难，可以仿造一个与待测静电场分布完全一样的电流场，用容易直接测量的电流场去模拟静电场。

本实验采用一种数学模拟法，通过用同心圆电极、平行板电极产生的稳恒电流场分别模拟同轴柱面带电体、平行板电极形状的带电体产生的静电场。

一般情况下，要进行数学模拟，模拟者和被模拟者在数学形式上要有相同的方程，在相同的初始条件和边界条件下，方程的特解相同，这样才可以进行模拟。静电场与稳恒电流场本是两种不同的场，由电磁学理论可知，无自由电荷分布的各向同性均匀电介质中的静电场的电势，与不含电源的各向同性均匀导体中稳恒电流场的电势，两者所遵从的物理规律具有相同的数学表达式，即两个场的电势都是拉普拉斯方程。

对于电流场有：

$$\frac{\partial^2 U_{\text{稳恒}}}{\partial x^2}+\frac{\partial^2 U_{\text{稳恒}}}{\partial y^2}+\frac{\partial^2 U_{\text{稳恒}}}{\partial z^2}=0$$

对于静电场有：

$$\frac{\partial^2 U_{\text{静电}}}{\partial x^2}+\frac{\partial^2 U_{\text{静电}}}{\partial y^2}+\frac{\partial^2 U_{\text{静电}}}{\partial z^2}=0$$

在相同的边界条件下，这两个方程的特解相同，即这两种场的电势分布相似。由此，我们就可以用电流场来研究和测绘静电场的分布。

利用稳恒电流场与相应的静电场在空间形式上的一致性，只要保证电极形状一定，电极电势不变，空间介质均匀，则在任何一个考察点，均应有“$U_{稳恒}=U_{静电}$”或“$E_{稳恒}=E_{静电}$”。下面以同轴圆柱形电缆的静电场和相应的模拟场——稳恒电流场来讨论这种等效性。

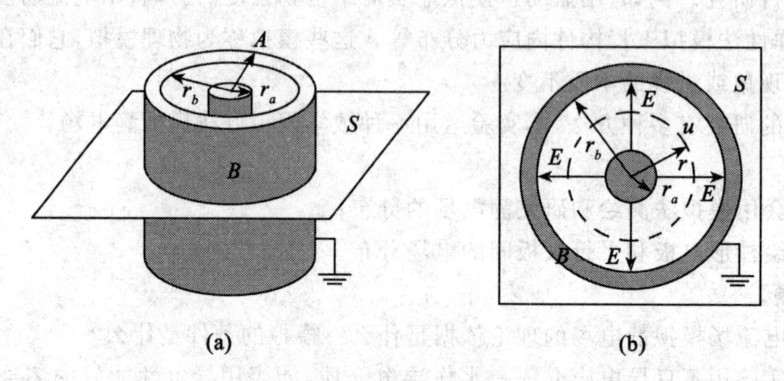

图 10.3-1　同轴电缆及其静电场分布

如图 10.3-1(a)所示，在真空中有一半径为 r_a 的长圆柱形导体 A 和一个内径为 r_b 的长圆筒形导体 B，它们同轴放置，分别带等量异号电荷。由对称性可知，在垂直于轴线的任一个截面 S 内，都有均匀分布的辐射状电场线，这是一个与轴向坐标无关而与径向坐标有关的二维场。取二维场中电场强度 $\boldsymbol{E}$ 平行于 xy 平面，则其等势面为一簇同轴圆柱面。因此，只需研究任一垂直横截面上的电场分布即可。距轴心 O 半径为 r 处(见图 10.3-1(b))的各点电场强度为

$$\boldsymbol{E}=\frac{\lambda}{2\pi\varepsilon_0 r}\boldsymbol{r}_0$$

式中，λ 为 A(或 B)的电荷线密度。其电势为

$$U_r=U_a-\int_{r_a}^{r}\boldsymbol{E}\cdot\mathrm{d}\boldsymbol{r}=U_a-\frac{\lambda}{2\pi\varepsilon_0}\ln\frac{r}{r_a} \tag{10.3-1}$$

若 $r=r_b$ 时 $U_r=U_b=0$，则有

$$\frac{\lambda}{2\pi\varepsilon_0}=\frac{U_a}{\ln(r_b/r_a)}$$

代入式(10.3-1)得

$$U_r=U_a\frac{\ln(r_b/r)}{\ln(r_b/r_a)} \tag{10.3-2}$$

距中心 r 处电场强度的大小为

$$E_r=-\frac{\mathrm{d}U_r}{\mathrm{d}r}=\frac{U_a}{\ln\frac{r_b}{r_a}}\frac{1}{r} \tag{10.3-3}$$

若上述圆柱形导体 A 与圆筒形导体 B 之间不是真空，而是均匀地充满了一种电导率为 σ 的不良导体，且 A 和 B 分别与直流电源的正负极相连(见图 10.3-2)，则在 A、B 间将形成径向电流，建立起一个稳恒电流场 E'_r。可以证明不良导体中的稳恒电流场 E'_r 与原

真空中的静电场 E_r 是相同的。

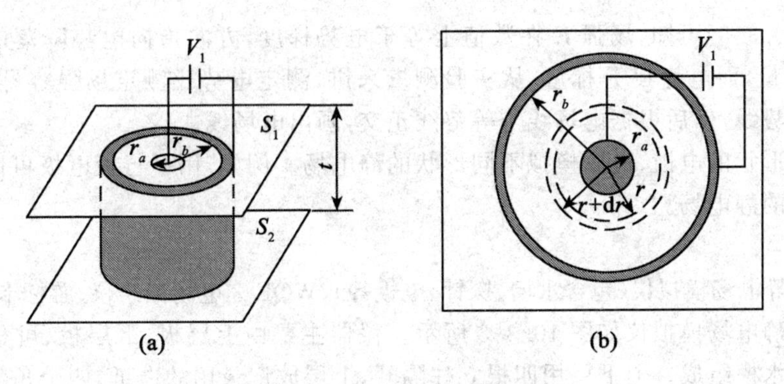

图 10.3-2　同轴电缆的模拟模型

取高度为 t 的圆柱形同轴不良导体片来研究。设材料的电阻率为 $\rho(\rho=1/\sigma)$，则从半径为 r 的圆周到半径为 $r+\mathrm{d}r$ 的圆周之间的不良导体薄块的电阻为

$$\mathrm{d}R=\frac{\rho}{2\pi t}\frac{\mathrm{d}r}{r}$$

半径 r 到 r_b 之间的圆柱片电阻为

$$R_{rr_b}=\frac{\rho}{2\pi t}\int_r^{r_b}\frac{\mathrm{d}r}{r}=\frac{\rho}{2\pi t}\ln\frac{r_b}{r}$$

由此可知，半径 r_a 到 r_b 之间圆柱片的电阻为

$$R_{r_ar_b}=\frac{\rho}{2\pi t}\ln\frac{r_b}{r_a}$$

若设 $U_b=0$，则径向电流为

$$I=\frac{U_a}{R_{r_ar_b}}=\frac{2\pi tU_a}{\rho\ln\frac{r_b}{r_a}}$$

距中心 r 处的电位为

$$U_r=IR_{rr_b}=U_a\frac{\ln(r_b/r)}{\ln(r_b/r_a)} \tag{10.3-4}$$

则稳恒电流场 E'_r 为

$$E'_r=-\frac{\mathrm{d}U'_r}{\mathrm{d}r}=\frac{U_a}{\ln\frac{r_b}{r_a}}\frac{1}{r} \tag{10.3-5}$$

可见，式(10.3-4)与式(10.3-2)具有相同形式，说明稳恒电流场与静电场的电势分布函数完全相同，即柱面之间的电势 U_r 与 $\ln r$ 均为直线关系，并且 U_r/U_a 即相对电势仅是坐标的函数，与电场电势的绝对值无关。显而易见，稳恒电流场 $\boldsymbol{E}'$ 与静电场 $\boldsymbol{E}$ 的分布也是相同的。

只有稳恒电流场中的电极形状与被模拟的静电场中的带电体几何形状相同，稳恒电流场中的导电介质是不良导体且电导率分布均匀，并满足 $\sigma_{电极}\gg\sigma_{导电质}$，才能保证电流场中的电极(良导体)的表面也近似是一个等位面,模拟所用电极系统与被模拟静电场的边界条件相同。

由式(10.3-5)可知,场强 $\boldsymbol{E}$ 在数值上等于电势梯度,方向指向电势降落的方向。考虑到 $\boldsymbol{E}$ 是矢量,而电势 U 是标量,从实验测量来讲,测定电势比测定场强容易实现,所以可先测绘等势线,然后根据电场线与等势线正交,画出电场线。

用不同形状的电极,可以模拟不同形状的静电场。例如,用平行板电极可以模拟平行板电容器中的静电场。

【实验仪器】

水槽式静电场模拟仪(包含水槽、探针、电极等)、WQE-3 电场描绘仪、游标卡尺、白纸。

水槽式静电场模拟仪如图 10.3-3 所示。仪器主要由上层板、下层板、可移动探针和放置电极的水槽组成。上下层用四根立柱隔开,上层放记录用的白纸,四个角上用弹簧片将白纸压住。下层放装有电极的水槽,水槽内放自来水作为介质。电极依模拟对象不同可以更换。电极接 50Hz 的低压交流电。当移动探针座时,下探针在水中探测等势点,处于同一垂线的上探针便可在记录纸上打出相应的等势点。在测量时,探针内基本上没有电流流过,对原电流场的分布几乎没有影响。

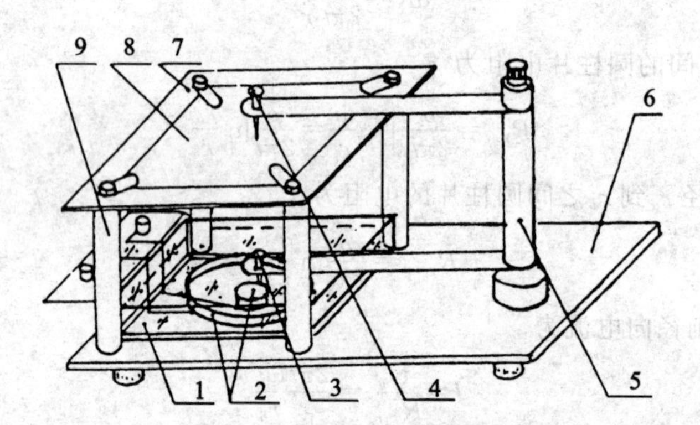

1—水槽　2—电极　3—下探针　4—上探针　5—移动座;
6—下层板　7—上层板　8—白纸　9—立柱

图 10.3-3　水槽式静电场模拟实验仪

【实验内容】

(1) 用游标卡尺测出同轴电极的内电极直径 $2a$ 和外电极内径 $2b$。

(2) 在水槽中装适量的自来水,将其放入电极架的下层(要求放正、放平),在模拟仪上层板放上记录用的白纸并压紧。

(3) 正确连接线路。输出电压调节旋钮逆时针旋到最小。

(4) 打开电源开关,将电表转换开关拨向“电压输出”,调节电压调节旋钮,使电压表达到所需电压值 10V。

(5) 将电表转换开关拨向“探测”,让探针接触中心电极,电压表正确示数为 10V,否则交换电极接线。再把探针置于电极之间的水中,移动探针,分别找出 7.0V、5.0V、3.0V、1.0V 的等势点,并压上探针在记录纸上打点。每一电势值至少要找 8 个点,且要均匀分布。

(6) 确定同轴电极的轴心和边界。用探针靠外电极内缘,对称地在记录纸上打 3 个点;靠外电极外缘,在记录纸上打 1 个点;靠内电极外缘,在记录纸上打 1 个点。

(7) 取下记录纸,换一张白纸。取出同轴电极,换上平行板电极,重复上述步骤,在记录纸上打出 7.5V、5.0V、2.5V 各至少 10 个等势点,且均匀分布。另外,用探针靠电极板内外侧各打两个点,两端各打一个点,以确定电极板位置。在记录等势点时,除了两极板之间的区域外,在两端还应向外延伸以描出边缘效应。

【注意事项】

(1) 水槽电极放置时位置要端正、水平,避免等势线失真;

(2) 打开电源开关前,输出电压调节旋钮应逆时针旋到最小,关电源前,也应如此操作。以避免冲击电流过大损坏仪器;

(3) 使用同步探针时,应轻移轻放,避免变形以致上、下探针不同步。测量时,应轻轻正按上探针按钮,使探测点与描绘点对应;

(4) 实验结束后,将水槽中的水倒掉并将其倒扣放置,避免电极氧化生锈。

【数据处理】

(1) 同轴柱形电极。

① 在记录纸上根据最外 3 个点用作图法找出圆心,用直尺量出每组等势点到圆心的距离 r_i,记录在自拟的表中,并求出其平均值。

② 将各组等势点分别用⊗、⊙、△、□标出,以 r_i 的平均值为半径用实线画出各等势线(面),并求出各等势线的半径的理论值 $r_{理}$。以 $r_{理}$ 为半径,用虚线画出理论上的各等势线(面),标出各等势线的电势值。

③ 在半对数坐标纸上,以 U_r/U_0 为纵轴,以 r_i 的平均值为横轴描点,用实线画出 $U_r/U_0-\ln r$ 理论曲线(理论直线过点($\ln a$,1)和点($\ln b$,0))。在图中标出实验值,看实测点是否都落在理论线上。

④ 在记录纸上画出电场线。

(2) 平行板电极。

在记录纸上画出电极板位置,将各组等势点用不同的曲线光滑地连接起来,画出等势线,并作出电场线。

【实验后思考题】

(1) 从对长直同轴圆柱面的等势线的定量分析看,测得的等势线半径和理论值相比是偏大还是偏小?有哪些可能的原因导致这样的结果?

(2) 如何模拟带有等量异号电荷的平行长直圆柱导体的电场?

§10.4　螺线管磁场的描绘

霍尔效应是德国物理学家霍尔(A. H. Hall,1855—1938)于 1879 年在他的导师罗兰指导下发现的。由于这种效应对一般的材料来讲很不明显,因而长期未得到实际应用。20 世纪 60 年代以来,随着半导体工艺和材料的发展,利用半导体材料制成的霍尔元件,特别是测量元件，才广泛应用于科学实验、工业自动化和电子技术等方面。

描述磁场分布的基本物理量是磁感应强度矢量，本实验通过用霍尔效应测螺线管内的磁感应强度来描绘磁场的分布。磁感应强度的测量方法有很多，例如电磁感应法、冲击电流计法、核磁共振法、磁致旋光效应法、超导量子干涉器件等。霍尔效应也可以用来测量磁感应强度，这种方法具有以下优点：结构简单，探头尺寸小（其灵敏区域可小到 $10\mu m^2$），因而可测不均匀磁场；测量范围宽（10^{-7} ~ 10T），精确度高；由于霍尔效应响应时间很短，它既可用于测直流磁场，也可测频率高达几千兆赫兹的交流磁场；使用温度范围宽（可达 4.2 ~ 573K）等，因此，它被广泛地用于各种磁场测量之中。霍尔效应除了用于测磁场外，还可用来测量半导体中载流子浓度及判别载流子类型。近年来霍尔效应的应用得到了重要发展，冯·克利青在极强磁场和极低温度下观察到了量子霍尔效应，它的应用大大提高了有关基本常数测量的准确性。在工业生产要求自动检测和控制的今天，作为敏感元件之一的霍尔器件，会有更广阔的应用前景，而了解这一与生产实践紧密联系的实验，对我们今后的工作将大有益处。

【实验目的】

(1) 了解霍尔效应产生的机理，掌握测试霍尔器件的工作特性；

(2) 掌握用霍尔元件测量磁场的原理和方法；

(3) 用霍尔效应测绘长直螺线管的轴向磁场分布；

(4) 用霍尔效应判别霍尔片载流子类型。

【预习思考题】

(1) 霍尔效应在理论研究和应用研究方面具有什么价值？

(2) 在测量霍尔电压的过程中，为什么要保持工作电流和励磁电流的恒定？

(3) 何为不等势电势？如何消除不等势电势的影响？

【实验原理】

(1) 霍尔效应测量磁场的原理。

如图 10.4-1 所示，把一宽 b、厚 d 的长方形半导体薄片放入外磁场$\boldsymbol{B}$中，外磁场$\boldsymbol{B}$沿 Z 轴正向，半导体薄片平面与磁场垂直，薄片的四个侧面分别引出两对电极（M、N 和 P、S），径向电极 M、N 通以直流电流 I_S 后，在 P、S 极所在侧面产生电势差 V_H 的现象称为

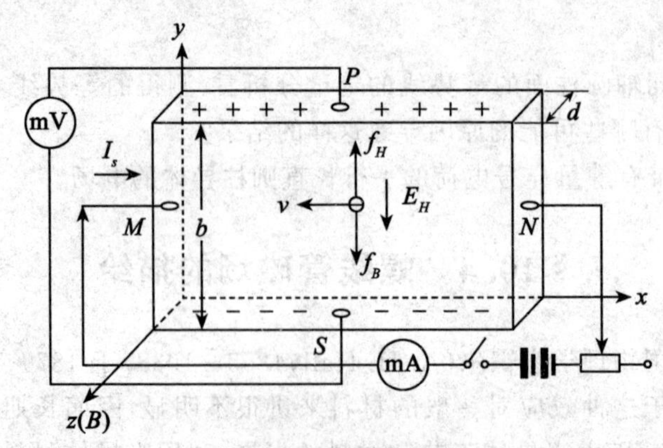

图 10.4-1 霍尔效应

霍尔效应，电势差 V_H 叫做霍尔电势差，这样的小薄片就是霍尔片。

设霍尔片是N型半导体薄片，其中载流子为电子，若在电极 M、N 上通过的电流 I_S 由 M 极进入，N 极出来，则霍尔片中电子的运动方向与电流的方向相反（见图10.4-1）。设运动电子的速度为 $\boldsymbol{v}$，电量为 e，在磁场 $\boldsymbol{B}$ 中受到的洛仑兹力为

$$\boldsymbol{f}_B = -e\boldsymbol{v}\times\boldsymbol{B} \tag{10.4-1}$$

$\boldsymbol{f}_B$ 的方向见图10.4-1。电子在 $\boldsymbol{f}_B$ 的作用下，在由 $N\to M$ 运动的过程中，同时要向 S 极所在的侧面偏转（即向下方偏转），结果使下侧面因积聚电子而带负电，上侧面（P 极所在侧面）带正电，在上下两侧面之间形成霍尔电势差 V_H。因此，当薄片中后续电子运动时，运动电子在受到 $\boldsymbol{f}_B$ 作用的同时，还要受到由霍尔电压产生的霍尔电场 $\boldsymbol{E}_H$ 的作用，霍尔电场的大小为

$$E_H = \frac{V_H}{b} \tag{10.4-2}$$

方向见图10.4-1所示。运动电子所受到的霍尔电场力 $\boldsymbol{f}_H$ 的方向与 $\boldsymbol{f}_B$ 的方向正好相反，当 $\boldsymbol{f}_H+\boldsymbol{f}_B=0$，即

$$-e\boldsymbol{E}_H+(-e\boldsymbol{v}\times\boldsymbol{B})=0 \tag{10.4-3}$$

时，电子处于稳定状态而不再向 S 侧面运动，使 P、S 上下两面形成稳定的霍尔电场

$$\boldsymbol{E}_H = -\boldsymbol{v}\times\boldsymbol{B} \tag{10.4-4}$$

由于 $\boldsymbol{v}$ 垂直于 $\boldsymbol{B}$，若取 $\boldsymbol{v}$ 的大小为电子的平均速度 $\bar{v}$，则由(10.4-4)式得霍尔电场的大小 $E_H=\bar{v}B$，由此求得霍尔电压为

$$V_H = bE_H = b\bar{v}B。 \tag{10.4-5}$$

设薄片中电子浓度为 n_e，由 $I_S=n_eedb\bar{v}$ 可求得，$\bar{v}=\dfrac{I_S}{n_eedb}$，所以

$$V_H = \frac{1}{n_e e}\frac{I_S B}{d} = R_H\,\frac{I_S B}{d} = K_H I_S B \tag{10.4-6}$$

式(10.4-6)中 $R_H=\dfrac{1}{n_e e}$ 称为霍尔系数，$K_H=\dfrac{R_H}{d}=\dfrac{1}{n_e ed}$ 称为霍尔片的灵敏度。显然，R_H 只与霍尔片的材料有关，K_H 与霍尔片的材料和几何尺寸有关，且 K_H 越大，霍尔效应越明显。由式(10.4-6)变形可得

$$B = \frac{V_H}{K_H I_S}。 \tag{10.4-7}$$

从式(10.4-7)可以看出，若已知霍尔元件的灵敏度 K_H，如果测出了工作电流 I_S、霍尔电压 V_H，就可以算出待测磁感应强度的大小 B。如果已知磁感应强度的大小，则可以确定霍尔元件的霍尔系数 R_H，进而判断霍尔元件材料的导电类型、载流子浓度等参数。

(2) 霍尔电压测量中的附加电势差及减小误差的方法。

式(10.4-7)的推导是在理想情况下进行的。在实际测量中，除了霍尔效应外，还有其他一些效应与霍尔效应混在一起，使得对霍尔电压的测量产生误差。下面首先分析误差产生的原因及特点，然后探讨其消除方法。

① 不等势电势差 V_0：由于霍尔片在侧面上焊接电极引线 P、S 时，不能保证 P、S 处于同一等势面上（如图10.4-2所示），在 M、N 方向通有电流时，在 P、S 间会有一个电势差，称为不等势电势差 V_0。V_0 与外磁场 $\boldsymbol{B}$ 的方向无关，只与工作电流 I_S 的方向有关。

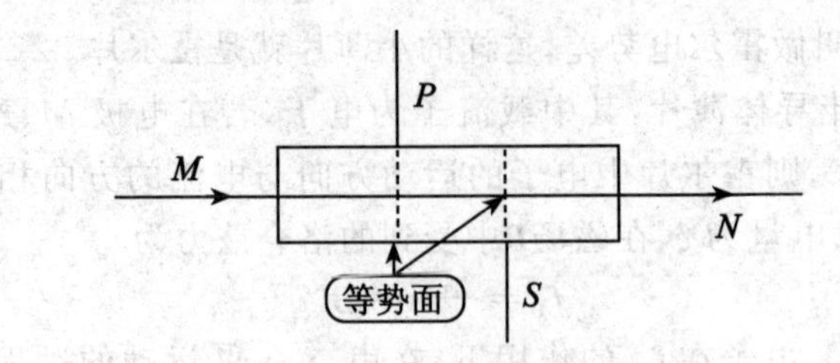

图 10.4-2 不等势电势差示意图

② 爱廷豪森电势差 V_E:由于霍尔元件内的载流子实际上以不同的速度运动着,在霍尔电场和磁场的作用下,霍尔片两侧面聚集着速度不同的载流子,其动能转化为热能,使两侧面的温升不同,从而出现温差电动势 V_E。$V_E \propto I_S B$,V_E 不仅与外磁场$\boldsymbol{B}$的方向有关,还与工作电流 I_S 的方向有关。

③ 能斯脱电势差 V_N:由于元件工作电流的两个焊点与元件的接触电阻不等,工作电流通过时产生的焦耳热不同,从而在工作电流方向产生温差电动势。温差电动势引起的温差电流在外磁场的作用下,在两侧面也会产生一个电势差 V_N。V_N 与工作电流 I_S 的方向无关,只与外磁场$\boldsymbol{B}$的方向有关。

④ 里纪-勒杜克电势差 V_R:由能斯脱效应产生的电流也有爱廷豪森效应,由此而产生的附加电势差 V_R 称为里记-勒杜克效应。V_R 与工作电流 I_S 的方向无关,只与外磁场$\boldsymbol{B}$的方向有关。

根据上述各种效应的特点,在保持$\boldsymbol{B}$和 I_S 大小不变的条件下,可通过改变$\boldsymbol{B}$的方向和 I_S 的流向来减小或消除这些效应的影响。

若先选定$\boldsymbol{B}$的正方向和 I_S 的正流向(可任意选定),换向时则记为负,此时

当$+B$、$+I_S$ 时,测量有 $V_1=V_H+V_0+V_E+V_N+V_R$

当$+B$、$-I_S$ 时,测量有 $V_2=-V_H-V_0-V_E+V_N+V_R$

当$-B$、$-I_S$ 时,测量有 $V_3=V_H-V_0+V_E-V_N-V_R$

当$-B$、$+I_S$ 时,测量有 $V_4=-V_H+V_0-V_E-V_N-V_R$

联立解以上四式可得

$$V_H=\frac{1}{4}(V_1-V_2+V_3-V_4)-V_E \tag{10.4-8}$$

这样,除爱廷豪森电势差外,其他附加电势差都被消除。考虑到 V_E 一般比 V_H 小得多,可以略去,故有

$$V_H=\frac{1}{4}(V_1-V_2+V_3-V_4) \tag{10.4-9}$$

在实际测量中,V_2和 V_4 相对于 V_1 和 V_3 符号相反,故取

$$V_H=\frac{1}{4}(|V_1|+|V_2|+|V_3|+|V_4|) \tag{10.4-10}$$

【实验仪器】

TH-S 型螺线管磁场测定实验组合仪

实验组合仪由两部分组成,下面分别加以简单介绍。

(1) TH-S 型螺线管磁场测定实验组合仪——实验仪。

如图 10.4-3 所示，螺线管内装有霍尔元件的探杆固定在二维(x,y 方向)调节支架上。其中 y 方向调节支架通过旋钮 Y 调节探杆中心轴线与螺线管内孔轴线位置，应使之重合。x 方向调节支架通过旋钮 X_1、X_2 来调节探杆的轴向位置，其位置可通过标尺读出。下表反映了 X_1、X_2 的读数与螺线管右端、中心和左端的关系。

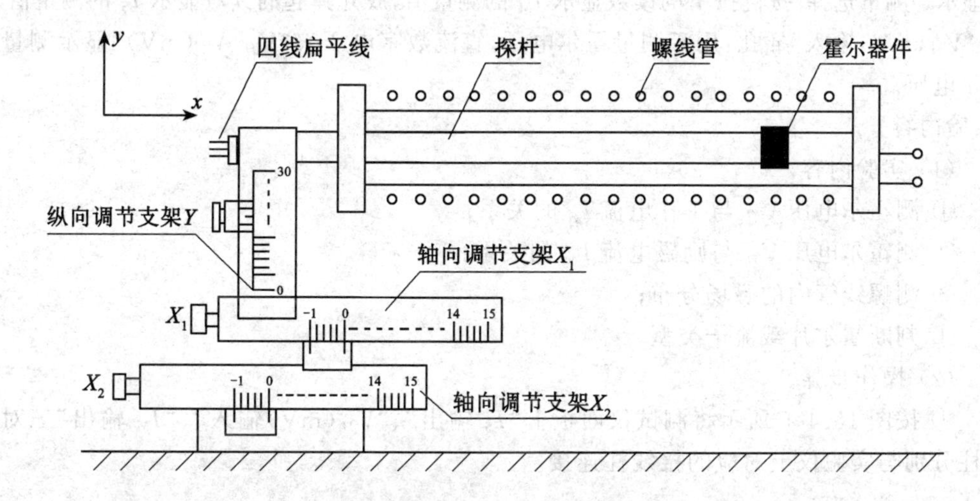

图 10.4-3　TH-S 型螺线管磁场测定实验组合仪——实验仪示意图

表 10.3　　霍尔片在螺线管不同位置时轴向标尺的读数

位置	右端	中心	左端
X_1(cm)	0	14	14
X_2(cm)	0	0	14

(2) TH-S 型螺线管磁场测定实验组合仪——测试仪。

TH-S 型螺线管磁场测定实验组合仪——测试仪的面板如图 10.4-4 所示，主要旋钮、按键和插孔作用如下：

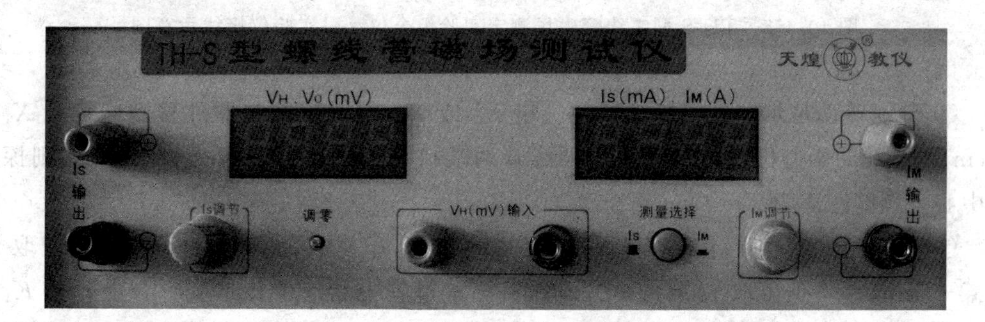

图 10.4-4　TH-S 型螺线管磁场测定实验组合仪——测试仪面板图

① “I_S 输出”插孔:霍尔器件工作电流源,输出电流 0~10mA,通过“I_S 调节”旋钮调节输出电流的大小。

② “I_M 输出”插孔:螺线管励磁电流源,输出电流 0~1A,通过“I_M 调节”旋钮调节输出电流的大小。

上述两组直流电源的读数可通过“测量选择”按键共用一只数字电流表“I_S(mA)、I_M(A)”来显示,“测量选择”按键按下的读数显示 I_M 的测量值,放开弹起的读数显示 I_S 的测量值。

③ “V_H(mV)输入”插孔:用于测量霍尔电压,直流数字电压表“V_H、V_0(mV)”显示测量的霍尔电压。

【实验内容】

(1) 实验内容。

① 测霍尔电压 V_H 与工作电流 I_S 的关系;

② 测霍尔电压 V_H 与励磁电流 I_M 的关系;

③ 测螺线管内的磁场分布;

④ 判断霍尔片载流子类型。

(2) 操作步骤。

① 按图 10.4-5 所示将测试仪面板上“I_S 输出”、“V_H(mV)输入”、“I_M 输出”三对接线柱分别与实验仪上对应的接线柱连接。

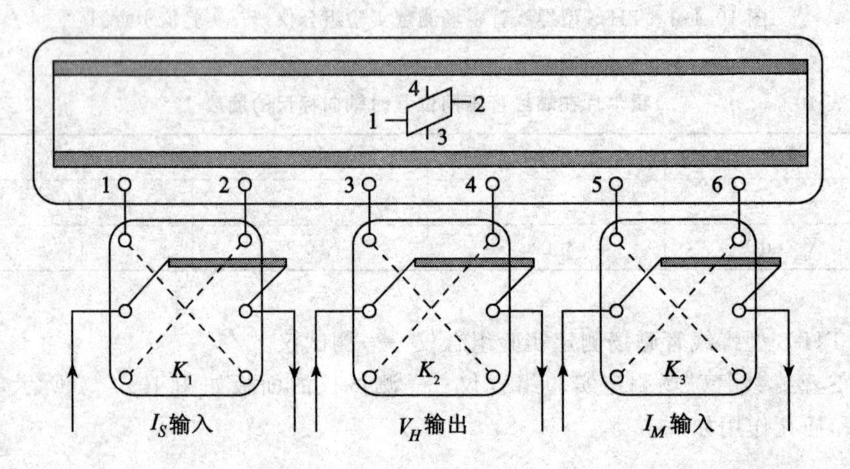

图 10.4-5 TH-S 型螺线管磁场测定实验组合仪——实验仪接线示意图

② 分别转动霍尔器件探杆支架的旋钮 X_1 或 X_2,慢慢将霍尔器件移到螺线管 $X_1=14\text{cm}$、$X_2=0$ 的中心位置(注:以距离螺线管两端口等远的中心位置为坐标原点,则探头离中心位置的距离为 $X=14-X_1-X_2$)。

③ 打开测试仪电源,按下“测量选择”按键,合上开关 K_3,调节“I_M 调节”旋钮取 I_M 为某一定值(参考值可取 $I_M=0.80\text{A}$),并在测量过程中始终保持不变。合上开关 K_1 和 K_2,弹出“测量选择”按键,通过“I_S 调节”旋钮依次改变工作电流 I_S 的大小(参考值可取 4.00mA、6.00mA、8.00mA、10.00mA),测出与其相对应的 V_1、V_2、V_3、V_4 并记录。

④ 调节“I_S 调节”旋钮取 I_S 为某一定值(参考值可取 $I_S=8.00\text{mA}$),并在测量过程中始终保持不变。按下“测量选择”按钮,通过“I_M 调节”旋钮依次改变励磁电流 I_M 的大小(参考值可取 0.30A、0.50A、0.70A、0.90A),测出与其相对应的 V_1、V_2、V_3、V_4 并记录。

⑤ 分别取 I_S 和 I_M 为某一定值(参考值可取 $I_S=8.00\text{mA}$、$I_M=0.80\text{A}$),并在测量过程中始终保持不变。旋转实验仪上的旋钮 X_1、X_2,依次调出 X_1、X_2 的值(可分别取 15 个参考点的值),测出相对应的 V_1、V_2、V_3、V_4 并记录。

⑥ 记录最后一次测量时 I_S、I_M 和 V_H 所对应的实验仪六个接线柱的正负极性。

⑦ 记录单位长度上的螺线管线圈匝数 N_l 和霍尔片的灵敏度 K_H。

⑧ 将 I_S 和 I_M 调到最小,断开开关 K_1、K_2 和 K_3,关闭电源,拆线,收拾仪器。

【注意事项】

(1) 接线前应将开关 K_1、K_2、K_3 都断开,且“I_S 输出”和“I_M 输出”接线柱切不可接反,否则可能烧坏霍尔片。

(2) 开机和关机前,一定要将 I_S 和 I_M 调节旋钮逆时针方向旋到底,使其输入电流处于最小状态。

(3) X 方向调节旋钮 X_1、X_2 在使用时要轻,不要鲁莽操作。

(4) 在测量过程中改变 I_M 时要快,每测好一组数据先断开开关 K_3 后再记录,以避免螺线管发热。

(5) 调节探头位置时应将开关 K_1 和 K_3 断开,避免霍尔片和螺线管长期通电发热。

【数据处理】

(1) 测霍尔电压 V_H 与工作电流 I_S 的关系。

自拟表格记录工作电流 I_S 和与其相对应的 V_1、V_2、V_3、V_4 的测量值,计算霍尔电压 V_H,画出 V_H-I_S 曲线。

(2) 测霍尔电压 V_H 与励磁电流 I_M 的关系。

自拟表格记录励磁电流 I_M 和与其相对应的 V_1、V_2、V_3、V_4 的测量值,计算霍尔电压 V_H,画出 V_H-I_M 曲线。

(3) 测螺线管内的磁场分布。

自拟表格记录 X_1、X_2 以及与其相对应的 V_1、V_2、V_3、V_4 的测量值,根据测量数据:

① 计算霍尔电压 V_H;

② 计算螺线管内轴向磁感应强度 B;

③ 画出 B-X 曲线($X=14-X_1-X_2$)。

(4) 判断霍尔片载流子类型。

自拟表格记录最后一次测量时 I_S、I_M 和 V_H 所对应的实验仪六个接线柱的正负极性。

不同载流子类型的霍尔片在相同条件下产生的霍尔电动势方向不同。如果螺线管线圈绕向及其中霍尔片的位置如图 10.4-6,则其上 I_S、$\boldsymbol{B}$ 和 V_H 的方向关系如图 10.4-7 所示。

若工作电流 I_S 从 1→2 沿 X 轴正向(接线柱 1 为“+”,2 为“−”);励磁电流 I_M 从 5→6(接线柱 5 为“+”,6 为“−”),则磁场 $\boldsymbol{B}$ 沿 Z 轴正向(如图 10.4-7)。在此条件下,若霍尔片载流子为电子,则接线柱 4 输出为“+”,接线柱 3 输出为“−”;若霍尔片载流子为

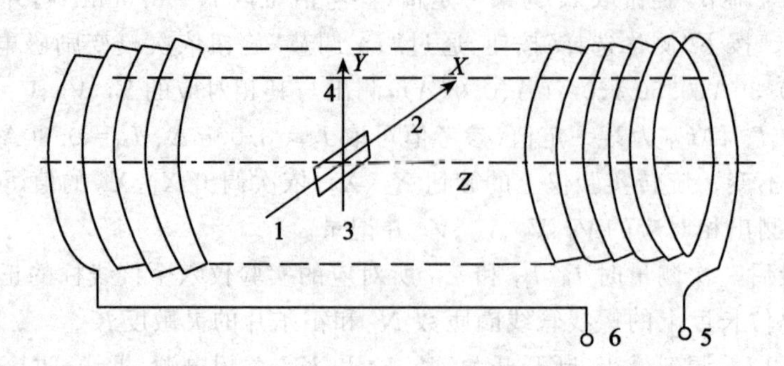

图 10.4-6　TH-S 型螺线管磁场测定实验组合仪——实验仪线圈绕向和霍尔片位置示意图

"空穴",则接线柱 4 输出为"－"接线柱 3 输出为"＋",如图 10.4-7 所示。

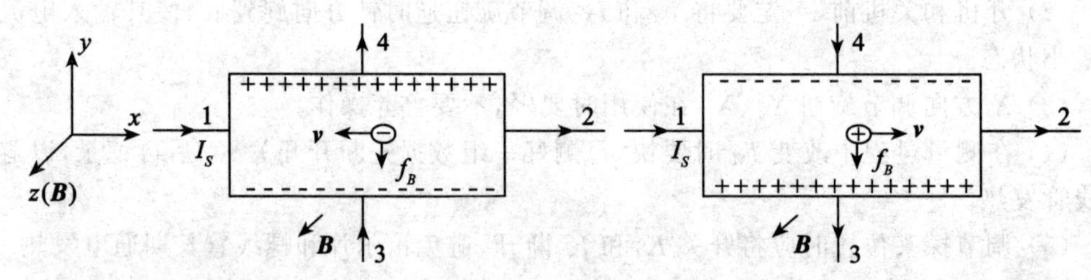

图 10.4-7　霍尔片上 I_S、$\boldsymbol{B}$和 V_H 方向关系示意图

由上述分析,根据实验仪六个接线柱正负极性的记录,确定载流子的类型,并由此判断实验所用霍尔片半导体材料的类型。

【实验后思考题】

(1) 若霍尔片的法线和磁场方向不一致,则对测量结果有何影响?

(2) 怎样测霍尔元件的霍尔系数或灵敏度?

(3) 如何判别霍尔元件的载流子类型?

§ 10.5　磁滞回线的研究

铁磁物质是一种性能特异,用途广泛的材料。铁、钴、镍及其众多合金以及含铁的氧化物(铁氧体)均属铁磁物质。其特征是在外磁场作用下能被强烈磁化,故磁导率 μ 很高。另一特征是磁滞,即磁化场作用停止后,铁磁质仍保留磁化状态。铁磁材料按特性分为硬磁和软磁两大类,铁磁材料的磁化曲线和磁滞回线反映该材料的重要特性,也是设计选用材料的重要依据。

【实验目的】

(1) 认识铁磁物质的磁化规律,比较两种典型的铁磁物质的动态磁化特性;

(2) 测定样品的基本磁化曲线,作 μ-H 曲线;

(3) 测定样品的 H_C、B_r、B_m 和(H_m · B_m)等参数;

(4) 测绘样品的磁滞回线,估算其磁滞损耗。

【预习思考题】

(1) 什么是磁滞和动态磁滞回线?

(2) 软磁材料和硬磁材料是怎么区分的? 各有什么用途?

【实验原理】

图 10.5-1 为铁磁物质的磁感应强度 B 与磁场强度 H 之间的关系曲线。图中的原点 O 表示磁化之前铁磁物质处于磁中性状态,即 $B=H=0$,当磁场 H 从零开始增加时,磁感应强度 B 随之缓慢上升,如线段 Oa 所示。之后 B 随 H 迅速增长,如 ab 所示。其后 B 的增长又趋缓慢,并当 H 增至 H_S时,B 到达饱和值 B_S,$Oabs$ 称为起始磁化曲线。图 10.5-1 表明,当磁场从 H_S逐渐减小至零,磁感应强度 B 并不沿起始磁化曲线恢复到"O"点,而是沿另一条新的曲线 SR 下降,比较线段 OS 和 SR 可知,H 减小 B 相应也减小,但 B 的变化滞后于 H 的变化,这现象称为磁滞。磁滞的明显特征是当 $H=0$ 时,B 不为零,而保留剩磁 B_r。

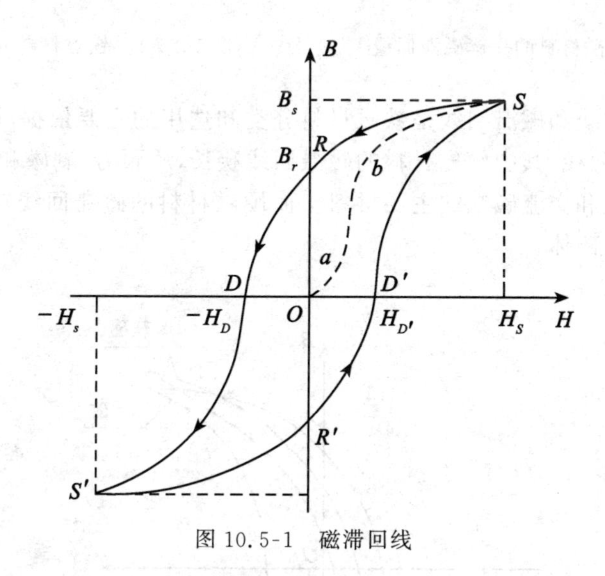

图 10.5-1　磁滞回线

当磁场反向从 0 逐渐变至 $-H_D$时,磁感应强度 B 消失,说明要消除剩磁,必须施加反向磁场,H_D称为矫顽力,它的大小反映铁磁材料保持剩磁状态的能力,线段 RD 称为退磁曲线。

图 10.5-1 还表明,当磁场按 $H_S\rightarrow0\rightarrow H_D\rightarrow-H_S\rightarrow0\rightarrow H_{D'}\rightarrow H_S$次序变化时,相应的磁感应强度 B 则沿闭合曲线 SRD S′R′D′S 变化,这闭合曲线称为磁滞回线。所以,当铁磁材料处于交变磁场中时(如变压器中的铁心),将沿磁滞回线反复被磁化→去磁→反向磁化→反向去磁。在此过程中要消耗额外的能量,并以热的形式从铁磁材料中释放,这种损耗称为磁滞损耗。可以证明,磁滞损耗与磁滞回线所围面积成正比。

应该说明,当初始态为 $H=B=0$ 的铁磁材料在交变磁场强度由弱到强依次进行磁化,可以得到面积由小到大向外扩张的一簇磁滞回线。如图 10.5-2 所示,这些磁滞回线顶点的连线称为铁磁材料的基本磁化曲线,由此可近似确定其磁导率 $\mu=\dfrac{B}{H}$,因 B 与 H

非线性，故铁磁材料的 μ 不是常数而是随 H 而变化(如图 10.5-3 所示)。铁磁材料的相对磁导率可高达数千乃至数万，这一特点是它用途广泛的主要原因之一。

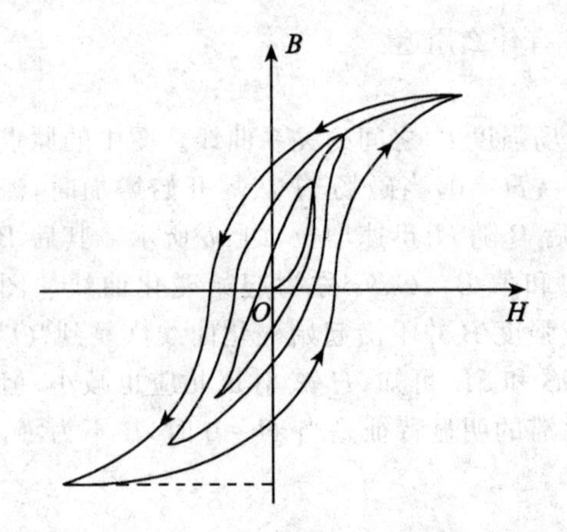

图 10.5-2　同一铁磁材料的一簇磁滞回线

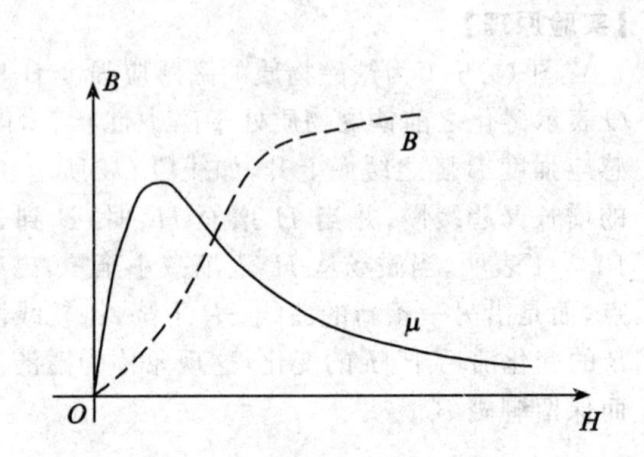

图 10.5-3　铁磁材料 μ 与 H 关系曲线

可以说，磁化曲线和磁滞回线是铁磁材料分类和选用的主要依据，图 10.5-4 为常见的两种典型的磁滞回线，其中软磁材料的磁滞回线狭长，矫顽力、剩磁和磁滞损耗均较小，是制造变压器、电机和交流磁铁的主要材料。而硬磁材料的磁滞回线较宽，矫顽力大，剩磁强，可用来制造永磁体。

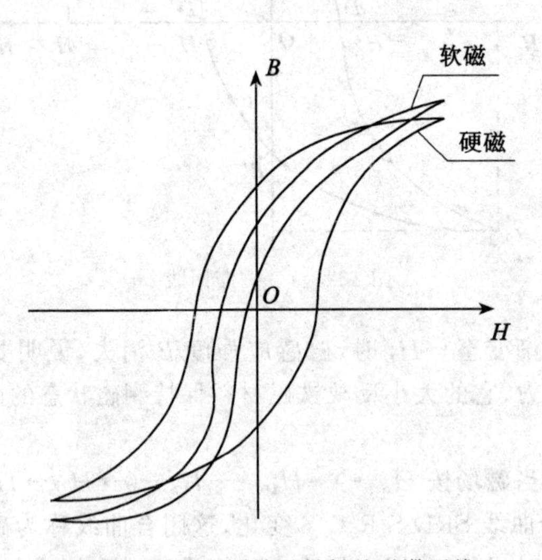

图 10.5-4　不同铁磁材料的磁滞回线

观察和测量磁滞回线和基本磁化曲线的线路如图 10.5-5 所示。待测样品为 EI 型矽钢片，N 为励磁绕组，n 为用来测量磁感应强度 B 而设置的绕组。R_1 为励磁电流取样电阻，设通过 N 的交流励磁电流为 i，根据安培环路定律，样品的磁化场强

$$H=\frac{Ni}{L}\quad (L\text{ 为样品的平均磁路})$$

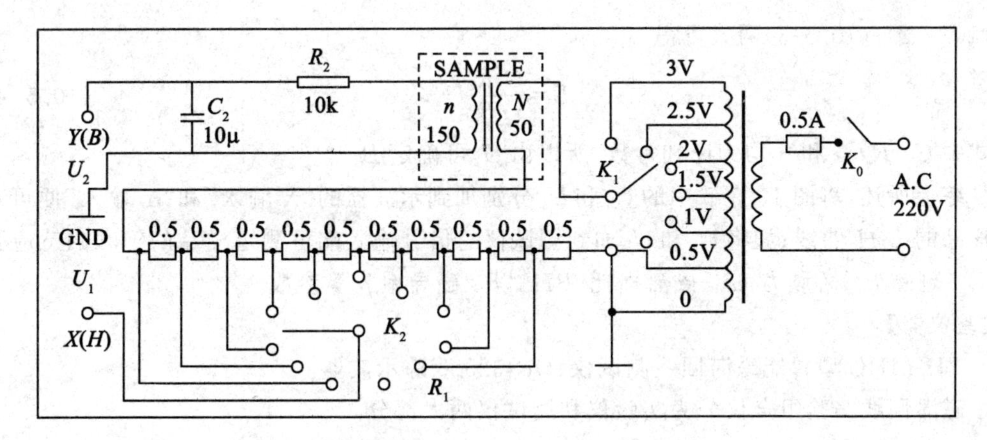

图 10.5-5　实验线路

因为
$$i=\frac{U_1}{R_1}$$

所以
$$H=\frac{N}{LR_1}\cdot U_1 \tag{10.5-1}$$

(10.5-1)式中的 N、L、R_1 均为已知常数，所以由 U_1 可确定 H。

在交变磁场下，样品的磁感应强度瞬时值 B 可用测量绕组 n 和 R_2C_2 电路测出，根据法拉第电磁感应定律，由于样品中的磁通 Φ 的变化，在测量线圈中产生的感生电动势的大小为

$$\varepsilon_2=n\frac{\mathrm{d}\Phi}{\mathrm{d}t}$$

$$\Phi=\frac{1}{n}\int\varepsilon_2\,\mathrm{d}t$$

设 S 为样品的截面积。如果忽略自感电动势和电路损耗，则回路方程为

$$B=\frac{\Phi}{S}=\frac{1}{nS}\int\varepsilon_2\,\mathrm{d}t \tag{10.5-2}$$

$$\varepsilon_2=i_2R_2+U_2$$

式中，i_2 为感生电流，U_2为积分电容 C_2两端电压。设在 Δt 时间内，i_2向电容 C_2 的充电电量为 Q，则

$$U_2=\frac{Q}{C_2}$$

所以
$$\varepsilon_2=i_2R_2+\frac{Q}{C_2}$$

如果选取足够大的 R_2和 C_2，使 $i_2R_2\gg\frac{Q}{C_2}$，则　$\varepsilon_2=i_2R_2$

因为
$$i_2=\frac{\mathrm{d}Q}{\mathrm{d}t}=C_2\ \frac{\mathrm{d}U_2}{\mathrm{d}t}$$

所以
$$\varepsilon_2=C_2R_2\ \frac{\mathrm{d}U_2}{\mathrm{d}t} \tag{10.5-3}$$

由(10.5-2)、(10.5-3)两式可得

$$B=\frac{C_2R_2}{nS}U_2 \tag{10.5-4}$$

上式中 C_2、R_2、n 和 S 均为已知常数,所以由 U_2 可确定 B。

综上所述,将图 10.5-5 中的 U_1 和 U_2 分别加到示波器的“X 输入”和“Y 输入”便可观察样品的 B-H 曲线;如将 U_1 和 U_2 加到测试仪的信号输入端可测定样品的饱和磁感应强度 B_S、剩磁 R_r、矫顽力 H_D、磁滞损耗〔BH〕以及磁导率 μ 等参数。

【实验仪器】

TH-MHC 型智能磁滞回线测试仪、DF4320 双踪示波器。

磁滞回线实验组合仪分为实验仪和测试仪两大部分。

1. 实验仪

由励磁电源、试样、电路板以及实验接线图等部分组成,配合示波器,其可观察铁磁性材料的基本磁化曲线和磁滞回线。

(1) 励磁电源。由 220V,50Hz 的市电经变压器隔离、降压后供试样磁化。电源输出电压共分 11 档,即 0、0.5、1.0、1.2、1.5、1.8、2.0、2.2、2.5、2.8V 和 3.0V,各档电压通过安置在电路板上的波段开关实现切换。

(2) 试样。样品 1 和样品 2 为尺寸(平均磁路长度 L 和截面积 S)相同而磁性不同的两只 EI 型铁芯,两者的励磁绕组匝数 N 和磁感应强度 B 的测量绕组匝数 n 亦相同。

$$N=50,\quad n=150,\quad L=60\text{mm},\quad S=80\text{mm}^2。$$

(3) 电路板。该印刷电路板上装有电源开关、样品 1 和样品 2、励磁电源“U 选择”和测量励磁电流(即磁场强度 H)的取样电阻“R_1 选择”,以及为测量磁感应强度 B 所设定的积分电路元件 R_2、C_2 等。各元器件(除电源开关)均已通过电路板与其对应的锁紧插孔连接,只需采用专用导线,便可实现电路连接。

此外,设有电压 U_B(正比于磁感应强度 B 的信号电压)和 U_H(正比于磁场强度 H 的信号电压)的输出插孔,用以连接示波器观察磁滞回线波形和连接测试仪作定量测试用。

(4) 实验接线示意图如图 10.5-6 所示。

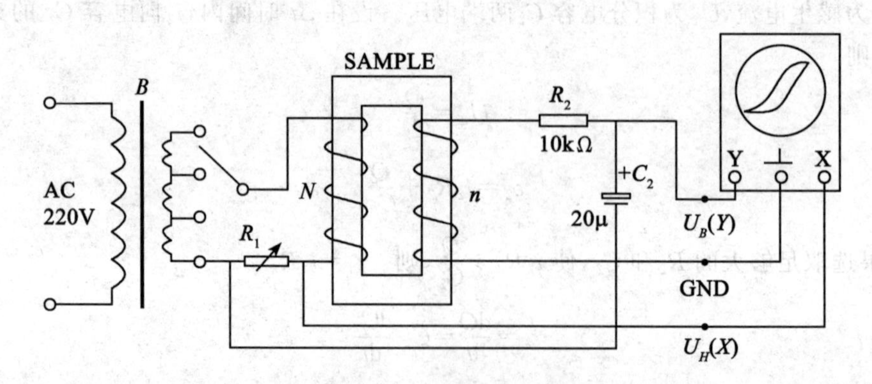

图 10.5-6 实验接线示意图

2. 测试仪

图 10.5-7 所示为测试仪原理框图，测试仪与实验仪配合使用，能定量、快速测定铁磁性材料在反复磁化过程中的 H 和 B 之值，并能给出其剩磁、矫顽力、磁滞损耗等多种参数。

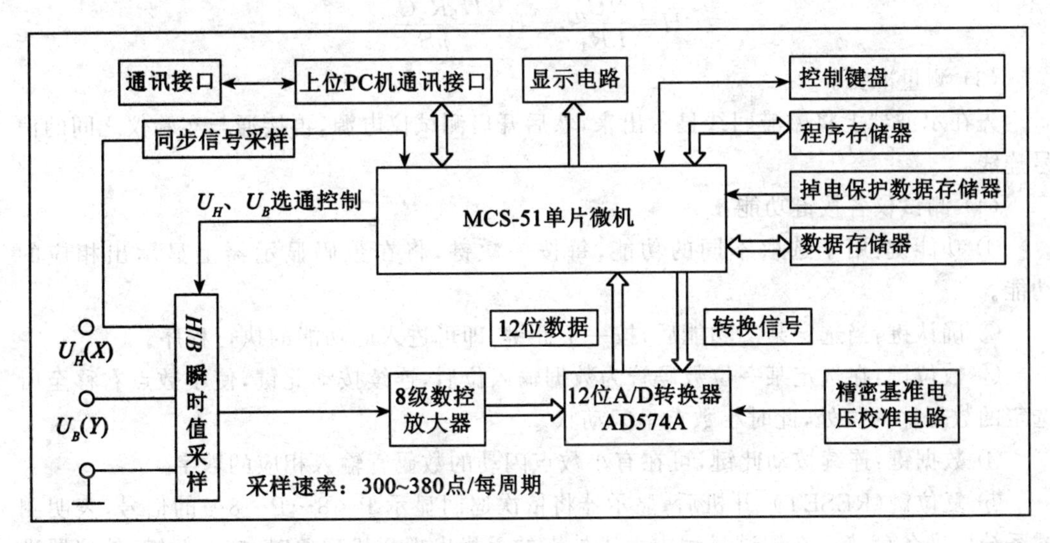

图 10.5-7 测试仪原理框图

测试仪面板如图 10.5-8 所示，下面对测试仪使用说明作介绍。

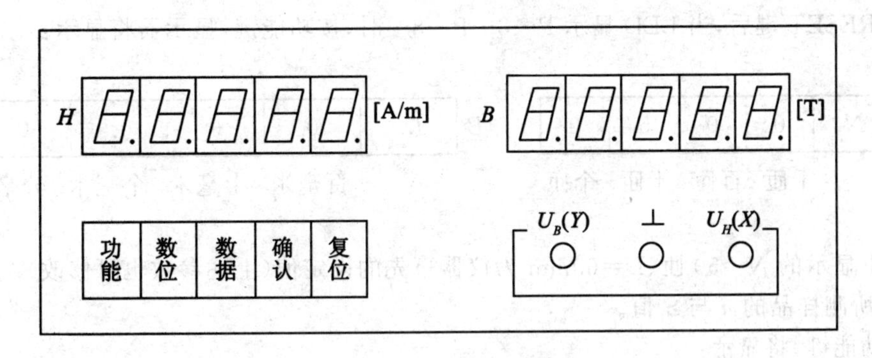

图 10.5-8 测试仪面板

(1) 参数。

L：待测样品平均磁路长度，$L=60\text{mm}$。

S：待测样品横截面积，$S=80\text{mm}^2$。

N：待测样品励磁绕组匝数，$N=50$。

n：待测样品磁感应强度 B 的测量绕组匝数，$n=150$。

R_1：励磁电流 i_H 取样电阻，阻值 0.5～5Ω。

R_2：积分电阻，阻值为 10kΩ。

C_2：积分电容，容量为 20μF。

U_{HC}：正比于 H 的有效值电压，供调试用。电压范围为 0～1V。

U_{BC}：正比于 B 的有效值电压，供调试用。电压范围为 0～1V。

（2）瞬时值 H 与 B 的计算公式：

$$H=\frac{NU_H}{LR_1},\quad B=\frac{U_BR_2C_2}{nS}$$

（3）测量准备。

先在示波器上将磁滞回线显示出来，然后开启测试仪电源，再接通与实验仪之间的信号连线。

（4）测试仪各按键功能：

① 功能键：用于选取不同的功能，每按一次键，将在数码显示器上显示出相应的功能。

② 确认键：当选定某一功能后，按一下此键，即可进入此功能的执行程序。

③ 数位键：在选定某一位数码管为数据输入位后，连续按动此键，使小数点右移至所选定的数据输入位处，此时小数点呈闪动状。

④ 数据键：连续按动此键，可在有小数点闪动的数码管输入相应的数字。

⑤ 复位键(RESET)：开机后，显示器将依次巡回显示 P…8…P…8…的信号，表明测试系统已准备就绪。在测试过程中由于外来的干扰出现死机现象时，应按此键，使仪器进入或恢复正常工作。

（5）测试仪操作步骤：

① 所测样品的 N 与 L 值。

按 RESET 键后，当 LED 显示 P…8…P…8…时，按功能键，显示器将显示：

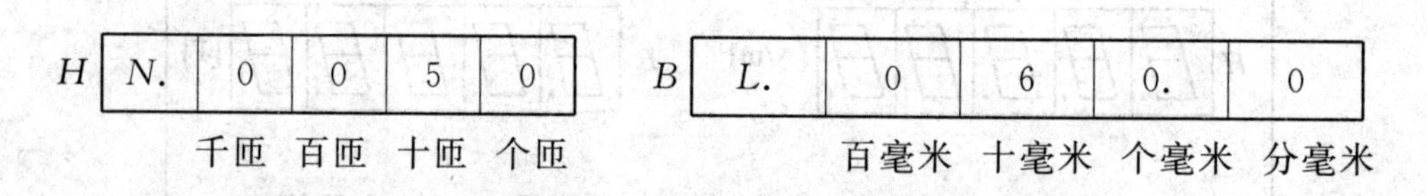

这里显示的 N=50 匝、L=60mm 为仪器事先的设定值(上述参数也可修改)。

② 所测样品的 n 与 S 值。

按功能键，将显示：

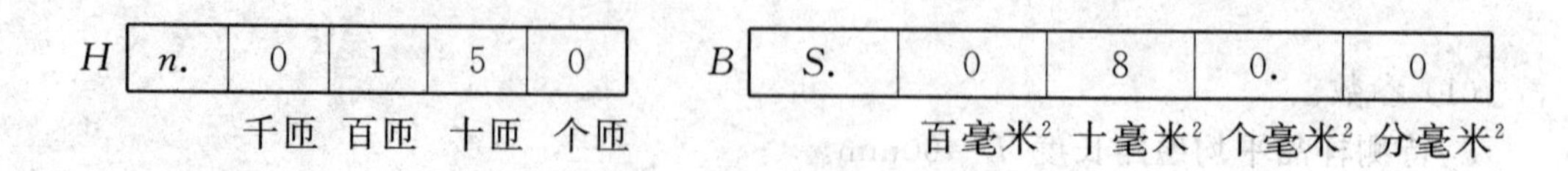

这里显示的 n=150 匝、S=80mm^2 为仪器事先的设定值(上述参数也可修改)。

③ 电阻 R_1值和 H 与 B 值的倍数代号。

按功能键，将显示：

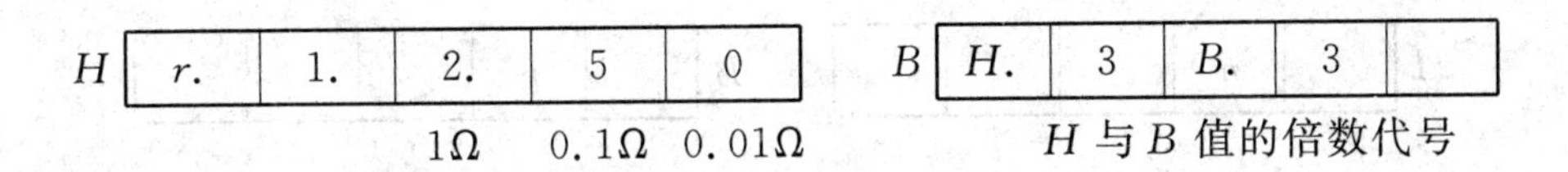

这里显示的 $R_1=2.5\Omega$、H 与 B 值的倍数代号 3 为仪器事先的设定值。

注：H 与 B 值的倍数是指其显示值需乘上的倍数。

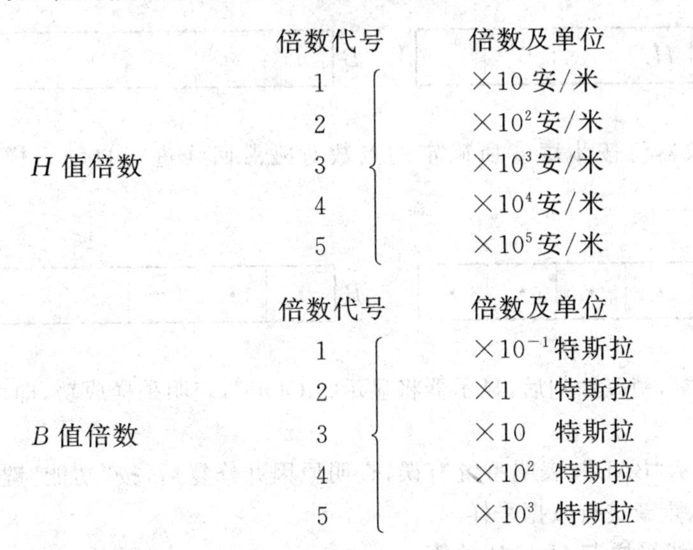

	倍数代号	倍数及单位
H 值倍数	1	$\times 10$ 安/米
	2	$\times 10^2$ 安/米
	3	$\times 10^3$ 安/米
	4	$\times 10^4$ 安/米
	5	$\times 10^5$ 安/米

	倍数代号	倍数及单位
B 值倍数	1	$\times 10^{-1}$ 特斯拉
	2	$\times 1$ 特斯拉
	3	$\times 10$ 特斯拉
	4	$\times 10^2$ 特斯拉
	5	$\times 10^3$ 特斯拉

④ 电阻 R_2、电容 C_2 值。

按功能键，将显示：

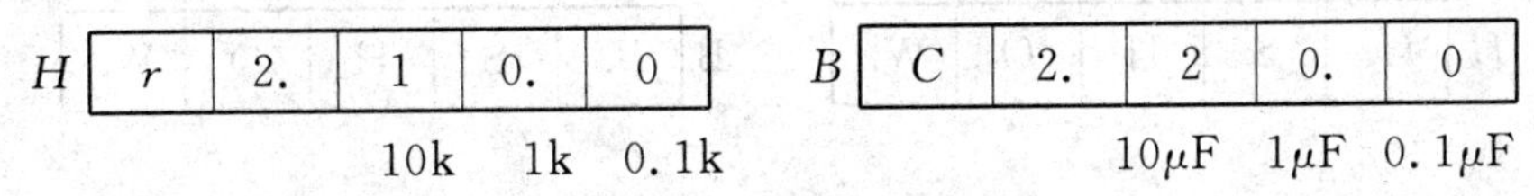

这里显示的 $R_2=10\text{k}\Omega$、$C_2=20\mu\text{F}$ 为仪器事先的设定值。

注：N、L、n、S、R_1、R_2、C_2、H 与 B 值的倍数代号等参数可根据不同要求进行改写，并可通过 SEEP 操作存入串行 EEROM 中，掉电后数据仍可保存。

⑤ 定标参数显示(仅作调试用)。

按功能键，将显示：

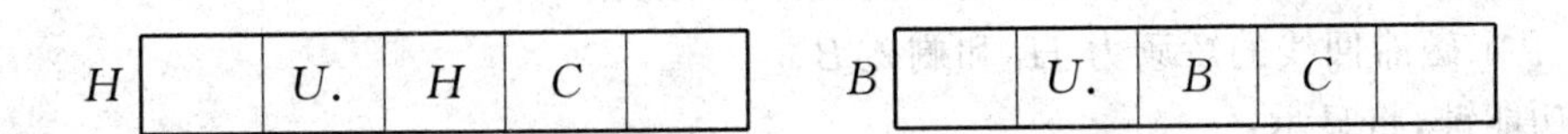

按确认键，将显示 U_{HC} 和 U_{BC} 电压值。

注：a）无输入信号时，禁止操作此功能键；b）显示值不能大于 1.0000，否则必须减小输入信号。

⑥ 显示每周期采样的总点数和测试信号的频率。

按功能键，将显示：

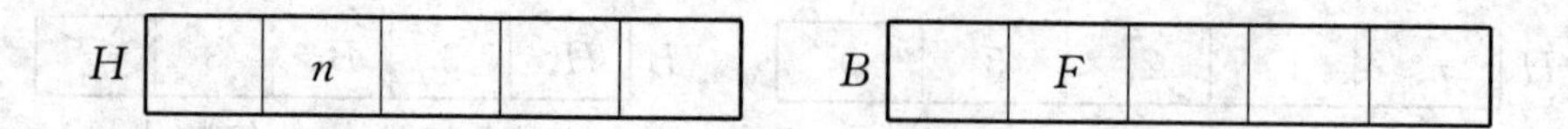

按确认键,将显示出每周期采样的总点数 n 和测试信号的频率 f。

⑦ 数据采样　按功能键将显示：

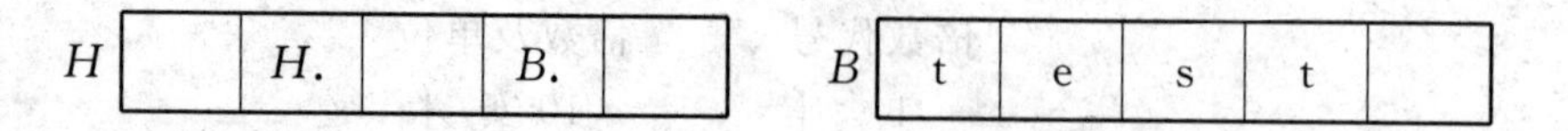

按确认键后,仪器将按步序⑥所确定的点数对磁滞回线进行自动采样,显示器显示为：

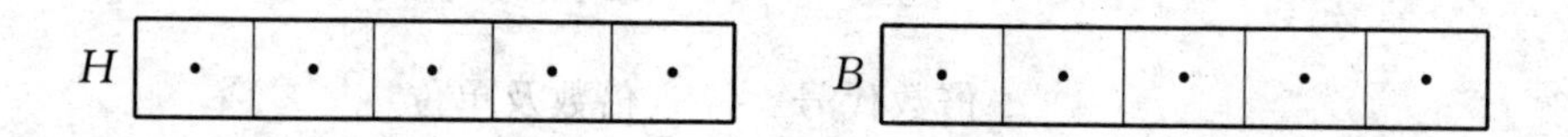

若测试系统正常,稍等片刻后,显示器将显示"GOOD",表明采样成功,即可进入下一步程序操作。

如果显示器显示"BAD",表明系统有误,查明原因并修复后,按"功能"键,程序将返回到数据采样状态,重新进行数据采样。

⑧ 显示磁滞回线采样点 H 与 B 的值。

连续按两次功能键,将显示：

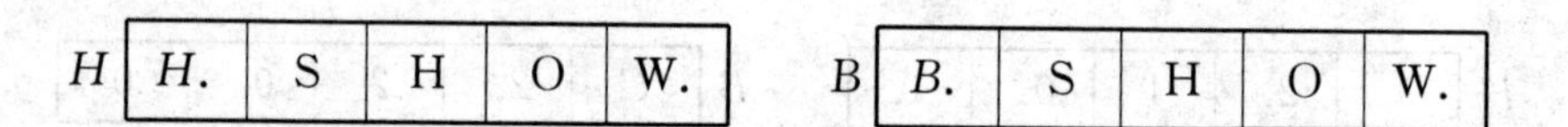

每按两次确认键,将显示曲线上一点的 H 与 B 的值(第一次显示采样点的序号,第二次显示出该点 H 和 B 之值),采样总点数参照步序⑥,H 与 B 值的倍数参照步序③。显示点的顺序是依磁滞回线的第 4、1、2 象限和第 3 象限的顺序进行,否则,说明数据出错或采样信号出错。

若在进行第⑦步序中只按功能键而未按确认键(表明未完成数据采样就进入第⑧步序,此时将显示："NO　DATA",表明系统或操作有误)。

⑨ 显示磁滞回线的矫顽力 H_C 和剩磁 B_r。

按功能键,将显示：

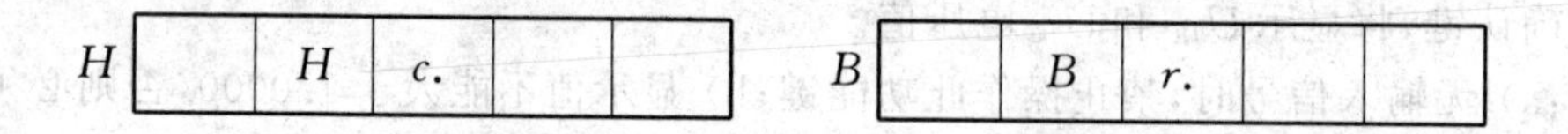

按确认键,将按步序③所确定的倍数显示出 H_C 与 B_r 之值。

⑩ 显示样品的磁滞损耗。

按功能键,将显示：

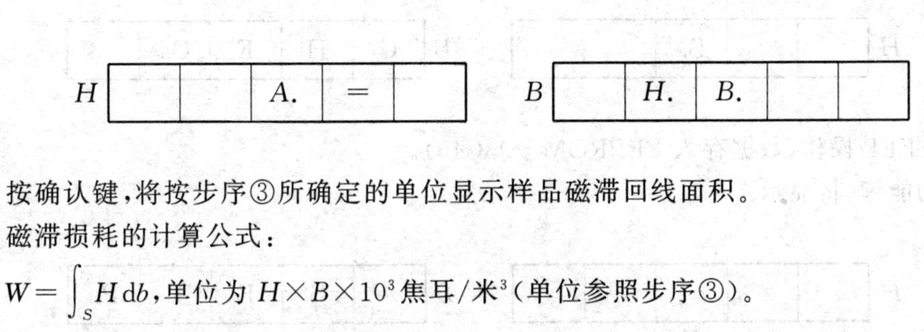

按确认键，将按步序③所确定的单位显示样品磁滞回线面积。

磁滞损耗的计算公式：

$W=\int_S H\,\mathrm{d}b$，单位为 $H\times B\times 10^3$ 焦耳/米^3（单位参照步序③）。

⑪ 显示 H 与 B 的最大值 H_m 与 B_m。

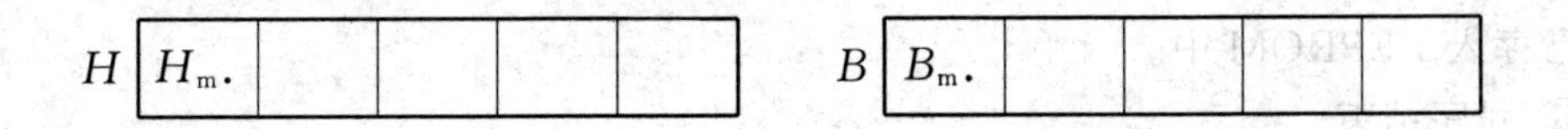

按确认键，将按步序③所确定的倍数显示出 H_m 与 B_m 之值。

⑫ 显示 H 与 B 的相位差。

按功能键，将显示：

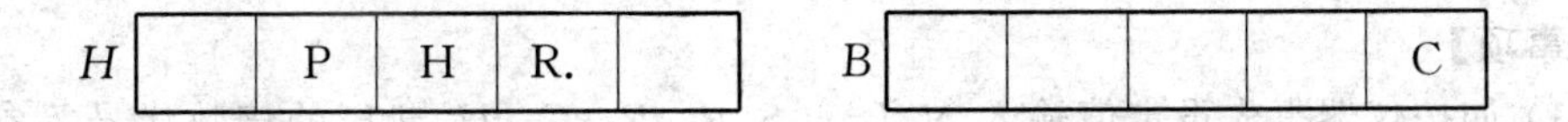

按确认键，将显示：

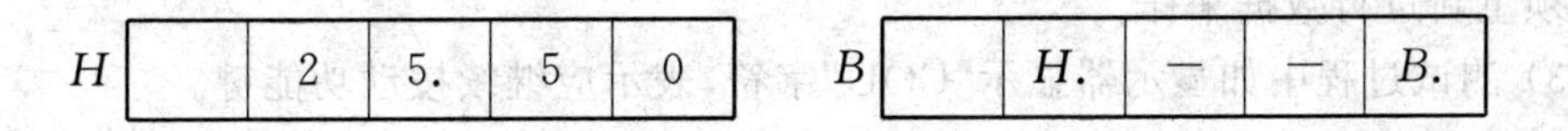

上例显示表示，H 与 B 的相位差是 25.5°，在相位上 U_H 超前 U_B。

⑬ 与 PC 联机测试操作。

按功能键，将显示：

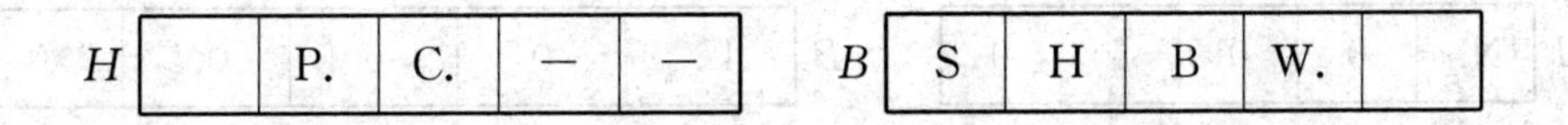

按确认键，进入联机状态。

⑭ U_{HC} 电压校准操作（调试时用）。

按功能键，将显示：

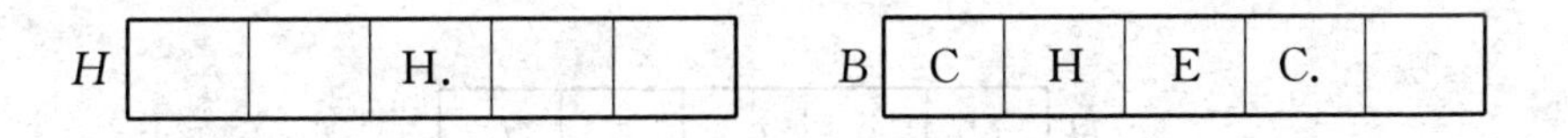

⑮ U_{BC} 电压校准操作（调试时用）。

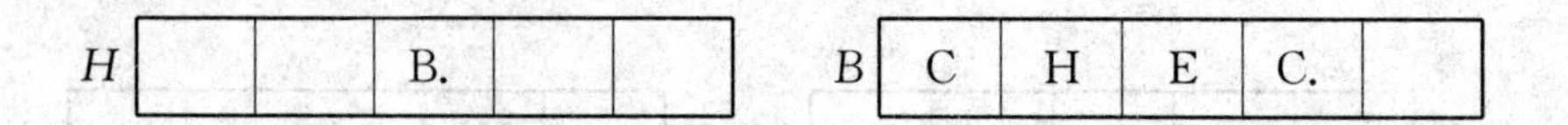

⑯ SEEP 操作(数据存入 EEPROM－93C46)。

按功能键,将显示:

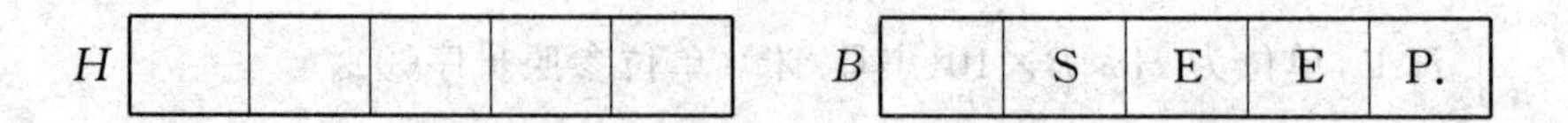

方法:在 H 显示器的最高两位上写入存入码"96";按确认键,片刻后,回显"85",说明数据已存入 EEPROM 中。

⑰ 程序结束。

按功能键,将显示:

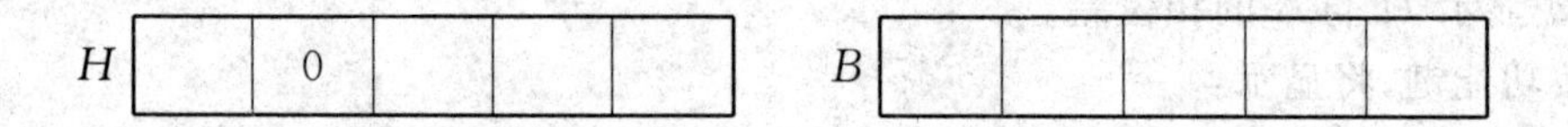

【注意事项】

(1) 如按仪器事先设定值输入 N、L、n、S、R_1、R_2、C_2、H 与 B 的倍数代号等参数,则不必按确认键;如要改写上述参数,则改写后,务必按确认键,才能将数据输入。

(2) 按常规操作至步序⑫(显示 H 与 B 的相位差)后,磁滞回线采样数据将自动消失,必须重新进行数据采样。

(3) 测试过程中如显示器显示"COU"字符,表示应继续按动功能键。

数位键和数据键操作

若改写样品的某项参数,如将 $N=50$ 匝、$L=60$mm 改写 $N=100$ 匝,$L=80$mm,可按如下步骤进行。

按功能键,将显示:

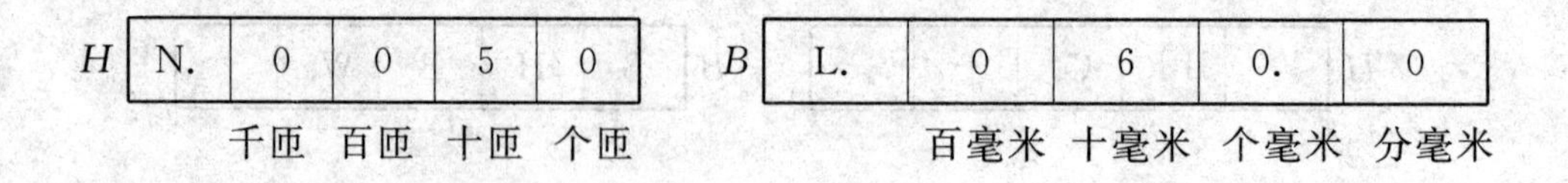

(1) 将 N 由 50 匝改写为 100 匝。

按动数位键,使位于 B 窗口数据框内"个毫米"处的小数点右移至"分毫米"处;再按动数位键,使小数点渐次移入 H 窗口"百匝"(即数据输入位)处。

H	N	0	0.	5	0

按动数据键,将小数点位处数码管数字"0"改写为"1"。

H	N	0	1.	5	0

再按动数位键，使小数点右移一位至“十匝”处(数据输入位)。

H	N	0	1	5.	0

按动数据键，将小数点位处数码管数字“5”改写为“0”。

H	N	0	1	0.	0

再按动数位键，使小数点右移一位至“个匝”处。

H	N	0	1	0	0.

至此，样品匝数已由50改写为100。

(2) 将 L 由60mm改写为80mm。

操作方法同上。

连续按动数位键，使小数点由 H 窗口的“个匝”处右移至 B 窗口“十毫米处”(数据输入位)。

B	L	0	6.	0	0

按动数据键，将小数点位处的数码管数字“6”改写为“8”。

B	L	0	8.	0	0

再按动数位键，使小数点右移一位至“个毫米”处。

B	L	0	8	0.	0

至此，样品平均磁路长度 L 已由60改写为80。

(3) 按确认键，当显示器显示“1”，表明修改后的 N、L 值已输入。

(4) 若要将改写后的数据存入 EEPROM 中,请参阅操作步序⑯。

【实验内容】

(1) 电路连接:选样品 1 按实验仪上所给的电路图连接线路,并令 $R_1=2.5\Omega$,“U 选择”置于 0 位。U_H 和 U_2(即 U_1 和 U_2)分别接示波器的“X 输入”和“Y 输入”,插孔⊥为公共端。

(2) 样品退磁:开启实验仪电源,对试样进行退磁,即顺时针方向转动“U 选择”旋钮,令 U 从 0 增至 3V,然后逆时针方向转动旋钮,将 U 从最大值降为 0,其目的是消除剩磁,确保样品处于磁中性状态,即 $B=H=0$,如图 10.5-9 所示。

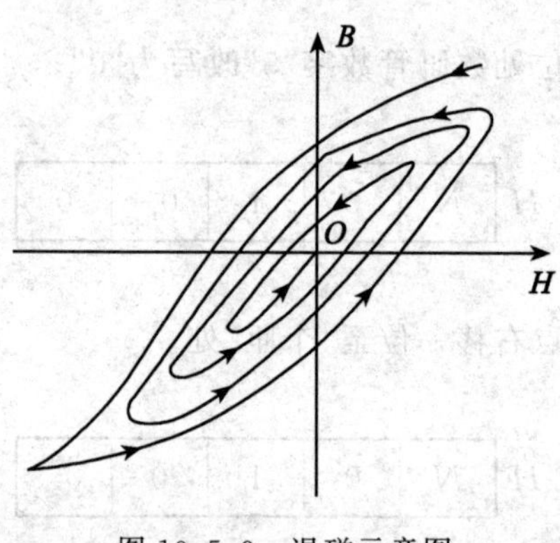

图 10.5-9　退磁示意图

(3) 观察磁滞回线:开启示波器电源,令光点位于坐标网格中心,令 $U=2.2$V,并分别调节示波器 x 轴和 y 轴的灵敏度,使显示屏上出现图形大小合适的磁滞回线(若图形顶部出现编织状的小环,如图 10.5-10 所示,这时可降低励磁电压 U 予以消除)。

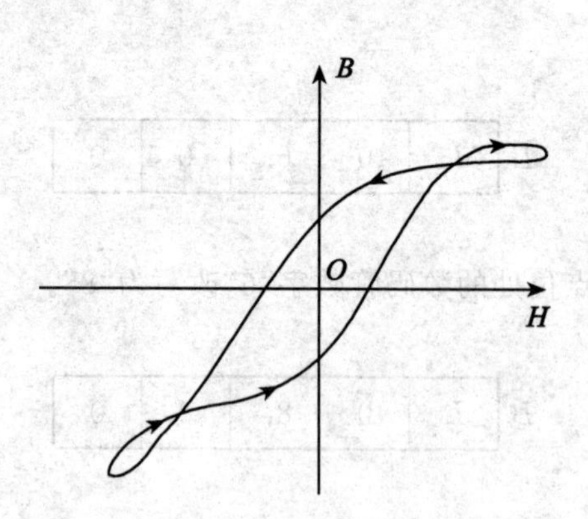

图 10.5-10　由 U_2 和 B 的相位差等因素引起的畸变

(4) 观察基本磁化曲线,按步骤(2)对样品进行退磁,从 $U=0$ 开始,逐档提高励磁电压,将在显示屏上得到面积由小到大一个套一个的一簇磁滞回线。这些磁滞回线顶点的连线就是样品的基本磁化曲线,借助长余晖示波器,便可观察到该曲线的轨迹。

(5) 观察、比较样品 1 和样品 2 的磁化性能。

(6) 测绘 μ-H 曲线：仔细阅读测试仪的使用说明，接通实验仪和测试仪之间的连线。开启电源，对样品进行退磁后，依次测定 $U=0.5, 1.0, \cdots, 3.0$V 时的十组 H_m 和 B_m 值，作 μ-H 曲线。

(7) 令 $U=3.0$V，$R_1=2.5\Omega$，测定样品 1 的 B_m、B_r、H_C 和$[BH]$等参数。

(8) 取步骤(7)中的 H 和其相应的 B 值，用坐标纸绘制 B-H 曲线（如何取数及取多少组数据可自行考虑），并估算曲线所围面积。

以上磁滞回线基本实验内容均可以由 TH-MHC 型智能磁滞回线测试仪完成，KH-MHC 型智能磁滞回线测试仪除可以完成磁滞回线基本实验内容外，还具有与 PC 机数据通信的功能。用所配的串行通信线将测试仪后面板上的 RS-232 串行输出口与 PC 机的一个串行口相连接，在 PC 机中运行 PCCOM. EXE 程序，计算机就可以读取测试仪采集的数据信号，将实验数据保存在硬盘里，并可以在计算机显示屏上显示磁滞回线和其他曲线，详细使用说明参见仪器使用说明书。

【数据处理】

(1) 自拟表格记录实验数据；

(2) 画出有关曲线；

(3) 对实验结果进行分析。

【实验后思考题】

(1) 说明实验中的退磁原理。

(2) 磁滞回线包围面积的大小有何物理意义？

(3) 变压器铁芯用矽钢片叠合制成，为什么要用磁性能好的软磁材料制作？

§10.6　夫兰克-赫兹实验

1914 年，夫兰克和赫兹在研究气体放电现象中的低能电子与原子间相互作用时，在充汞的放电管中，发现通过汞蒸气的电子流随电子的能量显现出有规律的周期性变化，能量间隔为 4.9eV。同一年，他们使用石英制作的充汞管，拍摄到与能量 4.9eV 相应的光谱线 253.7nm 的发射光谱。对此，他们提出了原子中存在“临界电势”的概念：当电子能量低于与临界电势相应的临界能量时，电子与原子的碰撞是弹性的；而当电子能量达到这一临界能量时，碰撞过程由弹性转变为非弹性，电子把这份特定的能量转移给原子，使之受激；原子退激时，再以特定频率的光量子形式辐射出来。1920 年，夫兰克及其合作者对原先的装置做了改进，提高了分辨率，测得了亚稳能级和较高的激发能级，进一步证实了原子内部能量是量子化的。1925 年，夫兰克和赫兹共同获得了诺贝尔物理学奖。

通过本节实验，可以了解夫兰克和赫兹研究气体放电现象中低能电子与原子间相互作用的实验思想和方法，以及电子与原子碰撞的微观过程是怎样与实验中的宏观量相联系的，可以将其用于研究原子内部的能量状态与能量交换的微观过程。

【实验目的】

(1) 了解电子与原子之间的弹性碰撞与非弹性碰撞的区别；

(2) 掌握测量氩原子第一激发电势的方法;

(3) 证明原子能级的存在,加深对玻尔原子理论的理解。

【预习思考题】

(1) 玻尔的能级跃迁理论主要内容有哪些?

(2) 氩原子的第一激发电势理论值是多少?

【实验原理】

根据玻尔理论,原子只能较长久地停留在一些稳定状态(即定态),其中每一状态对应于一定的能量值,各定态的能量是分立的,原子只能吸收或辐射相当于两定态间能量差的能量。如果处于基态的原子要发生状态改变,所具备的能量不能少于原子从基态跃迁到第一激发态时所需要的能量。夫兰克-赫兹实验通过具有一定能量的电子与原子碰撞,进行能量交换而实现原子从基态到高能态的跃迁。

电子与原子碰撞过程可以用下式表示:

$$\frac{1}{2}m_e v^2 + \frac{1}{2}MV^2 = \frac{1}{2}m_e v'^2 + \frac{1}{2}MV'^2 + \Delta E \tag{10.6-1}$$

式中,m_e是电子质量,M是原子质量,v是电子碰撞前的速度,V是原子碰撞前的速度,v'是电子碰撞后的速度,V'是原子碰撞后的速度,ΔE为内能改变量。当电子的动能小于原子的第一激发态电势时,原子与电子发生弹性碰撞,$\Delta E=0$;当电子的动能等于或大于原子的第一激发态电势时,原子与电子发生非弹性碰撞,电子的全部或部分动能转化为原子的内能,$\Delta E=E_1$,E_1为原子的第一激发电势。

夫兰克-赫兹实验原理如图10.6-1所示,在充氩气的夫兰克-赫兹管中,电子由热阴极K发出,阴极K和栅极G_2之间的加速电压V_{G_2}使电子加速,在板极P和栅极G_2之间有减速电压V_P。当电子通过栅极进入G_2P空间时,如果能量大于eV_P,就能到达板极形成电流I_P。

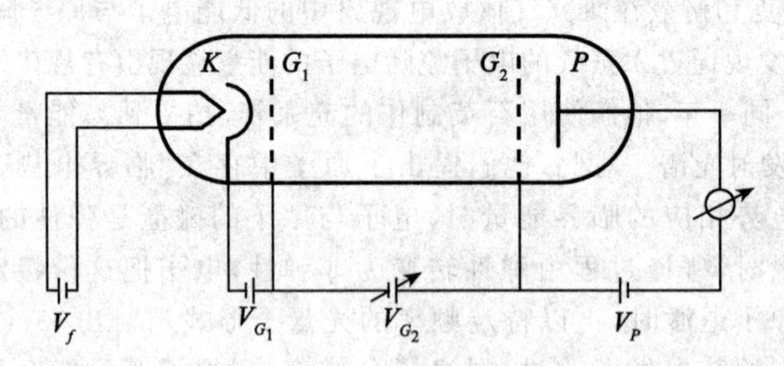

图10.6-1 夫兰克-赫兹实验原理

若电子在G_1G_2空间与氩原子发生了非弹性碰撞,电子本身剩余的能量小于eV_P,则电子不能到达板极,板极电流将会随着栅极电压的增加而减少。实验时使V_{G_2}逐渐增加,观察板极电流的变化,将得到如图10.6-2所示的I_P-V_{G_2}曲线。

随着V_{G_2}的增加,电子的能量增加,当电子与氩原子碰撞后仍留下足够的能量,可以克服G_2P空间的减速电场而到达板极P时,板极电流又开始上升。如果电子在加速电场

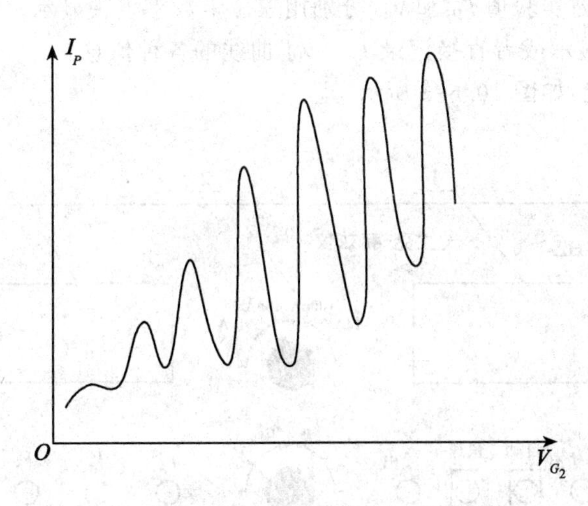

图 10.6-2 板极电流随栅极电压的变化关系

得到的能量等于 $2\Delta E$ 时，电子在 G_1G_2 空间会因二次非弹性碰撞而失去能量，结果板极电流第二次下降。

在加速电压较高的情况下，电子在运动过程中，将与氩原子发生多次非弹性碰撞，在 I_P-V_{G_2} 关系曲线上就表现为多次下降。对氩来说，曲线上相邻两峰(或谷)之间的 V_{G_2} 之差即为氩原子的第一激发电位。这即证明了氩原子能量状态的不连续性。

【实验仪器】

夫兰克-赫兹实验仪 1 台，示波器 1 台，电源线 1 根，Q9 线 2 根。

1. 仪器简介

(1) 夫兰克-赫兹实验管：简称 F-H 管。F-H 管为实验仪的核心部件，F-H 管采用间热式阴极、双栅极和板极的四极形式，各极均为圆筒状。这种 F-H 管内充氩气，玻璃封装。电性能及各电极与其他部件的连接示意图如图 10.6-1 所示。

(2) F-H 管电源组：提供 F-H 管各电极所需的工作电压。性能如下：

灯丝电压 V_F，直流，1.3～5V，连续可调；

栅极 G_1——阴极间电压 V_{G_1}，直流，0～6V，连续可调；

栅极 G_2——阴极间电压 V_{G_2}，直流，0～90V，连续可调。

(3) 扫描电源和微电流放大器：扫描电源提供可调直流电压或输出锯齿波电压作为 F-H 管电子加速电压。直流电压供手动测量，锯齿波电压供示波器显示、X-Y 记录仪和微机用。微电流放大器用来检测 F-H 管的板流 I_P。性能如下：

① 具有手动和自动两种扫描方式：手动扫描方式输出直流电压，0～90V，连续可调；自动扫描方式输出 0～90V 锯齿波电压，扫描上限可以设定。

② 扫描速率分“快速”和“慢速”两挡：“快速”是周期约为 20 次/s 锯齿波，供示波器和微机用；“慢速”是周期约为 0.5 次/s 的锯齿波，供 X-Y 记录仪用。

③ 微电流放大测量范围为 10^{-9} A，10^{-8} A，10^{-7} A，10^{-6} A 四挡。

（4）夫兰克-赫兹实验值 I_P 和 V_{G_2} 分别用三位半数字表头显示。另设端口供示波器、X-Y 记录仪及微机显示或者直接记录 $I_P \sim V_{G_2}$ 曲线的各种信息。

（5）面板及功能：如图 10.6-3 所示。

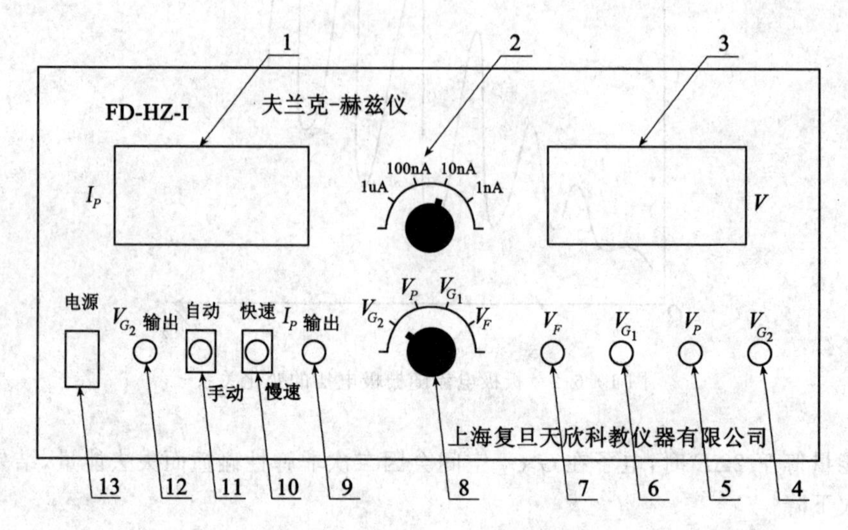

图 10.6-3　夫兰克-赫兹实验仪面板

① I_P 显示表头（表头示值×2 指示为 I_P 实际值）；

② I_P 微电流放大器量程选择开关：分 1μA、100nA、10nA、1nA 四档；

③ 数字电压表头（与电压示值选择开关相关）：可以分别显示 V_F、V_{G_1}、V_P、V_{G_2} 值（其中 V_{G_2} 值为表头示值×10V）；

④ V_{G_2} 电压调节旋钮；

⑤ V_P 电压调节旋钮；

⑥ V_{G_1} 电压调节旋钮；

⑦ V_F 电压调节旋钮；

⑧ 电压示值选择开关：可以分别选择 V_F、V_{G_1}、V_P、V_{G_2}；

⑨ I_P 输出端口：接示波器 Y 端，X-Y 记录仪 Y 端或者微机接口的电流输入端；

⑩ V_{G_2} 扫描速率选择开关："快速"挡供接示波器观察 I_p-V_{G_2} 曲线或微机用，"慢速"挡供 X-Y 记录仪用；

⑪ V_{G_2} 扫描方式选择开关："自动"挡供示波器，X-Y 记录仪或微机用，"手动"挡供手测记录数据使用；

⑫ V_{G_2} 输出端口：接示波器 X 端，X-Y 记录仪 X 端，或微机接口电压输入用；

⑬ 电源开关。

2. 仪器使用说明

（1）示波器演示法：

① 连好主机后面板电源线，用 Q9 线将主机正面板上 "V_{G_2} 输出"与示波器上的"X

相”(供外触发使用)相连,“I_P 输出”与示波器“Y 相”相连;

② 将扫描开关置于“自动”挡,扫描速度开关置于“快速”挡,微电流放大器量程选择开关置于“10nA”;

③ 分别将“X”、“Y”电压调节旋钮调至“1V”和“2V”,“POSITION”调至“X-Y”,“交直流”全部打到“DC”;

④ 分别开启主机和示波器电源开关,稍等片刻;

⑤ 分别调节 V_{G_1}、V_P、V_F 电压(可以先参考厂家给出值)至合适值,将 V_{G_2} 由小慢慢调大(以 F-H 管不击穿为界),直至示波器上呈现充氩管稳定的 I_P-V_{G_2} 曲线;

(2) 手动测量法:

① 调节 V_{G_2} 至最小,扫描开关置于“手动”挡,打开主机电源;

② 选取合适的实验条件,置 V_{G_1}、V_P、V_F 于适当值,用手动方式逐渐增大 V_{G_2},同时观察 I_P 变化。适当调整预置 V_{G_1}、V_P、V_F 值,使 V_{G_2} 由小到大能够出现 5 个以上峰值。

③ 选取合适实验点,分别由数字表头读取 V_P 和 V_{G_2} 值,作图可得 I_P-V_{G_2} 曲线,注意仪器数字表头示值和实际值之间的关系。例如,I_P 表头示值为“3.23”,电流量程选择“10nA”挡,则实际测量 I_P 电流值应该为“32.3nA”;V_{G_2} 表头示值为“6.35”,实际值为“63.5V”。

【实验内容】

(1) 用 Q9 线将夫兰克-赫兹实验仪与示波器连接;

(2) 根据实验内容,将夫兰克-赫兹实验仪与示波器各开关、调节旋钮调至相应位置;

(3) 分别调节 V_{G_1}、V_P、V_F 电压至主机上部厂商标定数值,将 V_{G_2} 调节至最大,此时可以在示波器上观察到稳定的氩的 I_P-V_{G_2} 曲线;

(4) 用手动测量法测量 I_P-V_{G_2} 关系曲线,测出氩的第一激发电势。

【注意事项】

(1) 仪器应该检查无误后才能接电源,开关电源前应先将各电位器逆时针旋转至最小值位置。

(2) 灯丝电压 V_F 不宜放得过大,一般在 2V 左右,如电流偏小,再适当增加。

(3) 要防止 F-H 管击穿(电流急剧增大),如发生击穿,应立即调低 V_{G_2},以免 F-H 管受损。

(4) F-H 管为玻璃制品,不耐冲击,应重点保护。

(5) 实验完毕,应将各电位器逆时针旋转至最小值位置。

【数据处理】

(1) 列表记录实验所测 I_P-V_{G_2} 曲线数据。

(2) 根据实验数据描画出 I_P-V_{G_2} 关系曲线图,并通过测量及描点得出氩的第一激发电势。

【实验后思考题】

实验中引起误差的原因有哪些?

第 11 章　光学规律的研究

§ 11.1　衍射光强的分布研究

光的衍射现象是光的波动性的一种表现。衍射现象的存在，深刻说明了光子的运动是受测不准关系制约的，因此研究光的衍射，不仅有助于加深对光的本性的理解，也是近代光学技术（如光谱分析、晶体分析、全息分析、光学信息处理等）的实验基础。衍射导致光强在空间的重新分布，利用光电传感元件探测光强的相对变化，是近代技术中常用的光强测量方法之一。

【实验目的】

（1）观察单缝衍射现象，加深对衍射理论的理解；

（2）用光电元件测量单缝衍射的相对光强分布，掌握其分布规律；

（3）学会用衍射法测量微小量。

【预习思考题】

（1）试分析光的单缝衍射和光栅衍射条纹分布原理。

（2）光栅衍射的缺级现象是怎么产生的？

（3）本实验中衍射光强如何转化为电信号？

【实验原理】

（1）单缝衍射的光强分布。

单缝衍射有两种：一种是菲涅耳衍射，单缝距光源和接收屏均为有限远或者说入射波和衍射波都是球面波；另一种是夫琅禾费衍射，单缝距光源和接收屏均为无限远或相当于无限远，即入射波和衍射波都可看做是平面波。

图 11.1-1 为单缝夫琅禾费衍射原理图，透镜置于狭缝 D 后，光屏置于透镜的焦平面上，平行光垂直照射到狭缝 D 上，经过狭缝 D 衍射后的光线由透镜汇聚于光屏上，形成夫琅禾费衍射图样，它是一组平行于狭缝的明暗相间的条纹。与光轴平行的衍射光束会聚于屏上 P_0 处，是中央亮纹的中心，其光强设为 I_0，与光轴成 θ 角的衍射光束则会聚于 P 处，其光强为 I。

由理论计算可得，垂直入射单缝平面的平行光经衍射后，P 处的合振幅为

$$A_\theta = A_0\,\frac{\sin\beta}{\beta},\quad \text{式中}\quad \beta = \frac{\pi a \sin\theta}{\lambda} \tag{11.1-1}$$

两边平方得光强分布的规律为

$$I = I_0\left(\frac{\sin\beta}{\beta}\right)^2,\quad \text{式中}\quad \beta = \frac{\pi a \sin\theta}{\lambda} \tag{11.1-2}$$

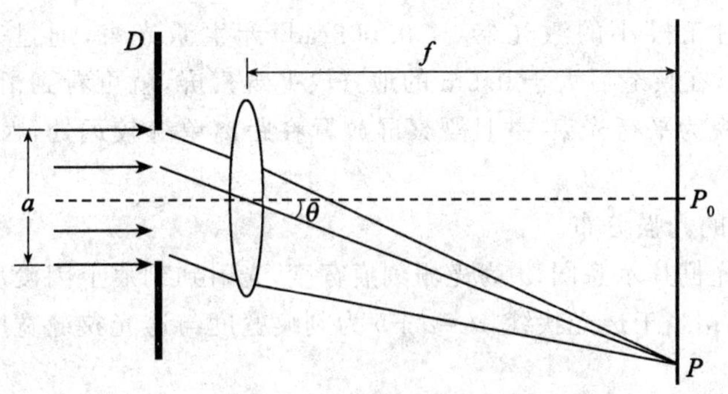

图 11.1-1　单缝夫琅禾费衍射原理图

由(11.1-2)式可知：

① 当 $\beta=0$,即 $\theta=0$ 时,$I_\theta=I_0$,衍射光强有最大值。此光强对应于屏上 P_0点,称为主极大,即中央明纹中心的光强。I_0的大小决定于光源的亮度,并和缝宽 a 的平方成正比。

② 当 $\beta=k\pi(k=0,\pm1,\pm2,\cdots)$,即 $a\sin\theta=k\lambda$ 时,$I_\theta=0$,衍射光强有极小值,对应于屏上暗纹。暗条纹以光轴为对称轴,呈等间隔、左右对称的分布。由于 θ 值实际上很小,$\sin\theta\approx\theta$,因此可近似地认为暗条纹所对应的衍射角为 $\theta=k\lambda/a$。显然,主极大两侧暗纹之间的角宽度 $\Delta\theta=2\lambda/a$,而其他相邻暗纹之间的角宽度 $\Delta\theta=\lambda/a$,即中央亮纹的宽度为其他亮纹宽度的两倍。

③ 除中央主极大外,两相邻暗纹之间都有一个次极大。由(11.1-2)式,令$\frac{d}{d\beta}\left(\frac{\sin\beta}{\beta}\right)^2=0$,可求得出现次极大的条件为 $\tan\beta=\beta$,可求得次极大的位置在 $\sin\theta=\pm1.43\frac{\lambda}{a},\pm2.46\frac{\lambda}{a}$,$\pm3.47\frac{\lambda}{a},\pm4.48\frac{\lambda}{a},\cdots$处;其相对光强依次为$\frac{I_\theta}{I_0}=0.047,0.017,0.008,0.005,\cdots$。衍射光强分布曲线如图 11.1-2 所示。

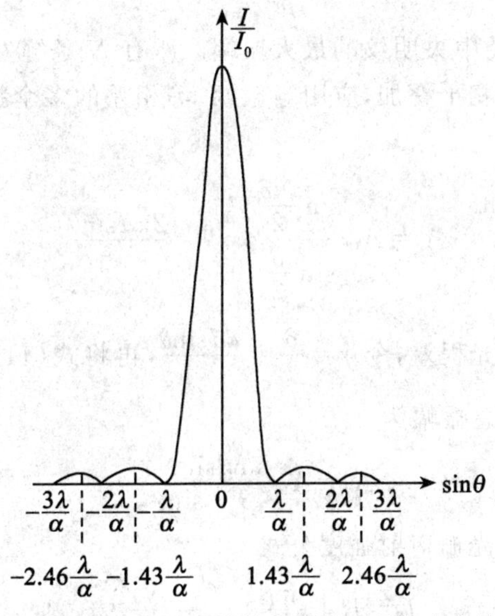

图 11.1-2　夫琅禾费单缝衍射光强分布曲线

本实验用散射角极小的激光器(<0.002rad)产生激光束,通过一条很细的狭缝(0.1~0.3mm宽),在狭缝后大于0.5m的地方放上观察屏,就可看到衍射条纹。由于激光的方向性强,可视为平行光束,并且观察屏放置在距离单缝较远处,因此它实际上就是夫琅禾费衍射条纹。

(2) 光栅衍射的光强分布。

图11.1-3为光栅片示意图,a 为光栅刻痕宽度,光射到刻痕上因漫反射而不透光,两刻痕之间宽度 b 则相当于透光狭缝,$d=a+b$ 为刻痕宽度与透光狭缝宽度的和,称为光栅常数。

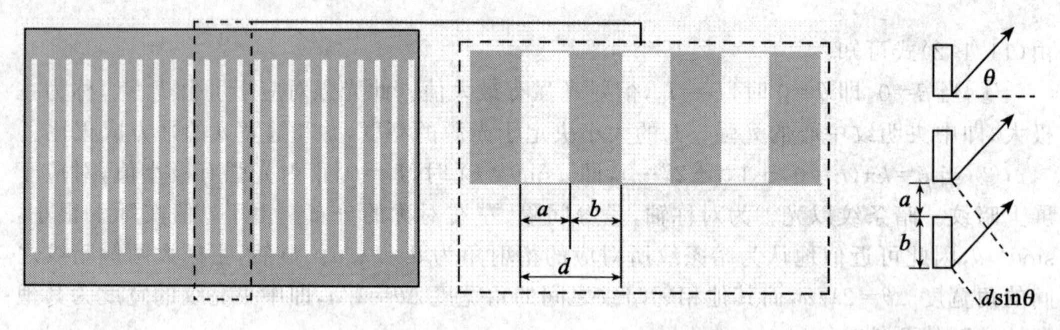

图11.1-3 光栅片示意图

根据夫琅禾费衍射理论,当波长为 λ 的平行光垂直投射到光栅上,通过每个狭缝的光都要产生衍射,不同狭缝的衍射光线经会聚透镜发生多光束干涉,所以光栅的衍射条纹是单缝衍射和多缝干涉的总效果。

由式(11.1-1)知,对于光栅任意一条缝发出的光在衍射角 θ 方向光振动的振幅为

$$A_{1\theta}=A_{10}\frac{\sin\beta}{\beta},\quad \beta=\frac{\pi a\sin\theta}{\lambda} \tag{11.1-3}$$

A_{10} 为每一条缝衍射的中央明纹的最大振幅。所有 N 条缝发出的光在衍射角 θ 方向的总振幅是式(11.1-3)的相干叠加,应用等振幅、等相差的多个振动叠加公式,得总振动振幅为

$$A_{\theta}=A_{1\theta}\frac{\sin\frac{N\delta}{2}}{\sin\frac{\delta}{2}},\quad \delta=\frac{2\pi d\sin\theta}{\lambda} \tag{11.1-4}$$

式中 δ 是相邻光栅两缝的光程差,令 $\gamma=\frac{\delta}{2}=\frac{\pi d\sin\theta}{\lambda}$,再将式(11.1-3)代入式(11.1-4),可得在衍射角为 θ 方向的总振幅为

$$A_{\theta}=A_{10}\frac{\sin\beta}{\beta}\frac{\sin N\gamma}{\sin\gamma} \tag{11.1-5}$$

将式(11.1-5)平方得光栅衍射强度公式

$$I_{\theta}=I_{10}\left(\frac{\sin\beta}{\beta}\right)^2\left(\frac{\sin N\gamma}{\sin\gamma}\right)^2 \tag{11.1-6}$$

式中 I_{10} 是每一条缝衍射的中央明纹最大强度。

式(11.1-6)中 $\left(\frac{\sin N\gamma}{\sin\gamma}\right)^2$ 称为多光束干涉因子，当 $\gamma=k\pi$，即

$$d\sin\theta=k\lambda(k=0,\pm1,\pm2,\cdots) \tag{11.1-7}$$

此时干涉因子得极大值 N^2，总光强是单独一缝光强的 N^2 倍，对应的衍射角 θ 就是光栅衍射的主极大位置。式(11.1-7)称为光栅衍射公式。当 $\sin N\gamma=0$ 而 $\sin\gamma\neq0$ 时，总光强为零，说明在两个主极大之间有暗纹，由 $\sin N\gamma=0$ 得出 $\gamma=\frac{k'}{N}\pi$，k' 不能取 0 和 N，只能取 $1,2,\cdots,N-1$，说明在相邻主极大之间有 $N-1$ 个强度为零的位置。

式(11.1-6)中 $\left(\frac{\sin\beta}{\beta}\right)^2$ 称为单缝衍射因子，总光强是单缝衍射和多光束干涉两个因子的乘积，也可以说单缝衍射因子对干涉主极大起调制作用，衍射花样的特征见图 11.1-4。

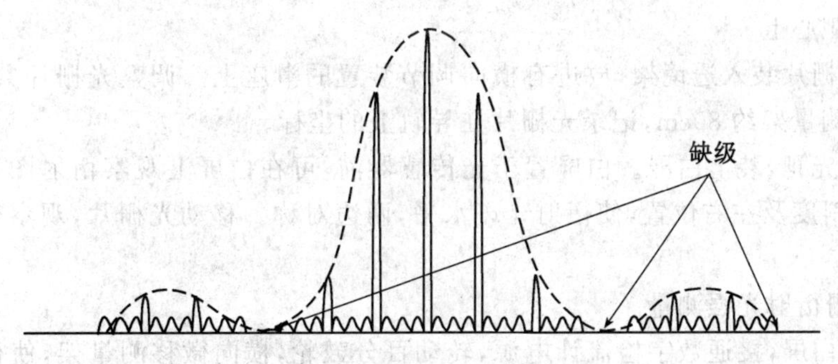

图 11.1-4　光栅衍射的光强分布

从图上可以发现，由于某些衍射角 θ 单缝衍射的光强为零，对应于这些 θ 值按多光束干涉应该出现的主极大的光强只能为零，主极大将消失，这种衍射调制的特殊结果称为缺级现象。

【实验仪器】

衍射光强实验系统 SGS-3 型(见图 11.1-5)。

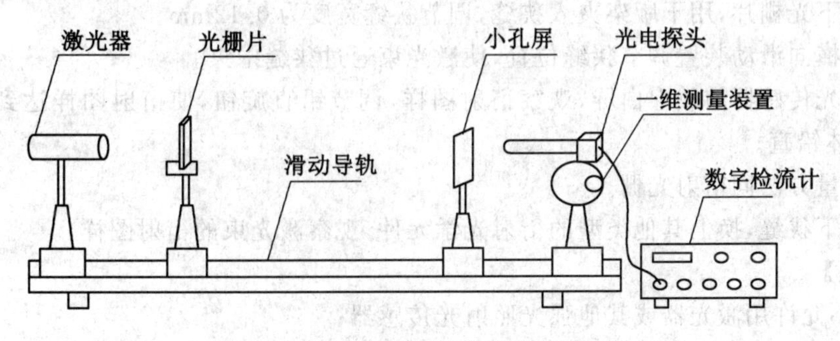

图 11.1-5　衍射光强分布测定实验系统

本实验利用光电探头中的硅光电池测量光强的相对变化。硅光电池是一种直接把光

能转换成电能的半导体器件，根据其光电特性可知，光电流和入射光能量成正比，只要工作电压不太小，光电流和工作电压无关，光电特性是线性关系；当光电池与数字检流计构成的回路内电阻恒定时，显示于数字检流计上的光电流的相对强度就直接表示了光的相对强度。

由于硅光电池的受光面积较大，而实际要求测出各个点位置处的光强，所以在硅光电池前装一细缝光阑(0.5mm)，用以控制受光面积，并把硅光电池装在带有螺旋测微装置的底座上，可沿横向方向移动，以接受不同衍射角方向射来的光线。

【实验内容】

(1) 光路调节。

① 将移动光靶装入一个无横向调节装置的普通滑座上，转动测量架百分手轮，将测量架调到适当位置，移动光靶，使光靶平面和测量架进光口平行。

② 接通激光器电源，沿导轨移动光靶，调节激光器架上的六个方向控制手钮，使得光点始终打在靶心上。

③ 将光栅片装入透镜架，放进有横向调节装置的滑座上。调整光栅片共轴等高，让光栅片距离测量架约 80cm，记录光栅片在导轨上的坐标。

④ 取下光靶，装上白屏。白屏置于光传感器前，可在白屏上观察衍射图样。调节透射光栅片倾斜度及左右位置，使衍射光斑水平，两边对称。移动光栅片，观察衍射光斑分布变化规律。

(2) 光栅衍射光强测量。

① 取下白屏，接通数字检流计电源，转动百分鼓轮，横向微移测量架，使衍射中央主极大进入光传感器接收口，左右移动的同时，观察数显值，若数显值出现 1，说明光能量太强，应逆时针调节数字检流计的增益，建议示值在 1500 左右，或者调节光电探头侧面的测微头，减少入射面到接收面上的能量(注意：此狭缝在调节中绝不能小于 0.1mm)。

② 在略小于中央极大处开始，选定任意单方向转动鼓轮，每转动 0.1mm(百分鼓轮上的 10 格)记录一次数据，测出中央主极大、1 级极小、2 级主极大、2 级极小、3 级主极大、3 级极小的位置。

(3) 单缝衍射光强测量。

① 取下光栅片，用干版架夹入狭缝，调节狭缝宽度为 0.12mm。

② 用横向滑动装置调节狭缝位置，使激光束通过狭缝中央。

③ 在光传感器前放上白屏，观察衍射图样，调节铅直旋钮，使衍射图样达到水平，从而保证缝体铅直。

④ 测量方法同衍射光栅。

⑤ 取下狭缝，换上其他类型的衍射光学元件，观察激光束的衍射图样。

【注意事项】

(1) 不允许用激光器或其他强光照射光传感器；

(2) 单面测微狭缝不允许超过零位，以保证刃口不被损坏；

(3) 激光器电源的正负极不允许错接；

(4) 不能用眼睛直视激光，以免对视网膜造成永久损害。

【数据处理】

(1) 以光电探头坐标为横轴,相对光强为纵轴作图,求出1级极大、2级极大的坐标。

(2) 利用光栅衍射公式$(a+b)\sin\theta=k\lambda$计算光栅常数$(a+b)$。

其中,$\sin\theta=\frac{x_k}{l}$,x_k为k级主极大坐标值,l为光栅片到光传感器的距离,λ为激光波长632.8nm。

(3) 计算单缝衍射狭缝宽度a。

利用单缝衍射极小坐标公式$x_k=k\frac{\lambda l}{a}$,其中,x_k为k级极小坐标值,l为单缝到光传感器的距离,a为单缝宽度,λ为激光波长632.8nm。

【实验后思考题】

(1) 改变光电流放大器的增益是否影响实验数据的准确性?

(2) 激光光线能否直射光电流放大器接受头?

(3) 为什么必须单方向转动鼓轮以保证光电探头始终沿一个方向前进?

§11.2 偏振光的研究

1808年,法国军事工程师马吕斯发现了光的偏振现象,并确定了偏振光强度的变化规律(马吕斯定律)。1817年,杨氏提出了光是横波的假说,成功地解释了光的偏振现象。

光波偏振性质的研究加深了人们对光的传播规律和光与物质相互作用规律的认识,但偏光技术的发展一直比较缓慢,直到20世纪60年代,偏光技术的应用还仅局限于确定晶体的光轴、测量机械构件的应力分布和量糖术等方面。随着激光技术的发展和光纤通信技术的问世,偏光技术得到了飞速发展,已成为光学检测、计量和光学信息处理中的一种专门手段。

【实验目的】

(1) 观察光的偏振现象,加深对光偏振基本规律的认识;

(2) 熟悉起偏器、检偏器和波片的工作原理,掌握产生和检验偏振光的条件和方法;

(3) 测量布儒斯特角;

(4) 验证马吕斯定律;

(5) 利用不同波片产生线偏振光、圆偏振光和椭圆偏振光并进行检验。

【预习思考题】

(1) 光的偏振现象说明了什么?一般用哪个矢量表示光的振动方向?

(2) 偏振器的特性是什么?什么叫起偏器和检偏器?

(3) 产生线偏振光的方法有哪些?将线偏振光变成圆偏振光或椭圆偏振光要用何种器件?在什么状态下产生?

【实验原理】

1. 偏振光的基本概念

光的偏振是指光的振动方向与光的传播方向的不对称性。光波是一种电磁波,光波的传播方向就是电磁波的传播方向。光波中的电矢量 ***E*** 和磁矢量 ***H*** 都与传播方向垂直，它具有偏振性。偏振现象是证明光为横波的最有力的证据，在科学上具有极其重要的意义。通常人们用电矢量 ***E*** 代表光的振动方向，并将电矢量 ***E*** 和光的传播方向所构成的平面称为光的振动面，如图 11.2-1(a)所示。在传播过程中，电矢量的振动方向始终在某一确定方向的光称为平面偏振光或线偏振光，如图 11.2-1(b)所示。另外，通常用图 11.2-1(c)的图示法表示线偏振光，其中短竖线表示光振动矢量在纸面内，点表示光振动矢量垂直于纸面。

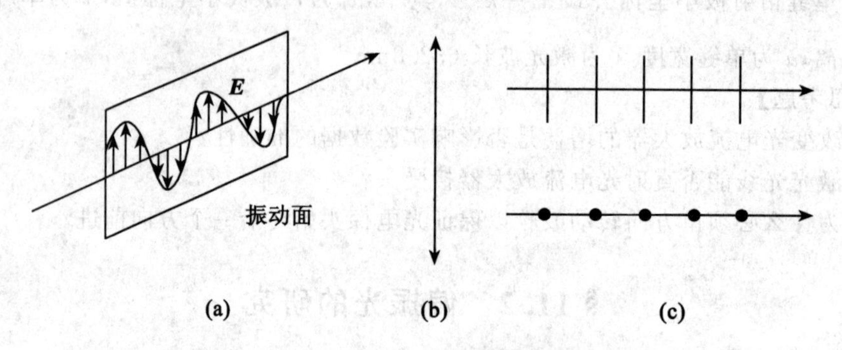

图 11.2-1　光的振动面和线偏振光表示

光源发射的光是由大量原子或分子辐射构成的。由于大量原子或分子的热运动和辐射的随机性，它们所发射的光的振动面，出现在各个方向的概率是相同的。故这种光源发射的光对外不显现偏振的性质，称为自然光，如图 11.2-2(a)所示。通常可以把自然光分解为两束振幅相等、振动方向互相垂直、不相干的线偏振光，如图 11.2-2(b)所示，也可以用点和短线均匀画出，如图 11.2-2(c)所示。在发光过程中，有些光的振动面在某个特定方向上出现的概率大于其他方向，即在较长时间内电矢量在某一方向上较强，这种光称为部分偏振光，如图 11.2-3(a)所示，用数目不等的点和短线表示如图 11.2-3(b)所示。如果振动面的取向和电矢量的大小随时间作有规律的变化，而电矢量末端在垂直于传播方向的平面上的轨迹呈椭圆或圆，这种部分偏振光称为椭圆偏振光或圆偏振光，如图 11.2-4(a)、图 11.2-4(b)所示。

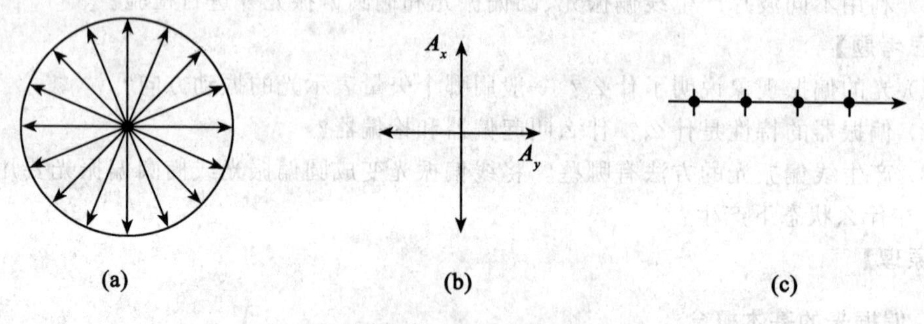

图 11.2-2　自然光的表示

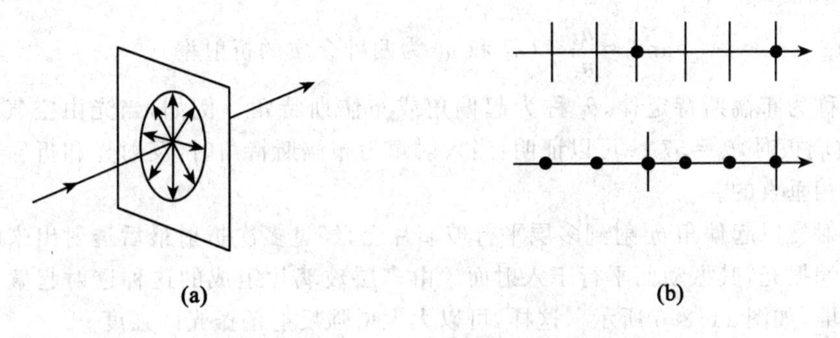

图 11.2-3　部分偏振光的表示

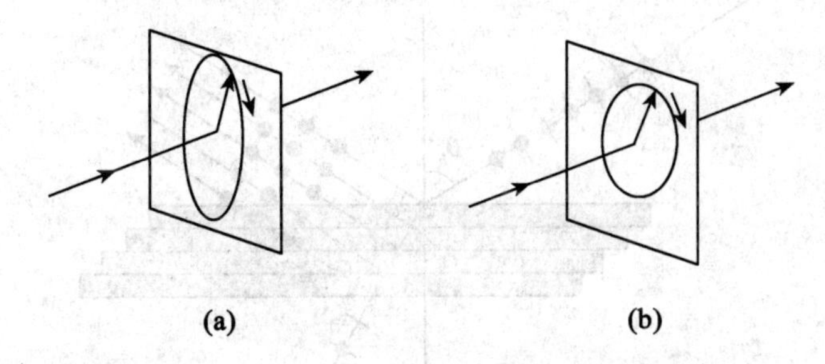

图 11.2-4　椭圆偏振光和圆偏振光的表示

2. 获得平面偏振光的常用方法

将非偏振光变成偏振光的过程称为起偏。起偏的装置或器件称为起偏器。常用的起偏装置主要有：

(1) 反射起偏器(或透射起偏器)。

当自然光在两种介质的界面上反射和折射时，反射光和折射光都将成为部分偏振光或平面偏振光，而且反射光中垂直入射面的振动较强，折射光中平行入射面的振动较强。实验发现，当改变入射角时，反射光的偏振程度也随之改变；当入射角达到某一特定值 θ_b 时，反射光成为完全偏振光，其振动面垂直于入射面，如图 11.2-5 所示，此时入射角 θ_b 满足

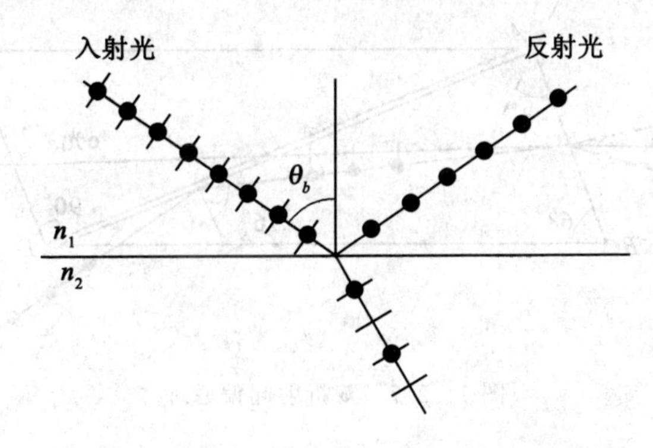

图 11.2-5　反射和折射时光的偏振现象

$$\tan\theta_b=\frac{n_2}{n_1}\quad(n_1\text{ 和 }n_2\text{ 为两种介质的折射率})$$

这个规律称为布儒斯特定律，θ_b 称为起偏角或布儒斯特角。例如，当光由空气射向 $n=1.54$ 的玻璃板时，$\theta_b=57°$。可以证明：当入射角为布儒斯特角时，反射光和折射光的传播方向是互相垂直的。

若入射光以起偏角 θ_b 射到多层平行玻璃片上，经过多次折射最后透射出来的光也就接近于线偏振光，其振动面平行于入射面。由多层玻璃片组成的这种透射起偏振器又称为玻璃片堆，如图 11.2-6 所示。这样，可以大大增强反射偏振光的强度。

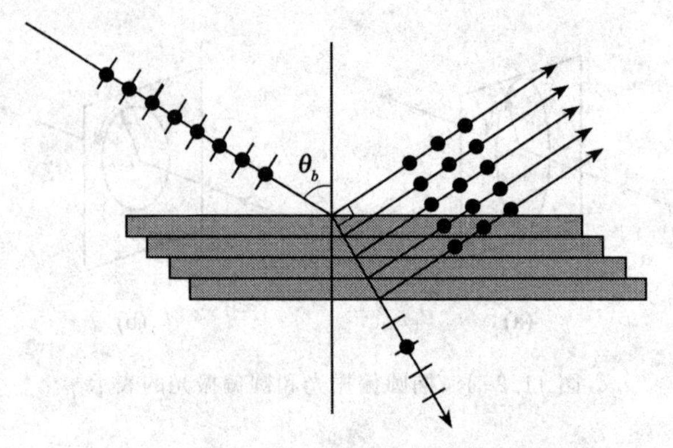

图 11.2-6 玻璃片堆起偏

(2) 晶体起偏器。

某些单轴晶体(如方解石和石英等)具有双折射现象。当自然光入射时，在晶体内折射后分解为两束平面偏振光，振动方向相互垂直并以不同的速度在晶体内传播。其中一束折射光始终在入射面内，并遵守折射定律，称为寻常光(o 光)；另一束折射光一般不在入射面内且不遵守折射定律，称为非常光(e 光)。可用某一方法使两束光分开，除去其中一束，剩余的一束就是平面偏振光。尼科耳棱镜是这类元件之一，如图 11.2-7 所示。研究发现，这类晶体存在一个方向，沿该方向传播时光不发生双折射，该方向称为光轴。

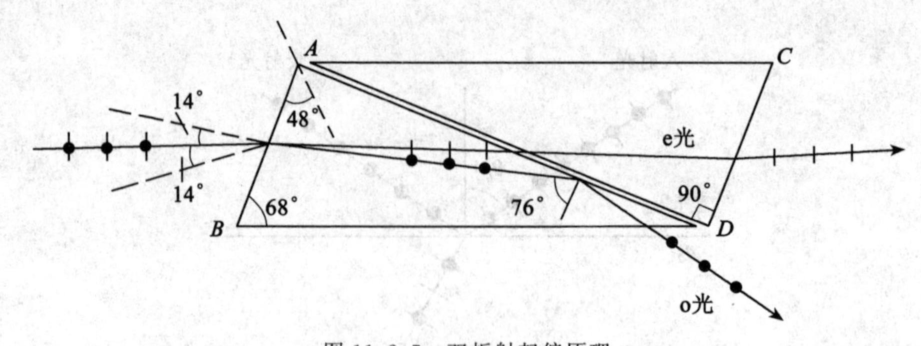

图 11.2-7 双折射起偏原理

(3) 二向色性起偏器。

有些晶体对不同方向振动的电矢量具有不同的吸收本领，这种选择吸收性称为二向色性。如天然的电气石晶体、硫酸碘奎宁晶体等，它们能吸收某方向的光振动而仅让与此方向垂直的光振动通过。如将硫酸碘奎宁晶粒涂于透明薄片上并使晶粒定向排列，就可制成偏振片。当自然光通过二向色性晶体时，其中一部分振动几乎被完全吸收，而另一部分振动几乎没有损失，因此透射光就成为平面偏振光（见图 11.2-8），其最易透过电场分量的方向被称为偏振化方向。

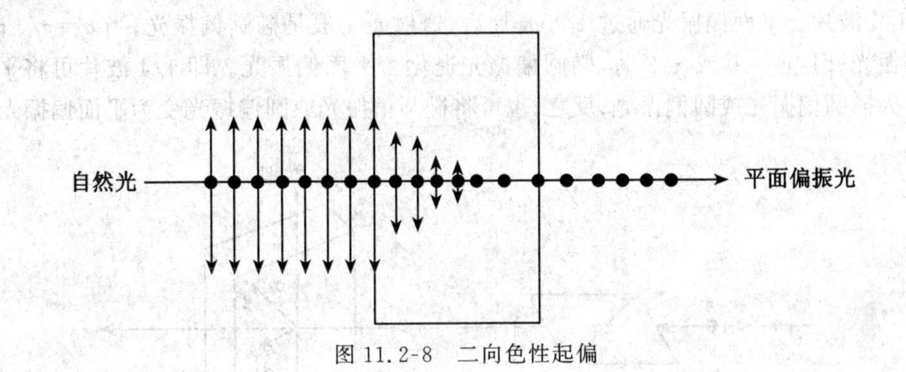

图 11.2-8　二向色性起偏

3. 偏振光的检测

鉴别光的偏振状态的过程称为检偏，所用的装置称为检偏器。实际上，起偏器和检偏器是互为通用的。若在偏振片 P_1 后面再放一偏振片 P_2，P_2 就可以用作检验经 P_1 后的光是否为偏振光，即 P_2 起检偏器的作用。强度为 I_0 的平面偏振光通过检偏器后的光强 I_θ 为

$$I_\theta = I_0 \cos^2\theta \tag{11.2-1}$$

其中 θ 为平面偏振光偏振面和检偏器偏振化方向的夹角，此关系即为马吕斯定律。显然，当以光线传播方向为轴转动检偏器时，透射光强度 I_θ 将发生周期性变化。

当 $\theta=0$ 时，$I_\theta=I_0$，光强最大；当 $\theta=\pi/2$ 时，$I_\theta=0$，出现消光现象；当 θ 为其他值时，透射光强介于 $0\sim I_0$ 之间。因此，根据透射光强度变化的情况，可以区别光的不同偏振状态。

4. 圆偏振光和椭圆偏振光的产生

如图 11.2-9 所示，当振幅为 A 的平面偏振光垂直入射到厚度为 d、表面平行于自身光轴的单轴晶片时，若振动方向与晶片光轴的夹角为 α，则在晶片表面上 o 光和 e 光的振幅分别为 $A\sin\alpha$ 和 $A\cos\alpha$，它们的相位相同。进入晶片后，o 光和 e 光虽然沿同一方向传播，但传播速度不同，因此通过晶片后两束光的光程差和位相差分别为：

$$\delta = (n_o - n_e)d \qquad \phi = \frac{2\pi}{\lambda_0}(n_o - n_e)d \tag{11.2-2}$$

式中，λ_0 为光在真空中的波长；n_o 和 n_e 分别为晶片对 o 光和 e 光的折射率。这种能使互相垂直的光振动产生一定位相差的晶体片叫做波片。由式(11.2-2)可知，经晶片射出后，o 光和 e 光合成的振动随位相差的不同，就有不同的偏振方式。因此晶片厚度不同，就对应不同的相位差和光程差。当光程差满足

$$\delta=(2k+1)\frac{\lambda}{2} \qquad (k=0,1,2,\cdots) \tag{11.2-3}$$

时，为 1/2 波片。如果入射平面偏振光的振动面与半波片光轴的夹角为 α，则通过半波片后的光仍为平面偏振光，但其振动面相对于入射光的振动面转过 2α 角。

当光程差满足

$$\delta=(2k+1)\frac{\lambda}{4} \qquad (k=0,1,2,\cdots) \tag{11.2-4}$$

时，为 1/4 波片。平面偏振光通过 1/4 波片后，透射光一般是椭圆偏振光；当 $\alpha=\pi/4$ 时，则为圆偏振光；但当 $\alpha=0$ 或 $\pi/2$ 时，椭圆偏振光退化为平面偏振光。即 1/4 波片可将平面偏振光变为椭圆偏振光或圆偏振光；反之，也可将椭圆偏振光或圆偏振光变为平面偏振光。

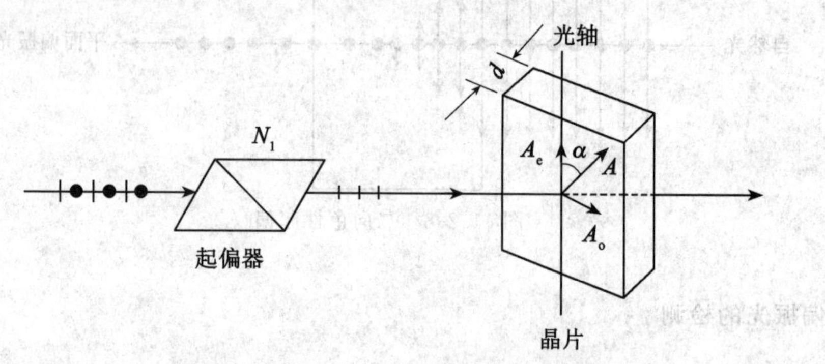

图 11.2-9　自然光通过波晶片示意图

【实验仪器】

SGP-2A 型偏振光实验系统如图 11.2-10 所示：

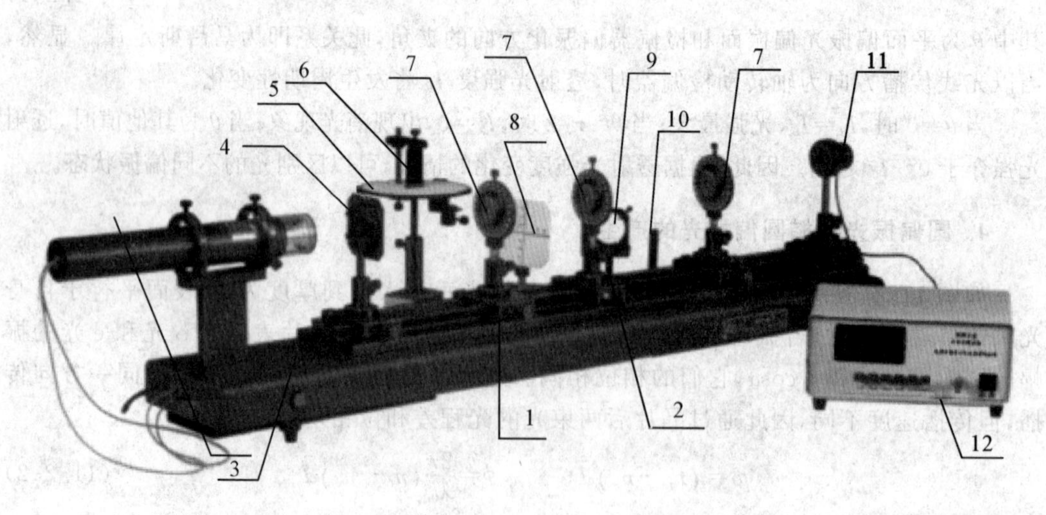

1—光学导轨(1m)　2—光具座(若干)　3—He-Ne 激光器(632.8nm)及电源开关　4—扩束镜(f=4.5mm)及透镜架　5—光学测角台　6—黑玻璃镜　7—偏振片(2 片)、1/4 和 1/2 波片各 1 片(λ=632.8nm)、偏振片波片架(3 个)　8—白屏　9—透镜(f=150mm)及透镜架　10—光靶　11—光传感器(光电探头)　12—光电流放大器。

图 11.2-10　SGP-2A 型偏振光实验系统装置示意图

【实验内容】

1. 布儒斯特角的测定

在光具座上，由氦氖激光器发出的光束直接入射到立在光学测角台直径上的黑玻璃镜面。先转动测角台，使反射光束原路返回，由此定出入射光束的零度方位。利用滑动座的升降微调装置适当降低角度盘，从入射角为 10°～85°范围内寻找反射光束通过检偏器后，光强变到最小(甚至为零)时的角度(器件布置如图 11.2-11 所示，也可直接用白屏观察)。这里的检偏器是一个能在支架上转动的偏振片，支架锁紧在测角台的转臂上。用检偏器检查任一反射光束，都是偏振光，在改变入射角的过程中，检偏器透振轴指向水平方向(为什么?)。为了更准确地进行测量，可以选取 48°～64°角的入射角范围，根据消光位置找出布儒斯特角，测量 5 次。

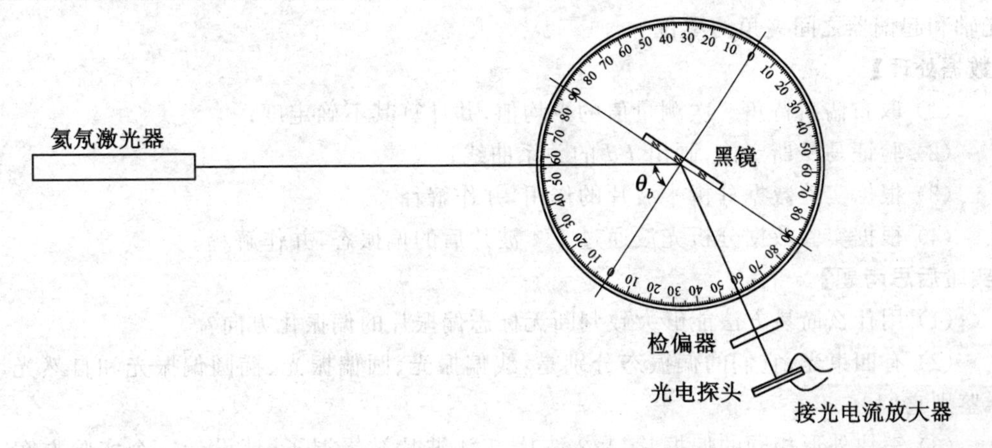

图 11.2-11 测定布儒斯特角光路图

2. 马吕斯定律的验证

让激光束垂直通过起偏器成为偏振光，用检偏器检测时，使两个偏振器的偏振化方向的夹角 θ 在从 0°转动到 360°一周的过程中，用连接光电流放大器的光电探头测量透射光强的相对值 I_θ，每 10°读取一次数据。

3. 分析半波片的作用(选做)

在起偏器和检偏器之间加入半波片，并使其绕水平轴转动 360°，观察屏幕上发生消光现象的次数；然后使起偏器的偏振面与检偏器的光轴正交，加入半波片后，将它转到消光位置，再分别转动 15°、30°、45°、60°、75°和 90°，相应记录每次将检偏器逐次转到消光位置所需转动的角度。

4. 分析 1/4 波片的作用(选做)

先使线偏振光的偏振面与检偏器的光轴正交(这时通过检偏器的光强显示最小)，然后在两个偏振器之间加入1/4波片，并转动，直到通过检偏器的光强恢复到最小。从此位置每当1/4波片转动15°、30°、45°、60°、75°和90°时，都将检偏器转动360°，从显示情况分析光波通过1/4波片后的偏振态。

【注意事项】

(1) 光学元件一定要轻拿轻放，并注意不要污染光学元件表面；

(2) 激光管两端的高压引线头是裸露的，且激光电源空载输出电压高达数千伏，要警惕误触；

(3) 激光束光强极高，切勿用眼睛直视，防止视网膜遭永久性损伤；

(4) 在观察和讨论波片对偏振光的影响时，准确地确定起偏器的偏振化方向与波片光轴的夹角很重要，而实际使用的波片，光轴方向定位不够准确，为此应根据波片在正交偏振片之间，绕光线方向旋转一周时，在四个特定方位将出现消光特性，以帮助校准波片光轴和起偏器之间夹角的零位。

【数据处理】

(1) 取布儒斯特角5次测量值的平均值，并计算其不确定度；

(2) 验证马吕斯定律，画出 I-θ 的关系曲线；

(3) 根据实验数据分析半波片的作用，并作解释；

(4) 根据实验数据分析光波通过1/4波片后的偏振态，并作解释。

【实验后思考题】

(1) 用什么简易方法能够大致判断无标志偏振片的偏振化方向？

(2) 有四束光，它们的偏振态分别是：线偏振光、圆偏振光、椭圆偏振光和自然光，怎样鉴别它们？

(3) 三块外形相同的偏振片，1/2波片、1/4波片被弄混了，请设计一个实验方案，将它们区分开来。

§11.3 用迈克耳孙干涉仪研究光的干涉

迈克耳孙干涉仪是根据光的干涉原理制成的一种精密光学仪器，它是一种分振幅双光束干涉仪。迈克耳孙和他的合作者曾用这种干涉仪进行了三项著名的实验。第一项实验是迈克耳孙-莫雷“以太漂移”实验，它动摇了19世纪占统治地位的以太假说，并确认光速在不同惯性系均相同，从而为爱因斯坦创立相对论提供了实验依据；第二项实验是迈克耳孙发现镉红线($\lambda=6438.4696$Å)是一种理想的单色光源，可以用它的波长作为米尺标准化的基准(1m=1553164.13镉红线波长)，其精度达到10^{-9}，从而实现了长度单位的标准化；第三项实验迈克耳孙研究了干涉条纹视见度随光程差变化的规律，并首次以此推断光谱线的精细结构。

迈克耳孙干涉仪的用途很广，可以用它观察光的干涉现象，研究许多物理因素(如温度、压强、电场、磁场等)对光传播的影响，也可以用它测定单色光的波长、光源和滤光片的相干长度以及透明介质的折射率等。本实验就是用它来测定激光光波的波长。

今天，迈克耳孙干涉仪已被更完善的现代干涉仪取代，但它的基本结构仍是许多现代干涉仪的原型和基础,因此,学习和使用迈克耳孙干涉仪的意义显而易见。

【实验目的】

(1) 了解迈克耳孙干涉仪的结构、原理,学会它的调节和使用方法;

(2) 观察、认识、区别等倾干涉和等厚干涉;

(3) 用迈克耳孙干涉仪测量 He-Ne 激光的波长。

【预习思考题】

(1) 根据迈克耳孙干涉仪的光路,说明各光学元件的作用。

(2) 简述调出等倾干涉条纹的条件及程序。

(3) 读数前怎样调整干涉仪的零点?

(4) 什么是空程? 测量中如何操作才能避免引入空程?

【实验原理】

如图 11.3-1 所示,从光源发出的光束正对分光板 G 射过来,在 G 背面镀的半反射金属膜上分成两束(见光路图中 A 点)。第 1 束光反射向动镜 M_1,第 2 束光透射向定镜 M_2。光束 1 被 M_1 再次反射回来并穿过 G;光束 2 穿过补偿板 G'后被 M_2 反射回来,二次穿过 G'到达 G,并再次在金属膜上反射。最后两束光在相遇空间经透镜会聚后产生干涉条纹。

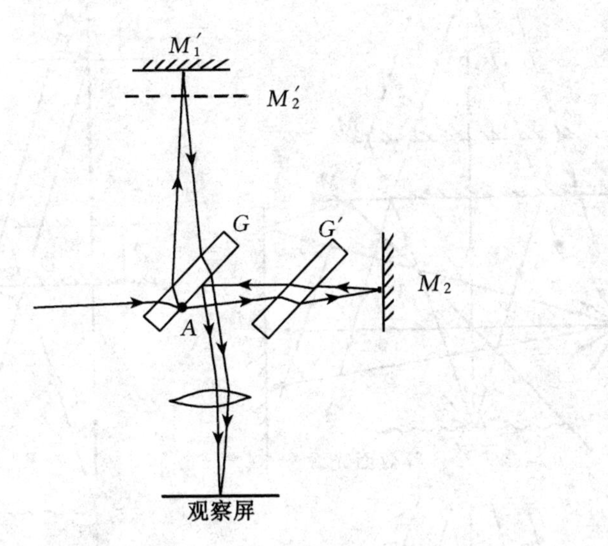

图 11.3-1　迈克耳孙干涉仪光路示意图

因光束 1 三次穿过 G,而光束 2 只一次穿过 G,故增加补偿板 G',使两束光通过玻璃板的光程相等。G 和 G'是同一块玻璃板一分为二,它们的厚度和折射率完全相同,且二者平行放置。下面我们对不同光源产生的不同干涉图样进行阐述和分析。

1. 单色面光源等倾干涉

用扩展的面光源时,将获得定域干涉条纹。如图 11.3-2 所示,图中 M_2' 是 M_2 被 G 的半反射金属膜反射形成的虚像,它与 M_2 有等价的效果。观察者如果从等效面光源 S'

处向 M_1 看去，两束相干光好像是同一束光分别经 M_1、M_2' 反射而来的。从光学上讲，迈克耳孙干涉仪产生的干涉花样就如同 M_1、M_2' 之间的空气膜产生的干涉花样一样。因此，讨论干涉条纹的形成时，我们可以只考虑 M_1、M_2' 两个面及二者间的空气层。若 M_1 与 M_2 垂直，即 M_1 与 M_2' 平行，将产生等倾定域干涉条纹。

在图 11.3-2 中，面光源 S 发出的光被 M_1、M_2' 反射回来，如同从等效面光源 S' 发出来一样（如光线 SA 和 $S'A$）。从 S' 发出的光被 M_1、M_2' 反射回来，又犹如从虚光源 S_1'、S_2' 直接发射出来的一样。

在图 11.3-3 中，M_1 与 M_2' 平行且相距 d，则从虚光源 S_1' 和 S_2' 发出的等倾角的两束光的光程差为

$$\delta = 2d\cos\theta \tag{11.3-1}$$

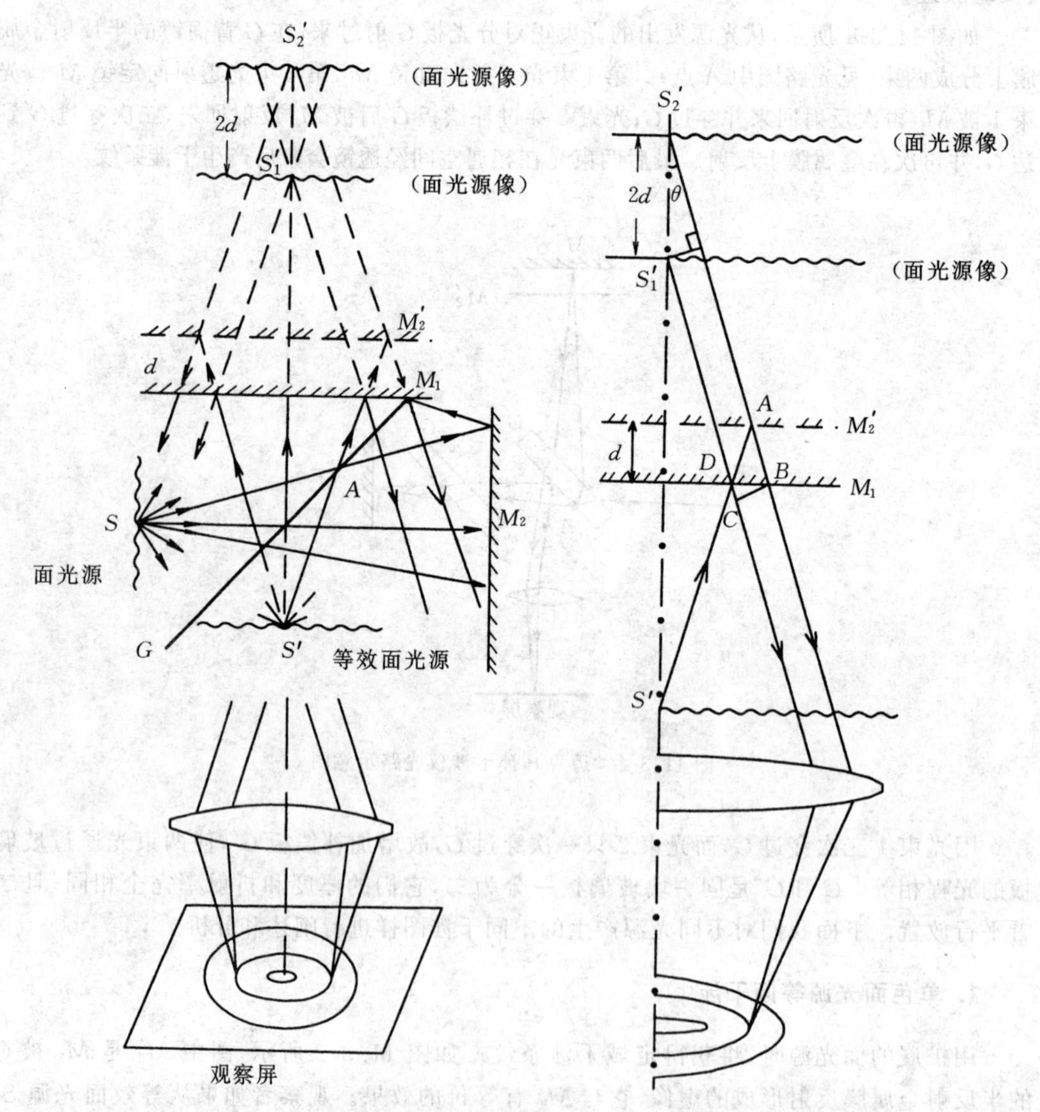

图 11.3-2　等倾定域干涉条纹产生示意图

图 11.3-3　等倾干涉光路简图

由式(11.3-1)可知，当 d 一定时，在倾角 θ 相等的方向上，相干光束的光程差都相等。沿倾角为 θ 的各方向的光束形成一个圆锥面，它们在无穷远处形成圆环形干涉条纹。根据光的干涉明暗条纹条件，当 $2d\cos\theta=k\lambda(k=0,1,2,\cdots)$ 时，干涉相长形成亮条纹；当 $2d\cos\theta=(2k+1)\dfrac{\lambda}{2}(k=0,1,2,3,\cdots)$ 时，干涉相消形成暗条纹。若用透镜会聚光束，在透镜的焦平面上将呈现出明暗相间的同心干涉圆环。

对于明条纹，$2d\cos\theta=k\lambda$。式中 θ 越小，表示干涉圆环的直径越小；而 $\cos\theta$ 值越大，则干涉级次 k 越高。在同心圆环的圆心处，$\theta=0$，$\cos\theta$ 有最大值，此时

$$\delta=2d=k\lambda \tag{11.3-2}$$

可见，圆心处干涉条纹的级次最高，越往外，干涉圆环级次 k 越低。这一点与牛顿环干涉条纹截然不同。

当移动 M_1 使间隔 d 增加时，圆心的干涉级次就增加，可看到圆心处的圆环一个一个向外“冒”出。这一点可以用公式 $2d\cos\theta=k\lambda$ 进行说明：当 k、λ 一定时，d 增加，则 θ 变大，即对于同一级圆环，d 增大时，圆环半径变大，对应的现象就是圆环外扩；反之，d 减小时，圆环内“缩”。

由式(11.3-2)可知，d 每增加或减少 $\dfrac{\lambda}{2}$，就会“冒出”或“缩入”一个圆环；因此，只要测出 M_1 移动的距离 Δd，数出对应的“冒出”或“缩入”的圆环个数 Δk，就可求出光波波长

$$\lambda=\frac{2\Delta d}{\Delta k} \tag{11.3-3}$$

或者，已知 λ 和 Δk，就可求 M_1 移动的距离 Δd，这就是用迈克耳孙干涉仪测微小长度的原理。

2. 单色点光源等倾干涉

本实验是采用 He-Ne 激光做光源。激光束经短焦距扩束镜会聚后发散，可视为点光源。这是一个相干性很好的点光源。

如图 11.3-4 所示，点光源 S 发出的光，对 M_1 而言，好像是从 S' 发出来的一样；对 E 处的观察者而言，M_1 反射的光，又如同点光源 S' 在 S_1' 处发光一样，即 $S'M_1=M_1S_1'$。又由于 M_2' 与 M_2 有等价的效果，在 E 处观察时，M_2' 反射的光，犹如点光源 S' 位于 S_2' 的位置一样，即 $S'M_2'=M_2'S_2'$。

在图 11.3-4 中，点光源 S 发出的球面波被分光板 G 分光后，射向动镜 M_1 和定镜 M_2，又被此二全反射镜反射。于是，在观察屏所处的 E 空间，得到两个相干的球面波，这两个球面波好像是从两个虚点光源 S_1'、S_2' 发出来的。两列球面波在 E 空间相遇处都能进行干涉，干涉条纹不定域，故称非定域干涉。在 E 空间垂直于 $S_1'S_2'$ 连线的任何位置放置观察屏，都能看到一组同心圆，其圆心为 $S_1'S_2'$ 连线与屏的交点。由于同级干涉圆环上的各点对于虚点光源 S_1'(或 S_2')的倾角都相同，因而这一干涉也叫点光源等倾干涉。由于干涉图像的形状与观察屏的位置和取向有关，如果转动或移动屏，使其与 $S'_1S'_2$ 连线不垂直或位置发生变化，则可以看到椭圆、双曲线、抛物线、直线等干涉图样。

在图 11.3-4 中，设圆心 E 与 S_2' 相距 L，在与 E 相距 R 的 A 点，两束光的光程差为

$$\delta=\sqrt{(L+2d)^2+R^2}-\sqrt{L^2+R^2}$$

$$=\sqrt{L^2+R^2}\left(\sqrt{1+\frac{4Ld+4d^2}{L^2+R^2}}-1\right) \tag{11.3-4}$$

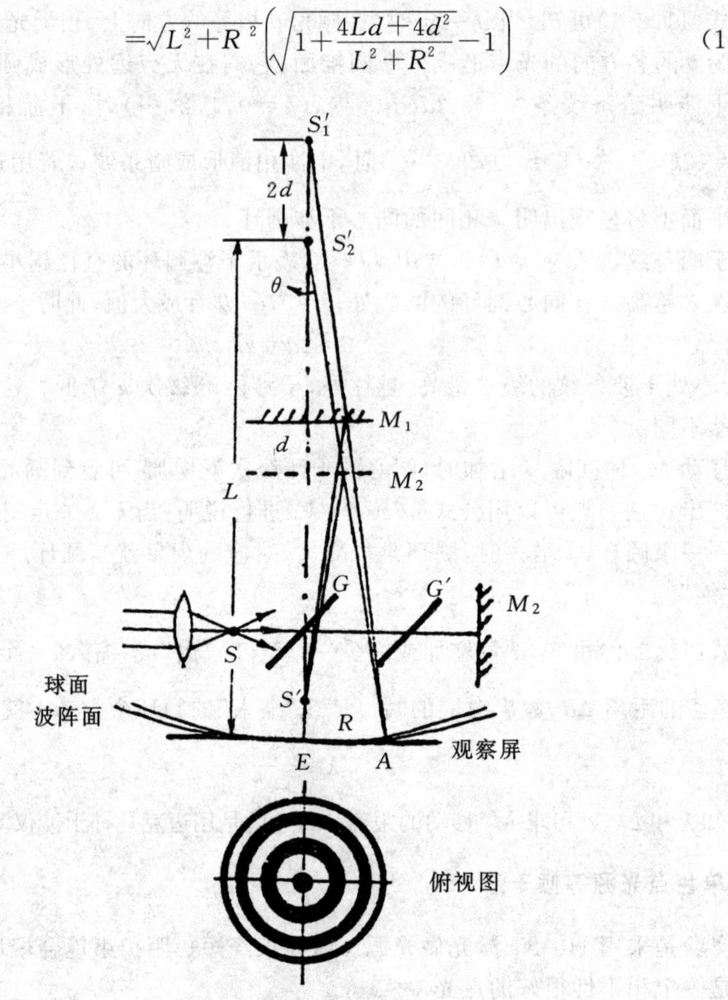

图 11.3-4　非定域干涉光路简图

当 $L \gg d$ 时，利用泰勒展开式有

$$\delta = 2d\frac{L}{\sqrt{L^2+R^2}}\left(1+\frac{d}{L}\right)$$
$$=2d\cos\theta\left(1+\frac{d}{L}\right)$$
$$\approx 2d\cos\theta \tag{11.3-5}$$

式中，θ 为 S_2' 射到 A 点的光线与 $S_1'S_2'$ 连线的夹角。此式与前面的公式(11.3-1)一样，同法可得到公式(11.3-3)。与前面讨论等倾定域干涉情形类似，当 d 增加时，中心圆环一个个"冒出"，反之"缩入"。

3. 单色面光源等厚干涉

在图 11.3-3 中，当 M_2' 与 M_1 不平行(即 M_1 与 M_2 不垂直)而有一个很小的角度时，就形成一个楔形空气层。在面光源的照射下，将出现等厚定域干涉条纹。如图 11.3-5 所示，从面光源上某点 S' 发出的不同方向的光线(1)和(2)，在楔形空气层上、下表面反射后，在镜面附近 B 处产生干涉。在厚度 d 相同的地方形成的等厚干涉条纹定位于楔形空气层表面。把眼睛聚焦在 M_1 镜面附近，可以看到干涉条纹。

当 φ 角很小时，M_1、M_2' 反射的光线(1′)和光线(2′)的光程差近似为

$$\delta \approx \overline{CAB} \approx 2d\cos\theta$$

式中，d 为 B 处 M_1 与 M_2' 之间的距离，当入射角 θ 很小时，上式近似为

$$\delta = 2d - \theta^2 d$$

事实上，等厚干涉条纹只能出现在入射角 θ 很小，且在 M_1 与 M_2' 面的交线附近(d 很小)。在 M_1 与 M_2' 交线处，$d=0$，$\delta=0$，对应的条纹为明直线(因都有半波损失)，称为中央条纹。在中央条纹附近，$d\to 0$，$\theta\to 0$，忽略 $\theta^2 d$ 项，光程差的变化主要取决于 d 的变化，$\delta\approx 2d$，所以干涉条纹形状近似直线。但在离交线较远的地方，因 d 较大，故 $\theta^2 d$ 不能忽略，干涉条纹就不再是直线。对于同一级条纹，用增加 $2d$ 来抵消 $\theta^2 d$ 的增大，使 δ 保持不变，所以干涉条纹向厚度增加的方向弯曲或凸向厚度减小的方向(见图 11.3-6)。

如果用复色光(如白光)做面光源，在光程差 $d\approx 0$ 附近的小范围内(中央条纹附近)，可以观察到彩色的等厚干涉条纹。

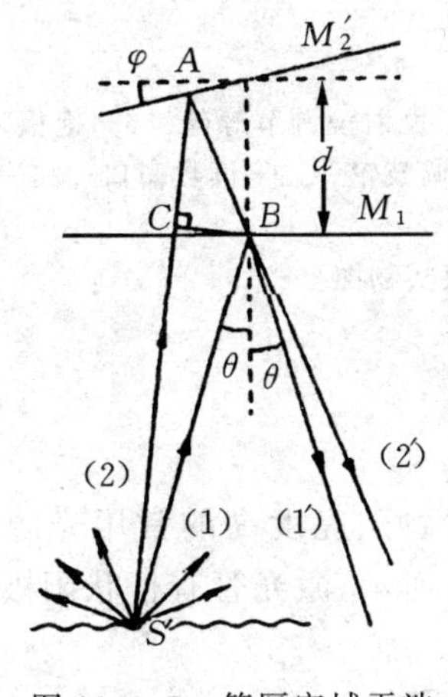

图 11.3-5　等厚定域干涉

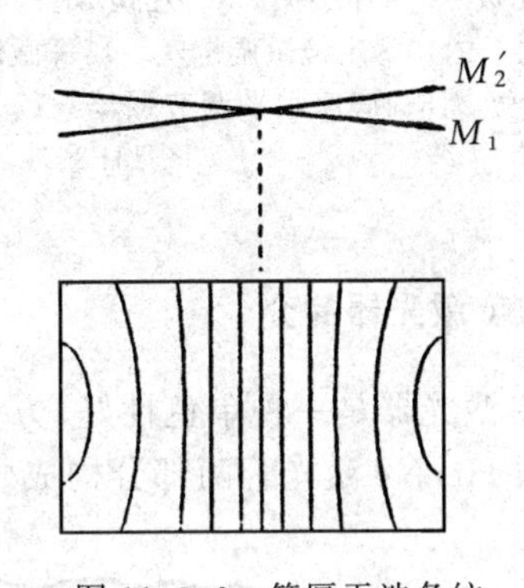

图 11.3-6　等厚干涉条纹

【实验仪器】

迈克耳孙干涉仪、氦氖激光器、扩束短焦距透镜、日光灯(选用)、钠光灯(选用)、观察屏。

1. 迈克耳孙干涉仪

迈克耳孙干涉仪种类很多，构造各异，但基本结构相似，其结构如图 11.3-7 所示。导轨 8 固定在沉稳的铸铁底座 15 上，底座有三颗调节螺丝 16，用以调节导轨水平。导轨上装有螺距为 1mm 的丝杆 7。转动粗调鼓轮 12，通过联动装置 14，使骑在丝杆上的动镜 M_1 在导轨上移动；移动距离的整毫米值从导轨侧面的毫米标尺上读出。粗调鼓轮分为 100 分格，它每转过 1 分格，M_1 平移 0.01mm。小于 1mm 大于 0.01mm 的值由粗调鼓轮的读数窗口 13 读出。微调鼓轮 11 也分为 100 分格，它每转动 1 分格，粗调鼓轮被它牵引

着转动 1/100 分格(粗调鼓轮转动时,微调鼓轮则不动),M_1 则平移 10^{-4} mm。微调鼓轮可以估读一位数,这样最小读数为10^{-5} mm。

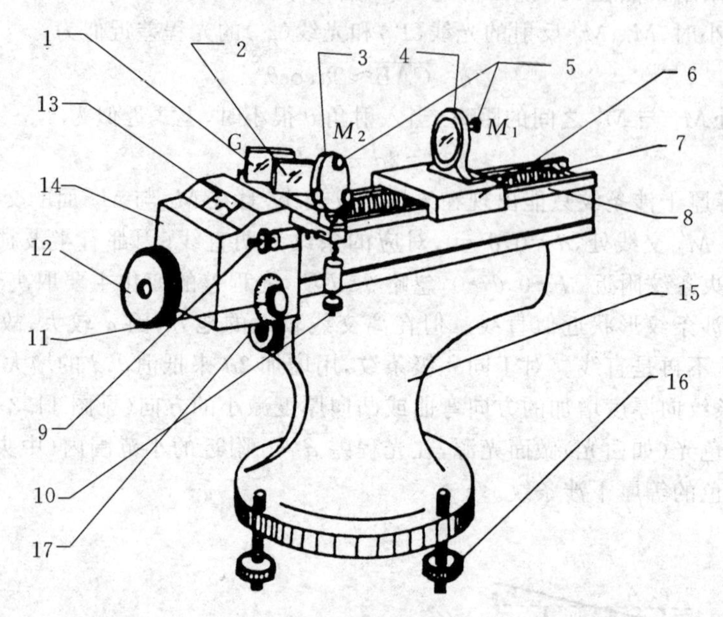

1—分光板 2—补偿板 3—定镜 M_2 4—动镜 M_1 5—反射镜调节螺丝 6—拖板 7—丝杆 8—导轨 9,10—定镜微调螺丝 11—微调鼓轮 12—粗调鼓轮 13—读数窗口 14—联动装置 15—底座 16—底座水平调节螺丝 17—支撑杆插孔

图 11.3-7 迈克耳孙干涉仪实物图

2. He-Ne 激光器简介

He-Ne 激光器是一种单色性好、方向性强、相干性好、亮度高的常用光源,它由激光专用电源和 He-Ne 激光管两部分构成。如图 11.3-8 所示,激光管有杆状阳极、铝质圆筒

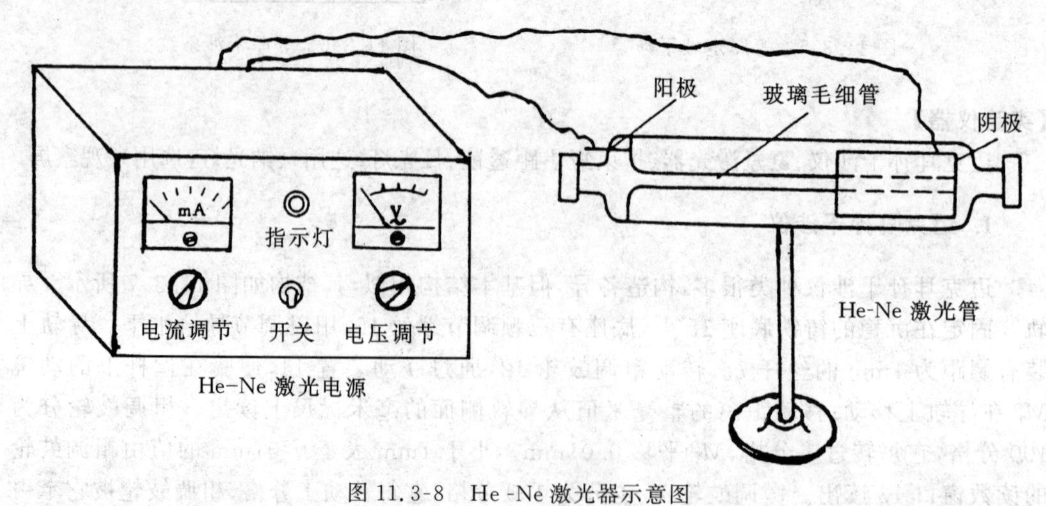

图 11.3-8 He -Ne 激光器示意图

阴极及玻璃毛细管。两侧有高反射率的反射镜。管内充有按一定比例混合的氦气和氖气。管端两极要加上几千伏的直流高压，击穿管内气体后才激发出光，因而激光器配备专用电源。常用He-Ne激光管的腔长为250mm，其主要参数为：输出波长6 328Å，输出功率1～2mW，光束发散角<1.5mrad，触发电压≥3 500V，工作电压1 200V，最佳工作电流5mA。

【实验内容】

（1）目测粗调激光管中心轴线、凸透镜中心及分束镜G中心三者的连线大致垂直于定镜M_2（实验室已调好激光管）。

（2）打开激光电源（实验室已调定激光工作电流）。

（3）拿走凸透镜，让激光束射在定镜正中，观察从定镜反射回的光束是否从原路返回发射孔。反射回来的是一排激光斑点，将中间最亮的一点调入激光发射孔（调迈克耳孙干涉仪底座螺丝），此时激光束垂直于定镜。

（4）调定镜背面的三颗螺钉，使观察屏上两个最亮的光点完全重合（实验室已将动镜M_1的法线调节到与丝杆平行，因此不要调M_1背后的三颗螺钉），此时M_1、M_2大致垂直。

（5）加入透镜并调整之，让激光束通过透镜中心。此时观察屏上出现干涉条纹（不一定是圆环形），然后细调垂直拉簧、水平拉簧（即定镜微调螺丝），屏上可出现干涉圆环。此时M_1与M_2严格垂直。旋转粗调鼓轮，观察圆环的"冒出"或"缩入"。

（6）调零。因转动微调鼓轮时，粗调鼓轮随之转动；而转动粗调鼓轮时，微调鼓轮不动，所以测读数据前要调整零点。将微调鼓轮顺时针或逆时针旋转至零点，然后以同样的方向转动粗调鼓轮对齐任意一根刻度线（注意两个鼓轮的旋转方向应一致）。

（7）测量。顺时针或逆时针转动微调鼓轮，同时数圆环的"冒"或"缩"的数目，每数50环，记录一次动镜M_1的位置读数。位置读数由三部分组成，依次读下来：导轨侧面主标尺读数：整数位（以毫米为单位）；读数窗：小数点后第1、2位；微调鼓轮：小数点后第3、4、5位。位置读数一般有七位有效数字，可准确到10^{-4}mm，估读到10^{-5}mm。共记录10次以上M_1的位置读数，然后去掉最初的不可靠的位置读数，保留10次准确的位置读数。

（8）观察白光彩色干涉条纹（选做）。

白光彩色干涉条纹只能在光程差$d\approx 0$的中央条纹附近才可能看到。先将激光干涉条纹调到近似直线但能看出弯曲方向的程度（条纹间距3mm左右为宜）。在干涉条纹变直的附近，再加上白色面光源（激光仍存在），向使条纹变直的方向转微调鼓轮，使M_1镜缓慢移动，视场中将出现彩色条纹。彩色条纹以中央条纹（M_1与M_2'的交线）为中心对称分布。

【注意事项】

（1）激光管两端高压引线头裸露，且激光电源空载输出电压高达数千伏，要警惕误触；

（2）激光光束光强极高，切勿用眼睛对视，防止视网膜遭永久性损伤；

（3）迈克耳孙干涉仪的分光板、补偿板、反射镜的表面禁止用手触摸，也不能冲着光学面说话、咳嗽；

（4）迈克耳孙干涉仪的调控机构极其精密，调整的范围均有限度，因此调整时要细致

轻缓,反对盲目乱调;

(5) 测量过程中,微调鼓轮只能沿一个方向旋转,否则会产生较大空回误差;一旦反转,数据无效,须重新调整零点。调零之前应注意消除空回误差,即先转动粗调鼓轮,然后按相同方向转动微调鼓轮,直到干涉条纹开始"冒出"或"缩入"。

【数据处理】

(1) 自拟数据表格记录数据(10个测量值),并用逐差法进行处理;

(2) 用公式(11.3-3)计算测量值,并计算不确定度,写出最后实验结果的表达式。

【实验后思考题】

(1) 根据图11.3-3中的几何图形 $ABCD$,导出两束光的光程差 $\delta=2d\cos\theta$。

(2) 总结迈克耳孙干涉仪的调整要点及规律。

(3) 用等厚干涉的光程差公式 $\delta=2d\cos\theta$ 说明,当 d 增大时,干涉条纹由直变弯。

(4) 在非定域干涉中,一个实的点光源是如何产生两个虚的点光源的?

§11.4 等厚干涉的研究——牛顿环及劈尖的干涉

光的干涉现象表明光具有波动性。利用透明薄膜上下表面对入射光的依次反射,光的振幅将分解为具有一定光程差的几部分,它们在相遇时便产生干涉。上下表面的两束反射光在相遇处的光程差取决于反射处的薄膜厚度,且同一级干涉条纹所对应的薄膜厚度相同,这种干涉称为等厚干涉。

利用等厚干涉,可以测量微小角度,测量长度的微小改变量及检查加工元器件表面的质量等。

【实验目的】

(1) 观察等厚干涉现象,加深对光的波动性的认识;

(2) 学会使用测量显微镜;

(3) 学会用干涉法测牛顿环仪的曲率半径和微小厚度。

【预习思考题】

(1) 测量暗环直径时应尽量选用远离中心的环来进行,为什么?

(2) 正确使用测量显微镜应注意哪几点?

(3) 用劈尖测薄纸的厚度的步骤有哪些?

【实验原理】

1. 用牛顿环测平凸透镜的曲率半径

一块曲率半径较大的平凸透镜的凸面置于一光学平面玻璃上时,二者之间形成空气间隙。间隙厚度从中心接触点向四周逐步增加,见图11.4-1。当单色平行光垂直照射时,入射光在空气间隙的上下表面反射。由于空气间隙的厚度处处不同,便有不同的光程差。厚度相同的地方,干涉效果相同(如图11.4-1中的 B、B' 点)。用测量显微镜进行观察,可以看到明暗相间、环间距向外逐渐减小的同心环,这就是等厚干涉形成的牛顿环。

在图11.4-1中,垂直射在牛顿环上的单色平行光中的光线 MA,入射到 B、C 两点后

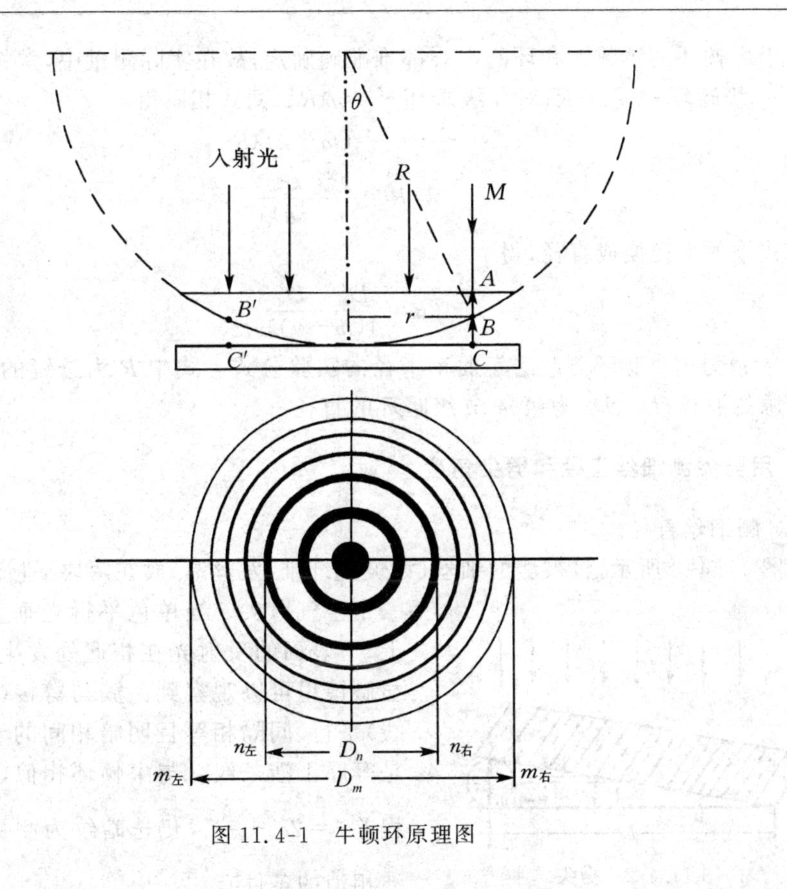

图 11.4-1　牛顿环原理图

分别反射回来，两反射光产生了 $2\,\overline{BC}$的光程差，加上光从光疏媒质射向光密媒质的分界面反射时的半波损失，光在 B 点、C 点先后反射所产生的光程差为

$$\delta=2\,\overline{BC}+\frac{\lambda}{2} \tag{11.4-1}$$

由图 11.4-1 中的几何关系，有

$$R^2=(R-\overline{BC})^2+r^2=R^2-2R\,\overline{BC}+\overline{BC}^2+r^2$$

由于 $R\gg\overline{BC}$，略去二级小量$\overline{BC}^2$，则有

$$2\,\overline{BC}=\frac{r^2}{R}$$

将该式代入式(11.4-1)中得

$$\delta=\frac{r^2}{R}+\frac{\lambda}{2} \tag{11.4-2}$$

因为实验中暗条纹比亮条纹易于观察测量，故选暗环作为测量对象。根据光的干涉明暗条纹的条件，两束光的光程差 $\delta=(2k+1)\dfrac{\lambda}{2}$时，干涉相消出现暗条纹。将式(11.4-2)代入干涉暗纹条件式，有

$$\frac{r^2}{R}+\frac{\lambda}{2}=(2k+1)\frac{\lambda}{2}$$

整理后得

$$r^2=k\lambda R\quad(k=0,1,2,\cdots) \tag{11.4-3}$$

由于牛顿环的级数 k 和环的中心都难准确确定，故在实际测量中，常将式(11.4-3)变形。对 m 级暗环 $r_m^2=m\lambda R$；对 n 级暗环 $r_n^2=n\lambda R$。两式相减得

$$r_m^2-r_n^2=(m-n)\lambda R$$

故

$$R=\frac{r_m^2-r_n^2}{(m-n)\lambda}$$

将式中的半径换成直径，得

$$R=\frac{D_m^2-D_n^2}{4(m-n)\lambda} \tag{11.4-4}$$

式(11.4-4)为用牛顿环测凸透镜曲率半径的实验公式。式中 R 为透镜的曲率半径；λ 为单色光源的波长；D_m、D_n 为第 m、n 级暗环的直径。

2. 用劈尖测细丝直径和劈尖角度

(1) 测细丝直径。

如图 11.4-2 所示，将被测的细丝(如玻璃纤维、发丝等)放在两块平板玻璃之间，形成一个空气劈尖。当单色平行光垂直照射时，劈尖上、下表面的反射光在相遇处发生干涉。从测量显微镜里可以观察到一簇与劈棱(两玻璃片接触线)平行、间隔相等且明暗相间的干涉条纹，这也是等厚干涉条纹。与牛顿环相似，两反射光的光程差 $\delta=2e_k+\frac{\lambda}{2}$。仍选暗纹为测量对象，利用干涉相消的条件有

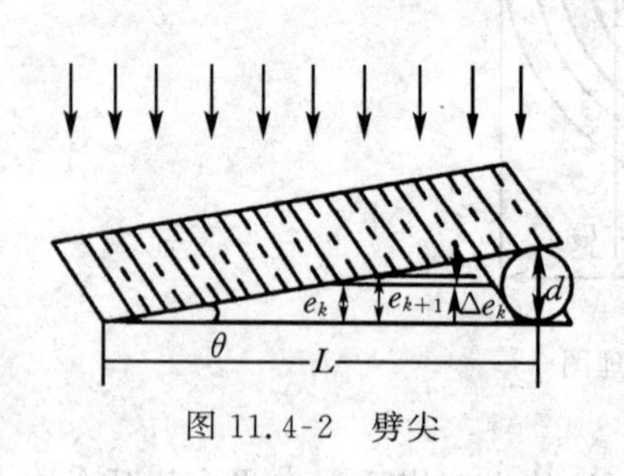

图 11.4-2　劈尖

$$\delta=2e_k+\frac{\lambda}{2}=(2k+1)\frac{\lambda}{2}\quad(k=0,1,2,\cdots) \tag{11.4-5}$$

化简得

$$e_k=\frac{k\lambda}{2} \tag{11.4-6}$$

由式(11.4-6)可见，任意两条相邻暗纹所对应的空气厚度差为

$$\Delta e_k=e_{k+1}-e_k=\frac{\lambda}{2}$$

由式(11.4-5)知，$k=0$ 时，$\delta=\frac{\lambda}{2}$，即劈棱处为零级暗纹。在待测细丝处 $k=N$ 时，则细丝的直径为

$$d=N\cdot\frac{\lambda}{2} \tag{11.4-7}$$

当 N 太大不好数条纹数时，也可以只取 n 条清晰的暗纹，用测量显微镜测出它们之间的距离 x_n，再测出劈棱到细丝之间的距离 L。由于 θ 角很小，有近似关系 $\frac{n\frac{\lambda}{2}}{d}=\frac{x_n}{L}$，则细丝直径为

$$d=\frac{nL\lambda}{2x_n} \tag{11.4-8}$$

(2) 测劈尖角度 θ。

在图 11.4-2 中
$$\theta\approx\sin\theta\approx\tan\theta=\frac{d}{L}$$
细丝所在处 $d=N\lambda/2$，代入上式
$$\theta=\frac{N\lambda}{2L} \tag{11.4-9}$$
λ 已知，只要测出 N 级暗纹所对应的长度 L 即可算出 θ 角。

【实验仪器】

J-50 型测量显微镜、牛顿环仪、钠光灯(附配电源)、劈尖装置等。

测量显微镜简介

测量显微镜的结构如图 11.4-3 所示。它由显微镜和测微读数装置两部分组成。测量时，将待测物放到载物平台上用压簧固定。转动目镜，可以看清楚十字叉丝。转动调焦手轮，可以使显微镜筒上、下移动，看清楚被测物。旋转测微鼓轮，可以使显微镜左、右横向移动。显微镜中的十字叉丝依次对准被测物像上的两个位置，从测微读数装置上可分别读出对应的读数。两读数之差就是被测物上这两个位置之间的距离。

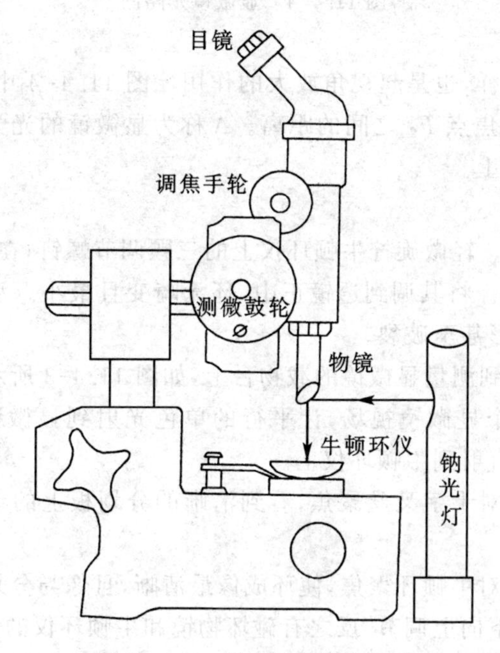

图 11.4-3　测量显微镜结构图

测微鼓轮周边刻有 0～100 的刻度线。鼓轮转动一圈，显微镜横向移动 1mm；鼓轮转动一小格，显微镜则相应横移 0.01mm。测量读数可估读到 0.001mm，这个精度和螺旋测微器一样。

显微镜用于观察近处微小物体，它由物镜和目镜两组透镜组成(见图 11.4-4)，每组透镜相当于一个凸透镜。因为近距离观测，所以物镜的焦距很短。微小物体 AB 在物镜的焦距之外，经物镜后在目镜的物方焦平面内侧(靠近焦点处)成一个放大的实像 A_1B_1。

目镜是焦距比物镜稍长的凸透镜，相当于一个放大镜。它将物镜形成的中间实像 A_1B_1 成一放大的虚像 A_2B_2，此虚像位于明视距离处。由于显微镜是通过改变整个镜筒和物体的间距来调焦的，其目镜也有小的移动范围，以适应不同视力的人，所以物镜成的像不一定在目镜的物方焦平面上，通过目镜观察到的像也不一定在无穷远处。

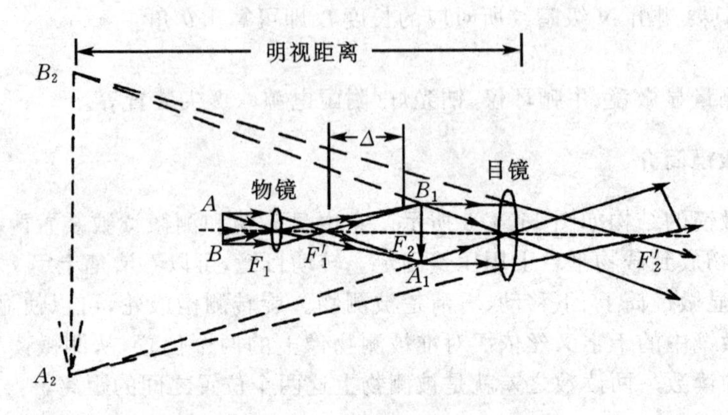

图 11.4-4 显微镜光路图

显微镜和望远镜一样，也是起视角放大的作用。图 11.4-4 中的 Δ 表示物镜的像方焦点 F'_1 和目镜的物方焦点 F_2 之间的距离。Δ 称为显微镜的光学间隔。显微镜的分划板安装在物镜的像平面上。

【实验内容】

(1) 调试牛顿环仪。轻微旋拧牛顿环仪上的三颗调节螺钉，在自然光或日光灯下，可以观察到牛顿环的移动。将其调到透镜正中，环无畸变且最小。注意切勿将螺钉拧得过紧，否则会导致玻璃变形甚至破裂。

(2) 将牛顿环仪放到测量显微镜的载物台上，如图 11.4-3 所示。调节光源前的半反射镜，使钠黄光充满整个显微镜视场，让平行的单色光射到显微镜物镜下的 45°玻片上后，反射的平行光线垂直射到牛顿环仪上。

(3) 调显微镜目镜对十字叉丝聚焦，看到清晰的分划板上的十字叉丝。移动牛顿环仪，找到牛顿环。

(4) 旋转调焦手轮对牛顿环聚焦，使环成像最清晰，且像与分划板上的叉丝之间无视差。注意：镜筒只能由下向上调节，反之有碰坏物镜和牛顿环仪的危险！

(5) 移动牛顿环仪，使十字叉丝与牛顿环中心大致相合。转动测微鼓轮，使显微镜筒向左右任意一方移动，在显微镜中应观察到：十字叉丝的竖线与牛顿环相切；横线与镜筒移动的方向平行，否则调显微镜目镜筒或牛顿环仪，以达到这一要求。

(6) 测量牛顿环直径。

① 取 $m-n=10$。取 D_m 为第 40、39、38、37、36 级暗纹；取 D_n 为第 30、29、28、27、26 级暗纹。此时由(11.4-4)式可知 $D_m^2-D_n^2$ 为一常数，即凡是级数相差为 10 的两环(例如 40 环与 30 环，39 环与 29 环等)的直径的平方差不变。

② 消除螺距空回量。由于丝杆与螺母套筒之间有间隙，反转鼓轮时，载物台没有立

即随之移动，而鼓轮上的读数已发生改变，由此引起较大测量误差。为避免空回误差，测量中测微鼓轮只能沿一个方向转动。假如从左边第40环开始读数，则先将叉丝竖线切压左边第45环，再转动鼓轮到左边第40环，然后沿这一方向测读完左边第39,38,37,36,30,29,28,27,26环后，继续沿这一方向测读右边的第26,27,28,29,30,36,37,38,39,40环等全部数据，中途不得回转鼓轮，这样就消除了空回量误差。

用公式(11.4-4)取代公式(11.4-3)的目的是：用环数差$m-n$替代级数k，这样在实验中就不必费神地确认某一条纹究竟是第几级条纹，只需简单确定环数之差。很容易证明，直径的平方差等于弦的平方差。而弦是不经过圆心的，因此不必确定圆环的中心，实验中也无必要将十字叉丝的横线严格地调到非经过圆中心不可。

【数据处理】

(1) 自拟表格记录实验数据。

(2) 计算不确定度。

$$U_A=\sqrt{\frac{\sum_{i=1}^{5}\left[(D_m^2-D_n^2)_i-(\overline{D_m^2-D_n^2})\right]^2}{5\times(5-1)}}$$

$$U_{m-n}=\frac{0.2}{3}$$

$$U=\overline{R}\cdot\sqrt{\left(\frac{U_{\overline{D_m^2-D_n^2}}}{\overline{D_m^2-D_n^2}}\right)^2+\left(\frac{U_{m-n}}{m-n}\right)^2}$$

(3) 给出实验结果并进行分析。

【实验后思考题】

(1) 牛顿环中心为什么是暗斑？如果中心出现亮斑，作何解释？对实验结果有影响吗？

(2) 测暗环直径时，见图11.4-5，若十字叉丝的交点未通过圆环的中心，则所测长度非真正的直径而是弦长，以弦长代替直径对实验结果有影响吗？试证明之。

(3) 为什么牛顿环的间距靠近中心的要大于靠近边缘的？

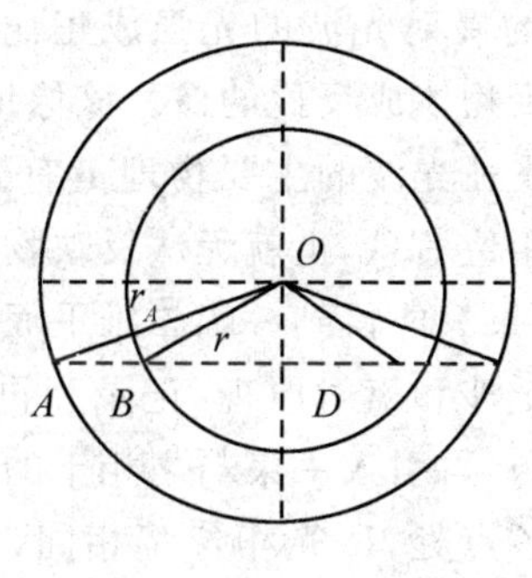

图11.4-5

§11.5 全息照相

全息照相是利用光的干涉原理，将物体发射的光波以干涉条纹的形式记录下来，并在一定条件下使其再现，形成与物体逼真的三维像。全息照相的思想最早是由英国科学家丹尼斯·伽伯(Dennis Gabor)于1948年提出的一种崭新的成像概念，由于全息术的发明和发展，伽伯在1971年获得了诺贝尔物理学奖。全息照相发展到现在可分为四个阶段：第一阶段是用水银灯记录同轴全息图，这是全息照相的萌芽时期，此时期没有好的相干光源，再现像和共轭像不能分离；第二阶段是用激光记录、激光再现的全息照相，把原始像和共轭像分离；第三阶段是激光记录、白光再现的全息照相，主要有反射全息、彩虹全息等；第四阶段是当前所致力的方向，就是白光记录、白光再现的全息照相，它将使全息术最终走出有防震工作台的黑暗实验室，进入更加广泛的实用领域。全息照相是信息光学中最活跃的领域之一，在全息显示、全息干涉度量、全息光学元件、全息信息存储、全息信息处理、全息显微术等领域有着广泛的应用。本实验分别讨论透射式和反射式全息照相。

【实验目的】

(1) 了解激光全息照相的基本原理和实验装置；

(2) 掌握静态激光全息照片的拍摄方法，学会激光全息照片的再现方法；

(3) 通过对全息照片的拍摄和观察，了解全息照相的特点。

【预习思考题】

(1) 在拍摄全息相片时，为什么要求O光和R光的光程尽量相等？

(2) 在全息底片重叠处，O光和R光的光强之比为1∶1时，其拍摄效果是不是最好？为什么？

(3) 做好全息照相实验的必要条件有哪些？

【实验原理】

1. 透射式全息照相

普通照相时，来自被摄物体表面的漫射光波经过照相机镜头后，形成物体的像。因为像的照度与物体表面相应各点的漫射光波的光强成正比，所以，普通照相的感光片经曝光、显影后，得到一个明暗与被摄物体成反比的像。该像记录的只是物体漫射光波的光强分布，即光波的振幅部分，但是表征光波的主要物理量有振幅(明暗)及相位(波面形状及位置)，普通照相丢掉了光波的相位信息，也就无法反映物体表面的凹凸和距底片的远近，从而失去了立体感。因此，其结果只能得到一幅二维平面图像。

激光全息照相是根据光的干涉和衍射原理，记录和再现物理光波的一种新技术。把来自物体的光波称为物光(O光)，再引入一束与之相干的参考光(R光)，让参考光和物光同时照在底片上。在底片上的各点处，R光相位都相同，而O光的相位不相同。从而O光与R光在各处的相位差也不同，经干涉后各处的条纹亮暗程度也就不同。这样，底片就可以在记录下物光振幅分布的同时，也记录下其相位分布，即记录下物光的全部信息。

其结果是，激光全息照相的感光片记录的不是物体的形象，而是一些复杂的干涉图样。当需要观察被摄物体时，根据光的衍射原理，用参考光波照射经过处理后的感光片，就能将物体的光波再现出来，得到一个逼真的三维图像，其效果与观察原物一样。

(1) 透射式全息照相的记录。

如图 11.5-1 所示，激光器发出的激光经光开关后，由分束镜分为两束光。其中一束光通过分束镜，由全反射镜反射后，经扩束镜照射到被摄物体表面上，再由物体表面漫反射到全息底片上，这一束光称为物光光束(简称 O 光)。另一束光经分束镜反射后，再由全反射镜反射，经过扩束镜直接照射到全息底片上，这一束光称为参考光束(简称 R 光)。假设 O 光和 R 光传播到全息底片上的光波分别为

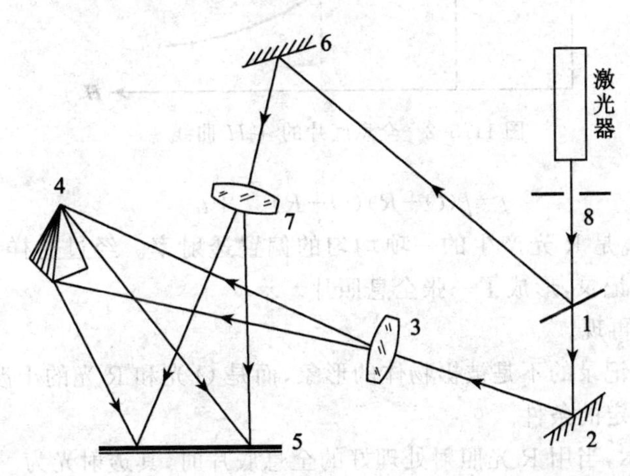

1—分束器　2—全反镜　3—扩束镜　4—被摄物
5—底片　6—全反镜　7—扩束镜　8—光开关

图 11.5-1　透射式全息照相光路图

$$O=|O|e^{-i\varphi_o} \tag{11.5-1}$$

$$R=|R|e^{-i\varphi_R} \tag{11.5-2}$$

式中，φ_o、φ_R 分别是 O 光和 R 光在全息底片上的相位。当 O 光和 R 光在全息底片上相遇时，二者叠加产生干涉，干涉条纹的光强为

$$I=[O+R]\cdot[O+R]^* \tag{11.5-3}$$

假设 O 光和 R 光都是平面波，则光强随相位变化的关系是

$$I=|R|^2+|O|^2+2|R|\cdot|O|\cdot\cos(\varphi_R-\varphi_O) \tag{11.5-4}$$

由图 11.5-1 可知，到达全息底片上的 R 光是由光路确定的，与被摄物无关；而射至全息底片上的 O 光则与被摄物表面各点的分布和漫射性质有关，从不同物点漫射来的 O 光的振幅和相位都有可能不相同，它们以 R 光为标准，通过式(11.5-4)的光强变化记录下来。其中，O 光的振幅主要影响干涉条纹的强弱，O 光的相位主要影响干涉条纹的疏密、取向。

对全息照相的记录介质来说，曝光量和振幅透过率的特性曲线是非线性的，如图 11.5-2所示，因此，O 光和 R 光的光强比对于全息照相的质量有着很重要的影响。当全息干版的曝光和显影都控制在记录介质的 T-H 曲线(振幅透过率 T 随曝光量 H 变化的

关系)的线性部分,并且 R 光是均匀照射时,则经过曝光记录且显影后的全息底片具有以下的振幅透射率:

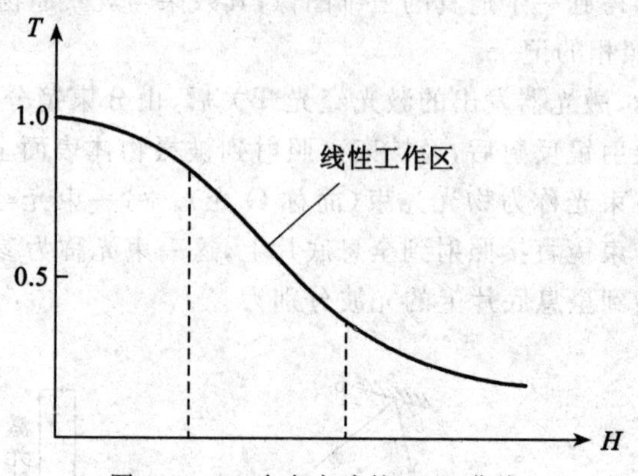

图 11.5-2　全息底片的 T-H 曲线

$$t=\beta(O+R)(O+R)^{*}+t_0 \tag{11.5-5}$$

式中:β 为比例系数;t_0 是 R 光产生的一项均匀的偏置透射率。经过这样记录和处理后,就完成了全息照相的记录,形成了一张全息照片。

(2) 全息照相的再现。

由于全息底片上记录的不是被摄物体的形象,而是 O 光和 R 光的干涉图样,因此,全息照相的再现需要一定的条件。

如图 11.5-3 所示,当用 R 光照射处理好的全息底片时,其透射光为

$$T=R\cdot t=\beta(R|O|^2+R|R|^2+|R|^2O+R^2O^*)+Rt_0=T_1+T_2+T_3 \tag{11.5-6}$$

式中,$T_1=Rt_0+\beta(|O|^2+|R|^2)$R,是沿 R 光照射方向的直接透射光,不包含被摄物体的相位信息;$T_2=\beta|R|^2O$,是再现 O 光,它包括被摄物体的振幅和相位信息,能形成被摄物体的立体虚像;$T_3=\beta R^2O^*$,是共轭 O 光,它的相位与被摄物体的相位相反,能形成被摄物体的实像。因此,在观察全息底片时,只需用 R 光照射全息底片,就能得到全息底片所记录的物体的像。

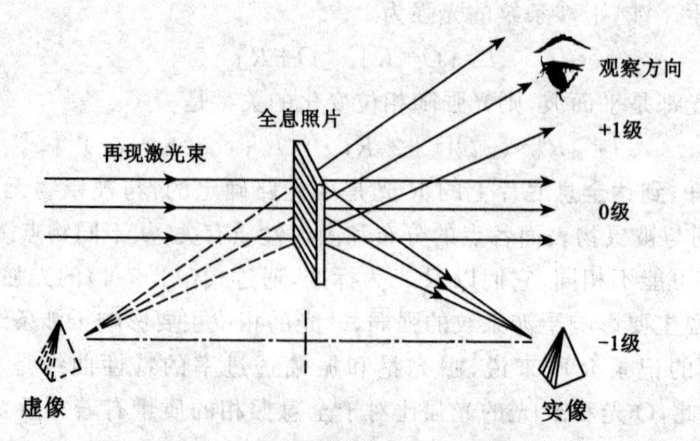

图 11.5-3　透射式全息照相的再现

2. 反射式全息照相

白光反射再现全息图是利用厚层照相乳剂记录干涉条纹，并利用布拉格衍射效应再现物的像。这种记录过程也是利用分离的相干光束进行叠加，O 光和 R 光分别从记录介质的两侧入射，两束光之间的夹角接近于 180°。因而，在全息记录介质内可建立起驻波，这样形成的干涉条纹接近平行于记录介质的表面。这些干涉条纹实际上是一些平面，即形成了三维分布的空间立体光栅。

图 11.5-4(a)可以说明干涉条纹的形成。R 光和 O 光以接近 180°的夹角 φ 入射到干版的乳胶层上。为分析简便，假设 R 光和 O 光均为平面波且与乳胶面的法线构成相同的倾角。从图中可以看到，一系列相继等相位波穿过乳胶层，两列波的波阵面相交的轨迹为一平面，在这个平面上，干涉均为最大。干版的乳胶层被曝光后，经过显影和定影处理，就形成了一些高密度的银粒子层。在所假定的条件下，这些银粒子层平分 O 光和 R 光之间的夹角。这些密度高的银粒子层对于入射光来说，就相当于一些局部反射平面，称为布拉格平面(图中以虚线表示)。

根据图 11.5-4(a)可得如下关系式：

$$2d\sin(\varphi/2)=\lambda \tag{11.5-7}$$

式中，d 为相邻两银粒子层之间的距离；λ 为介质中的波长。

以上结果是在假定的特殊条件下得出的，而在一般情况下，也可以得到类似的结果。实际的 O 光不可能是平面波，因此，O 光和 R 光所形成的干涉层是很复杂的。原 O 光的全部信息就被记录在这些复杂的银层上，当用任何一束平面波照射处理好的全息图时，通过这些布拉格平面的局部反射作用就可以再现出一束原始物波，即再现出物体的原始信息。其原理可用图 11.5-4(b)说明。由相邻两个布拉格平面所反射的光线之间的总光程差为

$$\delta=2d\sin\psi \tag{11.5-8}$$

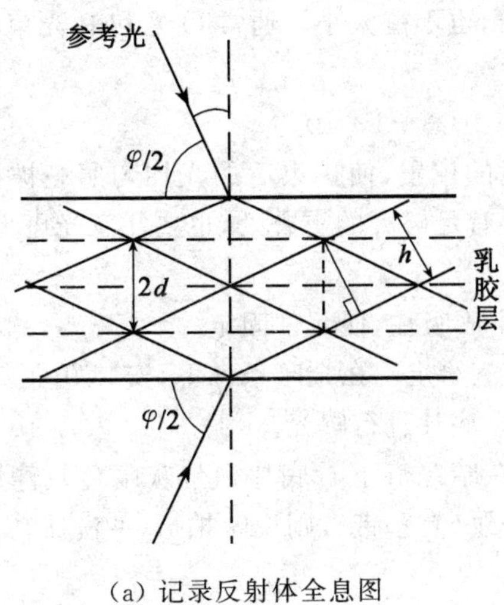

(a) 记录反射体全息图

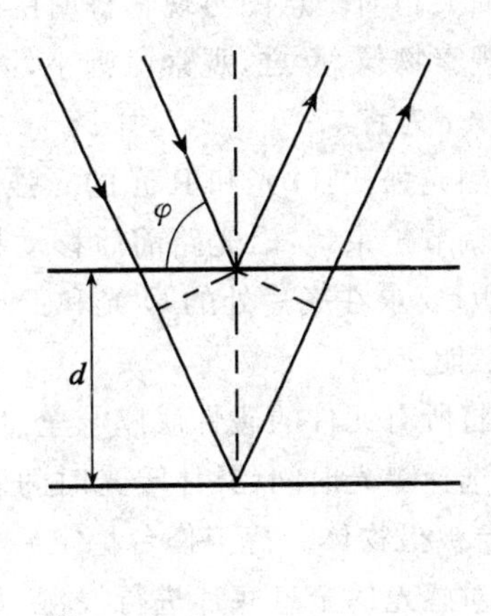

(b)布拉格条件

图 11.5-4

为了使再现物像获得最大亮度,两个相邻布拉格平面的反射光之间的光程差应等于一个波长。令$\delta=\lambda$,由式(11.5-7)可得

$$\sin\psi=\frac{\lambda}{2d} \tag{11.5-9}$$

这一关系式称为布拉格条件,ψ称为布拉格角。这也就是获得最佳再现物像而应满足的条件。

分析式(11.5-7)和式(11.5-9),可以得到下面两个结论:

(1) 反射全息图在再现时,对应于某一个角度,只有一种波长的光能获得最大亮度。也就是说,只有再现光的波长和方向满足布拉格条件时才能再现物像。所以,这种全息图可以从含有多种波长的复色光源中选择一种波长再现物像,从而实现了复色光再现。

(2) 用白光再现时,若从不同角度观察,再现物像的颜色将有所变化,即不同的角度对应着不同的光波波长,随着ψ角的增加,观察到的波长将从短波向长波方向变化。

【实验仪器】

JQX-1型激光全息实验台、He-Ne激光器、光开关及DBD-I电脑多功能曝光定时器、被摄物体、全息干版、暗室照相冲洗设备和药品。

【实验内容】

1. 透射式全息图的记录和重现

(1) 透射式全息照片的记录。

① 搭建拍摄光路:按图11.5-1放置好各元件,并使各元件基本等高。被摄物不能离全息干版太远,相距10cm左右。

② 测光程差:从分束镜开始到全息干版结束,测量O光程(1→2→3→4→5)和R光程(1→6→7→5),使两光程尽量接近,两者的光程差尽可能小于1cm。

③ 调夹角:O光与R光夹角越大,条纹的间距就越小,曝光过程中所受到的限制也就越大。而夹角对全息图再现物像时的观察窗(视角)有影响,夹角大,可在较大范围内从不同角度观察物像,反之,观察窗则小,因此夹角也不能太小。通常O光和R光束间的夹角在30°~45°为宜。

④ 测光强比:O光和R光的光强之比在1∶3~1∶10。

⑤ 调节扩束镜:沿光路前后移动扩束镜的位置,使扩束后的光均匀照亮被摄物体和全息干版,要求在底片处的O光和R光既要有足够大的重叠处,也要注意光斑不能太大,以免浪费能量。

⑥ 将所有元件的磁性底座与全息平台牢固吸住,使元件固定。

⑦ 选择曝光时间(具体曝光时间由实验室给定),在全暗条件下,安装好全息底片,药膜面向着被摄物体。待工作台稳定后,对全息底片进行曝光。

⑧ 对感光的全息底片进行浸湿、显影(在暗绿灯下看底片稍带灰暗色)、停影、定影、水漂及晾干后,在白炽灯下观看,若有干涉条纹(有彩带),则说明拍摄、冲洗成功。

(2) 透射式全息照片的再现。

由于全息干版上记录的并不是物体的几何图样,因而直接观察只能看到许多明暗不

同的条纹、小环和斑点等干涉图样，要看到原来物体的像，必须使全息图再现原来物体发出的光波，这个过程就称全息图的再现过程，它所利用的是光栅衍射原理。

观察全息照片的再现可利用原拍摄光路。移开图 11.5-1 中的被摄物体，将冲洗好的全息底片放在原拍摄时的位置，其感光膜面应向着再现光线。用 R 光照射全息底片，透过底片沿原来 O 光的方向观察，可以看到被摄物体的立体虚像。经全息图衍射后，产生两个衍射光波，其一是物光 O，形成原始虚像（相当于图 11.5-3 中的 +1 级），其二是物体的共轭光，形成共轭实像（相当于图 11.5-3 中的 −1 级）。

2. 反射式全息图的记录和重现

(1) 反射式全息照片的记录。

用上面的光路拍摄，扩束后的激光束从全息干版的背面入射作为参考光，透过全息干版的激光束照射到被拍摄物体上，经物体漫反射回来的光照在全息干版的药膜面作为 O 光。O 光和 R 光的夹角约为 180°，此时的布拉格平面之间的距离约为介质中的半个波长。以红色 He-Ne 激光为例，此值约为 0.3μm，在厚度为 6 ~10μm 的乳胶层中可以获得 20 ~30 个布拉格平面，这个数目基本可以记录一张反射全息图并实现白光再现，更厚的乳胶层可以增加布拉格平面的数量，从而进一步提高再现物像的质量。

① 按图 11.5-5 放置好各元件，使各元件基本等高。

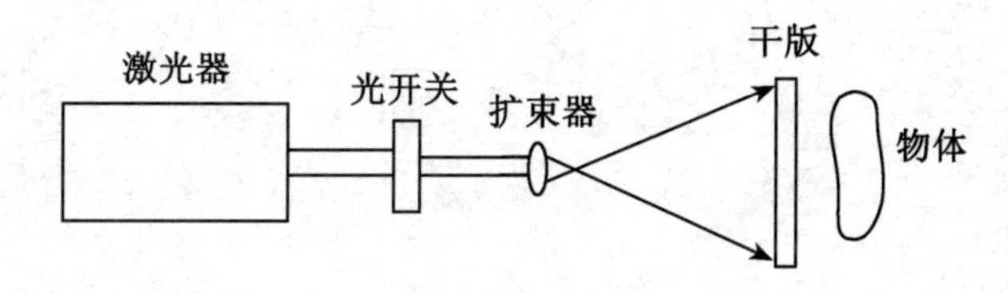

图 11.5-5　反射式全息照相光路图

② 调整扩束镜位置，使扩束后的激光束充分照亮被摄物体。

③ 放置被摄物体尽量与干版平行并靠近干版（距离在 1cm 左右），一般选用表面漫反射强的物体作被摄物，以满足 O 光与 R 光的分束比要求。

④在全暗的条件下安装干版，药膜面对着被摄物，以保证激光束从干版的玻璃背面入射，待工作平台稳定后曝光。

⑤进行浸湿、显影、停影、定影、水漂、干燥等暗室技术处理后，即可得到一张反射全息图。

(2) 反射式全息照片的再现。

再现的虚像是由全息图的反射光形成的，药膜面朝下，用白光从上面照射，则在干版下方可看到再现虚像。

在本实验中，我们用的是波长为 6328 Å 的激光制作全息片，用白光再现时观察到的却是绿色的图像。这是因为三维光栅的衍射具有波长的选择性，白光中只有波长和制作全息片时所用光波波长相同的成分衍射后才能出现干涉极大。但是乳胶经过显影、定影、晾干后往往会发生收缩,使反射全息图的布拉格面间距减小。因此能出现干涉极大的波长比制作时光波的波长要小,使再现波长发生“蓝移”。

【实验后思考题】

(1) 全息底片碎成几块后,如果仅取其中一小块观察,能否再现被摄物体整体的像?

(2) 能否用与拍摄时不同波长的激光再现被摄物体?

(3) 普通透射式全息照相为什么不能用白光再现,而只能用单色光再现?

第四部分

设计性实验

第12章　设计性物理实验概述

创新是一个民族进步的灵魂，是一个国家兴旺发达的不竭动力。面对世界科技飞速发展以及对人才激烈争夺的挑战，必须大力提倡和实施高等教育创新，真正培养出与时俱进的具有创新意识和能力的高素质人才。因此，必须加强大学生创新能力的培养，造就适应社会发展所需要的人才。设计性物理实验能很好地培养学生的创新意识和能力。

§12.1　设计性物理实验

1. 设计性物理实验的内涵

设计性物理实验是指学生在学习了一定的物理学基本理论，掌握了一些必要的物理实验技能的基础上，针对某一给定的实验题目或实验要求，为完成某一实验任务而进行的自主查阅参考资料、自行设计实验原理、自己选择或组装实验仪器、自己制定实验方法和步骤，在规定的时间内完成的实验。学生做完实验后，以小论文的形式写出完整的实验报告，对实验结果进行系统的分析和总结，从而让学生经历一次科学实验过程的基本训练。它是带有科学探索与研究、设计与创新性质的实验。它是一种介于基本教学实验和实际科学实验之间的、较高层次的、类科研的实验训练。

2. 设计性物理实验的特点

设计性物理实验在客观上给学习者创造一种把强烈的自我发展意识转化为自身努力获取知识和提高能力的实际行为，学习者积极发挥自己的主观能动性和聪明才智，思考所遇到的问题，突破常规思维限制，创造性地提出解决的方案，并反复再三，才可以完成实验。这样的实验，对学生的动手能力、研究能力，特别是创新能力的培养是有积极作用的。总的来讲，设计性实验有以下几个主要特点。

(1) 主体性。

设计性物理实验一个很重要的特点就是以学生为主体，需要学生充分发挥其自身的聪明才智和主观能动性去解决问题而完成整个实验。与传统的从实验原理、实验方法到实验仪器、实验步骤全都由教师设计的物理实验相比，学生有更多自我空间，有较强的主体意识。整个设计性实验过程，始终体现了以学生为中心的原则。设计性物理实验的实施，充分体现了学生的自主设计、自主实施、自主发挥、自主分析。实验过程中不断出现的新情况、新问题，客观上创造了一种促使学生把强烈的自我意识转化成自身努力获取知识和提高能力的实际行为，学生自身建构知识和发展能力的行为促进了学生个性的全面发展和潜能的充分发挥，对智力的开发有重要的作用。

(2) 探索性。

在设计性实验中，学生要根据实验任务与要求，探索实验所涉及的诸多方面。例如，实验原理的探究、实验方案的形成、最佳测量方法的选取、实验仪器的选择、实验条件的选择以及实验步骤的逐步修改、形成，等等。这整个过程是一个不断提出问题、解决问题的过程，学习者需要不断探索、加工记忆中的信息和查阅的信息，积极地进行严密而有序的推理和判断。

(3) 综合性。

设计性物理实验是在学生完成了基础物理实验课程的学习，已经具备了一定的物理理论知识和基本的物理实验技能的基础上进行的。设计性物理实验的题目具有一定的综合性，学生要综合应用所学的理论知识和实验技能才能完成实验的全过程，有利于培养学生综合应用所学知识解决实际问题的能力。

(4) 创造性。

创造性是设计性物理实验所体现的一个很重要的特征。有些设计性实验的完成，要求学生大胆假设、多方求异，突破传统思维束缚，创造性地提出解决问题的方法和途径。无论是实验原理的分析、实验方法的策划，还是实验仪器的选择、实验步骤的制定，都需要学生有一定的创新精神。

3. 设计性物理实验的分类

物理实验都由实验目的、实验原理、实验方法、实验仪器等要素构成，针对每一要素，都可进行设计。

(1) 对实验目的进行设计。

实验目的是实验的指令和方向，目的的变化会导致实验仪器的选择、实验技能的创新和实验步骤的变化。针对目的的设计性实验就是对大学物理实验中已有的实验进行目的上的创新，抛开原有的实验目的和要求，另辟蹊径找寻恰当途径去达到另外一种目的，是在原有实验基础上的拓展，所以又叫拓展型设计性实验。它既包含了已有实验的理论和方法，又要求学生在此基础上进行变通和创新。针对目的的拓展型设计性实验的明显特点是教师在原有实验的基础上，通过改变原有的实验目的和要求来提出新的课题，要求学生利用原有的实验仪器，适当增加新的仪器，对原有的实验进行创新、改进设计，确立并完成新实验课题的实验方案。改变原有的实验目的和要求可以从以下几个方面来进行：①把原来的验证性实验变为测量性实验；②把原来的测量性实验变为验证性实验；③把原来测量某一物理量的测量性实验变为测量另一物理量的测量性实验；④改变实验处理要求，如将线性回归法处理改为用图像法处理；⑤改变实验测量精度要求等。

(2) 对实验原理进行设计。

实验原理是实验中蕴涵的物理规律，是一个实验的"软件"部分。对实验原理的改进可以在降低实验成本的情况下更有效率地达到实验目的。对于实验原理的设计，一般来说自由度比较大，实验室需要具备相应的实验仪器。如对重力加速度的测定，就可以依据以下几个原理来进行设计：从运动学的角度进行设计，如自由落体运动；从动力学角度进行设计,如气垫导轨上滑块的运动;利用有关的物理公式进行设计,如单摆、复摆、圆锥摆等。

(3) 对实验方法进行设计。

物理实验思想的形成和实验方法的设计,是大学物理实验教学的核心。依据同一原理而采用不同的实验方法来进行物理实验设计。如依据斯托克斯定律测液体的黏滞系数,可设计出不同的实验方法。现有的物理实验教材中分别介绍了落球法、落针法、毛细管法、旋转圆筒法,现在还不断有新的实验方法设计出来。实验方法的选择往往是决定实验能否成功的关键。

(4) 对实验仪器进行设计。

实验原理的贯彻和实验目的的实现都是通过实验仪器装置得以完成的。仪器装置是物理实验的“硬件”部分。对实验仪器装置的改进与创新一直是设计性物理实验的重要内容。可以说有些物理实验的设计过程,就是探寻和组装恰当而可行的仪器装置的过程。如电磁学中对电阻的测量,就其实质而言,就是针对不同的情况和精度要求,而设计出不同的仪器装置来进行测量的过程。测量电阻最简单的方法就是用伏安法,但无论是外接法还是内接法都存在较大的误差,于是在原先外接法的基础上,通过改进设计出一个“没有电流通过而能测出电压”的电压表,那便是惠斯通电桥。如若要对低电阻进行精确的测量,那还得对惠斯通电桥进行设计和改进,想方设法减少线路,开尔文双臂电桥便是基于此思想对惠斯通电桥进行改进而产生的。

(5) 对实验数据处理进行设计。

物理实验中经常碰到这样的情况,在测量的过程中存在的系统误差是恒定的,是可以预知的,但却很难直接修正。在进行相应的实验设计的过程中,就要考虑系统误差可能对实验结果带来的影响,这时的实验设计就要基于数据处理而削减恒定的系统误差而进行,数据的获得和处理就显得尤为重要。如单摆的悬挂点到摆球球心距离的测量,因起点和终点难以找到和确定,从而会带来较大的系统误差。但可找多个数据点求出其各次的差而进行数据处理。还有弹簧振子的有效质量、刚体的轴套的摩擦力矩等,都是很难测准的量。但可以通过多次测量,用作图法进行数据处理,从而避开对此物理量的测量。基于这种数据处理而进行设计,可以削减恒定的系统误差,实验精确度可进一步提高。

设计性实验的分类方法很多,如还可分为测量性实验、研究性实验、制作性实验等。

§12.2　设计性物理实验方案的制定

设计性实验的核心是设计和选择实验方案。在制定实验方案时,应综合考虑以下几个方面:选择合理的实验方法、设计最佳的测量方法、合理配套实验仪器、选择有利的实验条件等。

(1) 实验方案的设计指导与审定。

设计性实验课题确定后,教师对学生的实验方案设计审定是设计性实验教学中的一个重要环节,教师在审定实验方案的过程中,对学生的设计方案应给予必要的指导,和学生共同修订设计方案,从研究实验方案的可行性、设计思想、实验方法、实验手段、显示方式等方面入手，培养学生的想象能力和创造性思维能力。

(2) 实验方法的选择。

根据实验课题的要求和研究对象，查阅有关资料，收集各种可能的实验方法，即根据一定的物理原理，确定在被测量与可测量之间建立关系的各种可能的方法。然后，比较各种实验方法所能达到的实验精度、实验条件及实施的可行性，以便确定最佳实验方法，或选择其中几种分别进行实验后，确定最佳实验方法。如测量电阻，可以用伏安法、惠斯通电桥、万用表、替代法等，按以上原则确定一种实验方法。

(3) 测量方法的选择。

实验方法选定后，为使各物理量测量结果的不确定度最小，需要进行不确定度来源及不确定度传递分析，并根据可能提供的仪器确定合适的测量方法。因为测量一个物理量，可能有多种测量方法可供选用。如测单摆的摆长有3种方法：①$l=(l_1+l_2)/2$；②$l=l_1+d/2$；③$l=l_2-d/2$。式中，l_1(悬点到球顶的长度)，l_2(悬点到球底的长度)用米尺测量，d(球的直径)用游标卡尺测量，不确定度计算表明，第一种方法的不确定度最小，应选择第一种方法。

(4) 测量仪器的选择。

实验方法和实验方案确定后，根据测量精度的要求，应合理选择测量仪器，充分发挥实验仪器的作用，有效地进行实验。对于设计性实验，仪器、装置的合理选择及正确的搭配对于实验测量至关重要。仪器的选择一般从4个方面出发：①分辨率，②精确度，③实用性，④价格。作为教学设计实验，③和④由实验室现有条件决定，所以学生主要考虑前两个方面。根据测量精确度允许的最大不确定度，由不确定度传播公式进行各量的不确定度平均分配，由此确定测量仪器。如测圆柱体密度的公式为$\rho=4m/\pi hD^2$，其中$m\approx 33\text{g}$，$D\approx 1.2\text{cm}$，$h\approx 3.5\text{cm}$。若要求$U_\rho/\rho<0.5\%$，问测m、D、h分别应选择什么等级的仪器。

若U_ρ的置信概率$P=0.997$，则U_ρ就是误差限值，U_D、U_m、U_h也是仪器误差限值。

$$U_\rho/\rho=\sqrt{\left(\frac{U_m}{m}\right)^2+\left(\frac{U_h}{h}\right)^2+\left(2\,\frac{U_D}{D}\right)^2}\leqslant 0.5\%$$

根据不确定度均分原则有

$$(U_m/m)^2=(U_h/h)^2=(2U_D/D)^2$$

于是

$$\sqrt{3(U_m/m)^2}\leqslant 0.5\% \tag{12.2-1}$$

$$\sqrt{3(U_h/h)^2}\leqslant 0.5\% \tag{12.2-2}$$

$$\sqrt{3(2U_D/D)^2}\leqslant 0.5\% \tag{12.2-3}$$

由式(12.2-1)解出$U_m\leqslant 0.095\text{g}$，可选择最小分度值为0.05g的天平；

由式(12.2-2)解出$U_h\leqslant 0.01\text{cm}=0.1\text{mm}$，可选最小分度值为0.1mm的游标卡尺；

由式(12.2-3)解出$U_D\leqslant 0.0017\text{cm}=0.017\text{mm}$，可选最小分度值为0.02mm的游标卡尺。

(5) 测量条件的选择。

确定测量的最有利条件，也就是确定在什么条件下进行测量引起的不确定度最小。

实验条件的选择是否恰当，对于实验的成败和效果影响很大。实验装置和器材是影响实验条件的因素之一，在选择实验装置和器材时应注意满足实验所要求的条件。一般可以通过对不确定度函数求极值来确定最佳测量条件。

§12.3　设计性物理实验报告的撰写

学生利用课外时间处理数据，分析实验结果，得出结论，撰写实验报告。报告要求包括以下几部分内容。

(1) 引言：包括实验目的和对整个实验的主要内容及结果的简述。

(2) 实验原理和方法：这是报告的主体，包括实验原理、基本方法、实验装置、测量条件、实验步骤等，特别要注意说明实验中遇到的问题及解决的方法。

(3) 数据处理：包括数据记录、数据计算、不确定度估算、结果表示。

(4) 结论：包括实验结果分析讨论、实验结果评价、实验方案评价讨论。

学生设计性物理实验的项目可以是教材上的内容，也可以由学生自己拟定(必须获得指导老师审查通过)。

第13章 物理量测量设计性实验

§13.1 物质密度的测量

密度是物质的基本属性。在一定的温度和压力下，各种物质具有确定的密度。通过测定物质的密度，可以帮助确定物质的材料和组成成分。在工业上，密度的测定常用在原料分析和地质岩矿的鉴定上。

【实验任务】

(1) 测定颗粒状物质($\rho>1$) 的密度；

(2) 测定外形不规则固体($\rho<1$) 的密度；

(3) 测定液体的密度。

【实验要求】

(1) 写出实验原理，推导出测量公式；

(2) 根据给定的器材，设计实验方案，拟定实验步骤；

(3) 测定金属颗粒物质、蜡块和汽油(或乙醇)的密度，使测量不确定度小于2%；

(4) 正确处理测量数据，给出结果；

(5) 对结果进行分析评价；

(6) 写出实验报告。

【实验器材】

物理天平或矿山天平(另配有Ⅱ形支架)、玻璃烧杯、自来水、金属颗粒物质、外形不规则的蜡块和铜块、乙醇或汽油、尼龙线、剪刀等。

【思考题】

(1) 有人把天平的使用总结为四句话："称量分度值先看清，柱直梁平游码零，物左砝右制动勤，仪器用毕收拾净。"请解释之。

(2) 如果天平有不等臂误差，你将用什么方法来消除这一系统误差？

(3) 在精密称衡时，若要考虑空气浮力对称衡结果的影响，则计算密度的公式应怎样修正？

(4) 测密度还有哪些方法？

§13.2 重力加速度的测量

地球表面附近的物体，在仅受重力作用时具有的加速度叫做重力加速度，也叫自由落体加速度，用 g 表示。重力加速度 g 值的准确测定对于计量学、精密物理计量、地球物理学、地震预报、重力探矿和空间科学等都具有重要意义。

【实验任务】

测出本地区的重力加速度。

【实验要求】

(1) 写出实验原理，推导出测量公式；

(2) 根据可供器材，设计实验方案，拟定实验步骤；

(3) 测出本地区的重力加速度，使测量不确定度小于 3%；

(4) 正确处理测量数据，给出结果；

(5) 对结果进行分析评价；

(6) 写出实验报告。

【实验器材】

气垫导轨、计时计速测速仪、弹簧、天平、铁架台(带铁夹)、小球、细线、游标卡尺、刻度尺、数字毫秒计、光电门、三线摆、秒表、游标卡尺、钢直尺等。

【思考题】

(1) 测重力加速度必须注意些什么？

(2) 测重力加速度还有哪些方法？

§13.3　固体中声速的测定

声波是在弹性媒质中传播的一种机械波，其在媒质中的传播速度与媒质的特性及状态等因素有关。通过媒质中声速的测量，不仅可以了解媒质的特性，而且还可以了解媒质的状态变化，在声波定位、探伤、测距等应用中具有重要的实用意义。

【实验任务】

测出声音在固体中的传播速度。

【实验要求】

(1) 写出实验原理，推导出测量公式；

(2) 根据实验室器材，设计实验方案，拟定实验步骤；

(3) 测出固体声速，使测量不确定度小于 1%；

(4) 正确处理测量数据，给出结果；

(5) 对结果进行分析评价；

(6) 写出实验报告。

【实验器材】

实验室现有器材(如超声波测试仪、待测样品、游标卡尺及耦合剂等)。

【思考题】

(1) 固体中的声速会不会因为温度的变化而变化？

(2) 测量固体声速还有哪些方法？

§13.4 液体和气体折射率的测定

光从真空射入介质发生折射时，入射角与折射角的正弦之比叫做介质的绝对折射率，简称折射率。它表示光在介质中传播时，介质对光的一种特征。折射率是反映介质材料光学性质的一个重要参数。测定一些液体和气体的折射率，在生产和科学研究中具有重要的现实意义。

【实验任务】

测出液体、气体的折射率。

【实验要求】

(1) 写出实验原理，推导出测量公式；

(2) 选择实验室器材，设计实验方案，拟定实验步骤；

(3) 测出液体、气体的折射率，使测量不确定度小于1%；

(4) 正确处理测量数据，给出结果；

(5) 对结果进行分析评价；

(6) 写出实验报告。

【实验器材】

实验室现有器材。

【思考题】

(1) 液体、气体中的折射率各与哪些因素有关？

(2) 测液体、气体中的折射率还有哪些方法？

§13.5 岩石物理参数的测定

岩石是天然产出的具有稳定外型的矿物或玻璃的集合体，按照一定的方式结合而成，是构成地壳和上地幔的物质基础。按成因分为岩浆岩、沉积岩和变质岩。其中岩浆岩是由高温熔融的岩浆在地表或地下冷凝所形成的岩石，也称火成岩或喷出岩；沉积岩是在地表条件下由风化作用、生物作用和火山作用的产物经水、空气和冰川等外力的搬运、沉积和成岩固结而形成的岩石；变质岩是由先成的岩浆岩、沉积岩或变质岩，由于其所处地质环境的改变经变质作用而形成的岩石。

岩石学主要研究岩石的物质成分、结构、构造、分类命名、形成条件、分布规律、成因、成矿关系以及岩石的演化过程等。它属地质科学中的重要的基础学科。对岩石各种物理参数的测定具有重要的现实意义。

【实验任务】

测出岩石的密度、声速及导热系数等物理参数。

【实验要求】

(1) 写出实验原理，推导出测量公式；

(2) 选择实验室器材，设计实验方案，拟定实验步骤；

(3) 测出岩石的密度、声速及导热系数，使测量不确定度小于1%；

(4) 正确处理测量数据，给出结果；

(5) 对结果进行分析评价；

(6) 写出实验报告。

【实验器材】

实验室现有器材。

【思考题】

(1) 测岩石的密度、声速及导热系数等物理参数应如何提高精度？

(2) 测岩石的密度、声速及导热系数等物理参数还有哪些方法？

§13.6　原油物理参数的测定

原油也称石油或黑色金子，是一种黏稠、深褐色（有时有点绿色）的液体。地壳上层部分地区有石油储存，它由不同的碳氢化合物混合组成，其主要组成成分是烷烃。原油中碳元素占83%～87%，氢元素占11%～14%，其他部分则是硫、氮、氧及金属等杂质。不同油田的石油成分和外貌可以有很大差别。对原油各种物理参数的测定具有重要的现实意义。

【实验任务】

测出原油的密度、声速、比热容、黏度等物理参数。

【实验要求】

(1) 写出实验原理，推导出测量公式；

(2) 选择实验室器材，设计实验方案，拟定实验步骤；

(3) 测量不确定度小于1%；

(4) 正确处理测量数据，给出结果；

(5) 对结果进行分析评价；

(6) 写出实验报告。

【实验器材】

实验室现有器材。

【思考题】

(1) 测原油的密度、声速、比热容、黏度等物理参数应如何提高精度？

(2) 测原油的密度、声速、比热容、黏度等物理参数还有哪些方法？

第14章 电磁学设计性实验

§14.1 非线性电阻的伏安特性

电阻的物理性质可以用其伏安特性曲线来描述。若电阻元件的伏安特性曲线呈直线型，称之为线性电阻；若其呈曲线型，称为非线性电阻。白炽灯泡中的钨丝、热敏电阻、光敏二极管、发光二极管、硅光电池、低压氖泡、稳压二极管、半导体二极管和三极管等都是典型的非线性电阻元件。非线性电阻伏安特性所反映出来的规律，总是与一定的物理过程相联系的。利用电阻元件的非线性特性研制出的各种新型的传感器和换能器，在温度、压力、光强等物理量检测和自动化控制方面有着广泛的应用。

【实验任务】

测非线性电阻元件的伏安特性。

【实验要求】

(1) 根据实验器材，设计实验方案；

(2) 画出实验原理图，并拟定实验的具体步骤；

(3) 选择适当的实验电路，用伏安法测绘二极管的伏安特性曲线；

(4) 分析电表在电路中产生的系统误差并加以修正；

(5) 对结果进行分析评价；

(6) 写出实验报告。

【实验器材】

直流毫安表、微安表、电压表、滑线变阻器、直流稳压电源、单刀单掷开关、单刀双掷开关、电阻箱、二极管等。

【思考题】

(1) 测二极管的伏安特性曲线时，必须注意些什么？

(2) 从二极管伏安特性曲线导通后的部分找出一点，根据实验中所用的电表，试分析若电流表内接，产生的系统误差有多大。如何对测量结果进行修正？

(3) 根据实验中所用仪器，如果待测电阻为线性电阻，要求待测电阻 R 的测量相对误差不大于4%，若不计接入误差，电压和电流的测量值下限 $U_{\min}$ 和 $I_{\min}$ 应取何值？

§14.2 万用电表的设计与定标

直流电表的核心是表头，即微安级量限的电流计。通过适当的线路设计，利用电流计可制成各种规格的电流表、电压表和测定电阻的欧姆表。因此，掌握将电流计改装成所需要的电流表、电压表和欧姆表的技术，对于灵活使用直流电表是十分重要的。

【实验任务】

制作电流、电压、欧姆三用表。

【实验要求】

(1) 根据可供器材，设计将表头改装成电流、电压、欧姆三用表的实验方案，要求电流表有两个量程(1mA 和 10mA)，电压表有两个量程(5V 和 10V)；

(2) 画出三用表的电路原理图，给出原理图中的各电阻值并拟定具体的实验步骤；

(3) 画出校表电路图并说明实验注意事项；

(4) 根据电路图组装三用表，按校表电路分别校准电流表和电压表，画出校正曲线，并指出表头 0、1/4、1/2、3/4 刻线处所对应欧姆表的电阻值；

(5) 对结果进行分析评价；

(6) 写出实验报告。

【实验器材】

表头、波段开关、电位器、多种阻值的电阻元件、标准电流表和电压表、直流稳压电源、电烙铁、滑线变阻器、电池、开关等。

【思考题】

(1) 电表的准确度级别如何确定?

(2) 校正电流(电压)表时，如果发现改装表的读数相对标准表的读数都偏高(低)，此时改装表的分流(分压)电阻应调大还是调小? 为什么?

(3) 试说明用欧姆表测电阻时，如果表头指针正好指在满刻度盘一半处，则从标尺读出的电阻值(欧姆表的中心阻值)就是该欧姆表的内阻值。

第 15 章　光学设计性实验

§15.1　用干涉法测细丝直径和透明薄膜厚度

两列光波在空间相遇时发生叠加，在某些区域总加强，在另外一些区域总减弱，从而出现亮暗相间条纹的现象叫光的干涉现象。只有频率相同、相差恒定、振动方向相同的光波，在它们相遇的空间里才能产生稳定的干涉，并观察到稳定的干涉图样。利用光的干涉可以测量很多物理量。

【实验任务】

(1) 用干涉法测量细丝直径；

(2) 用干涉法测量透明薄膜厚度。

【实验要求】

(1) 写出实验原理，推导出测量公式；

(2) 根据实验器材，设计实验方案，拟定实验步骤；

(3) 测出给定细丝的直径和透明薄膜的厚度($10^{-5}\sim10^{-4}$ m)；

(4) 正确处理测量数据，给出结果；

(5) 对结果进行分析评价；

(6) 写出实验报告。

【实验器材】

测量显微镜、钠光灯(附配电源)、劈尖装置、游标卡尺等。

【思考题】

(1) 用干涉法测透明薄膜厚度的具体方式有几种？

(2) 用干涉法还可以测量哪些物理量？

§15.2　钠光波长的测量

钠是一种金属元素，质地软，能使水分解释放出氢。戴维在 1807 年用电解分离的方法获得了金属钠。钠光灯是一种光学仪器，也是实验室常用的光源，其工作原理类似低压汞灯。玻璃泡用抗钠玻璃制成，里面充有金属钠和惰性气体(如氖气)。通电后，先是氖气放电呈现红色，待钠滴受热蒸发产生低压钠蒸气后，钠蒸气即取代氖气放电。几分钟后就发出稳定的强烈黄光。钠光谱线作为标准波长可用于波长标定，钠光也可用做平面度等检测。

【实验任务】

测出钠光波长。

【实验要求】

(1) 写出实验原理,推导出测量公式;

(2) 根据可供实验器材,设计实验方案,拟定实验步骤;

(3) 测出钠光波长,使测量不确定度小于1%;

(4) 正确处理测量数据,给出结果;

(5) 对结果进行分析评价;

(6) 写出实验报告。

【实验器材】

双棱镜、可调狭缝、凸透镜、观察屏、光具座、测微目镜、迈克耳孙干涉仪、扩束短焦距透镜、观察屏、分光计、透射光栅、光栅座、读数小灯(带放大镜和电源变压器)、测量显微镜、牛顿环仪、劈尖装置、氦氖激光器、钠光灯(附配电源)等。

【思考题】

(1) 测钠光波长用哪种方法比较好?

(2) 测光波波长还有哪些方法?

§15.3　光学平台设计性实验

1. 自组望远镜和显微镜

望远镜是一种利用凹透镜和凸透镜观测遥远物体的光学仪器。利用通过透镜的光线折射或光线被凹镜反射使之进入小孔并会聚成像,再经过一个放大目镜而被看到。望远镜的第一个作用是放大远处物体的张角,使人眼能看清角距更小的细节。望远镜第二个作用是把物镜收集到的比瞳孔直径粗得多的光束送入人眼,使观测者能看到原来看不到的暗弱物体。世界上最早的望远镜是1609年意大利科学家伽利略制造出来的。目前口径最大的光学望远镜是10m口径的凯克望远镜。

人的眼睛不能直接观察到比0.1mm更小的物体或物质的结构细节。人要想看到更小的物质结构,就必须利用工具,这种工具就是显微镜。第一代显微镜是光学显微镜,极限分辨率是200nm。第二代显微镜是电子显微镜,其分辨率为6~10nm。第三代显微镜是扫描探针显微镜,它的分辨率达到0.01nm。

【实验任务】

组装显微镜和望远镜。

【实验要求】

(1) 写出实验原理;

(2) 根据可供器材,设计实验方案,拟定实验步骤;

(3) 组装望远镜,测量望远镜的视放大率;

(4) 组装显微镜,测量显微镜的视放大率;

(5) 对制作结果进行分析评价;

(6) 写出实验报告。

【实验器材】

光具座、凸透镜、凹透镜、光源、观察屏、光学平台及其配件等。

【思考题】

(1) 从结构、用途、视角放大率及调焦方法几方面比较望远镜和显微镜的异同。

(2) 望远镜和显微镜放大倍数与哪些因素有关?其镜筒距离改变,放大率如何变化?

2. 透镜组基点的测定

在光学中,由中心在同一直线上的两个或两个以上的球面组成的系统,称为共轴球面系统。共轴球面系统是最简单的一种球面组合系统,也是一般复杂光学系统的基本单元。光通过共轴球面系统的成像决定于光依次在组成系统的每个球面上的折射情况。在成像过程中,前一折射面所成的像,即为相邻后一折射面的物。共轴球面系统对近轴区域的物能完善地成像,这样的系统称为理想光学系统或理想光具组。当把共轴系统作为一个整体,而不逐个地研究每一个面的成像时,可用系统的几个特殊点来表征系统的成像性质。这些特殊点分别是系统的主焦点、主点和节点,统称为系统的基点。无论共轴球面系统的具体组成如何,只要已知系统的基点,便可非常简单地使用高斯公式或牛顿公式计算共扼点的位置和成像的放大率等。因此确定系统的基点对研究系统的成像问题十分重要。

【实验任务】

测定透镜组的基点。

【实验要求】

(1) 写出实验原理;

(2) 根据可供器材,设计实验方案,拟定实验步骤;

(3) 测定透镜组的基点;

(4) 对测量结果进行分析评价;

(5) 写出实验报告。

【实验器材】

光学平台、溴钨灯、毫米尺、薄透镜(几片)、测节器、测微目镜、光屏、光学支架和底座若干等。

【思考题】

(1) 对于两凸透镜组成的光具组,当 $d<f'_1+f'_2$、$|l|+|l'|>d$ 时,分析此种情况下,第一、第二主面可能的位置。式中 d 为两透镜之间的距离,f_1'、f_2' 为两透镜的像方焦距,l 和 l' 为两主点的位置。

(2) 为什么待测透镜组在物方和像方的介质折射率相同的情况下主点和节点重合?

(3) 由一凸透镜和一凹透镜组成的光具组,如何测量其基点?

3. 杨氏双缝干涉实验

托马斯·杨(Thomas Young)是英国物理学家、医师、考古学家、波动光学的伟大奠基人，在光学、生理光学、材料力学等方面都有重要的贡献。杨氏在1801年首先用实验方法研究了光的干涉现象，以简单的装置和巧妙的构思成功地实现了用普通光源来做干涉，使光的波动理论得到证实，并且在历史上第一次测定了光的波长。

【实验任务】

测定钠光的波长。

【实验要求】

(1) 写出实验原理；

(2) 根据可供器材，设计实验方案，拟定实验步骤；

(3) 测定钠光的波长；

(4) 对测量结果进行分析评价；

(5) 写出实验报告。

【实验器材】

光学平台、钠光灯(加圆孔光阑)、可调狭缝、薄透镜(几片)、双缝、测微目镜、光屏、光学支架和底座若干等。

【思考题】

(1) 根据条纹间距公式，当双缝间距 d 改变，或双缝到屏的距离 D 改变，或入射光波长 λ 改变时，分析干涉条纹的变化规律。

(2) 当光源上下移动时，干涉条纹将如何变化？光强分布特点如何？

4. 夫琅禾费圆孔衍射

光的衍射现象是光的波动性的一种重要表现。无论是水波、声波或光波，当其波阵面的一部分以某种方式受到阻碍时，就会发生偏离直线传播的衍射现象。越过障碍物的波阵面的各部分因干涉而引起特定的波的强度分布叫做衍射图样。认识光的衍射规律有助于理解和掌握诸如X射线晶体结构分析、全息照相和光信息处理等现代光学实验技术。

光的衍射现象是格里麦耳地(Grimaldi)发现的，他用太阳光照射小孔和单缝观察到衍射现象。衍射的定量分析到19世纪由菲涅耳完成。在1821—1822年间夫琅禾费(Fraunhofer)研究了平行光的衍射并推导出从衍射图样求波长的关系式。

根据光源及观察屏到产生衍射的障碍物的距离不同，分为菲涅耳衍射和夫琅禾费衍射两种。前者是光源和观察屏到障碍物的距离为有限远时的衍射，即所谓近场衍射；后者则为无限远时的衍射，即所谓远场衍射。

【实验任务】

测量艾里斑直径。

【实验要求】

(1) 写出实验原理；

(2) 根据可供器材，设计实验方案，拟定实验步骤；

(3) 测量艾里斑直径；

(4) 对测量结果进行分析评价；

(5) 写出实验报告。

【实验器材】

光学平台、钠光灯、狭缝、多孔架、薄透镜(几片)、测微目镜、光屏、光学支架和底座若干等。

【思考题】

(1) 单缝衍射图样中各极大处的光强分布有何特点?如果是白光入射,衍射条纹的分布如何?

(2) 圆孔的衍射花样与圆孔的位置是否偏离主轴有无关系?

(3) 当$\lambda/D\ll1$,即$\lambda\ll D$时,有什么现象?此时遵从什么规律?当λ变大或D变小时,衍射现象有什么变化?

5. 阿贝成像原理和空间滤波

1873年阿贝提出的成像理论和1906年著名的阿贝-波特实验在傅立叶光学早期发展历史上具有重要的地位。他们首次引出频谱和二次衍射成像的概念,应用傅立叶分析透彻地阐明了透镜的成像机制。这些实验简单而且漂亮,对相干光的成像机理、频谱的分析和综合原理做出了深刻的解释。同时,这种用简单模板做滤波器的方法,直到今天在图像处理中仍然有广泛的应用价值。

【实验任务】

测量不同样品模板和滤波模板不同衍射级光点的空间频率。

【实验要求】

(1) 写出实验原理;

(2) 根据可供器材,设计实验方案,拟定实验步骤;

(3) 测量不同样品模板和滤波模板不同衍射级光点的空间频率;

(4) 对测量结果进行分析评价;

(5) 写出实验报告。

【实验器材】

光学平台、He-Ne激光器、溴钨灯、薄透镜若干、光栅、θ调制板、可调狭缝光阑、滤波模板、样品模板、光屏、光学支架和底座若干等。

【思考题】

(1) 光学中的空间滤波如何进行?本实验中的频谱面和像面各在什么地方?

(2) 以一维光栅为例,如果分别只保留0级、0级和±1级、0级和±2级的频率分量,像面上将观察到什么图像?实验如何进行?

(3) 根据本实验结果,你如何理解显微镜、望远镜的分辨本领?为什么说一定孔径的物镜只具有有限的分辨本领?增大放大倍数能否提高仪器的分辨本领?

(4) 在光路中的频谱面上放置θ调制板,采用小孔(或细缝)作空间滤波器,并调整各滤波小孔在相应彩色衍射图上的位置,像面上的彩色图像如何变化?

6. 测定空气的折射率

在许多精密测量中，必须考虑测量环境的空气折射率对测量的影响，从而对测量结果进行修正。通常空气折射率与真空折射率相差是很小的，约在 10^{-4} 数量级以上，因此不可能直接利用折射定律来测量，但可通过干涉法精确地测量出来。

迈克耳孙干涉仪是1883年美国物理学家迈克耳孙和莫雷合作，为研究“以太”漂移而设计制造出来的精密光学仪器。在近代物理和近代计量技术中，如在光谱线精细结构的研究和用光波标定标准米尺等实验中都有着重要的应用。迈克耳孙干涉仪是用分振幅法获得两束相干光，这两束相干光各有一段光路在空间中分开，如果在其中一支光路上放进被研究的对象，而另一支光路的条件不变，通过观察干涉条纹的变化规律，就可以研究许多物理因素(如温度、压强、电场、磁场等)对光传播的影响，还可以测量空气的折射率等。

【实验任务】

测量空气折射率。

【实验要求】

(1) 写出实验原理；

(2) 根据可供器材，设计实验方案，拟定实验步骤；

(3) 测量空气折射率；

(4) 对测量结果进行分析评价；

(5) 写出实验报告。

【实验器材】

光学平台、He-Ne激光器、扩束镜、分束镜、气室、打气囊、气压表、平面镜、白屏、光学支架和底座若干等。

【思考题】

(1) 实验中放气时，条纹有可能冒出和陷入。在气室内气压与外界一致时，放置气室的光程与另一光路相比是大还是小？

(2) 实验过程中平台震动对迈克耳孙干涉仪有何影响？这样的影响有何用途？

(3) 为了精确测量，真空室的端面必须与激光束垂直，旋转真空室并观察条纹，根据观察，如何判断真空室已调整合适？

(4) 针对数条纹时容易出错的不足，设计几种方案能对条纹进行准确计数。

第16章 仿真与创新物理实验

§16.1 仿真物理实验

仿真实验是基于虚拟现实技术，通过三维实验场景和仪器来模拟实验。相比常规实验，仿真实验不消耗器材也不受场地等外界条件限制。可重复操作，直至得出满意的结果。它具有沉浸性、真实性和交互性特征，因而有着重要的教学和应用价值。仿真物理实验既可用于实验过程的演示，也可进行一些交互功能的设计。

【实验任务】

自己拟定仿真实验项目(必须获得指导老师审查通过)或老师给定仿真实验项目(如光电效应，高温超导，等等)。

【实验要求】

(1) 写出仿真实验原理，设计仿真实验方案；

(2) 拟定仿真实验步骤；

(3) 给出仿真实验软件；

(4) 对仿真实验操作及结果进行分析、评价和总结；

(5) 写出实验报告。

§16.2 创新物理实验

创新物理实验通过学生设计及制作仪器，来培养学生的观察动手能力、分析问题能力以及创新能力，使学生养成理论联系实际、勇于探索的科学精神。它要求学生要有思维的灵活性，在解决问题时打破常规，多方位思考，大胆提出各种创造性设想并加以实施。

【实验任务】

自己拟定创新实验项目(必须获得指导老师审查通过)或老师给定创新实验项目(如微小长度测量等)。

【实验要求】

(1) 实验项目要有创新；

(2) 设计制作方案，包括设计原理及原理图、装配图或加工视图、元器件材料清单、成本估算(必须获得指导老师审查通过)；

(3) 拟定实验步骤；

(4) 给出仪器使用说明书；

(5) 对创新实验结果进行分析、评价和总结；

(6) 写出实验报告。

附　　录

表 1　　海平面上不同纬度处的重力加速度

纬度(°)	g(m/s²)	纬度(°)	g(m/s²)	纬度(°)	g(m/s²)	纬度(°)	g(m/s²)
0	9.78039	35	9.79737	46	9.80711	57	9.81675
5	9.78078	36	9.79822	47	9.80802	58	9.81757
10	9.78195	37	9.79903	48	9.80892	59	9.81839
15	9.78384	38	9.79995	49	9.80981	60	9.81918
20	9.78641	39	9.80083	50	9.81071	65	9.82288
25	9.78960	40	9.80171	51	9.81159	70	9.82608
30	9.79329	41	9.80261	52	9.81247	75	9.82868
31	9.79407	42	9.80350	53	9.81336	80	9.83059
32	9.79487	43	9.80440	54	9.81422	85	9.83178
33	9.79569	44	9.80531	55	9.81507	90	9.83217
34	9.79652	45	9.80621	56	9.81592		

表 2　　在 20℃ 时某些金属的杨氏模量*

金　属	杨氏模量 E		金　属	杨氏模量 E	
	吉帕(G·Pa)	N/m²		吉帕(G·Pa)	N/m²
铝	70.00～71.00	$7.000 \sim 7.100 \times 10^{10}$	锌	800.0	8.000×10^{10}
钨	415.0	4.150×10^{11}	镍	205.0	2.050×10^{11}
铁	190.0～210.0	$1.900 \sim 2.100 \times 10^{11}$	铬	240.0～250.0	$2.400 \sim 2.500 \times 10^{11}$
铜	105.0～130.0	$1.050 \sim 1.300 \times 10^{11}$	合金钢	210.0～220.0	$2.100 \sim 2.200 \times 10^{11}$
金	79.00	7.900×10^{10}	碳钢	200.0～210.0	$2.000 \sim 2.100 \times 10^{11}$
银	70.00～82.00	$7.000 \sim 8.200 \times 10^{10}$	康铜	163.0	1.630×10^{11}

* 杨氏模量的值跟材料的结构、化学成分及加工制造方法有关，因此在某些情况下，E 的值可能跟表中所列的平均值不同。

表 3

固体的比热容

物质	温度(℃)	比热容		物质	温度(℃)	比热容	
		kcal/(kg·K)	kJ/(kg·K)			kcal/(kg·K)	kJ/(kg·K)
铝	20	0.214	0.895	镍	20	0.115	0.481
黄铜	20	0.0917	0.380	银	20	0.056	0.234
铜	20	0.092	0.385	钢	20	0.107	0.447
铂	20	0.032	0.134	锌	20	0.093	0.389
生铁	0～100	0.13	0.54	玻璃		0.14～0.22	0.585～0.920
铁	20	0.115	0.481	冰	−40～0	0.43	1.797

表 4

液体的比热容

液体	温度(℃)	比热容		液体	温度(℃)	比热容	
		kJ/(kg·K)	kcal/(kg·K)			kJ/(kg·K)	kcal/(kg·K)
乙醇	0	2.30	0.55	煤油	18	2.14	0.512
	20	2.47	0.59	变压器油	0～100	1.88	0.45
甲醇	0	2.43	0.58	汽油	10	1.42	0.34
	20	2.47	0.59		50	2.09	0.50
乙醚	20	2.34	0.56	水银	0	0.1465	0.0350
水	0	4.220	1.009		20	0.1390	0.0332
	20	4.176	0.999	甘油	18	2.414	0.58

表 5

某些物质的热导率

物质	温度(K)	热导率 ($\times10^{-1}$W/(m·℃))	物质	温度(K)	热导率 ($\times10^{-1}$W/(m·℃))	物质	温度(K)	热导率 ($\times10^{-1}$W/(m·℃))
二氧化碳	300	1.66	甘油	273	2.9	黄铜	273	1.2
氢	300	18.2	乙醇	293	1.7	康铜	273	0.22
氦	300	15.1	水	273	5.61	不锈钢	273	0.14
氖	300	4.90	水	293	6.04	硬橡胶	273	1.6×10^{-3}
氧	300	2.68	水	373	6.8	岩石	300	$(10\sim25)\times10^{-3}$
空气	300	2.60	石油	293	1.5	木材	300	$(0.4\sim3.5)\times10^{-3}$

表 6　**常温下某些物质对空气的折射率**

物质＼波长	H_α 线 (656.3nm)	D 线 (589.3nm)	H_β 线 (486.1nm)
水　(18℃)	1.3314	1.3332	1.3373
乙　醇(18℃)	1.3609	1.3625	1.3665
二硫化碳(18℃)	1.6199	1.6291	1.6541
冕玻璃　(轻)	1.5127	1.5153	1.5214
(重)	1.6126	1.6152	1.6213
燧石玻璃(轻)	1.6038	1.6085	1.6200
(重)	1.7434	1.7515	1.7723
方解石　(寻常光)	1.6545	1.6585	1.6679
(非常光)	1.4846	1.4864	1.4908
水　晶(寻常光)	1.5418	1.5442	1.5496
(非常光)	1.5509	1.5533	1.5589

表 7　**某些物质中的声速(m/s)**

物质名称	声　速	物质名称	声　速
空气(0℃)	331.45①	水(20℃)	1482.9
一氧化碳(0℃)	337.1	酒精(20℃)	1168
二氧化碳(0℃)	259.0	铝②	5000
氧气(0℃)	317.2	铜	3750
氩气(0℃)	319	不锈钢	5000
氢气(0℃)	1279.5	金	2030
氮气(0℃)	337	银	2680

注：① 干燥空气中的声速与温度的关系为 $331.45+0.54t$。

② 固体中的声速为棒内纵波的速度。

表 8　**某些金属合金的电阻率及其温度系数***

金属或合金	电阻率 ($\mu\Omega\cdot$m)	温度系数 (℃$^{-1}$)	金属或合金	电阻率 ($\mu\Omega\cdot$m)	温度系数 (℃$^{-1}$)
铝	0.028	42×10^{-4}	锌	0.059	42×10^{-4}
铜	0.0172	43×10^{-4}	锡	0.12	44×10^{-4}
银	0.016	40×10^{-4}	水银	0.958	10×10^{-4}
金	0.024	40×10^{-4}	武德合金	0.52	37×10^{-4}
铁	0.098	60×10^{-4}	钢(0.10%～0.15%碳)	0.10～0.14	6×10^{-3}
铅	0.205	37×10^{-4}	康铜	0.47～0.51	$(-0.04\sim0.01)\times10^{-3}$
铂	0.105	39×10^{-4}	铜锰镍合金	0.34～1.00	$(-0.03\sim0.02)\times10^{-3}$
钨	0.055	48×10^{-4}	镍铬合金	0.98～1.10	$(0.03\sim0.04)\times10^{-3}$

* 电阻率与金属中的杂质有关，因此表中列出的只是 20℃时电阻率的平均值。

表 9　　铜-康铜热电偶丝电动势分度表(mV)

温度℃	0	1	2	3	4	5	6	7	8	9
−10	−0.383	−0.421	−0.458	−0.496	−0.534	−0.571	−0.608	−0.646	−0.683	−0.720
−0	0.000	−0.039	−0.077	−0.116	−0.154	−0.193	−0.231	−0.269	−0.307	−0.345
0	0.000	0.039	0.078	0.117	0.156	0.195	0.234	0.273	0.312	0.351
10	0.391	0.430	0.470	0.510	0.549	0.589	0.629	0.669	0.709	0.749
20	0.789	0.830	0.870	0.911	0.951	0.992	1.032	1.073	1.114	1.155
30	1.196	1.237	1.279	1.320	1.361	1.403	1.444	1.486	1.528	1.569
40	1.611	1.653	1.695	1.738	1.780	1.822	1.865	1.907	1.950	1.992
50	2.035	2.078	2.121	2.164	2.207	2.250	2.294	2.337	2.380	2.424
60	2.467	2.511	2.555	2.599	2.643	2.687	2.731	2.775	2.819	2.864
70	2.908	2.953	2.997	3.042	3.087	3.131	3.176	3.221	3.266	3.312
80	3.357	3.402	3.447	3.493	3.538	3.584	3.630	3.676	3.721	3.767
90	3.813	3.859	3.906	3.952	3.998	4.044	4.091	4.137	4.184	4.231
100	4.277	4.324	4.371	4.418	4.465	4.512	4.559	4.607	4.654	4.701

表 10　　常用光源的谱线波长(nm)

一、H(氢)	447.15　蓝	589.592(D_1)黄
656.28　红	402.62 蓝紫	588.995(D_2)黄
486.13 绿蓝	388.87　紫	五、Hg(汞)
434.05　蓝	三、Ne(氖)	623.44　橙
410.17 蓝紫	650.65　红	579.07　黄
397.01　紫	640.23　橙	576.96　黄
二、He(氦)	638.30　橙	546.07　绿
706.52　红	626.65　橙	491.60 绿蓝
667.82　红	621.73　橙	435.83　蓝
587.56(D_3)黄	614.31　橙	407.78 蓝紫
501.57　绿	588.19　黄	404.66 蓝紫
492.19 绿蓝	585.25　黄	六、He-Ne(激光)
471.31　蓝	四、Na(钠)	632.8　橙

表 11 **水的沸点(℃)随压强 p(mmHg)的变化**

p	0	1	2	3	4	5	6	7	8	9
730	98.88	98.92	98.95	98.99	99.03	99.07	99.11	99.14	99.18	99.22
740	99.29	99.29	99.33	99.37	99.41	99.44	99.48	99.52	99.56	99.56
750	99.63	99.67	99.77	99.74	99.78	99.82	99.85	99.89	99.93	99.96
760	100.00	100.04	100.07	100.11	100.15	100.18	100.22	100.26	100.29	100.33
770	100.36	100.40	100.44	100.47	100.51	100.55	100.58	100.62	100.65	100.69

表 12 **在标准大气压下不同温度的水的密度**

温度 t(℃)	密度(ρ) kg/m^3	温度 t(℃)	密度(ρ) kg/m^3
0	999.841	40	992.21
1	999.900	45	990.25
2	999.941	50	988.04
3	999.965	55	985.73
3.98	1000.000	60	983.21
4	999.973	65	980.59
5	999.965	70	977.78
10	999.700	75	974.89
15	999.099	80	971.80
20	998.203	85	968.65
25	997.044	90	965.31
30	995.646	95	961.92
35	994.031	100	958.35

表 13 **在 20℃ 时常用固体和液体的密度**

物质	密度 ρ (kg/m^3)	物质	密度 ρ (kg/m^3)	物质	密度 ρ (kg/m^3)	物质	密度 ρ (kg/m^3)
铝	2698.9	石蜡	890	水晶玻璃	2900～3000	汽车用汽油	710～720
铜	8960	铅	11350	窗玻璃	2400～2700	弗里昂-12	1329
铁	7874	锡	7298	冰(0℃)	800～920	氟氯烷-12	1329
银	10500	水银	13546.2	甲醇	792	变压器油	840～890
金	19320	钢	7600～7900	乙醇	789.4	甘油	1260
钨	19300	石英	2500～2800	乙醚	714	蜂蜜	1435

表 14　**不同温度时水的黏度**

温度℃	η 10^{-6} N·m^{-2}·s(μPa·s)	温度℃	η 10^{-6} N·m^{-2}·s(μPa·s)
0	1787.8	60	469.7
10	1035.3	70	406.0
20	1004.2	80	355.0
30	801.2	90	314.8
40	653.1	100	282.5
50	549.2		

表 15　**液体的黏度**

液　体	温度(℃)	η(μPa·s)	液　体	温度(℃)	η(μPa·s)
汽油	0	1788	甘油	−20	134×10^6
	18	530		0	121×10^6
				6	626×10^4
乙醇	−20	2780		15	233×10^4
	0	1780		20	1499×10^3
	10	1466		25	954×10^3
	20	1190			
			蜂蜜	20	650×10^4
甲醇	0	817		80	100×10^3
	20	584	鱼肝油	20	45600
乙醚	0	296		80	4600
	20	243	水银	−20	1855
变压器油	20	19800		0	1685
蓖麻油	10	242×10^4		20	1554
葵花子油	20	50000		100	1224

表 16　**在 20℃ 时与空气接触的液体的表面张力系数**

液　体	σ($\times10^{-3}$ N/m)	液　体	σ($\times10^{-3}$ N/m)	液　体	σ($\times10^{-3}$ N/m)
航空汽油 (在 10℃时)	21	肥皂溶液	40	甲醇	22.6
石油	30	弗里昂-12	9.0	(在 0℃时)	24.5
煤油	24	蓖麻油	36.4	乙醇	22.0
松节油	28.8	甘油	63	(在 60℃时)	18.4
水	72.75	水银	513	(在 0℃时)	24.1

表 17 **国际单位制(SI)基本单位**

量的名称	单位名称	单位代号		定 义
		中文	国际	
长度	米	米	m	1 米等于光在真空中 1/299792458 秒的时间间隔内行程的长度
质量	千克(公斤)	千克(公斤)	kg	千克质量单位,等于国际千克原器的质量(国际千克原器是铂铱合金的特殊圆柱体,由国际计量局保存在法国塞弗尔珍藏室)
时间	秒	秒	s	秒是铯-133 原子基态的两个超精细能级之间跃迁所对应的辐射的 9192631770 个周期的持续时间
电流	安 培(ampere)	安	A	安培是一恒定电流,若保持在处于真空中相距 1m 的两无限长而圆截面可忽略的平行直导线内,则此两导线之间产生的力在每米长度上等于 2×10^{-7} N
热力学温度	开尔文(Kelvin)	开	K	热力学温度单位开尔文是水三相点热力学温度的 1/273.16
物质的量	摩尔(mole)	摩	mol	(1) 摩尔是一系统的物质的量,该系统中所包含的基本单元数与 0.012kg 碳-12 的原子数目相等;(2) 在使用摩尔时,基本单元应予指明,可以是原子、分子、离子、电子及其他粒子,或者是这些粒子的特定组合
发光强度	坎德拉(candela)	坎	cd	坎德拉是在 101325Pa 压力下,处于铂凝固温度的黑体的 $(1/600000)\mathrm{m}^2$ 表面垂直方向上的发光强度

表 18 **国际单位制(SI)辅助单位**

量的名称	单位名称	单位代号		定 义
		中文	国际	
平面角	弧度	弧度	rad	弧度是一个圆内两条半径之间的平面角,这两条半径在圆周上截取的弧长与半径相等
立体角	球面度(steradian)	球面度	sr	球面度是一个立体角,其顶点位于球心,而它在球面上所截取的面积等于以球半径为边长的正方形面积

表 19 **国际单位制(SI)词冠**

倍量因数	词 冠 名 称	词冠代号		倍量因数	词 冠 名 称	词冠代号	
		中 文	国 际			中 文	国 际
10^{18}	艾可萨(exa)	艾	E	10^{-1}	分(déci)	分	d
10^{15}	拍它(peta)	拍	P	10^{-2}	厘(centi)	厘	c
10^{12}	太拉(tera)	太	T	10^{-3}	毫(milli)	毫	m
10^{9}	吉咖(giga)	吉	G	10^{-6}	微(micro)	微	μ
10^{6}	兆(méga)	兆	M	10^{-9}	纳诺(nano)	纳	n
10^{3}	千(kilo)	千	k	10^{-12}	皮可(pico)	皮	p
10^{2}	百(hecto)	百	h	10^{-15}	非姆托(femto)	非	f
10^{1}	十(déca)	十	da	10^{-18}	阿托(atto)	阿	a

表 20　　**部分国际单位制(SI)导出单位**

量的名称	单位名称	单位代号		用国际制其他单位表示的关系式	定　义
		中　文	国际		
密度	千克(公斤)每立方米	千克/米^3	kg/m^3		
*力	牛顿(Newton)	牛	N	千克·米/秒^2(kg·m/s^2)	牛顿是使 1 千克的质量得到 1 米每秒每秒加速度的力
*压力(压强)、应力	帕斯卡(Pascal)	帕	Pa	牛/米^2(N/m^2)	
动力黏度(内摩擦系数或黏滞系数)	帕斯卡秒	帕·秒	Pa·s		
运动黏度(动态黏度)	平方米每秒	米^2/秒	m^2/s		
表面张力	牛顿每米	牛/米	N/m		
力矩	牛顿米	牛·米	N·m		
*功、能、热量	焦耳(Joule)	焦	J	牛·米(N·m)	焦耳是 1 牛顿力的作用点在力的方向上位移 1 米的距离所做的功
*功率、热流、辐射通量	瓦特(Watt)	瓦	W	焦/秒(J/s)	
频率	赫兹(Hertz)	赫	Hz	周/秒或 1/秒(s^{-1})	
波数	每米波数	米$^{-1}$	m^{-1}		
熵(entropy)	焦耳每开尔文	焦/开	J/K		
比热容	焦耳每千克开尔文	焦/(千克·开)	J/kg·K		
热导率(导热系数)	瓦特每米开尔文	瓦/(米·开)	W/(m·K)		
*电量、电荷	库仑(Coulomb)	库	C		库仑是 1 安培电流在 1 秒内所传送的电量
电势、电势差、电压、电动势	伏特(Volt)	伏	V	瓦/安(W/A)	伏特是载有 1 安培恒定电流导线中的两点之间,当耗散功率等于 1 瓦特时的电势差
电场强度	伏特每米	伏/米	V/m		
*电阻	欧姆(Ohm)	欧	Ω	伏/安(V/A)	欧姆是导体两点间当加 1 伏特恒定电势差而导体中产生 1 安培电流时的电阻

续表

量的名称	单位名称	单位代号		用国际制其他单位表示的关系式	定 义
		中 文	国际		
* 电容	法拉 (Farad)	法	F	安·秒/伏 (A·s/V)	法拉是当一电容器充有1库仑电量,它的两极板之间电势差为1伏特时的电容
* 电导	西门子 (Siemens)	西	S	安/伏(A/V)	
电感(自感及互感)	亨利 (Henry)	亨	H	伏·秒/安 (V·s/A)	亨利是在一闭合电路中,电流以1安培每秒的均匀速率变化而产生1伏特电动势时的电感
* 磁通量	韦伯 (Weber)	韦	Wb	伏·秒(V·s)	韦伯是1匝链电路在一秒内磁通均匀地降为零时产生1伏特电动势的磁通量
* 磁感应强度(磁通密度)	特斯拉 (Tesla)	特	T	韦/米^2(Wb/m^2)	
磁场强度	安培每米	安/米	A/m		
* 光通量	流明 (Lumcn)	流	Lm	坎·球面度 (cd·sr)	流明是均匀点光源在1球面度立体角内所发射的1坎德拉的光通量
亮度(发光率)	坎德拉每平方米	坎/米^2	cd/m^2		
* 光照度	勒克司(Lux)	勒	Lx	流/米^2(lm/m^2)	
发光度	流明每平方米	流/米^2	lm/m^2		
发光效率	流明每瓦	流/瓦	lm/W		
辐射强度	瓦特每球面度	瓦/球面度	W/sr		
* 活度(放射能源的放射性强度)	贝克勒尔 (Bacquerel)	贝克	Bq	秒$^{-1}$(s^{-1})	
* 辐射吸收剂量	* 格雪(Gray)	格	Gy	焦/千克(J/kg)	

注:标有*号者为具有专门名称的国际制(SI)导出单位,也可用以构成其他导出单位。单位国际代号一般用小写正体(如“秒”为“s”);来自专有名称的单位代号要用大写正体(如“西门子”用“S”)。单位代号后面不加标点,无论单数或复数,代号不变。

表 21　　　　**基本和重要的物理常数表**

名　　称	符　号	数　　值	单位符号
真空中的光速	c	2.99792458×10^{8} 米/秒	m/s
基本电荷	e	1.6021892×10^{-19} 库	C
电子的静止质量	m_e	9.109534×10^{-31} 千克	kg
中子质量	m_n	1.675×10^{-27} 千克	kg
质子质量	m_p	1.675×10^{-27} 千克	kg
原子质量单位	u	1.6605655×10^{-27} 千克	kg
普朗克常数	h	6.626176×10^{-34} 焦耳·秒 或 4.136×10^{-15} 电子伏特·秒	J·s eV·s
阿伏伽德罗常数	N_0	6.022045×10^{23} 摩$^{-1}$	mol^{-1}
摩尔气体常数	R	8.31441 焦耳·摩$^{-1}$·开尔文$^{-1}$	J·mol^{-1}·K^{-1}
玻耳兹曼常数	k	1.380662×10^{-23} 焦耳·开尔文$^{-1}$ 或 8.617×10^{-15} 电子伏特·开尔文$^{-1}$	J·K^{-1} eV·K^{-1}
万有引力常数	G	6.67×10^{11} 牛顿·米^{2}·千克$^{-2}$	N·m^{2}·kg^{-2}
法拉第常数	F	9.648456×10^{4} 库·摩$^{-1}$	C·mol^{-1}
热功当量	J	4.186 焦耳·卡$^{-1}$	J·cal^{-1}
里德堡常数	R_∞ R_H	1.097373177×10^{7} 米$^{-1}$ 1.09677576×10^{7} 米$^{-1}$	m^{-1}
洛喜密德常数	n	2.68719×10^{25} 米$^{-3}$	m^{-3}
库仑常数	$e^2/4\pi\varepsilon$	14.42 电子伏特·埃	eV·A
电子比荷	e/m_c	1.7588047×10^{11} 库·千克$^{-1}$	C·kg^{-1}
电子经典半径	$r_e=e^2/4\pi\varepsilon Mc^2$	2.818×10^{-13} 米	m
电子静止能量	m_ec^2	0.5110 兆电子伏特	MeV
质子静止能量	m_pc^2	938.3 兆电子伏特	MeV
原子质量单位的等价能量	Mc^2	9315 兆电子伏特	MeV
电子的康普顿波长	$\lambda_c=h/Mc$	2.426×10^{-12} 米	m
电子磁矩	$\mu=E\pi/2M$	0.9273×10^{-23} 焦耳·米^{2}·韦伯$^{-1}$	J·m^{2}·Wb^{-1}
玻尔半径	$a=4\pi\varepsilon h^2/me^2$	0.5292×10^{-10} 米	m
标准大气压	P_0	101325 帕	Pa
冰点绝对温度	T_0	273.15 开尔文	K
标准状态下声音在空气中的速度	C	331.46 米·秒$^{-1}$	m·s^{-1}
标准状态下干燥空气密度	$\rho_{空气}$	1.293 千克·米$^{-3}$	kg·m^{-3}
标准状态下水银密度	$\rho_{水银}$	13505.04 千克·米$^{-3}$	kg·m^{-3}
标准状态下理想气体的摩尔体积	V_m	22.41383×10^{-3} 米^{3}·摩$^{-1}$	m^{3}·mol^{-1}
真空电容率	ε_0	8.854188×10^{-12} 法拉·米$^{-1}$	F·m^{-1}
真空的磁导率	μ_0	12.566371×10^{-7} 亨·米$^{-1}$	H·m^{-1}
钠光谱中黄线波长	D	$589.3\times10^{-9}\begin{pmatrix}D_1 589.0\times10^{-9}米\\D_1 589.6\times10^{-9}米\end{pmatrix}$	m
在 15℃、101325Pa 时镉光谱中红线的波长	λ_{cd}	643.84696×10^{-9} 米	m

转　换　因　子

$1eV=1.602\times10^{-19}J$

$1Å=10^{-10}m$

1 原子质量单位 $=1.661\times10^{-27}kg\leftrightarrow931.5MeV$

主要参考文献

[1] [英]R. M. 慧特利,等. 伦敦工学院200个物理实验. 蔡峰怡,等,译. 北京:北京科学技术文献出版社,1984.

[2] 李天应. 物理实验. 武汉:华中理工大学出版社,1992.

[3] 华中理工大学,天津大学,上海交通大学. 物理实验. 北京:人民教育出版社,1981.

[4] 潘人培,董宝昌,等. 物理实验教学参考书. 北京:高等教育出版社,1990.

[5] 丁慎训,张孔时. 物理实验教程. 北京:清华大学出版社,1992.

[6] 林抒,龚铮雄. 普通物理实验. 北京:高等教育出版社,1981.

[7] 龚铮雄,刘雪林. 普通物理实验指导,力学,热学,分子物理学. 北京:北京大学出版社,1990.

[8] 谢慧瑗,等. 普通物理实验指导,电磁学. 北京:北京大学出版社,1989.

[9] 陈怀琳,邵义全. 普通物理实验指导,光学. 北京:北京大学出版社,1990.

[10] 高守双. 大学物理实验. 武汉:武汉工业大学出版社,1990.

[11] 袁玉辉,等. 大学物理实验. 成都:西南交通大学出版社,1992.

[12] 滕敏康. 实验误差与数据处理. 南京:南京大学出版社,1989.

[13] 周开学. 工科大学物理实验. 东营:石油大学出版社,1997.

[14] 杨惠连,张涛. 误差理论与数据处理. 天津:天津大学出版社,1992.

[15] 钟继贵. 误差理论与数据处理. 北京:水利电力出版社,1993.

[16] 沙定国. 实用误差理论与数据处理. 北京:北京理工大学出版社,1993.

[17] 刘振飞,童明薇. 大学物理实验. 重庆:重庆大学出版社,1992.

[18] 张兆奎,缪连元,张立. 大学物理实验. 上海:华东化工学院出版社,1990.

[19] 张士欣,等. 基础物理实验. 北京:北京科学技术出版社,1993.

[20] 曾贻伟,龚德纯,王书颖,等. 普通物理实验教程. 北京:北京师范大学出版社,1989.

[21] 王诗进. 大学物理实验. 北京:航空工业出版社,1990.

[22] 张立. 大学物理实验. 上海:上海交通大学出版社,1988.

[23] 王家春,韩继明. 大学物理实验. 北京:机械工业出版社,1996.

[24] 陈守川. 大学物理实验教程. 杭州:浙江大学出版社,1995.

[25] 吴泳华. 大学近代物理实验. 合肥:中国科学技术大学出版社,1992.

[26] 茅林川,钟鼎,刘德平. 大学物理实验. 天津:天津大学出版社,1997.

[27] 姜长来,欧阳武,戴剑峰. 大学物理实验. 北京:机械工业出版社,1995.

[28] 陆廷济,费定翟,胡德敬. 物理实验. 上海:同济大学出版社,1991.

[29] 杨述武．普通物理实验．北京:高等教育出版社,2000.
[30] 吴泳华,霍剑青,熊永红．大学物理实验．北京:高等教育出版社,2004.
[31] 周殿清．大学物理实验．武汉:武汉大学出版社,2002.
[32] 熊永红,等．大学物理实验．武汉:华中科技大学出版社,2004.
[33] 杨长铭,戴同庆,凌向虎．大学物理实验．武汉:武汉大学出版社,2003.
[34] 原所佳．物理实验教程．北京:国际工业出版社,2008.
[35] 吴先球,熊予莹．近代物理实验教程．北京:科学出版社,2009.
[36] 熊永红,张昆实,等．大学物理实验．北京:科学出版社,2008.
[37] 刘尚晋．普通物理实验．武汉:武汉工业大学出版社,1996.
[38] 漆安慎,杜婵英．普通物理学教程．北京:高等教育出版社,2001.
[39] 禹华谦．工程流体力学(水力学)．成都:西南交通大学出版社,2001.
[40] 李玉柱,苑明顺．流体力学．北京:高等教育出版社,2000.